★★★★★★
편입수학
전국 1타 강사
10년 결정체

Areum Math series 04

한아름 편저

KB042835

편입 수학은 한아름

4 공학수학

★★★ 고득점 합격 핵심전략 노하우 완전 공개

★★★ 편입에 성공한 선배들의 합격수기 수록

"편입수학의 시작과 끝은 한아름으로 통한다!"

95개 유형 300개 문제로 한방에 끝내는 필수기본서

편입 수학은 한아름

4 공학수학

편입수학은 한아름 ④ 공학수학

초 판 1쇄 2020년 08월 28일
초 판 3쇄 2022년 12월 29일

지은이 한아름
펴낸이 류종렬

펴낸곳 미다스북스
총괄실장 명상완
책임편집 이다경 백승정
책임진행 김가영 신은서 임종익 박유진

등록 2001년 3월 21일 제2001-000040호
주소 서울시 마포구 양화로 133 서교타워 711호
전화 02) 322-7802~3
팩스 02) 6007-1845
블로그 http://blog.naver.com/midasbooks
전자주소 midasbooks@hanmail.net
페이스북 https://www.facebook.com/midasbooks425

ISBN 978-89-6637-846-3 13410

값 35,000원

미다스북스는 다음 세대에게 필요한 지혜와 교양을 생각합니다

한아름 선생님은…

법대를 졸업하고 수학 선생님을 하겠다는 목표로 수학과에 편입하였습니다.

우연한 기회에 편입수학 강의를 시작하게 되었고 인생의 터닝포인트가 되었습니다.

편입은 결코 쉬운 길이 아닙니다. 수험생은 먼저 용기를 내야 합니다. 그리고 묵묵히 공부하며 합격이라는 결과를 얻기까지 외로운 자신과의 싸움을 해야 합니다. 저 또한 그 편입 과정의 어려움을 알기에 용기 있게 도전하는 학생들에게 조금이나마 힘이 되어주고 싶습니다. 그 길을 가는 데 제가 도움이 될 수 있다면 저 또한 고마움과 보람을 느낄 것입니다.

무엇보다도, 이 책은 그와 같은 마음을 바탕으로 그동안의 연구들을 정리하여 담은 것입니다. 자신의 인생을 개척하고자 결정한 여러분께 틀림없이 도움이 될 수 있을 것이라고 생각합니다.

그 동안의 강의 생활에서 매 순간 최선을 다했고 두려움을 피하지 않았으며 기회가 왔을 때 물러서지 않고 도전했습니다. 앞으로도 초심을 잃지 않고 1타라는 무거운 책임감 아래 더 열심히 노력하겠습니다. 믿고 함께한다면 합격이라는 목표뿐만 아니라 인생의 새로운 목표들도 이룰 수 있을 것입니다.

여러분의 도전을 응원합니다!!

▶ 김영편입학원 kimyoung.co.kr

▶ 김영편입 강남단과전문관 02-553-8711

▶ 유튜브 "편입수학은 한아름"

▶ 네이버 "아름매스"

김영편입학원

유튜브 〈편입수학은 한아름〉

Areum Math 수강생 후기

아름쌤 수업은 쉽습니다. 쉬운 내용만 다룬다는 뜻이 아닙니다. 어려운 내용도 쉽게 가르쳐 주신다는 게 가장 큰 매력인 것 같습니다. '이해했다고 아는 것이 아니야, 자기 것으로 만들어야 해.'라는 말씀이 공부할 때 가장 와 닿는 말이었어요. 마법 같은 아름쌤 강의를 듣고 복습을 통해 자기 것으로 만든다면 분명 합격을 향한 지름길이 될 거라고 생각합니다.

- 장재용(중앙대학교 컴퓨터공학과)

인강선생님들은 보통 굉장히 사무적이고 딱딱하다는 느낌이 있는데 아름쌤은 학생들의 이름을 정말 잘 외워주시고 관심을 많이 가져주십니다. 무엇보다 아름쌤 수업의 장점은 깔끔한 판서, 명확한 설명, 학생들과의 소통, 끊임없는 노력이라고 생각합니다.

- 유동영(중앙대학교 전자전기공학부)

한아름이라 쓰고 합격이라 읽는다! '내가 할 수 있을까?' 걱정이 되시는 분들 모두 아름쌤만 믿고 따라간다면 성공할 수 있습니다! 저도 아름쌤에게 찾아가서 고민을 많이 털어놓았었는데요. 그때마다 긍정의 힘을 많이 얻었습니다. 여러분 모두가 끝까지 포기하지 않고 따라간다면 할 수 있습니다.

- 류학렬(중앙대학교 기계공학부)

아름쌤 수업에 가장 큰 장점은 지루하지가 않다는 것입니다. 쌤의 시원시원한 목소리와 함께 수업을 듣다보면 웬만한 예능프로 못지않게 빨려드는 느낌을 받으실 수 있습니다. 항상 긍정적인 말씀과 함께 격려와 응원을 많이 해주셔서 지친 마음을 달랠 수 있습니다. 선생님은 현강학생들뿐만 아니라 인강학생들까지 모두 챙기시면서 학생 하나하나에게 관심을 기울여주십니다. 가족과 같이 친근하고 따뜻하게 느껴집니다.

- 김희수(이화여자대학교 지구과학교육과)

아름쌤 수업의 가장 큰 장점은 편안한 분위기인 것 같습니다. 어려운 개념들도 최대한 수강생들의 입장에서 쉽게 설명해주십니다. 그리고 저는 수업 들을 때 한 번도 졸아본 적이 없었는데 선생님의 목소리가 집중을 잘 되게 해준 것 같아요. 수업이 끝난 후 쉬는 것도 마다하시고 질문도 바로바로 받아주셔서 궁금증도 바로 풀렸던 점이 좋았습니다.

- 이진승(아주대학교 기계공학과)

아름쌤 수업은 바로 보편타당한 실전용 수업이라고 생각합니다. 쓸데없이 지엽적이며 현학적이고 특수한 상황에서만 통하는 방법을 지양하시며, 실전에서 통하는 보편적인 풀이를 지향하십니다. 실제로 거의 모든 시험에서 수업 시간에 배웠던 풀이가 통했습니다.

- 박순익(중앙대학교 전기전자공학과)

아름쌤은 개념부터 탄탄하게 잡아주십니다. 기초가 잘 잡히지 않으면 1년 동안의 전체 공부가 흔들릴 수 있기 때문에 기초를 잘 잡아두는 것이 중요한데, 아름쌤께서 수학의 방대한 범위를 깔끔하게 중요한 요점 위주로 잘 가르쳐주셨습니다. 이해하기 쉽도록 개념을 자세하게 설명해주신 후, 문제풀이로도 개념을 꼼꼼하게 설명해주셔서 좋았습니다. 수학에 대한 기초가 없는 학생도 쉽게 이해할 수 있을 만큼 설명을 잘 해주셨습니다. 또한 수업 중 공부 또는 시험에 대한 조언도 해주셔서 좋았습니다. 긍정적인 에너지가 넘치셔서 멘탈이 흔들릴 때 다시 잘 잡을 수 있도록 도움이 됐습니다.

- 유수정(고려대학교 화학공학과)

한아름 교수님은 많은 질문을 해도 무한으로 받아주시는 교수님입니다. 저는 거의 매번 쉬는 시간마다 선생님한테 가서 왜 이렇게 생각하면 안 되는지, 이 방법은 왜 안 되는지 알려달라고, 그리고 이 부분은 이래서 이해가 되지 않는다며 한번 더 설명해달라고 매달린 것 같습니다. 하지만 선생님은 짜증 한 번 없이 차근차근 설명해주셨습니다. 질문을 함으로써 그 문제가 머릿속에 각인이 되어 실제 복습할 때도 실전에서도 득을 많이 봤습니다.

- 이성재(연세대학교 건축공학과)

아름쌤은 편입수학 시험 출제위원 같습니다. 그만큼 아름쌤 수업은 편입학 시험에 최적화되어 있어요. 수업에 군더더기가 없고 편입수학에 나오는 내용만 가르쳐주시기 때문이죠! 사실 저는 다른 교수님들 강의도 기웃거렸는데, 아름쌤 수업이 가장 좋았습니다. 가장 큰 장점은 정말 필요한 것만 가르쳐주신다는 거예요. 그러면서도 설명을 자세하게 해주시고요. 편입수학은 정말 정말 내용이 많은데, 한아름 교수님은 무엇을 해야 하고 무엇을 버려야 하는지 아십니다. 이게 다른 교수님과 구분되는 가장 큰 장점이라고 생각해요.

- 고영진(한양대학교 기계공학과)

합격을 위한 마무리 과목 – 공학수학

자연계열 대학편입 전형에서 수학은 가장 중요한 요소입니다. 서울 소재의 20여 개가 넘는 대학교에서 수학시험을 실시하고 있고 꾸준히 증가하는 추세입니다. 따라서 수학은 편입당락을 결정하는 중요한 과목으로 자리매김했습니다. 특히 상위권 대학들의 수학시험에 가중치와 변별력은 높아가고 있습니다. 공학수학의 범위는 굉장히 광범위합니다. 대학교재의 목차를 보면 미적분, 선형대수, 다변수미적분, 벡터 미적분학, 미분방정식, 라플라스 변환, 퓨리에 급수, 복소 적분까지 모든 내용을 다루고 있습니다. 위의 나열한 과목들을 세분화시켜서 이미 학습을 했습니다. 이제 마지막에 해당하는 미분방정식과 라플라스 변환, 퓨리에 급수, 복소 적분이라는 내용을 이 교재를 통해 수업을 하고자 합니다.

1. 미분방정식 – 해법을 익혀라!!

선형대수와 다변수 미적분학은 개념과 공간상의 이해를 요구했습니다. 그러나 미분방정식의 경우는 기본적인 미적분에 대하 계산의 연속입니다. 방정식이라는 것은 해를 찾기 위한 목적이 있습니다. 다양한 미분방정식의 형태를 배우면서 어떤 방법으로 해를 찾는지, 풀이법이 하나만 있는지 아니면 다른 방법으로도 풀이가 되는지 등 빠른 계산과 풀이법을 찾기 위해서 많이 풀어봐야 합니다. 개념적인 부분보다는 계산식이 복잡하기 때문에 평상시에 실수하지 않고 끝까지 답을 찾는 연습을 해야 합니다.

2. 라플라스 변환 – 공식암기와 유형별 분류

최근 상위권 대학에서 라플라스 변환에 대해 난이도가 높은 문제들을 출제하고 있습니다. 미분방정식과 라플라스 변환을 혼합해서 적용해야하는 문제 등 문제의 비주얼이 화려해서 어려워 보이지만 개념적인 부분을 정확히 이해하고 공식에 대입하면 풀 수 있습니다. 다소 계산일 길어질 수 있기 때문에 식을 적어서 풀이하는 연습이 필요합니다. 또한 역라플라스 변환의 문제도 많이 출제되는데 미분의 역연산이 적분인 것처럼 라플라스 변환의 역연산을 하는 내용입니다. 따라서 라플라스 변환의 기본공식을 바탕으로 계산하는 문제입니다.

3. 퓨리에 급수 – 공식을 철저히 외우고 적용

미적분학에서는 테일러 급수, 매클로린 급수 등의 다양한 무한급수들의 수렴발산 판정법, 수렴하기 위한 수렴반경과 수렴구간, 무한급수의 합을 배웠습니다. 퓨리에 급수는 주기가 있는 함수를 사인함수와 코사인함수의 합으로 나타낼 수 있다는 내용입니다. 증명은 생략하고 공식을 이용해서 퓨리에 급수를 구하는 것을 학습 목표로 두고 수업에 임하는 것이 좋습니다. 시험에서 퓨리에 급수를 구하는 공식을 주는 경우도 있지만, 그렇지 않은 경우가 더 많기 때문에 공식을 철저히 외우고, 적용해서 답을 유도하는 과정에 집중해야 합니다.

4. 복소함수와 복소적분 – 미적분과 연결성을 찾아서 암기

이제까지는 실수 영역에 대해서 함수, 미분, 적분을 배웠다면 이제는 복소수 영역에 대해 함수, 미분, 적분을 배우고자 합니다. 고등학교 때 배운 복소수의 내용은 극히 일부에 해당할 것이고 대부분이 새로운 내용입니다. 그러나 여러분이 이제까지 배웠던 미적분과 많은 연결성을 가지고 있지 때문에 걱정하지 말고, 믿고 따라오시길 바랍니다. 복소함수에서는 기본적인 함숫값을 계산하기 위해서 기본적인 정의를 통해서 계산하는 것을 익히고, 미분가능성과 관련해서 해석적인가를 논하는 것이 핵심적인 내용입니다. 복소적분에서는 미적분학의 기본에서 미분했던 함수를 적분하고, 함숫값을 대입하는 과정이 동일합니다. 이것을 위해서 복소함수에서 계산 훈련을 많이 해봐야합니다. 복소 선적분의 내용에서는 특이점과 유수정리가 핵심적으로 다뤄집니다.

당부의 말을 하자면…
공학수학을 하면서 학습량이 늘어났다는 부담감이 있을 수 있지만, 충분히 이해하고 해결할 수 있는 문제들입니다. 이 과목을 준비하는 학생들이 그렇지 않는 학생들보다는 합격할 확률이 높은 것은 당연한 일이겠죠!!
또한 지금부터는 체력만큼 중요한 것이 건강한 정신이라고 생각합니다. 이 시기에 많은 학생들이 '마인드 바이러스'에 감염되어 부정적인 생각에 빠지기 쉽습니다. 얼마 남지 않는 시간 때문에 압박감과 불안감이 엄습하기도 하구요. 누구나 똑같이 겪는 것이고, 피할 수 없는 생각이라면 그 시간을 긍정적인 생각으로 극복해야합니다. 그것이 합격하기 위한 가장 중요한 요소 중의 하나라고 생각합니다. 남은 기간 끝까지 집중해서 공부하면 여러분이 목표한 바를 꼭 이룰 수 있습니다. 편입의 막바지까지 오는 과정에 분명 힘든 시기가 있었음을 알기에 여러분을 응원하고 좋은 강의로 보답하겠습니다.

"태산이 높다하되 하늘아래 뫼이로다."

산이 아무리 높다 하더라도 오르고 또 오르면 못 오를리 없지만 산이 높다고만 여기고 오르기를 포기하는 사람은 결코 산 정상에 오르는 경험을 할 수 없습니다. 편입을 해야겠다고 결심했다면 반드시 그 목표만을 위해 긍정적인 마인드로 집중해야 합니다. 그렇게 한다면 분명 여러분은 날개를 펴고 더 높이 비상(飛上)할 수 있을 것입니다. 여러분의 인생 제 2막을 열기 위해서 더 이상 피하지 말고 앞으로 나가세요!

그 길에서 여러분을 응원하고 함께 하겠습니다!!

한아름 드림

Areum Math 3원칙

여러분이 이 교재를 완벽하게 마스터하기 위해서 세 가지 원칙을 지켜주세요.
수업!! 복습!! 질문!! 너무 식상하고 당연한 얘기 같지만, 가장 중요한 원칙입니다.

1 수업

수업 시간에 학습 내용을 최대한 이해해야 합니다. 필기를 하다가 수업 내용을 놓쳐서는 안 됩니다. 때문에 필기가 필요하다면 연습장을 이용해서 빠르게 하시고, 수업 후 책에 옮겨 적으면서 복습하는 것을 권해드립니다.

2 복습

에빙하우스의 '망각의 법칙'을 들어본 적이 있나요? 수업 후 몇 시간만 지나도 수업 내용을 금방 잊어버립니다. 그래서 수업 후 당일 복습을 원칙으로 하고, 공부할 시간과 공부할 분량을 정해서 매일매일 복습하는 것이 효율적입니다.
목차의 ☑☑☑☑☑은 전체 커리큘럼을 마치는 동안 최소한 기본서를 5회 이상 반복 학습하기 위한 표시입니다. 해당 목차를 복습할 때마다 체크를 하면 복습을 시각화하고, 성취감도 올릴 수 있습니다. 체크를 하기 위해서라도 복습을 꾸준하게 해보세요. 이것이 누적 복습을 하는 방법입니다.

3 질문

공부를 하다보면 자신이 무엇을 알고 무엇을 모르는지도 잘 모릅니다. 그러나 선생님에게 질문을 하면서 어떤 내용을 모르고 있고 어떤 부분이 부족한가를 스스로 인지할 수 있을 것입니다. 또한 막연하게 알고 있던 것을 정확하게 정리할 수도 있습니다. 그래서 질문은 실력이 향상되는 지름길이라는 것을 스스로 느낄 것입니다.

이 원칙을 생활화하면 여러분은 반드시 목표달성에 성공할 것입니다.
힘든 시기가 있을 지라도 극복하고 나면 결코 힘든 시기가 아니었음을 깨닫게 됩니다.

끝까지 여러분과 함께 목표 달성을 위해서 Fighting!!

나만의 복습 스케줄

공학수학을 공부하면서 기존에 수강했던 강의들에 대한 복습은 필수입니다. “집합만 시험에 나왔으면 좋겠지?”라는 광고 문구가 기억나시나요? 학생들이 복습을 할 때, 항상 책의 시작부터 공부하려고 합니다. 고등학교 때 집합 단원을 공부하는 것과 같은 거죠. 쉬운 부분만 공부하면 어려운 부분의 복습은 하기 싫어집니다. 그래서 이제는 복습 스케줄을 세울 때, 본인이 자신 없는 단원, 출제율이 높은 단원을 중심적으로 복습하세요. 복습을 할 때는 분량을 정해서 공부하는 것이 효율적이고, 목차별 & 유형별로 정리하는 것을 추천합니다.

- 여러분의 학습 계획을 세워서 공부해보세요.
- 수업 후 당일 복습이 원칙입니다.
- 한 주의 수업내용의 복습은 주말에 다시 한 번 꼭 해주세요!!
- 주중에 마무리하지 못한 복습 분량은 주말에 꼭 마무리하세요!!
- 계획한 공부를 끝내면 계획표에 체크해보세요. ex) 미분법 ex) 적분법
- 쉬는 시간도 중요합니다!! 집중해서 공부한 후 휴식 시간의 즐거움을 느껴보세요.

	일	월	화	수	목	금	토
1주차							
2주차							
3주차							
4주차							
5주차							
6주차							
7주차							
8주차							

커리큘럼

Areum Math 커리큘럼

<table>
<tr><td rowspan="2">개념 이론</td><td>미적분과 급수</td><td>다변수 미적분</td><td>선형대수</td><td>공학수학</td></tr>
<tr><td>1. 기초수학
2. 미적분법
3. 미적분 응용
4. 무한급수</td><td>1. 편미분
2. 중적분
3. 선/면적분</td><td>1. 벡터 & 행렬
2. 벡터공간 & 선형변환
3. 고윳값 & 고유벡터</td><td>1. 미분방정식
& 라플라스 변환
2. 퓨리에 급수
& 복소선적분</td></tr>
<tr><td rowspan="2">문제 풀이</td><td colspan="2">과목별 문제풀이</td><td colspan="2">통합형 문제풀이</td></tr>
<tr><td colspan="2">미적분과 급수 / 다변수 미적분 / 선형대수 / 공학수학1</td><td colspan="2">월간 한아름 모의고사 1~5회</td></tr>
<tr><td rowspan="4">파이널</td><td>파이널 총정리</td><td colspan="3">기출특강</td></tr>
<tr><td rowspan="3">1. 빈출 유형 총정리
2. 시크릿 모의고사
3. TOP 7 모의고사</td><td>최상위권 연도별 기출</td><td colspan="2">2020 / 2019 / 2018 / 2017 / 2016 / 2015 / 2014</td></tr>
<tr><td>중상위권 연도별 기출</td><td colspan="2">2020 / 2019 / 2018 / 2017 / 2016 / 2015 / 2014</td></tr>
<tr><td>대학별 5개년 기출</td><td colspan="2">서강대, 성균관대, 한양대, 중앙대(공대), 중앙대(수학과), 경희대, 가천대, 국민대, 건국대, 단국대, 서울과학기술대, 세종대, 아주대, 인하대, 한양대(에리카), 항공대, 홍익대</td></tr>
</table>

대학별 출제과목

<table>
<tr><td>미적분 & 급수</td><td>다변수 미적분</td><td colspan="4">건국대, 아주대, 숙명여대</td></tr>
<tr><td>미적분 & 급수</td><td>다변수 미적분</td><td>선형대수</td><td colspan="3">중앙대(수학과), 이화여대, 경기대, 명지대, 세종대</td></tr>
<tr><td>미적분 & 급수</td><td>다변수 미적분</td><td>선형대수</td><td>공학수학1</td><td colspan="2">서강대, 성균관대, 한양대, 경희대, 인하대, 가천대, 가톨릭대, 국민대, 광운대, 단국대, 서울과기대, 숭실대, 한국산업기술대, 한성대, 한양대(에리카)</td></tr>
<tr><td>미적분 & 급수</td><td>다변수 미적분</td><td>선형대수</td><td>공학수학1</td><td>공학수학2</td><td>중앙대(공과대학), 홍익대, 항공대, 시립대(전기전자컴퓨터공학부)</td></tr>
</table>

김영편입학원 강남단과 강의일정

1월 미적분 시작

<table>
<tr><th>1월</th><th>2월</th><th>3월</th><th>4월</th><th>5월</th><th>6월</th><th>7월</th><th>8월</th><th>9월</th><th>10월</th><th>11월</th><th>12월</th></tr>
<tr><td colspan="2">미적분과 급수</td><td colspan="2">선형대수</td><td colspan="2">다변수 미적분</td><td colspan="2">미적분/다변수
문제풀이</td><td>공학수학
I</td><td>공학수학
II</td><td colspan="2">파이널
1. 빈출 유형 총정리
2. 시크릿 모의고사</td></tr>
<tr><td colspan="8"></td><td>선대/공수
문제풀이</td><td colspan="3">대학별 기출특강</td></tr>
</table>

3월 미적분 시작

<table>
<tr><th>1월</th><th>2월</th><th>3월</th><th>4월</th><th>5월</th><th>6월</th><th>7월</th><th>8월</th><th>9월</th><th>10월</th><th>11월</th><th>12월</th></tr>
<tr><td colspan="2">기초 수학
기초 미적분</td><td colspan="2">미적분과 급수</td><td colspan="2">다변수 미적분</td><td colspan="2">선형대수</td><td>공학수학
I</td><td>공학수학
II</td><td colspan="2">파이널
1. 빈출 유형 총정리
2. 시크릿 모의고사</td></tr>
<tr><td colspan="6"></td><td colspan="2">미적분/다변수
문제풀이</td><td>선대/공수
문제풀이</td><td colspan="3">대학별 기출특강</td></tr>
</table>

5월 미적분 시작

<table>
<tr><th>1월</th><th>2월</th><th>3월</th><th>4월</th><th>5월</th><th>6월</th><th>7월</th><th>8월</th><th>9월</th><th>10월</th><th>11월</th><th>12월</th></tr>
<tr><td colspan="2"></td><td colspan="2">기초 수학
기초 미적분</td><td colspan="2">미적분과 급수</td><td colspan="2">선형대수</td><td colspan="2">다변수 미적분</td><td colspan="2">파이널
1. 빈출 유형 총정리
2. 시크릿 모의고사</td></tr>
<tr><td colspan="8"></td><td>공학수학
I</td><td>공학수학
II</td><td colspan="2">대학별 기출특강</td></tr>
</table>

7월 미적분 시작

<table>
<tr><th>1월</th><th>2월</th><th>3월</th><th>4월</th><th>5월</th><th>6월</th><th>7월</th><th>8월</th><th>9월</th><th>10월</th><th>11월</th><th>12월</th></tr>
<tr><td colspan="4"></td><td colspan="2">기초 수학
기초 미적분</td><td colspan="2">미적분과 급수</td><td colspan="2">다변수 미적분</td><td colspan="2">파이널
1. 빈출 유형 총정리
2. 시크릿 모의고사</td></tr>
<tr><td colspan="6"></td><td colspan="2">선형대수</td><td>공학수학
I</td><td>공학수학
II</td><td colspan="2">대학별 기출특강</td></tr>
</table>

차례

CHAPTER 01 1계 미분방정식

CHAPTER 02 N계 미분방정식

CHAPTER 03 라플라스 변환

CHAPTER 04 연립미분방정식

CHAPTER 05 복소수

CHAPTER 06 복소함수

CHAPTER 07 복소평면에서의 선적분

CHAPTER 08 로랑 급수와 유수정리

CHAPTER 09 퓨리에 급수

Areum Math

_______년 _____월 _____일,

나 ________은(는) 한아름 교수님과 함께

열정과 자신감을 가지고 나아가 목표를 이루겠습니다.

다짐 1, ______________________________

다짐 2, ______________________________

다짐 3, ______________________________

어디를 가든지
마음을 다해 가라.
- 공자

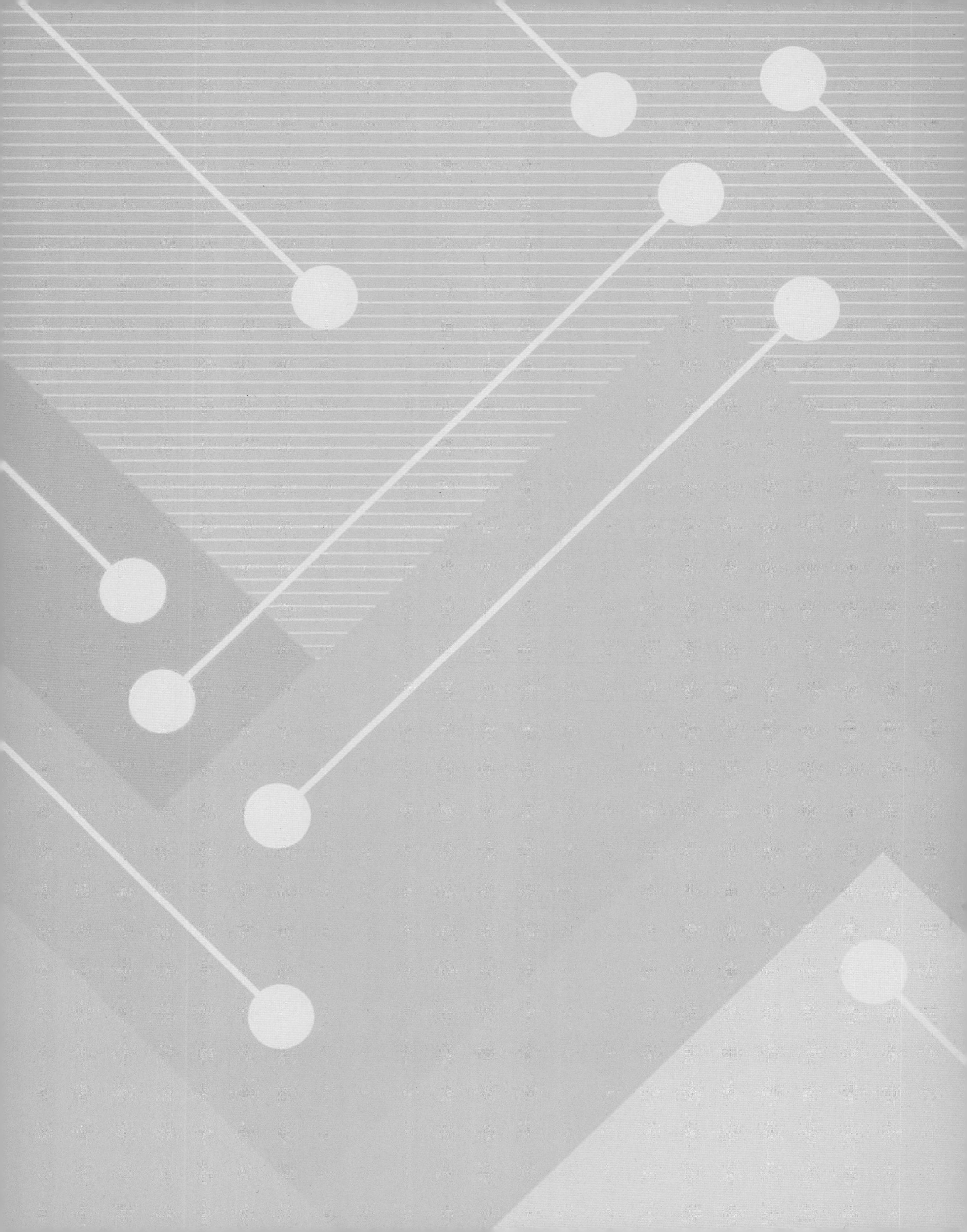

CHAPTER 01

1계 미분방정식

1. 미분방정식의 소개
2. 변수분리 미분방정식
3. 동차형 미분방정식
4. 완전미분방정식 & 적분인자
5. 1계 선형미분방정식
6. 베르누이 미분방정식
7. 1계 미분방정식의 모델링
8. 직교절선

01 1계 미분방정식

1 미분방정식의 소개

1 유형에 따른 분류

(1) 상미분방정식(ODE : ordinary differential equation)

한 개 또는 그 이상의 종속변수를 단 하나의 독립변수에 대해 미분한 도함수들만을 포함하는 방정식

ex $\dfrac{dy}{dx}+5y=e^x,\ \dfrac{d^2y}{dx^2}-\dfrac{dy}{dx}+6y=0,\ \dfrac{dx}{dt}+\dfrac{dy}{dt}=2x+y$

(2) 편미분방정식(PDE : partial differential equation)

한 개 또는 그 이상의 종속변수를 두 개 이상의 독립변수에 대해 미분한 도함수들을 포함하는 방정식

ex $\dfrac{\partial^2 u}{\partial x^2}+\dfrac{\partial^2 u}{\partial y^2}=0,\ \dfrac{\partial^2 u}{\partial x^2}=\dfrac{\partial^2 u}{\partial t^2}-\dfrac{\partial u}{\partial t},\ \dfrac{\partial u}{\partial y}=-\dfrac{\partial v}{\partial x}$

2 계수(order)에 의한 분류

상미분방정식이나 편미분방정식에서 미분방정식의 계수는 미분방정식에 포함된 가장 높은 도함수의 계수이다.

ex 2계 상미분방정식

2계 (↓ $\dfrac{d^2y}{dx^2}$), 1계 (↓ $\dfrac{dy}{dx}$)

$$\frac{d^2y}{dx^2}+5\left(\frac{dy}{dx}\right)^3-4y=e^x$$

1계 상미분방정식

$$(y-x)dx+4xdy=0$$
$$\Leftrightarrow\ y-x+4x\frac{dy}{dx}=0$$
$$\Leftrightarrow\ 4xy'+y=x$$

3 선형성에 의한 분류

(1) **선형(linear) 미분방정식**

n계 상미분방정식에서 F가 $y, y', y'', \cdots, y^{(n)}$에 대해 선형이면

① 종속변수 y와 그것의 도함수들 $y', y'', \cdots, y^{(n)}$은 1차이다.

② $y', y'', \cdots, y^{(n)}$의 계수함수 $a_0, a_1, \cdots, a_n$들은 독립변수 x만의 함수이다.

$$\Rightarrow a_n(x)\frac{d^ny}{dx^n}+a_{n-1}(x)\frac{d^{n-1}y}{dx^{n-1}}+\cdots+a_1(x)\frac{dy}{dx^n}+a_0(x)y=g(x)$$

(2) 비선형(nonlinear) 미분방정식

계수함수가 y를 포함하므로 비선형 ↓ $(1-y)y'+2y=e^x,$

y의 비선형함수 ↓ $\dfrac{d^2y}{dx^2}+\sin y=0,$

2차 거듭제곱은 비선형 ↓ $\dfrac{d^4y}{dx^4}+y^2=0$

4 미분방정식의 해

(1) 일반해(general solution) : 임의의 상수 C를 포함하는 해를 말한다.

(2) 특수해(particular solution) : 특정한 상수 C를 선택하여 얻은 해를 말한다.

(3) 초기조건을 갖는 상미분방정식을 초깃값 문제라고 한다.

⇒ 초깃값 문제의 해는 특수해를 나타낸다.

(4) 특이해 : 상미분방정식은 때로는 일반해로부터 얻을 수 없고 특이해라고 부르는 추가적인 해를 가질 수 있다.

필수 예제 1

다음 $y=\dfrac{c}{x}$(c는 임의의 상수)가 모든 $x\neq 0$에 대하여 상미분방정식 $xy'=-y$의 해임을 검증하시오.

풀이 주어진 방정식 $y=\dfrac{c}{x}$를 미분하면 $y'=-\dfrac{c}{x^2}$ 이다. 이 식을 미분방정식 $xy'=-y$에 대입하자.

좌변 ; $xy'=x\left(-\dfrac{c}{x^2}\right)=-\dfrac{c}{x}$, 우변 ; $-y=-\dfrac{c}{x}$ 이므로 미분방정식을 만족하므로 $y=\dfrac{c}{x}$가 해가 된다.

[부연설명 1] 주어진 함수를 통해서 미분방정식을 만들어 보자.
주어진 방정식 $c=xy$를 미분하면 $y+xy'=0$이므로 미분방정식 $xy'=-y$가 성립한다.

[부연설명 2] 초깃값 문제에 대한 이해

[1] 미분방정식 $xy'=-y$의 일반해는 $y=\dfrac{c}{x}$ 이다. 즉, 일반해는 해곡선의 모임이다.

[2] 미분방정식 $xy'=-y$의 $y(1)=3$을 만족하는 해는 $y=\dfrac{3}{x}$ 이다. 이 해가 초깃값 문제에 대한 해이다.

[3] 미분방정식 $xy'=-y$의 $y(2)=-2$을 만족하는 해는 $y=-\dfrac{4}{x}$ 이다. 이 해가 초깃값 문제에 대한 해이다.

1. 주어진 함수가 미분방정식의 해가 되는 것을 검증하시오.

(1) $\dfrac{dy}{dx}=xy^{\frac{1}{2}}$; $y=\dfrac{x^4}{16}$

(2) $y''-2y'+y=0$; $y=xe^x$

2 변수분리 미분방정식

1 변수분리 미분방정식의 풀이법

x를 독립변수로 갖는 y에 관한 1계 상미분방정식 $F(x,y,y')=0$ 또는 $F\left(x, y, \frac{dy}{dx}\right)=0$ 형태로 주어진다.

이 식을 변형하여 다음과 같은 형태로 단순화 할 수 있다면 이와 같은 미분방정식을

'변수분리(separable) 가능하다'고 하거나 '분리가능한 변수(separable variable)를 갖는다'고 한다.

$$g(y)\,\frac{dy}{dx}=h(x) \;\Leftrightarrow\; g(y)\,dy=h(x)dx$$

〈해법〉 $g(y)\,\frac{dy}{dx}=h(x) \;\Leftrightarrow\; g(y)dy=h(x)dx$

$$\Leftrightarrow\; \int g(y)dy=\int h(x)dx$$

$$\Leftrightarrow\; G(y)=H(x)+c$$

2 자율 1계 미분방정식

미분방정식에 독립변수가 명확하게 나타나지 않는 것을 자율 미분방정식이라고 한다.

만약 독립변수가 x이면 자율 1계 미분방정식은 $F(y, y')=0$ 또는 $\frac{dy}{dx}=f(y)$의 형식으로 제시된다.

(1) $\frac{dy}{dx}=0$을 만족하는 점을 임계점이라고 하므로

$f(y)=0$을 만족하는 y를 자율방정식의 임계점, 평형점, 정지점이라고 한다.

(2) 만약 $f(c)=0$을 만족하는 c가 존재한다면 상수해 $y=c$는 평형해라고 불린다.

(3) 비상수해 $y=y(x)$가 증가 또는 감소인지는 도함수 $\frac{dy}{dx}$의 부호로 구별할 수 있다.

(4) 비상수해의 극한값 $\lim_{x\to\infty}y(x)=c$를 만족한다면 $y=c$에서 점근적으로 안정하다고 한다.

(5) 비상수해의 극한값 $\lim_{x\to\infty}y(x)$이 c에서 멀어진다면 c에서 불안정하다고 한다.

(6) 비상수해의 극한값 $\lim_{x\to\infty}y(x)$이 c에서 안정과 불안정이 모두 존재한다면 준안정적이라고 한다.

(7) 자율 미분방정식 $\frac{dy}{dx}=f(y)$에 대하여 $f(y)=0$을 만족하는 임계점이 여러개 있을 경우,

즉 $f(a)=0,\ f(b)=0,\ f(c)=0$이라고 하자.

$f'(a)<0$이면 $y=a$에서 안정, $f'(b)>0$이면 $y=b$에서 불안정, $f'(c)=0$이면 $y=c$에서 준안정적이다.

❖ 안정과 불안정의 개념은 예제를 통해서 익히자.

필수 예제 2

함수 y가 미분방정식 $y' = y^2+1$을 만족하고 $y(0) = -\frac{1}{\sqrt{3}}$ 일 때, $y(\pi/2)$의 값은?

풀이 $\frac{dy}{dx} = y^2+1 \Leftrightarrow \frac{1}{y^2+1}dy = dx$는 변수분리 미분방정식이다. 따라서 양변을 각각의 변수로 적분하자.

$\int \frac{1}{y^2+1}dy = \int dx \Rightarrow \tan^{-1}y = x+C \Leftrightarrow y = \tan(x+C)$

초깃값 $y(0) = -\frac{1}{\sqrt{3}}$를 대입하면 $-\frac{1}{\sqrt{3}} = \tan C$이므로 $C = -\frac{\pi}{6}$이다. 따라서 해는 $y = \tan\left(x-\frac{\pi}{6}\right)$이다.

$\therefore y\left(\frac{\pi}{2}\right) = \sqrt{3}$

2. 미분방정식 $y' = (x+1)e^{-x}y^2$의 해를 구하시오.

3. 다음의 초깃값 문제 $y' = \frac{dy}{dx} = 3y,\ y(0) = 5.7$를 풀어라.

4. 구간 $\left(-\frac{1}{2}, \infty\right)$에서 정의된 함수 $y = f(x)$가 미분방정식 $y^3 y' = \frac{y^4+1}{4}$을 만족하고 $f(0) = 1$일 때 $f(1)$의 값은?

5. 미분가능한 함수 $f(x)$에 대하여 $f(x) = 1 - \int_0^x f(t)\,dt$을 만족할 때, $f(1)$의 값은?

필수 예제 3

함수 $y=y(x)$가 미분방정식 $x\dfrac{dy}{dx}-\dfrac{1}{y^2}=-y$, $y(1)=2$의 해일 때, $y\left(\dfrac{1}{2}\right)$의 값은?

풀이 $x\dfrac{dy}{dx}=\dfrac{1}{y^2}-y \Rightarrow x\,dy=\dfrac{1-y^3}{y^2}dx \Rightarrow \dfrac{y^2}{-y^3+1}dy=\dfrac{1}{x}dx \Rightarrow \dfrac{y^2}{y^3-1}dy=-\dfrac{1}{x}dx$

변수분리 미분방정식이므로 양변을 각각의 변수로 적분하자.

$$\int\frac{y^2}{y^3-1}dy=\int-\frac{1}{x}dx \Rightarrow \frac{1}{3}\ln|y^3-1|=-\ln|x|+C \Rightarrow \ln|y^3-1|=-3\ln|x|+C_1$$

$\Rightarrow |y^3-1|=e^{-3\ln|x|+C_1}=e^{-3\ln|x|}\cdot e^{C_1}=Ae^{-3\ln|x|}$; 여기서 $e^{C_1}=A$

$x>0$이면 $|y^3-1|=Ae^{-3\ln x}=Ax^{-3} \Rightarrow y^3-1=\pm Ax^{-3}=Bx^{-3}$; 여기서 $\pm A=B$라고 하자.

초깃값 $y(1)=2$을 대입하면 $B=7$이다. 따라서 $y^3-1=7x^{-3}$ 또는 $y=(1+7x^{-3})^{\frac{1}{3}}$이다.

$\therefore\ y\left(\dfrac{1}{2}\right)=57^{\frac{1}{3}}=\sqrt[3]{57}$

[다른 풀이] 식의 전개를 다르게 해도 결국 답은 같다.

$x\dfrac{dy}{dx}=\dfrac{1}{y^2}-y \Rightarrow x\,dy=\dfrac{1-y^3}{y^2}dx \Rightarrow \dfrac{y^2}{-y^3+1}dy=\dfrac{1}{x}dx$ 양변을 각각의 변수로 적분하자.

$$\int\frac{y^2}{-y^3+1}dy=\int\frac{1}{x}dx \Rightarrow -\frac{1}{3}\ln|-y^3+1|=\ln|x|+C \Rightarrow \ln|-y^3+1|=-3\ln|x|+C_1$$

$\Rightarrow |-y^3+1|=e^{-3\ln|x|+C_1}=Ae^{-3\ln|x|}$; 여기서 $e^{C_1}=A$

$x>0$이면 $-y^3+1=\pm Ae^{-3\ln x}=Dx^{-3}$ 이고 초깃값 $y(1)=2$을 대입하면 $D=-7$이다.

따라서 $y^3-1=7x^{-3}$ 또는 $y=(1+7x^{-3})^{\frac{1}{3}}$이다.

[다른 풀이] 베르누이 미분방정식의 해법으로 풀 수 있다.

$x\dfrac{dy}{dx}-\dfrac{1}{y^2}=-y \Rightarrow xy'+y=y^{-2}$은 베르누이 미분방정식이므로

양변에 y^2을 곱하면 $xy'y^2+y^3=1$이고 $y^3=u$로 치환하면 $3y^2y'=u'$이므로

$xy'y^2+y^3=1 \Rightarrow \dfrac{x}{3}u'+u=1 \Rightarrow u'+\dfrac{3}{x}u=\dfrac{3}{x}$

$$u=e^{-\int\frac{3}{x}dx}\left(\int\frac{3}{x}e^{\int\frac{3}{x}dx}dx+C\right)=\frac{1}{x^3}\left(\int\frac{3}{x}x^3\,dx+C\right)=\frac{1}{x^3}\left(\int 3x^2\,dx+C\right)$$

$$=\frac{1}{x^3}(x^3+C)=1+\frac{C}{x^3}$$

$u=y^3=1+\dfrac{C}{x^3}$이므로 초깃값 $y(1)=2$를 대입하면 $8=1+C \Rightarrow C=7$이다.

따라서 해는 $y^3=1+\dfrac{7}{x^3}$이다. $\therefore y\left(\dfrac{1}{2}\right)=\sqrt[3]{57}$

6. 미분방정식 $(1+y^2)dx + (1+x^2)dy = 0$, $y(0)=1$의 해가 $y(x)$일 때, $y(2)$의 값은?

7. 평면상에서 점 $(1, 4)$를 지나고 점 (x, y)에서 접선의 기울기가 $\dfrac{2x}{y^2}$인 곡선의 식은?

8. 초기조건 $y(1)=1$을 만족하는 미분방정식 $x\,dy + y\,dx = 2x^2 y dx$의 해를 $y = f(x)$라 할 때, $f(2)$의 값은?

9. 다음 초깃값 문제를 푸시오.

$$\cos x\,(e^{2y} - y)\,\frac{dy}{dx} = e^y \sin 2x, \quad y(0)=0$$

10. 다음 미분방정식을 풀어라.

(1) $y\dfrac{dy}{dx} + x = 0$

(2) $x^2\dfrac{dy}{dx} = y^2$

(3) $\dfrac{dy}{dx} = y^2 \ (y \neq 0)$

(4) $y' = x^2 y^3$

필수 예제 4

미분방정식 $\begin{cases} \dfrac{dy}{dx} = -y(y+1) \\ y(0) = 1 \end{cases}$ 을 만족하는 함수 $y=y(x)$에 대하여 $\lim\limits_{x\to\infty} y(x)$의 값을 구하면?

풀이 $\dfrac{1}{y(y+1)}dy = -dx \Leftrightarrow \left(\dfrac{1}{y} - \dfrac{1}{y+1}\right)dy = -dx$는 변수분리 미분방정식이므로 양변을 각각의 변수로 적분하자.

$$\int\left(\frac{1}{y} - \frac{1}{y+1}\right)dy = \int -dx \Rightarrow \ln|y| - \ln|y+1| = -x+C \Rightarrow \ln\left|\frac{y}{y+1}\right| = -x+C$$

$\Rightarrow \left|\dfrac{y}{y+1}\right| = e^{-x+C} = Ae^{-x} \Rightarrow \dfrac{y}{y+1} = \pm Ae^{-x} = Be^{-x}$; 초깃값 $y(0)=1$를 대입하면 $B=\dfrac{1}{2}$이다.

$$\Rightarrow \frac{y}{y+1} = \frac{1}{2}e^{-x} \Rightarrow 1 - \frac{1}{y+1} = \frac{1}{2e^x} \Rightarrow \frac{1}{y+1} = 1 - \frac{1}{2e^x} = \frac{2e^x - 1}{2e^x}$$

$\Rightarrow y = \dfrac{2e^x}{2e^x - 1} - 1$이므로 $\lim\limits_{x\to\infty} y(x) = \lim\limits_{x\to\infty} \dfrac{2e^x}{2e^x-1} - 1 = 0$이다.

[다른 풀이]

자율미분방정식이므로 $y=-1$, $y=0$은 상수해를 갖는다.

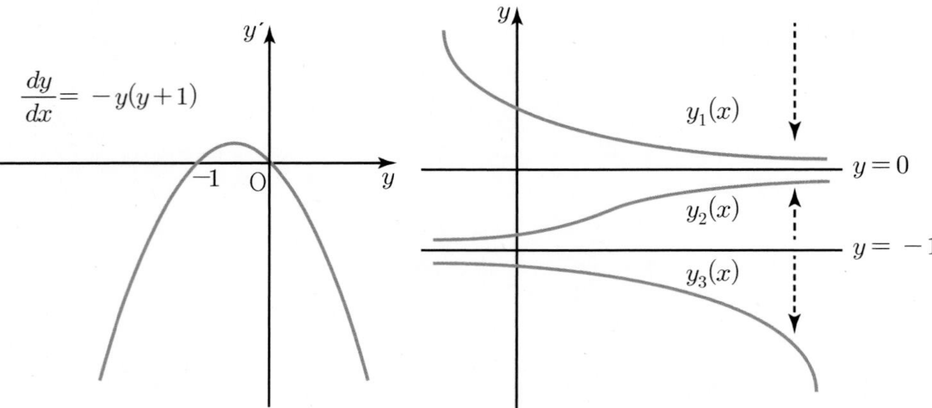

$f(y) = -y^2 - y \Rightarrow f'(y) = -2y-1 \Rightarrow f'(-1)>0$, $f'(0)<0$이므로 $y=-1$은 불안정, $y=0$은 안정이다.
따라서 $y(0)=1$를 만족하는 자율방정식의 해는 $y_1(x)$이고 극한값은 $\lim\limits_{x\to\infty} y_1(x) = 0$이다.

11. 다음 그림은 자율방정식 $\frac{dy}{dt} = f(y)$에 대하여, $f(y)$를 그린 그래프이다. 다음 중 옳은 것은?

① $y=3$만 불안정하다.

② $y=5$만 불안정하다.

③ $y=3$만 안정하다.

④ $y=5$만 안정하다.

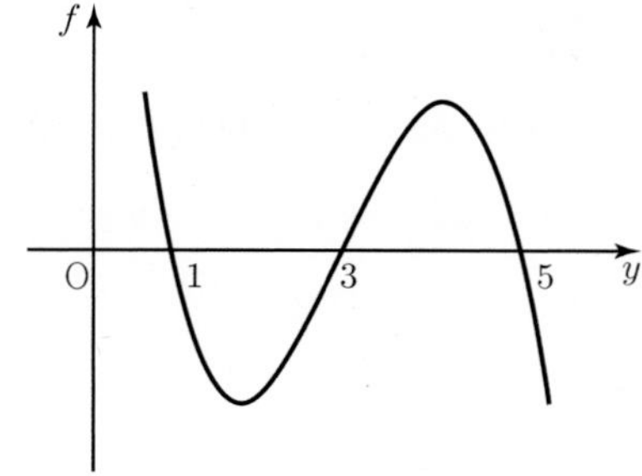

12. 주어진 자율 1계 미분방정식의 임계점에서 안정, 불안정, 준안정으로 분류하시오.

(1) $\frac{dy}{dx} = y^2 - 3y$

(2) $\frac{dy}{dx} = (y-2)^4$

(3) $\frac{dy}{dx} = y^2(4-y^2)$

(4) $\frac{dy}{dx} = y\ln(y+2)$

3 동차형 미분방정식

1 동차함수

모든 실수 x, y, t에 대하여 $f(tx, ty) = t^m f(x, y)$을 만족하는 함수 $f(x, y)$를 m차의 동차함수라고 한다.

ex $f(x, y) = x^2 + y^2$ 은 2차 동차함수

$f(x, y) = xy^2$은 3차 동차함수

$f(x, y) = x^3 + y^3 + 1$은 동차함수가 아니다.

2 동차형 미분방정식

(1) 다음과 같은 1계 미분방정식 $M(x, y)\,dx + N(x, y)\,dy = 0$이

만약 M, N이 같은 차수의 동차함수라고하면 동차형 미분방정식이라고 한다.

이러한 미분방정식은 $\boldsymbol{y' = f\left(\frac{y}{x}\right)}$의 한 종류로 다음과 같은 방법으로 풀이된다.

(2) 풀이법

step 1) $\frac{y}{x} = u$로 치환 $\Rightarrow y = ux$

step 2) 양변을 x로 미분 : $y' = u + xu' \Rightarrow dy = u\,dx + x\,du$

step 3) 위 식을 문제에 대입해서 변수분리형의 문제로 풀이한다.

3 1차 동차함수의 치환

$\frac{dy}{dx} = f(Ax + By + C)$ 형태의 미분방정식은 $u = Ax + By + C (B \neq 0)$로 치환하면 $\frac{du}{dx} = a + b\frac{dy}{dx}$이 된다.

주어진 미분방정식은 $\frac{dy}{dx} = f(u)$이므로 $\frac{du}{dx} = a + bf(u)$가 되어 항상 분리가능한 미분방정식으로 만들 수 있다.

필수 예제 5

미분방정식 $2xyy' = y^2 - x^2$의 해곡선의 형태는?

풀이 동차형 미분방정식을 변수분리 미분방정식으로 풀기 위해서 식 정리를 하자.

$2y' = \dfrac{y^2}{xy} - \dfrac{x^2}{xy} \Rightarrow 2y' = \dfrac{y}{x} - \dfrac{x}{y}$; $\dfrac{y}{x} = u$로 치환하면, $y = xu$이고, $y' = u + xu'$이다. 식에 대입하자.

$2(u + xu') = u - \dfrac{1}{u} \Rightarrow 2u + 2x\dfrac{du}{dx} = u - \dfrac{1}{u} \Rightarrow 2x\dfrac{du}{dx} = -u - \dfrac{1}{u} = -\dfrac{u^2+1}{u}$

$\Rightarrow \dfrac{2u}{u^2+1}du = -\dfrac{1}{x}dx$; 변수분리 미분방정식의 형태가 되었으므로 양변을 적분하자.

$\displaystyle\int \dfrac{2u}{u^2+1}du = \int -\dfrac{1}{x}dx \Rightarrow \ln(u^2+1) = -\ln|x| + C \Rightarrow u^2 + 1 = e^{-\ln|x|+C} = \dfrac{A}{|x|}$; $u = \dfrac{y}{x}$를 대입하자

$\Rightarrow \dfrac{y^2}{x^2} = \dfrac{A}{|x|} - 1 \Rightarrow y^2 = A|x| - x^2 \Rightarrow x^2 + y^2 = A|x|$

$x \ge 0$이면 $x^2 + y^2 = Ax$이고 $x < 0$이면 $x^2 + y^2 = -Ax$이므로 해곡선의 형태는 원이다.

13. **미분방정식 $xy^2y' = x^3 + y^3$을 풀어라.**

14. **구간 $(0, \infty)$에서 정의된 미분방정식 $2xyy' = 3y^2 + x^2$, $y(1) = 2$의 해를 구하시오.**

15. **미분방정식 $(x^2 + y^2)dx - 2xy\,dy = 0$의 해를 구하시오.**

필수 예제 6

초기조건 $y(1)=2$를 만족하는 미분방정식 $(y-x)y' = y$의 해가 $y=f(x)$일 때, $f(0)$의 값은?

풀이 $y-x=u$로 치환을 하면 $y=u+x$이고, $y'=u'+1$이므로 주어진 미분방정식에 대입하자.

$(y-x)y'=y \Rightarrow uy'=u+x \Rightarrow u(u'+1)=u+x \Rightarrow uu'=x \Rightarrow udu=x\,dx$; 변수분리 미분방정식이 되었다.

$$\int udu=\int x\,dx \Rightarrow \frac{1}{2}u^2=\frac{1}{2}x^2+C_1 \Rightarrow u^2=x^2+C \Rightarrow (y-x)^2=x^2+C$$

초기조건 $y(1)=2$를 대입하면 $C=0$이다.

$$(y-x)^2=x^2 \Rightarrow y-x=\pm|x| \Rightarrow y=x\pm|x|=\begin{cases}2x & (x>0)\\ 0 & (x<0)\end{cases}$$

초깃값을 만족하는 식은 $y=2x$이고, $f(0)=0$이다.

16. $\dfrac{dy}{dx}=(-2x+y)^2-7,\ y(0)=0$인 초깃값 문제를 풀어라.

17. 다음 미분방정식을 풀어라.

(1) $y'=(x-y)^2$

(2) $\dfrac{dy}{dx}=(x+y+3)^2$

(3) $(x-y+3)\,dx-(2x-2y+5)\,dy=0$

MEMO

4 완전미분방정식 & 적분인자

1 음함수의 미분

함수 $f(x,y)=C$ (C는 상수)의 전미분은 다음과 같다.

$$df(x,y)=f_x(x,y)dx+f_y(x,y)dy=0 \Rightarrow f_x(x,y)dx+f_y(x,y)dy=0$$
$$\Rightarrow f_y(x,y)dy=-f_x(x,y)dx$$
$$\Rightarrow \frac{dy}{dx}=-\frac{f_x(x,y)}{f_y(x,y)}$$

이 식을 거꾸로 거슬러 올라가서 미분방정식을 풀이하고자 한다.

2 완전미분방정식

$\boldsymbol{P(x,y)dx+Q(x,y)dy=0}$을 만족하는 $f(x,y)=C$가 존재하면

위 방정식을 완전미분방정식이라 하고 $\boldsymbol{f(x,y)=C}$ 를 완전미분방정식의 해라고 한다.

3 완전미분방정식 판단

$P(x,y)$, $Q(x,y)$ 가 연속이고, 영역 $R=\{(x,y)|a<x<b, c<y<d\}$ 내에서 연속인 1계 편도함수를 가진다고 하자. $P(x,y)dx+Q(x,y)dy$가 완전미분이 되기 위한 필요충분조건은 다음과 같다.

$$P(x,y)dx+Q(x,y)dy=0 \Leftrightarrow \frac{\partial P(x,y)}{\partial y}=\frac{\partial Q(x,y)}{\partial x}$$

4 완전미분방정식의 해 구하기

$$f(x,y)=C \Leftrightarrow f(x,y)=\int P(x,y)dx=\int Q(x,y)dy=C$$

5 적분인자

$P(x,y)dx+Q(x,y)dy=0$가 완전미분방정식은 아니지만,

$F(x,y)$를 곱해서 완전미분방정식이 될 때, $\boldsymbol{F(x,y)}$ 를 적분인자라 한다.

(1) $\dfrac{\frac{\partial P}{\partial y}-\frac{\partial Q}{\partial x}}{Q}=f(x)$: x만의 함수라면 적분인자는 $e^{\int f(x)dx}$

(2) $\dfrac{\frac{\partial Q}{\partial x}-\frac{\partial P}{\partial y}}{P}=f(y)$: y만의 함수라면 적분인자는 $e^{\int f(y)dy}$

(3) 1계 선형미분방정식 $y'+p(x)y=q(x)$ 의 적분인자는 $e^{\int p(x)dx}$

필수 예제 7

미분방정식 $(e^x+y)dx+(x-e^{-y})dy=0$의 한 해 $f(x,y)=0$의 평면에서의 그래프는 점 $(0,\ -1)$을 지난다. 다음 중 이 해의 그래프가 지나는 또 다른 점은?

① $(0,1)$　② $(0,e+1)$　③ $(1,0)$　④ $(1,1)$

풀이 $P_y=1, Q_x=1$ 이므로 주어진 미분방정식은 완전미분방정식이다.
미분방정식의 해가 $f(x,y)=0$일 때, $f(x,y)=e^x+xy+e^{-y}+C$이다.
점 $(0,-1)$을 지난다고 했으므로 $0=1+e+C$ $\therefore C=-e-1$
위의 식에 대입하면 $f(x,y)=e^x+xy+e^{-y}-e-1$이다.
$f(x,y)=0$을 만족하는 점을 찾으면 ③이다.

18. 미분방정식 $M(x,y)\,dx+N(x,y)\,dy=0$이 $\dfrac{\partial M}{\partial y}=\dfrac{\partial N}{\partial x}$을 만족할 때, 완전미분방정식이라고 한다. 다음 중 완전미분방정식의 개수는?

ㄱ. $(e^x+y)\,dx+(x+ye^y)\,dy=0$	ㄴ. $(2xe^{3y}+e^x)\,dx+(3x^2e^{3y}-y^2)\,dy=0$
ㄷ. $2x\cosh y\,dx-x^2\sinh y\,dy=0$	ㄹ. $(e^{2y}-y\cos xy)\,dx+(2xe^{2y}-x\cos xy)\,dy=0$

19. $(e^{2y}-y\cos xy)\,dx+(2x\,e^{2y}-x\cos xy+2y)\,dy=0$을 풀어라.

20. 미분방정식 $\cos(x+y)dx+(2+\cos(x+y))dy=0$의 해 $y=f(x)$가 $f(1)=-1$을 만족할 때, $f\left(-\dfrac{\pi}{6}+\dfrac{3}{4}\right)$의 값을 구하시오.

① $-\dfrac{3}{4}$　② $-\dfrac{1}{4}$　③ $\dfrac{1}{4}$　④ $\dfrac{3}{4}$

필수 예제 8

미분방정식 $(3xy^2-5y)dx+(2x^2y-3x)dy=0$이 $\mu(x,y)=x^my^n$ 형태의 적분인자를 갖는다고 할 때, 주어진 미분방정식의 일반해를 구하면? (아래의 C는 임의의 상수이다.)

① $x^4y^2\left(\frac{1}{2}xy-1\right)=C$ ② $x^4y^2(xy-1)=C$ ③ $x^4y^2(2xy-1)=C$

④ $x^5y^3\left(\frac{1}{2}xy-1\right)=C$ ⑤ $x^5y^3(2xy-1)=C$

풀이 양변에 적분인자를 곱해서 완전 미분방정식을 얻는다.

$(3x^{m+1}y^{n+2}-5x^my^{m+1})dx+(2x^{m+1}y^{n+1}-3x^{m+1}y^n)dy=0 \Leftrightarrow f_x(x,y)\,dx+f_y(x,y)dy=0$이므로

$f(x,y)=\int f_x(x,y)\,dx=\int f_y(x,y)\,dy$를 만족해야한다.

$$f(x,y)=\frac{3}{m+2}x^{m+2}y^{n+2}-\frac{5}{m+1}x^{m+1}y^{n+1}=\frac{2}{n+2}x^{m+2}y^{n+2}-\frac{3}{n+1}x^{m+1}y^{n+1}$$

$\begin{cases}\frac{3}{m+2}=\frac{2}{n+2}\\ \frac{5}{m+1}=\frac{3}{n+1}\end{cases} \Rightarrow m=4, n=2$이므로 $f(x,y)=\frac{1}{2}x^6y^4-x^5y^3=x^5y^3(\frac{1}{2}xy-1)=C$이다.

따라서 답은 ④이다.

21. 미분방정식 $(2y^2+3x)dx+2xy\,dy=0$의 적분인자를 구하면?

22. 미분방정식 $xy\,dx+(2x^2+3y^2-20)dy=0$의 일반해를 구하여라.

필수 예제 9

미분방정식 $\frac{dy}{dx}=\frac{2xy}{x^2-y^2}$ 의 해를 구하시오.

풀이 주어진 미분방정식은 완전미분방정식이 아니다. 적분인자를 구해서 완전미분방정식의 형태로 해를 구하자.

$\frac{dy}{dx}=\frac{2xy}{x^2-y^2} \Rightarrow 2xy\,dx=(x^2-y^2)\,dy \Rightarrow 2xy\,dx+(y^2-x^2)dy=0$에서 $P=2xy,\ Q=y^2-x^2$이라 하자.

$P_y=2x,\ Q_x=-2x$이고 $\frac{Q_x-P_y}{P}=\frac{-4x}{2xy}=\frac{-2}{y}$ 이므로 적분인자는 $e^{\int -\frac{2}{y}dy}=\frac{1}{y^2}$ 이고,

이를 양변에 곱하면 $\frac{2x}{y}dx+\left(1-\frac{x^2}{y^2}\right)dy=0$은 완전미분방정식이다.

$f_x=\frac{2x}{y},\ f_y=1-\frac{x^2}{y^2}$ 이므로 해는 $f(x,y)=C$이므로 $\frac{x^2}{y}+y=C$ 또는 $x^2+y^2=Cy$이다.

23. 미분방정식 $\frac{y^2}{2}+2ye^x+(y+e^x)\frac{dy}{dx}=0$의 일반해는?

24. 미분방정식 $2xy\,dx+(2x^2+3y)\,dy=0,\ y(1)=1$의 해 $y(x)$에 대하여 $y(0)$의 값을 구하시오.

25. 미분방정식 $xy\,dx+(2x^2+3y^2-20)dy=0$을 만족하는 해를 $f(x,\,y)=C$의 형태로 표현하면? (단, C는 임의의 상수)

① $x^2y^3+y^6-10y^4=C$

② $x^2y^4+y^5-10y^4=C$

③ $x^2y^4+y^6-10y^4=C$

④ $x^2y^4+y^6-10y^5=C$

5 1계 선형미분방정식

1 제차 선형미분방정식

어떤 구간 $a < x < b$에서 제차 미분방정식의 형태(표준형)는 다음과 같다.

$$y' + p(x)y = 0$$

〈해법〉 변수분리하고 적분하면 $\frac{dy}{y} = -p(x)dx \Rightarrow \ln|y| = -\int p(x)\,dx + c^*$

$$y(x) = ce^{-\int p(x)dx} \left(c = \pm e^{c^*}\right)$$

2 비제차 선형미분방정식

어떤 구간 $a < x < b$에서 비제차 미분방정식의 형태(표준형)는 다음과 같다.

$$y' + p(x)y = q(x)$$

〈해법〉 적분인자 $F(x) = e^{\int p(x)dx}$이고, $F'(x) = p(x)e^{\int p(x)dx} = p(x)F(x)$이다.

미분방정식의 양변에 적분인자 $F(x)$를 곱하면 $Fy' + pFy = qF$인 완전미분방정식이 되었다.

$(Fy)' = F'y + Fy' = pFy + Fy'$이므로 완전미분방정식의 형태를 $(Fy)' = qF$라고 할 수 있다.

양변을 적분하면 $yF(x) = \int q(x)F(x)dx + C$이다. 식을 정리하자.

$$y = \frac{1}{F(x)}\left(\int q(x)\,F(x)dx + C\right)\left(\text{단}, F(x) = e^{\int p(x)dx}, \frac{1}{F(x)} = e^{-\int p(x)dx}\right)$$

$$y = e^{-\int p(x)dx}\left[\int q(x)\,e^{\int p(x)dx}dx + C\right]$$

Areum Math Tip

초깃값 문제 $y'(x) = \frac{dy}{dx} = h(x)$, $y(x_0) = y_0$일 때, $y(x) = y_0 + \int_{x_0}^{x} h(t)\,dt$로 나타낼 수 있다.

필수 예제 10

미분방정식 $y' + y\tan x = \sin 2x$, $y(0)=1$ **의 해는?**

풀이 주어진 미분방정식은 1계 선형미분방정식이다. $p(x) = \tan x$, $q(x) = \sin 2x$라 하자. 해 공식에 대입해서 해를 구하자.

$$y = e^{-\int \tan x\, dx}\left[\int \sin 2x\; e^{\int \tan x\, dx} + C\right] = \cos x\left[\int 2\sin x\cos x \frac{1}{\cos x}\, dx + C\right]$$

$$= \cos x\left[\int 2\sin x\, dx + C\right] = \cos x\,(-2\cos x + C)$$

$$= -2\cos^2 x + C\cos x$$

$y(0)=1$ 의 해를 구하는 것이므로 $C=3$이다.

$\therefore\ y = -2\cos^2 x + 3\cos x$

26. **미분방정식** $xy' + 3y + 5 = 0$**의 해는?**

① $-\dfrac{3}{x^4} + \dfrac{c}{x^3}$ ② $\dfrac{3}{x^4} + \dfrac{c}{x^3}$ ③ $-\dfrac{5}{3} + \dfrac{c}{x^3}$ ④ $\dfrac{5}{3} + \dfrac{c}{x^3}$

27. **미분방정식** $\dfrac{dy}{dx} - \dfrac{3y}{x+1} = (x+1)^4$, $y(0)=0$**의 해는?**

28. **미분방정식** $y' - 2y = e^x$, $y(0)=0$**의 해** $y(x)$**에 대하여,** $y(1)$ **의 값을 구하시오.**

필수 예제 11

미분방정식 $\frac{dy}{dx}+y=f(x)$의 $y(0)=0$일 때, $f(x)=\begin{cases}1, & (0\le x\le 1)\\ 0, & (x>1)\end{cases}$이다. $x=1$에서 연속인 해를 구하여라.

풀이 (i) $0\le x\le 1$ 일 때, $\frac{dy}{dx}+y=f(x)$ 는 $y'+y=1$로 나타낼 수 있다.

$y=e^{-\int 1\,dx}[e^{\int 1\,dx}+C]=e^{-x}[e^{x}+C_1]=1+C_1e^{-x}$이고, $y(0)=1+C_1=0$이므로 $C_1=-1$이다.

(ii) $x>1$일 때, $\frac{dy}{dx}+y=f(x)$ 는 $y'+y=0$로 나타낼 수 있고 미분방정식의 해는 $y=C_2e^{-x}$이다.

(iii) $y(x)=\begin{cases}1-e^{-x}, & (0\le x\le 1)\\ C_2e^{-x}, & (x>1)\end{cases}$이 $x=1$에서 연속이기 위해서 $g(x)=1-e^{-x}$, $h(x)=C_2e^{-x}$라고 할 때

$g(1)=h(1)$을 만족해야 한다. $\Rightarrow 1-e^{-1}=C_2e^{-1}\ \Rightarrow C_2=e(1-e^{-1})=e-1$

$\therefore\ y=\begin{cases}1-e^{-x} & (0\le x\le 1)\\ (e-1)e^{-x} & (x>1)\end{cases}$

29. $y=y(x)$가 미분방정식 $x\frac{dy}{dx}-y=2x^2$, $y(1)=5$의 해일 때, $y(2)$의 값은?

30. 다음 미분방정식을 풀어라.

(1) $\frac{dy}{dx}+y=x$

(2) $y'+y=xe^{-x}$

(3) $(1+x^2)y'=xy+1$

(4) $y'-\frac{1}{x}y=x^2$

필수 예제 12

미분방정식 $\frac{dy}{dx}-2xy=1$, $y(0)=y_0$의 해에 대하여 $\lim_{x\to\infty}y(x)=0$일 때 초깃값 y_0는?

① $y_0=-1$ ② $y_0=1$ ③ $y_0=-\int_0^\infty e^{-s^2}ds$ ④ $y_0=\int_0^\infty e^{-s^2}ds$

풀이 주어진 방정식은 1계 선형미분방정식이므로 해 공식을 적용하면

$y(x)=e^{-\int -2x\,dx}\left\{\int 1\cdot e^{\int -2x\,dx}dx+C\right\}=e^{x^2}\left\{\int e^{-x^2}dx+C\right\}$이다.

해는 $y(0)=y_0$이므로 $y(x)=e^{x^2}\left\{\int_0^x e^{-s^2}ds+y_0\right\}$라고 할 수 있다.

$\lim_{x\to\infty}y(x)=0$이 되기 위해서는 $\lim_{x\to\infty}y(x)=\lim_{x\to\infty}\dfrac{\int_0^x e^{-s^2}ds+y_0}{e^{-x^2}}\left(\frac{0}{0}\text{꼴}\right)=\lim_{x\to\infty}\dfrac{e^{-x^2}}{-2xe^{-x^2}}=\lim_{x\to\infty}\dfrac{1}{-2x}=0$이므로

$\lim_{x\to\infty}\int_0^x e^{-s^2}ds+y_0=0$이어야 한다.

$\therefore y_0=-\int_0^\infty e^{-s^2}ds=-\frac{\sqrt{\pi}}{2}$

31. $f(x)=2\int_0^x f(t)dt+e^{2x}$를 만족하는 미분가능한 함수 $f(x)$에 대하여 $f(1)$의 값을 구하시오.

32. 미분방정식 $\frac{dy}{dx}-2xy=2$의 해 $y(x)$에 대하여 $f(x)=\frac{d}{dx}\left(\frac{y(x)}{e^{x^2}}\right)$라고 할 때, $f(0)$의 값은?

33. 미분방정식 $5f'(x)+f(x)-45=0$의 해 $y=f(x)$에 대하여 $\lim_{x\to\infty}\frac{f'(x)}{f''(x)}$의 값을 구하여라.

6 베르누이 미분방정식

1 베르누이(Bernoulli) 미분방정식의 형태

$$y' + p(x)y = q(x)\,y^n \ (n \neq 0,1)$$

$n=0$ 또는 1의 경우는 선형미분방정식이고, 그 밖의 경우에는 비선형이다.

2 베르누이 방정식의 풀이

step 1) 양변에 y^{-n}을 곱한다. $\Rightarrow y^{-n}y' + p(x)y^{1-n} = q(x)$

step 2) $u = y^{1-n}$로 치환한다. $\Rightarrow u' = (1-n)y^{-n}y' \Rightarrow \dfrac{u'}{1-n} = y^{-n}y'$

step 3) u에 관한 1계 선형미분방정식 풀이

$$\Rightarrow \frac{u'}{1-n} + p(x)u = q(x) \ \Rightarrow u' + (1-n)\,p(x)u = (1-n)q(x)$$

step 4) 위의 해를 y에 관하여 정리한다.

필수 예제 13

함수 $y=y(x)$가 미분방정식 $y' + \frac{1}{x}y = 3x^2y^3$, $y(1)=1$의 해 일 때, $y\left(\frac{1}{2}\right)$의 값은?

풀이 주어진 미분방정식은 베르누이 미분방정식이다.

$y' + \frac{1}{x}y = 3x^2y^3$; 양변에 y^{-3}을 곱하자.

$y^{-3}y' + \frac{1}{x}y^{-2} = 3x^2$; $y^{-2} = u$로 치환하면, $-2y^{-3}\frac{dy}{dx} = \frac{du}{dx} \Rightarrow y^{-3}y' = -\frac{1}{2}u'$이다.

$-\frac{1}{2}u' + \frac{1}{x}u = 3x^2 \Leftrightarrow u' - \frac{2}{x}u = -6x^2$; 1계 선형미분방정식의 형태로 정리가 된다.

$$u = e^{\int \frac{2}{x}dx}\left[\int -6x^2 e^{-\int \frac{2}{x}dx}dx + C\right] = x^2\left(\int -6x^2 \cdot \frac{1}{x^2}dx + C\right) = x^2(-6x+C)$$

따라서 $\frac{1}{y^2} = x^2(-6x+C)$이고, $y(1)=1$이므로 $C=7$이다.

$$\therefore y = \left(\frac{1}{-6x^3+7x^2}\right)^{\frac{1}{2}} \Rightarrow y\left(\frac{1}{2}\right) = 1$$

34. 미분방정식 $y' = y\tan x - y^2 \sin 2x$, $y(0)=1$의 해를 구하시오.

35. $y(x)$가 미분방정식 $\frac{dy}{dx} = y - xy^2$, $y(0) = 1$의 해일 때, $y(1)$의 값을 구하시오.

36. $x\frac{dy}{dx} + y = x^2y^2$의 일반해 $y(x)$에 대하여 $y(1) = \frac{1}{100}$일 때, $\frac{1}{y(10)}$의 값은?

37. 미분방정식 $xy' = y^2 \ln x - y$, $y(1) = 1$ 에서 $y(e)$의 값은?

38. 다음 미분방정식을 풀어라.

(1) $y' + \frac{y}{x} = x^2y^3$

(2) $y' + xy = \frac{x}{y}$

(3) $\frac{dy}{dx} + y\sin x = y^2 \sin x$

(4) $\frac{dy}{dx} = y(xy^3 - 1)$

중앙대

39. 미분방정식 $\sqrt{x}\,dy+(y-e^{-2\sqrt{x}})dx=0,\ y(1)=1$의 해를 구하면?

① $y=(3\sqrt{x}+e^2-3)e^{-2\sqrt{x}}$

② $y=(2\sqrt{x}+e^2-2)e^{-2\sqrt{x}}$

③ $y=(2\sqrt{x}+e^2-2)e^{2\sqrt{x}}$

④ $y=(-2\sqrt{x}+e^2+2)e^{-2\sqrt{x}}$

아주대

40. 구간 $(-\frac{1}{2},\infty)$에서 정의된 함수 $y=f(x)$가 미분방정식 $y^3y'=\frac{y^4+1}{4}$을 만족하고 $f(0)=1$일 때 $f(1)$의 값은?

① $\sqrt[4]{2e-1}$ ② $\sqrt[3]{2e-1}$ ③ $\sqrt[3]{2e+1}$ ④ $\sqrt[4]{2e+1}$ ⑤ $\sqrt[3]{e-1}$

한양대 - 에리카

41. 미분방정식 $\frac{dy}{dx}-\frac{3y}{x+1}=(x+1)^4,\ y(0)=0$의 해는?

① $y(x)=(x+1)^3\left(\frac{x^2}{2}+x\right)$

② $y(x)=-(x+1)^3\left(\frac{x^2}{2}+x\right)$

③ $y(x)=(x+1)^4\left(\frac{x^2}{2}+x\right)$

④ $y(x)=-(x+1)^4\left(\frac{x^2}{2}+x\right)$

성균관대

42. 초기조건이 $y(1)=1$일 때, 다음 중 미분방정식 $y'=\dfrac{-xy-y^2}{2x^2+5xy}$의 해곡선 위에 있는 점은?

① $(2,-7)$ ② $(-3,1)$ ③ $(3,-2)$ ④ $(1,4)$ ⑤ $(-2,4)$

한양대

43. $\dfrac{dy}{dx}=(y-1)^2,\ y(0)=-2$일 때, 다음 중에서 가장 큰 것은?

① $y(2)$ ② $y(1)$ ③ $y'(2)$ ④ $y'(1)$

홍익대

44. 미분방정식 $2xy\,dx+(2x^2+3y)\,dy=0,\ y(1)=1$의 해 $y(x)$에 대하여 $y(0)$의 값을 구하시오.

① 1 ② $\sqrt[3]{2}$ ③ $\sqrt[3]{3}$ ④ $\sqrt[3]{4}$

중앙대

45. 미분방정식 $\begin{cases} \dfrac{dy}{dx} = -y(y+1), \\ y(0)=1 \end{cases}$ 을 만족하는 함수 $y=y(x)$에 대하여 $y(\ln 3)$의 값을 구하면?

① $\frac{1}{3}$ ② $\frac{1}{5}$ ③ $\frac{1}{6}$ ④ $\frac{1}{7}$

가천대

46. $y=y(x)$가 미분방정식 $xy' + 2y = 4x^2$, $y(1)=2$의 해일 때, $y(2)$의 값은?

① $-\frac{15}{4}$ ② $-\frac{3}{2}$ ③ $\frac{5}{2}$ ④ $\frac{17}{4}$

한양대

47. 다음 〈보기〉에 주어진 미분방정식의 해 $y(x)$에 대하여 $y(2)$가 가장 큰 것은?

가. $(1+x)dy - ydx = 0, y(1)=1$	나. $\frac{dy}{dx} = -\frac{x}{y}, y(4) = -3$
다. $\frac{dy}{dx} = y^2 - 4, y(0) = -1$	라. $x\frac{dy}{dx} + y = x, y(1) = 1$

① 가 ② 나 ③ 다 ④ 라

숭실대

48. 초깃값 문제 $\frac{dy}{dt} = \frac{1}{y^3+1}$, $y(0)=1$의 해를 $y(t)$라고 할 때 $y(T)=2$인 T는?

① $\frac{19}{4}$　② $\frac{9}{2}$　③ $\frac{14}{3}$　④ $\frac{29}{6}$

단국대

49. $y=y(x)$가 미분방정식 $\frac{dy}{dx} - e^x y^2 = y$, $y(0)=-2$의 해일 때, $y(1)$의 값은?

① $-2e$　② $-\frac{2}{e}$　③ $\frac{2}{e}$　④ $2e$

인하대

50. 구간 $(-2, 2)$에서 정의된 함수 $y=f(x)$가 $f(-1)=-2$이고, 미분 방정식 $y' = \frac{-x+2}{y-2}$를 만족한다. 이 함수의 그래프 위의 점 중 원점 O에서 가장 가까운 점을 P라고 할 때, $\overline{OP}$의 값은?

① $3-\sqrt{6}$　② $4-\sqrt{7}$　③ $5-2\sqrt{2}$　④ 3　⑤ $7-\sqrt{11}$

7 1계 미분방정식의 모델링

1 성장과 감쇠, 반감기의 모델링

성장 또는 감쇠, 반감기를 포함하는 다양한 현상을 모델링하는 방정식은 k를 비례상수로 하는 초깃값 문제와 같다.

$$\frac{dy}{dt} = ky,\ y(t_0) = y_0$$

풀이과정은 변수분리 미분방정식의 해법과 같다.

step 1) 모델의 설정

step 2) 일반해 구하기 $y = Ce^{kt}$ $\frac{dy}{dt} = ky,\ y(t_0) = y_0$

step 3) 초깃값 대입을 통해 특수해 구하기 ⇒ C, k결정

필수 예제 14

박테리아의 수가 처음에는 P_0이었으나 1시간 후에 그 수가 $\frac{3}{2}P_0$로 측정되었다. 박테리아의 증식 속도가 시간 t에서의 수 $P(t)$에 비례한다면, 그 수가 3배로 증가하는데 소요되는 시간은 얼마인가?

풀이 박테리아의 증식 속도는 시간에 대한 박테리아 개체수의 변화율을 말하므로 $\frac{dP(t)}{dt} = P'(t)$라고 하자.

박테리아의 증식 속도가 박테리아의 개체수에 비례하므로 $P'(t) = kP(t)$이다. 따라서 $P(t) = Ce^{kt}$이다.

$P(0) = C = P_0$, $P(1) = P_0e^k = \frac{3}{2}P_0$이므로 $e^k = \frac{3}{2}$이다.

따라서 $P(t) = P_0\left(\frac{3}{2}\right)^t$이고 처음 개체수의 3배가 되는 시간은 $P(t) = P_0\left(\frac{3}{2}\right)^t = 3P_0$이므로 $t\ln\frac{3}{2} = \ln 3$이다.

따라서 $t = \frac{\ln 3}{\ln 3 - \ln 2}$이다.

51. 만약 어떤 시간 t에서 박테리아의 증가율이 t에 존재하는 개체의 수에 비례하고 1주일에 두 배가 된다면 2주 후에는 얼마나 많은 박테리아가 예상되는가?

52. 실험에 의하면 낮은 압력 p 와 일정한 온도에서 기체의 부피 $V(p)$ 의 변화율은 $-\frac{V}{p}$ 와 같다. 모델을 풀어라.

53. 어떤 미생물 배양기에 100개의 개체를 넣어두고 60분 후에 관찰하였더니 개체 수가 500개로 늘어났다. 이 미생물이 증식하는 비율은 현재의 개체 수에 비례한다. 즉, $y(t)$ 를 시간 t 에서의 개체수라 하면, 시간에 따른 개체수의 변화율 $y'(t)$ 는 다음 관계식을 만족한다. 처음 100개의 개체가 2500개가 될 때까지 걸리는 시간은?

$$y'(t) = ky(t),\ k : \text{증식 상수}$$

① 300분　② 240분　③ 180분　④ 120분

54. 인간의 혈류에 있는 모르핀의 감소비율은 그 시점의 모르핀 양에 비례하고, 반감기는 3시간으로 알려져 있다. 혈류에 처음 $0.5mg$ 의 모르핀이 있다고 할 때, 몇 시간 후부터 혈류에 남아있는 모르핀 양이 $0.01mg$ 이하로 떨어지는가?

① $\frac{2\ln 5}{3\ln 2}$ 시간　② $\frac{6\ln 5}{\ln 2}$ 시간　③ $\frac{\ln 50}{3\ln 2}$　④ $\frac{3\ln 50}{\ln 2}$

55. 일정한 시간이 지난 후 일괄적으로 이자를 지급하는 방식이 아니라 시간 t 에 대해 연속적으로 이자를 지급하는 예금을 생각하자. 시간 t 에서 원금을 $S(t)$ 라고 할 때 원금의 증가율 $\frac{dS}{dt}$ 는 원금 $S(t)$ 에 비례한다. 비례상수 r 의 값이 5%/년일 때 원금이 두 배가 되는데 걸리는 시간을 구하시오.
(필요시 $e = 2.7$, $\ln 2 = 0.7$, $\ln 3 = 1.1$, $\sqrt{2} = 1.4$ 등으로 계산한다.)

① 7년　② 14년　③ 22년　④ 28년

2 뉴턴(Newton)의 냉각법칙

물체 A의 온도 T의 시간에 대한 변화율$\left(\frac{dT}{dt}\right)$는 A의 온도 T와 주변온도 차에 비례한다.

k는 비례상수, $T(t)$는 물체의 온도, T_m은 주변온도(상수)이다.

$$\frac{dT}{dt} = k\,(T - T_m)$$

풀이 과정은 1계 선형미분방정식 또는 변수분리미분방정식의 해법과 같다.

step 1) 모델의 설정 $\frac{dT}{dt} = k(T - T_m)$

step 2) 일반해 구하기 $T = T_m + Ce^{kt}$

T_m이 상수이고 $T(t)$인 함수라고 할 때,

$T - T_m = Ce^{kt}$을 t에 대해 미분하면 $\frac{dT}{dt} = kCe^{kt} = k(T - T_m)$이다.

따라서 미분방정식의 해는 $T = T_m + Ce^{kt}$이다.

step 3) 초깃값 대입을 통해 특수해 구하기 $\Rightarrow$ C, k결정

필수 예제 15

물체의 온도변화가 뉴턴의 냉각법칙에 의해서 미분방정식 $\frac{dT}{dt} = k(T - T_m)$을 따른다. 여기서 k는 비례상수이며, 시간 $t > 0$일 때, T는 물체의 온도이고, T_m은 물체를 둘러싼 주변 매질의 온도이다. 처음 오븐에서 꺼냈을 때 $100℃$인 케이크를 주변온도가 $20℃$인 상태에 놓아두면 1분 후 케이크 온도는 $60℃$가 된다고 하자. 오븐에서 꺼낸 지 2분 후 케이크의 온도를 구하시오.

풀이 케이크의 온도를 $T(t)$라고 할 때, $T(0) = 100$, $T(1) = 60$, $T_m = 20$를 식에 대입하자.

$T' = k(T - 20) \Leftrightarrow T - 20 = Ce^{kt} \Leftrightarrow T = Ce^{kt} + 20$이고, $T(0) = A + 20 = 100$이므로 $A = 80$이다.

그러므로, $T = 80e^{kt} + 20$ 이고 $T(1) = 80e^k + 20 = 60 \Rightarrow e^k = \frac{1}{2}$

$T = 80e^{kt} + 20 = 80\left(\frac{1}{2}\right)^t + 20$

$\therefore T(2) = 40$

56. 5℃ 을 가리키는 온도계를 온도가 22℃ 인 방에 가지고 들어왔다. 1분 후에 온도계는 12℃ 를 가리켰다. 이를 만족하는 온도계의 온도를 구하시오.

57. 케이크를 오븐에서 꺼냈을 대 300°F 이였고, 3분 후에 200°F 가 되었다. 주변 온도가 70°F 일 때, 6분 후에 케이크의 온도는 얼마일까? (소수 둘째자리에서 반올림해서 온도를 계산하시오.)

58. 뉴턴의 냉각법칙에 의하면 물체의 온도 변화는 그 물체와 주변과의 온도차에 비례한다. 실내 온도가 23℃ 인 커피숍에서 갓 뽑아낸 커피의 온도는 95℃ 이고, 커피숍 안에서 5분 후에 이 커피의 온도는 85℃ 가 된다고 한다. 이 때, 갓 뽑아낸 커피의 온도가 59℃ 로 식을 때까지 걸리는 시간을 계산하면 몇 분일까?

① $\dfrac{4\ln 2}{\ln 35-\ln 30}$ ② $\dfrac{5\ln 2}{\ln 36-\ln 31}$ ③ $\dfrac{6\ln 3}{\ln 37-\ln 32}$ ④ $\dfrac{7\ln 3}{\ln 38-\ln 33}$

59. 초기 온도가 20℃ 인 금속 막대를 물이 끓고 있는 용기에 떨어트리면 1초 만에 온도가 20℃ 상승했다. 막대의 온도가 90℃ 에 도달하는데 얼마의 시간이 걸리는가?

3 소금물 혼합문제

탱크 안의 소금이 용해되어 있고, 시간당 일정한 소금물이 유입이 된다. 혼합용액은 잘 휘저어져서 균질하게 유지된다. 혼합된 용액에서 시간당 일정한 소금물이 다시 흘러나간다.
시간 t에서 탱크 안의 물질의 양을 $y(t)$로 표기하고, 이것의 시간에 대한 변화율은 다음과 같다.(균형의 법칙)

$$y' = \text{소금의 유입률} - \text{소금의 유출률}$$

필수 예제 16

$100l$의 물에 $20kg$의 소금이 녹아있는 탱크가 있다. t분 후에 l당 $e^{-0.1t}kg$의 소금이 녹아있는 소금물이 분당 $10l$씩 탱크 안으로 들어가 균등하게 섞이며 같은 속도로 흘러나온다. t분 후 탱크안의 소금의 양 $y(t)$를 구하면?

풀이 탱크 속에 녹아있는 소금의 양을 $y(t)$라고 하고, 소금의 변화율을 $y'(t)$라고 하자.

$y(0)=20$이고, 유입량은 $10e^{-0.1t}$이고 유출량은 $\frac{10}{100}y=\frac{1}{10}y$이다.

소금의 변화율 = 유입량 - 유출량 $\Leftrightarrow$ $y'(t)=10e^{-\frac{1}{10}t}-\frac{1}{10}y \quad \Leftrightarrow \quad y'(t)+\frac{1}{10}y=10e^{-\frac{1}{10}t}$

1계 선형미분방정식의 해 $y(t)=e^{-\int\frac{1}{10}dt}\left[\int 10e^{-\frac{1}{10}t}e^{\int\frac{1}{10}dt}dt+c\right]=e^{-\frac{1}{10}t}\left[\int 10e^{-\frac{1}{10}t}e^{\frac{1}{10}t}dt+c\right]=e^{-\frac{1}{10}t}[10t+c]$

$y(0)=c=20$이므로 $y(t)=e^{-\frac{1}{10}t}(10t+20)$이다.

60. 아래 그림의 물탱크에 100L 의 물이 차있고 그 안에 20kg의 소금이 녹아 있다. 리터당 0.1kg의 소금이 녹아 있는 소금물이 분당 5 L씩 탱크 안에 흘러 들어오고, 고르게 잘 휘저은 다음 분당 10 L씩 소금물이 흘러 나간다. 흘러 나간 소금물 10 L 가운데 5 L를 다시 물탱크 안에 넣는다고 하자. t분 후 물탱크 안에 있는 소금의 양을 $y(t)$라 할 때 $y(t)$는?

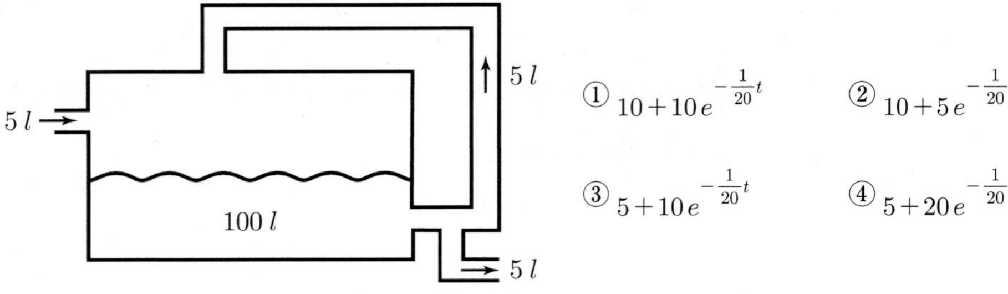

① $10+10e^{-\frac{1}{20}t}$ ② $10+5e^{-\frac{1}{20}t}$

③ $5+10e^{-\frac{1}{20}t}$ ④ $5+20e^{-\frac{1}{20}t}$

필수 예제 17

용량이 500L인 탱크에 100g의 소금이 녹아있는 200L의 물이 들어있다고 하자. 이때, 물 1L당 1g의 소금이 들어있는 소금물이 분당 3L의 비율로 탱크 안으로 들어가고 분당 2L의 비율로 흘러나간다. 탱크 속에서 소금물이 완전히 섞인다고 가정할 때 탱크가 소금물로 꽉 차면 얼마나 많은 소금이 탱크 안에 남아 있는가?

풀이 $y(t)$를 t시간 후의 탱크 안의 소금의 양이라 두면 $y(0)=100$이다.

$y'=1\times3-\dfrac{y}{200+t}\times2$이고 $t=300$일 때 탱크가 꽉 차므로 $y(300)$을 구하면 된다.

$y'+\dfrac{2}{200+t}y=3$이므로 1계 선형미분방정식이다.

$$y=e^{-\int\frac{2}{200+t}dt}\left[\int 3e^{\int\frac{2}{200+t}dt}dt+C\right]=e^{-2\ln(200+t)}\left[\int 3e^{2\ln(200+t)}dt+C\right]$$

$$=\frac{1}{(200+t)^2}\left[\int 3(200+t)^2dt+C\right]=200+t+\frac{C}{(200+t)^2}$$

$y(0)=100$이므로 $C=-4000000$이고 $y(300)=484$이다.

61. 물 $1000\,\mathrm{L}$가 들어있는 큰 수조에 $250\,\mathrm{kg}$의 소금이 녹아 있다. 소금 용액이 분당 $10\,\mathrm{L}$의 비율로 수조에 유입되고 잘 저은 용액이 같은 비율로 유출된다. 유입되는 용액에 $1\,\mathrm{L}$당 $0.5\,\mathrm{kg}$의 소금이 녹아 있을 때, 소금의 양을 $y(t)$라 하면 $\lim\limits_{t\to\infty}y(t)$는?

62. 용량이 500L인 탱크에 100g의 소금이 녹아있는 200L의 물이 들어있다고 하자. 이때, 물 1L당 1g의 소금이 들어있는 소금물이 분당 6L의 비율로 탱크 안으로 들어가고 분당 3L의 비율로 흘러나 간다. 탱크 속에서 소금물이 완전히 섞인다고 가정할 때 탱크가 소금물로 꽉 차면 얼마나 많은 소금이 탱크 안에 남아 있는가?

① 274g ② 365g ③ 460g ④ 523g ⑤ 602g

8 직교절선

1 직교절선

하나의 곡선군 $F(x, y, c_1) = 0$의 모든 곡선이 다른 곡선군 $G(x, y, c_1) = 0$의 모든 곡선과 직교할 때 이들 곡선군을 다른 곡선군의 직교절선(orthogonal trajectories)이라 한다.

두 곡선이 직교한다는 것의 의미는 두 곡선이 만나는 점에서 두 곡선의 접선이 서로 직각으로 교차한다는 것이다.

2 직교절선을 구하는 과정

주어진 곡선군이 미분방정식 $\frac{dy}{dx} = f(x,y)$의 해일 때,

이 곡선군의 직교절선을 구하기 위해서는 미분방정식 $\frac{dy}{dx} = -\frac{1}{f(x,y)}$을 풀면 된다.

직교절선은 실생활에서 기상도의 제작, 전기장 및 자기장 연구에 적용된다.

필수 예제 18

타원군 $\frac{1}{2}x^2 + y^2 = c$의 직교절선을 구하여라.

풀이 주어진 타원의 접선의 기울기는 $\frac{dy}{dx} = -\frac{f_x}{f_y} = -\frac{x}{2y}$이다.

타원과 수직관계에 놓인 직선의 기울기는 $\frac{dy}{dx} = \frac{2y}{x}$이다.

$\frac{1}{2y}dy = \frac{1}{x}dx \Rightarrow \int \frac{1}{2y}dy = \int \frac{1}{x}dx$를 계산하면,

$\frac{1}{2}\ln y = \ln x + C \Rightarrow y = Ae^{2\ln x} = Ax^2$이다.

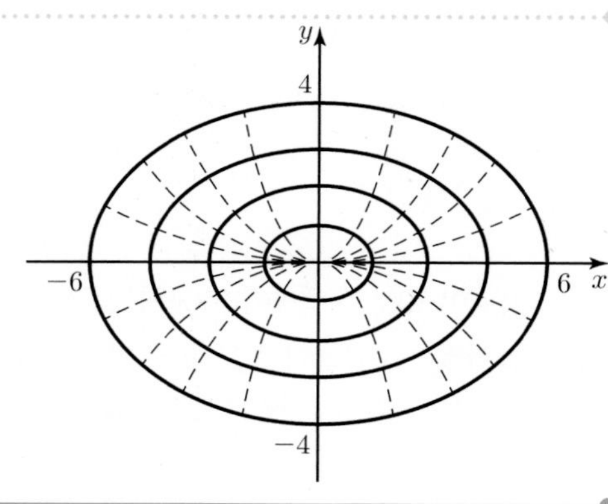

필수예제 19

극곡선 $r = a\cos\theta$와 $r = b\sin\theta$이 직교절선 관계에 있음을 보이시오.

풀이 극곡선 $r = a\cos\theta$은 $x^2+y^2 = ax \Leftrightarrow a = \dfrac{x^2+y^2}{x}$일 때, 미분방정식을 구하기 위해서 양변을 x로 미분하자.

$\dfrac{(2x+2yy')x-(x^2+y^2)}{x^2} = 0 \Leftrightarrow$ 분자$=0$이므로 $2xyy' = y^2-x^2 \Leftrightarrow y' = \dfrac{y^2-x^2}{2xy}$ 이다.

따라서 $x^2+y^2 = ax$의 접선의 기울기는 $y' = \dfrac{y^2-x^2}{2xy}$이고, 직교절선의 $\dfrac{dy}{dx} = \dfrac{2xy}{x^2-y^2}$이다.

필수예제 9번의 풀이를 적용하면 $\dfrac{dy}{dx} = \dfrac{2xy}{x^2-y^2}$의 해는 $x^2+y^2 = by$이므로 두 곡선은 직교절선 관계에 놓인다.

즉, 극곡선 $r = a\cos\theta$와 $r = b\sin\theta$의 사잇각은 $\dfrac{\pi}{2}$이다.

63. 곡선족 $y = cx^2$ 의 직교절선을 구하여라.

64. 곡선족 $y = mx$의 직교절선을 구하여라.

65. 곡선 $y = (x+c)^{-1}$의 직교절선을 구하시오.

66. 두 곡선족 $y = (x+c)^{-2}$과 $y = (ax+k)^{\frac{2}{5}}$이 직교절선이 되기 위한 실수 a의 값은?

① $\dfrac{1}{2}$ ② $\dfrac{3}{4}$ ③ 1 ④ $\dfrac{5}{4}$

선배들의 이야기 ++

아름쌤이 시키는 대로 하는 게 공부 노하우입니다

저는 대학에 들어갈 때부터 학교에 정이 가지 않았습니다. 원래 기대했던 대학에 미치지 못하는 학교였기 때문입니다. 2학년 1학기가 끝난 후, 도저히 졸업은 못하겠다는 마음이 생겨 편입을 알아보기 시작했습니다. 6월 말에 마침 아름쌤의 설명회가 있어 청강했고, 크게 자극을 받아 편입하기로 마음먹었습니다.

아름쌤의 커리큘럼을 따라 7월에는 미분과 선형대수를 끝냈고, 8월에는 적분과 다변수를 끝냈습니다. 9월에는 공학수학 1을 끝냈고, 10월에는 공학수학 2를 끝냈습니다. 11~12월에는 상위권 기출과 파이널 강의를 들었습니다.

제가 생각하는 가장 좋은 공부 방법은 그냥 아름쌤이 시키는 대로 하는 것입니다. 시키는 대로 한다는 것이 말로는 쉬워 보이지만, 막상 지키기 어렵습니다. '나는 지켰다'고 합리화하지 않고 진짜로 지켰는지 자기 자신에게 솔직해져야 합니다. 이것만 지켜도 충분히 좋은 성적을 낼 수 있을 것이라 확신합니다. 처음 시작할 때 아름쌤한테 "시켜주시는 대로 다 할 테니 합격만 시켜달라"고 했던 것이 기억이 납니다. 그리고 정말 시켜주시는 대로 해서 좋은 결과가 나온 것 같습니다.

아름쌤도 많이 강조하시지만, 현장강의를 듣는다면 당일 복습이 가장 중요합니다. 수업 끝났다고 바로 집에 가지 않고 꼭 당일 배웠던 개념들을 정리하세요. 그 개념들에 해당하는 연습문제들도 풀면 최소 50%는 자기 것이 될 것입니다. 그 후 기본서를 꾸준히 반복 복습하면서 나머지 50%를 채워나가면 됩니다. 부득이하게 당일 복습을 못하게 되면, 바로 다음날 새벽에 일어나서라도 복습을 해야 합니다. 한번 미루면 끝도 없으니 바로 해결해야 합니다. 그리고 '순공 몇 시간' 같은 말에 흔들릴 필요 없습니다. 중요한 것은 시간이 아니라 자신이 내용을 흡수했는지의 여부입니다.

기본서 무한 반복과 발상노트 쓰기

그래도 저만의 노하우가 있다면 기본서 무한 반복입니다. 모든 기본서 책을 최소 10회 이상 반복했습니다. 여러 문제를 접하는 것도 중요하지만, 처음에는 기본서에 나오는 모든 문제들을 100% 풀 줄 아는 것이 더 중요합니다. 여러 문제 접하는 것은 나중에 가서 해도 늦지 않습니다.

특히 상위권 학교들을 대비할 때 가장 중요한 것은, 문제를 봤을 때 발상해내는 능력을 키우는 것입니다. 이 능력을 키우는 방법은 '발상노트'입니다. 발상해내지 못했던 개념들을 전부 적어놓고, 매일 공부하기 전에 그 공책을 정독하는 것입니다. 저는 실제로 이 노트를 시험 보기 바로 직전에도 읽으며 생각을 다듬었습니다.

힘들 때는 어디엔가 털어놓으세요

가장 힘들었을 때는 잦은 실수 때문에 시험 점수가 잘 나오지 않았을 때였습니다. 처음에는 그저 '실수니까 다음에는 안하겠지!' 라는 생각이었는데, 이게 고쳐지지 않고 가면 갈수록 더 심해져 스트레스를 엄청 받았습니다. 그 때 아름쌤이랑 상담을 해서 고민을 털어놓고 나니 해결방안도 생기고 마음도 편해져서 극복해냈습니다. 혼자 앓지 말고 고민을 주변에 털어놓으면 한결 마음이 괜찮아질 겁니다.

- 정준형(한양대학교 융합전자공학부)

MEMO

MEMO

CHAPTER 02

N계 미분방정식

1. N계 선형미분방정식
2. 상수계수를 갖는 제차 선형미분방정식
3. 상수계수를 갖는 비제차 선형미분방정식
4. 코시-오일러 미분방정식
5. 매개변수 변환법
6. 급수해법
7. 계수 감소법

02 N계 미분방정식

1 N계 선형미분방정식

1 N계 선형미분방정식(표준형)

$$y^{(n)} + a_{n-1}(x)\,y^{(n-1)} + \cdots + a_1(x)\,y' + a_0(x)\,y = r(x)$$

(1) $r(x) = 0$이면, 제차 미분방정식이라 부른다.

(2) $r(x) \neq 0$이면, 비제차 미분방정식이라 부른다.

(3) $a_k(x)$를 상미분방정식의 계수(coefficients)라고 부른다.

(4) 제차 미분방정식의 해가 일차독립인 함수 $y_1(x), y_2(x), \cdots, y_n(x)$이 라고 한다면 미분방정식의 일반해는

$y = C_1 y_1(x) + C_2 y_2(x) + \cdots + C_n y_n(x)$이다. ($C_1, C_2, \cdots, C_n$는 임의의 상수)

⇒ 선형성의 원리

(5) 비제차 선형미분방정식 또는 비선형미분방정식은 해의 선형성 원리가 성립하지 않는다.

필수 예제 20

2계 제차 선형미분방정식 $y'' + y = 0$의 해 $y_1 = \cos x$와 $y_2 = \sin x$를 대입하여 증명하고,

초깃값 문제 $y'' + y = 0,\ \ y(0) = 3,\ \ y'(0) = \dfrac{-1}{2}$ 을 풀어라.

풀이 (i) $y_1'' = (\cos x)'' = -\cos x$이고, $y'' + y = -\cos x + \cos x = 0$이다.

(ii) $y_2'' = (\sin x)'' = -\sin x$이고, $y'' + y = -\sin x + \sin x = 0$

(iii) $y = c_1 y_1 + c_2 y_2 = c_1 \cos x + c_2 \sin x$이고, $y'' = -c_1 \cos x - c_2 \sin x$이므로

$y'' + y = (-c_1 \cos x - c_2 \sin x) + c_1 \cos x + c_2 \sin x = 0$이 성립한다.

⇒ 해의 선형성 원리 또는 중첩의 원리 : $\boldsymbol{y = c_1 y_1 + c_2 y_2}$ (y_1과 y_2의 일차결합)

(iv) 일반해 $y = c_1 \cos x + c_2 \sin x$이고, 일반해에 초기조건 대입하면

$y(0) = c_1 = 3,\ y' = -c_1 \sin x + c_2 \cos x$이고, $y'(0) = c_2 = -\dfrac{1}{2}$이다.

$\therefore\ \boldsymbol{y = 3\cos x - \dfrac{1}{2}\sin x}$

MEMO

2 상수계수를 갖는 제차 선형미분방정식

1 2계 상수계수 제차 선형미분방정식 $ay'' + by' + cy = 0$

(1) 특성방정식(Characteristic Equation) $at^2 + bt + c = 0$

step 1) $y = e^{tx}$ 의 형태의 해를 시도해 보자.

step 2) $y' = te^{tx}$ 와 $y'' = t^2 e^{tx}$ 를 식에 대입하면 다음과 같은 결과를 얻는다.

$$\Rightarrow ay'' + by' + cy = at^2 e^{tx} + bte^{tx} + ce^{tx} = (at^2 + bt + c)e^{tx} = 0$$

step 3) x 의 실수 값에 대해 e^{tx} 는 결코 0이 되지 않으므로,

미분방정식을 만족하는 유일한 방법은 t 를 다음과 같은 2차 방정식

$at^2 + bt + c = 0$ 의 근이 되도록 취하는 것이다.

(2) 특성방정식에 따른 미분방정식의 일반해

특성방정식의 해의 형태	일반해의 형태
① 서로 다른 두 실근 α, β	$y = c_1 e^{\alpha x} + c_2 e^{\beta x}$
② 중근 α	$y = c_1 e^{\alpha x} + c_2 x e^{\alpha x}$
③ 서로 다른 두 허근 $\alpha \pm \beta i$	$y = e^{\alpha x}(A\cos\beta x + B\sin\beta x)$

(3) 오일러(Euler) 공식 $e^{ix} = \cos x + i\sin x$

$$\cos x = 1 - \frac{x^2}{2!} + \frac{x^4}{4!} - \frac{x^6}{6!} + \cdots$$

$$\sin x = x - \frac{x^3}{3!} + \frac{x^5}{5!} - \frac{x^7}{7!} + \cdots$$

$$e^{ix} = 1 + ix + \frac{(ix)^2}{2!} + \frac{(ix)^3}{3!} + \frac{(ix)^4}{4!} + \cdots = 1 + ix - \frac{x^2}{2!} - i\frac{x^3}{3!} + \frac{x^4}{4!} + \cdots$$
$$= \left(1 - \frac{x^2}{2!} + \frac{x^4}{4!} - \cdots\right) + i\left(x - \frac{x^3}{3!} + \frac{x^5}{5!} - \cdots\right) = \cos x + i\sin x$$

(4) $C_1 e^{(\alpha+\beta i)x} + C_2 e^{(\alpha-\beta i)x} = e^{\alpha x}(A\cos\beta x + B\sin\beta x)$ 가 되는 이유

오일러 공식 $e^{ix} = \cos x + i\sin x$ 이 성립하므로 $e^{i\star} = \cos\star + i\sin\star$

$$e^{(\alpha+\beta i)x} = e^{\alpha x} e^{\beta x i} = e^{\alpha x}(\cos\beta x + i\sin\beta x)$$

$$e^{(\alpha-\beta i)x} = e^{\alpha x} e^{-\beta x i} = e^{\alpha x}(\cos(-\beta x) + i\sin(-\beta x)) = e^{\alpha x}(\cos\beta x - i\sin\beta x)$$

$$C_1 e^{(\alpha+\beta i)x} + C_2 e^{(\alpha-\beta i)x} = e^{\alpha x}(C_1\cos\beta x + C_1 i\sin\beta x) + e^{\alpha x}(C_2\cos\beta x - C_2 i\sin\beta x)$$
$$= e^{\alpha x}((C_1 + C_2)\cos\beta x + (C_1 - C_2)i\sin\beta x)$$
$$= e^{\alpha x}(A\cos\beta x + B\sin\beta x)$$

2 고계 상수계수 제차 선형미분방정식

$a_n y^{(n)} + a_{n-1} y^{(n-1)} + \cdots + a_1 y' + a_0 y = 0$의 n계 미분방정식을 풀려면

특성방정식 $a_n t^n + a_{n-1} t^{n-1} + \cdots + a_1 t + a_0 = 0$을 풀어야 한다.

만일 모든 근이 서로 다른 실근이면 $y = c_1 e^{t_1 x} + c_2 e^{t_2 x} + \cdots + c_n e^{t_n x}$의 일반해를 가지고,

중근과 허근도 2계 미분방정식과 동일한 방식을 따른다.

Areum Math Tip

2계 상수계수 미분방정식 $ay'' + by' + cy = 0$의 일반해 $y = c_1 y_1 + c_2 y_2$이고 y_1과 y_2는 일차독립관계이다.

특성방정식이 중근일 경우 일차독립인 해 y_2를 구하는 방법을 생각해보자.

(i) 특성방정식 $at^2 + bt + c = 0$의 해 $t = \dfrac{-b \pm \sqrt{b^2 - 4ac}}{2a}$에서 $b^2 - 4ac = 0$이고, $t = -\dfrac{b}{2a}$이다.

$\Rightarrow y_1 = e^{-\frac{b}{2a}x}$라고 할 수 있다.

(ii) y_1, y_2는 일차독립관계를 갖고 있는 방정식의 해이므로 $ay_1'' + by_1' + cy_1 = 0$, $ay_2'' + by_2' + cy_2 = 0$을 만족한다.

이를 만족하는 $y_2 = u(x) y_1$라고 하자.

(iii) y_2를 미분해서 방정식에 대입하자.

$y_2' = u' y_1 + u y_1'$, $y_2'' = u'' y_1 + 2u' y_1' + u y_1''$을 미분방정식 $ay_2'' + by_2' + cy_2 = 0$에 대입하자.

$au'' y_1 + 2au' y_1' + au y_1'' + bu' y_1 + bu y_1' + cuy_1 = 0$

$\Rightarrow (ay_1'' + by_1' + cy_1)u + (2ay_1' + by_1)u' + ay_1 u'' = 0$이고, $ay_1'' + by_1' + cy_1 = 0$이므로

$\Rightarrow (2ay_1' + by_1)u' + ay_1 u'' = 0$이고, $y_1 = e^{-\frac{b}{2a}x}$ 형태이므로 $y_1' = -\dfrac{b}{2a} e^{-\frac{b}{2a}x}$이다. 식에 대입해보자.

$$\Rightarrow \left(2a\left(-\frac{b}{2a} e^{-\frac{b}{2a}x}\right) + be^{-\frac{b}{2a}x}\right)u' + ae^{-\frac{b}{2a}x}u'' = 0$$

$$\Rightarrow \left(2a\left(-\frac{b}{2a}\right) + b\right)e^{-\frac{b}{2a}x}u' + ae^{-\frac{b}{2a}x}u'' = 0$$

$\Rightarrow ae^{-\frac{b}{2a}x}u'' = 0$이므로 $u'' = 0$이다. 따라서 $u(x) = x$이다.

(iv) y_1과 일차독립 관계인 해 y_2는 $y_2 = xy_1$이 된다.

필수 예제 21

초깃값 문제 $y'' - y' - 6y = 0,\ y(0) = -3,\ y'(0) = 11$의 해를 $\phi(x)$라 할 때, $\phi(\ln 2)$의 값은?

풀이 특성방정식이 $t^2 - t - 6 = 0$이므로 $t = 3, -2$이다.
따라서 일반해는 $y = Ae^{3x} + Be^{-2x}$이고, 초기조건을 대입하면
$y(0) = -3 = A + B,\ y' = 3Ae^{3x} - 2B^{-2x},\ y'(0) = 3A - 2B = 11$이므로 $A = 1, B = -4$이다.
$y = e^{3x} - 4e^{-2x} = \Phi(x)$이고, $\Phi(\ln 2) = 8 - 4 \cdot \frac{1}{4} = 7$이다.

67. $y = e^{rx}$일 때, 방정식 $y'' - 5y' + 6y = 0$을 만족하는 r값들의 합을 구하시오.

68. $y(t)$가 초깃값 문제 $\frac{d^2y}{dt^2} - 3\frac{dy}{dt} + 2y = 0,\ y(0) = 1,\ y'(0) = 0$의 해일 때 $y(\ln 4)$의 값은?

69. 초깃값 $y(0) = 1$, $y'(0) = -1$ 을 만족하는 미분방정식 $y'' + y' - 2y = 0$ 에서 $y''(1)$의 값은?

70. $y'' + 5y' + 6y = 0,\ y(0) = 3,\ y'(0) = -7$일 때, $y(1) + y'(1)$의 값은?

필수 예제 22

함수 $y=x^3e^{4x}$가 4계 선형미분방정식 $y^{(4)}+c_3y^{(3)}+c_2y''+c_1y'+c_0y=0$의 해일 때, $\sum_{i=0}^{3}c_i$의 값은?

풀이 미분방정식의 특성방정식은 $t^4+c_3t^3+c_2t^2+c_1t+c_0=0$이고,

방정식의 해가 $y=x^3e^{4x}=0\cdot e^{4x}+0\cdot xe^{4x}+0\cdot x^2e^{4x}+x^3e^{4x}$ 이므로
특성방정식의 근이 $t=4,4,4,4$이고, 특성방정식은 $(t-4)^4=0$임을 알 수 있다.
따라서 $t^4+c_3t^3+c_2t^2+c_1t+c_0=(t-4)^4 \Rightarrow (t-4)^4=t^4+{}_4C_1(-4)t^3+{}_4C_2(-4)^2t^2+{}_4C_3(-4)^3t+{}_4C_4(-4)^4$이다.
$c_3={}_4C_1\cdot(-4)=-16,\ c_2={}_4C_2\cdot(-4)^2=96,\ c_1={}_4C_3\cdot(-4)^3=-256,\ c_0={}_4C_4\cdot(-4)^4=256$이므로
$c_0+c_1+c_2+c_3=80$이다.

[다른 풀이]
$t^4+c_3t^3+c_2t^2+c_1t+c_0=(t-4)^4$가 성립하고, $c_0+c_1+c_2+c_3$ 구하는 문제이므로 양변에 $t=1$를 대입하자.
$1+c_3+c_2+c_1+c_0=(1-4)^4 \Leftrightarrow c_0+c_1+c_2+c_3=80$이다.

71. 미분방정식 $y''+y'+\frac{1}{4}y=0,\ y(0)=3,\ y'(0)=-3.5$의 해를 구하시오.

72. 초깃값 문제 $y''-4y'+4y=0,\ y(0)=2,\ y'(0)=1$의 해 y에 대하여 $y(1)$의 값은?

73. 2계 미분방정식과 초기조건은 $y''-10y'+25y=0,\ y(0)=1,\ y'(0)=10$이다. $y(5)$의 값을 구하면?

74. 초기조건 $y(0)=0,\ y'(0)=0,\ y''(0)=2$일 때, 미분방정식 $y'''+3y''+3y'+y=0$의 해는?

① x^4e^{-x} ② x^3e^{-x} ③ x^2e^{-x} ④ xe^{-x}

필수 예제 23

미분방정식 $y''-4y'+53y=0,\ y(\pi)=-3,\ y'(\pi)=2$의 해를 구하면?

풀이 특성방정식이 $t^2-4t+53=0$이므로 $t=2\pm 7i$이다.

일반해는 $y(x)=e^{2x}(A\cos 7x+B\sin 7x)$이고, $y(\pi)=e^{2\pi}(-A)=-3$이므로 $\therefore A=\dfrac{3}{e^{2\pi}}$

$y'=2e^{2x}(A\cos 7x+B\sin 7x)+e^{2x}(-7A\sin 7x+7B\cos 7x)=2y(x)+e^{2x}(-7A\sin 7x+7\cos 7x)$

$y'(\pi)=2y(\pi)+e^{2\pi}(-7B)=2,\ y(\pi)=-3$이므로

$-7Be^{2\pi}=8 \Rightarrow B=-\dfrac{8}{7e^{2\pi}}$

$\therefore y=e^{2x}\left(\dfrac{3}{e^{2\pi}}\cos 7x-\dfrac{8}{7e^{2\pi}}\sin 7x\right)$

75. **다음 미분방정식 $y''+2y'+4y=0$의 일반해를 구하시오.**

76. **$y''+ay'+by=0$의 일반해가 $y=e^{2x}(c_1\cos 3x+c_2\sin 3x)$일 때, 상수 b의 값은?**

77. **미분방정식 $y''+ay'+by=0$ 의 일반해가 $y=c_1e^{(2+i)x}+c_2e^{(2-i)x}$ 의 꼴이라면 $a+b$ 의 값으로 알맞은 것은? (단, $c_1,\ c_2$는 상수이다.)**

① -12 ② -2 ③ -1 ④ 1

필수 예제 24

초깃값 문제 $y'''+y'=0,\ y(0)=1,\ y'(0)=1,\ y''(0)=1$의 해를 $y=f(x)$라고 할 때, $f\left(\frac{\pi}{3}\right)$의 값을 구하시오.

풀이 특성방정식이 $t^3+t=0$이므로 $t=0,i,-i$이다. 따라서 미분방정식의 일반해는 $y=Ae^{0x}+B\cos x+c\sin x$ 이다.
초기조건을 대입하기 위해서 $y'=-B\sin x+C\cos x \Rightarrow y''=-B\cos x-C\sin x$이고,
$y(0)=A+B=1,\ y'(0)=C=1,\ y''(0)=-B=1 \Rightarrow A=2, B=-1, C=1$
그러므로 $y=2-\cos x+\sin x$이다.
$f\left(\frac{\pi}{3}\right)=2-\frac{1}{2}+\frac{\sqrt{3}}{2}=\frac{3+\sqrt{3}}{2}$

78. 미분방정식 $y''-2y'+2y=0,\ y(0)=-3,\ y\left(\frac{\pi}{2}\right)=0$ 을 만족할 때, $y'(0)$의 값은?

79. $(D^2+2D+2)y=0,\ y(0)=1,\ y'(0)=1$ 에 대해 $y\left(\frac{\pi}{2}\right)$ 의 값은?

80. 다음 미분방정식 $y^{(4)}+2y^{(2)}+y=0$의 일반해를 구하시오.

81. 주어진 미분방정식의 일반해가 $x\to\infty$ 일 때, 0으로 수렴하는 경우는?

① $y''-2y'+2y=0$ ② $y''-4y'+3y=0$
③ $y''+3y'-4y=0$ ④ $y''+4y'+3y=0$

3 상수계수를 갖는 비제차 선형미분방정식

1 상수계수 비제차 선형미분방정식

$y^{(n)}+a_{n-1}y^{(n-1)}+\cdots+a_1y'+a_0y=R(x)$ 에서 일반해 $y(x)=y_c(x)+y_p(x)$ 이다.

초깃값을 대입하여 특수해를 찾을 수 있다.

(1) $y^{(n)}+a_{n-1}y^{(n-1)}+\cdots+a_1y'+a_0y=0$을 만족하는 일반해 $y_c(x)$

(2) $y^{(n)}+a_{n-1}y^{(n-1)}+\cdots+a_1y'+a_0y=R(x)$를 만족하는 특수해 $y_p(x)$

❖ 여기서 $y_c(x), y_p(x)$를 각각 일반해, 특수해라고 부른다. 중복된 단어가 사용되기 때문에 정리가 필요하다.

2 미정계수법을 통한 특수해 $y_p(x)$ 구하기

$y^{(n)}+a_{n-1}y^{(n-1)}+\cdots+a_1y'+a_0y=R(x)$ 에서,

step 1) $y^{(n)}+a_{n-1}y^{(n-1)}+\cdots+a_1y'+a_0y=0$의 해 y_c를 구한다.

step 2) $R(x)$만 보고 특성방정식의 근을 유추한다.

step 3) $y_p(x)$의 형태를 적을 때, step 2에서 유추한 근의 형태로 적되,

step 1에서 확인한 특성방정식의 근의 중복도를 고려한다.

step 4) 위에서 구한 $y_p(x)$의 형태를 미분방정식에 대입하여 정확한 $y_p(x)$를 구할 수 있다.

$R(x)$의 항	y_p의 형태
ke^{mx}	ce^{mx}
$kx^n(n=0,1,2,\cdots)$	$k_0+k_1x+k_2x^2+\cdots+k_nx^n$
$k\cos wx$	$K\cos wx+M\sin wx$
$k\sin wx$	
$ke^{ax}\cos wx$	$e^{ax}(K\cos wx+M\sin wx)$
$ke^{ax}\sin wx$	

MEMO

필수 예제 25

다음 미분방정식의 특수해를 구하여라.

(1) $y'' - 2y' + y = e^x$ (2) $y'' - 2y' = 2x$

풀이 (1) step 1) $y'' - 2y' + y = 0$의 특성방정식이 $t^2 - 2t + 1 = 0$이므로 $t = 1, 1 \Rightarrow y_c = Ae^x + Bxe^x$

step 2) $R(x) = e^x$ 이므로 특성방정식의 해 $t = 1$이다. 전체 3번째 해 1이다.

step 3) $y_p = cx^2e^x$를 유추할 수 있다.

step 4) $y_p' = 2cxe^x + cx^2e^x = ce^x(2x + x^2)$, $y_p'' = 2ce^x + 2c(2xe^x) + cx^2e^x = ce^x(x^2 + 4x + 2)$을

미분방정식에 대입하면 좌변은 $y'' - 2y' + y = 2ce^x$와 같이 정리되고 우변 $R(x) = e^x$와 같아야 하므로 $c = \frac{1}{2}$이다.

$\therefore y_p = \frac{1}{2}x^2e^x$

(2) step 1) $y'' - 2y' = 0$의 특성방정식 $t^2 - 2t = 0$의 $t = 0, 2$이다. $\Rightarrow y_c = Ae^{0x} + Be^{2x} = A + Be^{2x}$

step 2) $R(x) = 2x = 0e^{0x} + 2xe^{0x}$ 이므로 특성방정식의 해는 $t = 0, 0$이고 전체 2번째, 3번째 수이다.

step 3) $y_p = Cxe^{0x} + Dx^2e^{0x} = Cx + Dx^2$

step 4) $y_p' = C + 2Dx$, $y_p'' = 2D$, $y'' - 2y' = 2D - 2(C + 2Dx) = 2x$이므로

$D - C = 0,\ -4D = 2 \Rightarrow C = -\frac{1}{2}$, $D = -\frac{1}{2}$

$\therefore y_p = -\frac{1}{2}x - \frac{1}{2}x^2$

82. 다음 미분방정식의 특수해를 구하여라.

(1) $y'' - 3y' + 2y = e^{3x}$ (2) $y'' - y = e^{-x}$

(3) $(D^2 - D - 2)y = \sin x$ (4) $(D^2 + 1)y = \sin x$

83. 다음 미분방정식의 특수해 $y_p(x)$의 형태를 구하시오.

(1) $(D^2 - D + 1)y = x^2 + x + 1$ (2) $y'' - 4y' + 3y = x^2e^{3x}$

필수 예제 26

적당한 상수 A, B에 대하나 아래의 함수 중에서 미분방정식 $y''+y=2\sin\frac{x}{2}\cos\frac{3}{2}x$의 해가 될 수 있는 것은?

① $A\sin x+B\cos 2x$ ② $A\sin 2x+B\cos x$ ③ $A\sin 2x+Bx\cos x$ ④ $Ax\sin x+B\cos 2x$

풀이 $y''+y=2\sin\frac{x}{2}\cos\frac{3}{2}x=\sin(2x)-\sin x$라고 할 수 있다.

(i) 특성방정식 $t^2+1=0$이므로 $t=\pm i$이고, $y_c=\{\sin x, \cos x\}$

(ii) $R(x)=\sin 2x-\sin x$를 통해서 특성방정식의 해를 유추하면 $t=\pm 2i, \pm i$이다.

(iii) $R(x)$의 t에서 $\pm i$는 일반해과 중복된 근 임을 유의해서 특수해를 유추하자.

$y_p=x(a\cos x+b\sin x)+c\cos 2x+d\sin 2x$로 유추할 수 있다.

(iv) 보기의 값을 통해서 답을 구하자.

$\sin 2x$를 $y''+y=k\sin 2x$꼴이 나오므로 반드시 $\sin 2x$는 포함된다. 하지만 $\cos 2x$는 $y''+y=m\cos 2x$이므로 $R(x)$를 만족하지 못한다.

따라서 보기 ②과 ③ 중에서 답을 선택하면 된다. 그 중에서 ③이 답이 되는 이유는 중복도를 표현한 근이 있기 때문이다.

[다른 풀이] 역연산자를 이용한 풀이

$y''+y=2\sin\frac{x}{2}\cos\frac{3}{2}x=\sin(2x)-\sin x$이고, $y''+y=0$에서 $y_c=c_1\cos x+c_2\sin x$이다.

$$y_p=Im\frac{1}{D^2+1}\{e^{2ix}-e^{ix}\}=Im\frac{1}{D^2+1}\{e^{2ix}\}-Im\frac{1}{D^2+1}\{e^{ix}\}$$

$$=Im\frac{1}{D^2+1}\{e^{2ix}\}-Im\frac{1}{(D+i)(D-i)}\{e^{ix}\}=-\frac{1}{3}\sin 2x+\frac{x}{2}\cos x$$

$$\therefore y=c_1\cos x+c_2\sin x-\frac{1}{3}\sin 2x+\frac{1}{2}x\cos x$$

84. $\frac{d^2y}{dx^2}-6\frac{dy}{dx}+9y=6x^2+2-12e^{3x}$의 특수해 $y_p(x)$의 형태는?

① $y=Ax^2+Bx+C+De^{3x}$ ② $y=Ax^2+Bx+C+Dxe^{3x}$
③ $y=Ax^2+Bx+C+Dx^2e^{3x}$ ④ $y=Ax^2+Bx+C+Dx^3e^{3x}$

85. 미분방정식 $y''+ay'+by=\cos x$의 특수해가 $y_p=Ax\cos x+Bx\sin x$의 형태이다. 이 때, $a+2b$의 값을 구하시오. (단, a, b, A, B는 모두 상수이다.)

MEMO

3 역연산자법을 이용하여 특수해 $y_p(x)$ 구하기

$y^{(n)}+a_{n-1}y^{(n-1)}+\cdots+a_1y'+a_0y=R(x)$는 계수가 상수인 미분방정식이고

일반해 $y(x)=y_c(x)+y_p(x)$이다.

$y^{(n)}+a_1y^{(n-1)}+\cdots+a_{n-1}y'+a_ny=R(x)$는 미분연산자의 기호를 사용하여

$(D^n+a_1D^{n-1}+\cdots+a_{n-1}D+a_n)y=R(x)$로 정리할 수 있다.

$f(D)=D^n+a_1D^{n-1}+\cdots+a_{n-1}D+a_n$ 라고 하면 $f(D)\,y=R(x)$로 쓸 수 있다.

우변의 $R(x)$가 다항식, 지수함수, 삼각함수 등의 항을 포함하고 있는 경우에 적용된다.

역연산자 $\frac{1}{f(D)}$ 을 도입해서 $f(D)\,y=R(x)$의 비제차 미분방정식의 특수해 $y_p=\frac{1}{f(D)}\{R(x)\}$ 를 구할 수 있다.

$$\boldsymbol{y^{(n)}+a_1y^{(n-1)}+\cdots+a_{n-1}y'+a_ny=R(x)\Leftrightarrow f(D)\,y=R(x)}$$

예를 들어 설명하자면, $\frac{dy}{dx}=R(x)$ 또는 $Dy=R(x)$ 일 때

이 경우 특수적분 $y_p=\int R(x)dx$이고, y_p 는 역연산자를 써서 $y=\frac{1}{D}R(x)$로 나타낸다.

따라서 $\frac{1}{D}R(x)=\int R(x)dx$ 로 해석하여야 할 것이다. 즉, $\frac{1}{D}=\int$ 이다.

❖ $f(D)=0$의 식은 $y^{(n)}+a_{n-1}y^{(n-1)}+\cdots+a_1y'+a_0y=0$의 해를 구하는 특성방정식과 같다.

4 $R(x)$의 형태에 따른 특수해 구하는 해법

(1) $R(x)=e^{\alpha x}$ 일 때

$f(D)\,y=e^{\alpha x}\Leftrightarrow y_p=\frac{1}{f(D)}\{e^{\alpha x}\}=\frac{1}{f(\alpha)}\{e^{\alpha x}\}$

① $f(\alpha)\neq 0$ 일 때, $y_p=\frac{1}{f(\alpha)}e^{\alpha x}$

② $f(\alpha)=0$ 일 때,

(i) $f(D)=(D-\alpha)^n$ 일 때, $y_p=\frac{1}{(D-\alpha)^n}\{e^{\alpha x}\}=\frac{x^n}{n!}e^{\alpha x}$

(ii) $f(D)=g(D)(D-\alpha)^m$ 일 때, $y_p=\frac{1}{g(D)(D-\alpha)^m}\{e^{\alpha x}\}=\frac{x^m}{g(\alpha)\,m!}e^{\alpha x}$

⇒ $f(\alpha)=(D-\alpha)^n$라는 것은 $f(D)\,y=0$을 만족하는 특성방정식과 같으므로

일반해를 구할 때 $e^{\alpha x}$의 중복도는 n임을 알 수 있다.

따라서 특수해는 일반해와 일차 독립인 해이므로 $n+1$번째의 해를 의미하는 x^n가 붙게 된다.

⇒ $f(\alpha)=g(D)(D-\alpha)^m$는 일반해에서 $e^{\alpha x}$의 중복도가 m이고,

특수해는 $m+1$번째의 해를 의미하는 x^m이 붙게 된다.

(2) $R(x) = a + bx + cx^2 + \cdots$ 일 때

$\frac{1}{f(D)} = \frac{1}{a_0(1-g(D))}$ 로 만들어서 $\frac{1}{1-★}$ 꼴 또는 $\frac{1}{1+★}$ 의 매클로린 급수를 이용

$$y_p = \frac{1}{f(D)}\{R(x)\} = \frac{1}{a_0 + a_1 D + \cdots + a_{n-1}D^{n-1} + D^n}\{a + bx + cx^2 + \cdots\}$$

$$= \frac{1}{a_0}\left(\frac{1}{1-g(D)}\right)\{a + bx + cx^2 + \cdots\}$$

$$= \frac{1}{a_0}(1 + g(D) + g(D)^2 + \cdots)\{a + bx + cx^2 + \cdots\}$$

(3) $R(x) = \cos ax$ 또는 $\sin ax$ 일 때

① $R(x) = \cos ax = Re(e^{iax})$ 의 경우 $y_p = Re\left[\frac{1}{f(D)}\{e^{iax}\}\right]$

② $R(x) = \sin ax = Im(e^{iax})$ 의 경우 $y_p = Im\left[\frac{1}{f(D)}\{e^{iax}\}\right]$

①, ②의 특수해는 (1) $R(x) = e^{\alpha x}$ 의 형태와 같은 과정으로 구한다.

(4) $R(x) = e^{\alpha x}$·다항식 또는 $R(x) = e^{\alpha x}$·삼각함수

① $R(x) = e^{\alpha x}(a + bx + cx^2 + \cdots)$ 일 때, $y_p = \frac{e^{\alpha x}}{f(D+\alpha)}\{(a + bx + cx^2 + \cdots)\}$

② $R(x) = e^{\alpha x}\cos bx$ 일 때, $y_p = Re\left[\frac{e^{\alpha x}}{f(D+\alpha)}\{e^{ibx}\}\right]$ 또는 $y_p = Re\left[\frac{1}{f(D)}\{e^{(\alpha+ib)x}\}\right]$

③ $R(x) = e^{\alpha x}\sin bx$ 일 때, $y_p = Im\left[\frac{e^{\alpha x}}{f(D+\alpha)}\{e^{ibx}\}\right]$ 또는 $y_p = Im\left[\frac{1}{f(D)}\{e^{(\alpha+ib)x}\}\right]$

(5) $f(D) = D^n$ 일 때, $y_p = \frac{1}{f(D)}\{R(x)\} = \frac{1}{D^n}\{R(x)\} = \int^{(n)} R(x)\,(dx)^n$

필수 예제 27

미분방정식 $y''-2y'+y=e^{2t}$의 해 $y=y(t)$가 $y(0)=y'(0)=0$을 만족할 때, $y(-1)$의 값은?

① e^{-2}　② $e-e^{-2}$　③ $e+e^{-2}$　④ $-e+e^{-2}$　⑤ $-e-e^{-2}$

풀이 특성방정식이 $u^2-2u+1=0$이므로 $u=1, 1$이고 일반해는 $y_c=(a+bt)e^t$이다. 비제차 미분방정식의 특수해는 미분연산자법에 의해 $y_p=\frac{1}{(D-1)^2}\{e^{2t}\}=e^{2t}$이므로 해는 $y(t)=(a+bt)e^t+e^{2t}$이다. 또한 $y'(t)=be^t+(a+bt)e^t+2e^{2t}$이므로 초기치를 대입하면 $y(0)=a+1=0$, $y'(0)=b+a+2=0$에서 $a=-1$, $b=-1$이다.

따라서 $y(t)=(-1-t)e^t+e^{2t}$이고 $y(-1)=e^{-2}$이다.

86. **미분방정식 $y''+3y'+2y=6e^x$의 해가 $y(0)=1$, $y(\ln 2)=3$을 만족할 때, $y(3)$의 값은?**

87. **미분방정식 $\frac{d^2y}{dx^2}-y=1\ (x>0)$, $y(0)=0$, $\lim_{x\to\infty}y(x)=-1$의 해를 구하시오.**

88. **미분방정식 $y''-7y'+10y=e^{4x}$의 해가 될 수 없는 것은?**

① $y=\frac{1}{2}e^{2x}-\frac{1}{2}e^{4x}+\frac{3}{2}e^{5x}$　② $y=\frac{\sqrt{3}}{2}e^{2x}-\frac{1}{2}e^{4x}-\frac{1}{2}e^{5x}$

③ $y=-\frac{3}{2}e^{2x}+\frac{1}{2}e^{4x}-\frac{1}{2}e^{5x}$　④ $y=-\frac{\sqrt{3}}{2}e^{2x}-\frac{1}{2}e^{4x}+\frac{\sqrt{3}}{2}e^{5x}$

필수 예제 28

미분방정식 $y''+2y'+y=2e^{-x}$의 해가 $y(0)=-1$, $y'(0)=1$일 때, $y(1)$의 값은?

풀이 (i) 특성방정식이 $t^2+2t+1=0$이므로 $t=-1$(중근)이다.

$\therefore y_c=(a+bx)e^{-x}$

(ii) 특수해 y_p는 역연산자법을 통해서 구하자.

$$y_p=\frac{1}{(D+1)^2}\{2e^{-x}\}=2\cdot\frac{x^2e^{-x}}{2!}=x^2e^{-x}$$

(i), (ii)에 의하여 $y=y_c+y_p=(a+bx+x^2)e^{-x}$이다.

$y'=(2x+b)e^{-x}-(a+bx+x^2)e^{-x}$이므로 $y(0)=a=-1$, $y'(0)=b-a=1$, $a=-1$, $b=0$이다.

(iii) 미분방정식의해 $y=(x^2-1)e^{-x}$이고, $y(1)=0$이다.

89. **초기조건 $y(0)=0, y'(0)=0$을 만족하는 미분방정식 $y''-4y'+4y=2e^{2x}$의 해를 $y=f(x)$라 할 때, $f(1)$의 값은?**

90. **$y(x)$가 미분방정식 $y''+y'-2y=6e^x$, $y(0)=0$, $y'(0)=-1$의 해일 때, $y(1)$의 값은?**

91. **미분방정식 $y''-y=\cosh x$, $y(0)=2$, $y'(0)=12$의 해를 구하면?**

필수 예제 29

초깃값이 $y(0)=y'(0)=y''(0)=0$인 미분방정식 $y^{(3)}+y'=e^x$의 해 $y=y(x)$에 대하여, 폐구간 $[0, 2\pi]$에서 $y=y'$을 만족하는 x의 값은 몇 개 존재하는가?

풀이 특성방정식 $t^3+t=t(t^2+1)=0$이므로 $y_c(x)=A+B\cos x+C\sin x$이다.

특수해 $y_p=\dfrac{1}{D(D^2+1)}\{e^x\}=\dfrac{1}{2}e^x$이다.

따라서 $y(x)=a+b\cos x+c\sin x+\dfrac{1}{2}e^x \Rightarrow y(0)=a+b+\dfrac{1}{2}=0 \Rightarrow a+b=-\dfrac{1}{2}$

$y'=-b\sin x+c\cos x+\dfrac{1}{2}e^x \Rightarrow y'(0)=c+\dfrac{1}{2}=0 \Rightarrow c=-\dfrac{1}{2}$

$y''=-b\cos x-c\sin x+\dfrac{1}{2}e^x \Rightarrow y''(0)=-b+\dfrac{1}{2}=0 \Rightarrow b=\dfrac{1}{2}, \Rightarrow a=-1$이다.

$y(x)=-1+\dfrac{1}{2}\cos x-\dfrac{1}{2}\sin x+\dfrac{1}{2}e^x,\ y'(x)=-\dfrac{1}{2}\sin x-\dfrac{1}{2}\cos x+\dfrac{1}{2}e^x$

$y=y'$을 만족하는 식은 $\cos x=1$이므로 구간에 존재하는 해는 $x=0, 2\pi$ 이므로 2개가 존재한다.

92. **미분방정식 $y'''+3y''+3y'+y=30e^{-x}$, $y(0)=3$, $y'(0)=-3$, $y''(0)=-47$ 의 해를 $y(x)$라 할 때, $y(5)$의 값은?**

93. **다음 미분방정식의 특수해 $y_p(x)$를 구하라.**

(1) $y'''-y''-8y'+12y=10e^{2x}+25e^{-3x}$ **(힌트 : $y_c=(c_1+c_2x)e^{2x}+c_3e^{-3x}$)**

(2) $y^{(4)}+5y''+4y=e^{-x}$

필수 예제 30

미분방정식 $y''+3y'+2y=4x^2$, $y(0)=7$, $y'(0)=0$의 해 $y(x)$에 대하여, $y(1)+y'(1)=a+\frac{b}{e^2}$라고 할 때, $a+b$의 값은?

풀이 특성방정식이 $t^2+3t+2=0$이므로 $t=-2$, $t=-1$이고, $y_c=c_1e^{-2x}+c_2e^{-x}$이다.

(i) 특수해를 구하기 위해서 2가지 방법을 통해서 구하자.

① 역연산자법

$f(D)=D^2+3D+2=2\left(1+\frac{3}{2}D+\frac{1}{2}D^2\right)$이므로

$$y_p=\frac{1}{f(D)}\{4x^2\}=\frac{4}{2\left(1+\frac{3}{2}D+\frac{1}{2}D^2\right)}\{x^2\}=2\left(1-\frac{3}{2}D-\frac{1}{2}D^2+\frac{9}{4}D^2+\cdots\right)\{x^2\}$$

$$=2\left(x^2-\frac{3}{2}\cdot 2x+\frac{7}{4}\cdot 2\right)=2x^2-6x+7$$

② 미정계수법에 의해서 $y_p=Ax^2+Bx+C$라고 유추할 수 있다.

$y''+3y'+2y=2A+3(2Ax+B)+2(Ax^2+Bx+C)$

$=2Ax^2+(6A+2B)x+(2A+3B+2C)=4x^2$을 만족해야 한다.

따라서 $A=2$, $B=-6$, $C=7$이다. 즉, $y_p=2x^2-6x+7$이다.

❖ 대입하는 과정에서 좌변에서 2차식을 결정하는 $2y$이므로 대입해서 $2Ax^2+\cdots=4x^2$이 되어야 하므로 $A=2$임을 바로 확인할 수 있다. 따라서 $y_p=2x^2+Bx+C$라고 유추하고 식을 전개하는 것이 더 효율적이다.

(ii) 미분방정식의 해는 $y=c_1e^{-2x}+c_2e^{-x}+2x^2-6x+7$이다.

$y'=-2c_1e^{-2x}-c_2e^{-x}+4x-6$이고 초기조건 $y(0)=7$, $y'(0)=0$을 대입해보면 $c_1=-6$, $c_2=6$이다.

즉, 미분방정식의 해는 $y(x)=-6e^{-2x}+6e^{-x}+2x^2-6x+7$이다. $y'(x)=12e^{-2x}-6e^{-x}+4x-6$이다.

그러므로 $y(1)+y'(1)=(-6e^{-2}+6e^{-1}+3)+(12e^{-2}-6e^{-1}-2)=6e^{-2}+1$이다.

따라서 $a+b=1+6=7$이다.

94. **미분방정식의 특수해 $y_p(x)$를 구하시오.**

(1) $(D^2-D+2)y=x^2+x+1$

(2) $(D^2-5D+4)y=3x^2-x$

(3) $\frac{d^3y}{dx^3}+\frac{d^2y}{dx^2}+3\frac{dy}{dx}-5y=25x^2+16e^x$

필수 예제 31

$y=y(x)$가 미분방정식 $y''+y=-4\sin x$, $y\left(\frac{\pi}{2}\right)=-1$, $y'\left(\frac{\pi}{2}\right)=0$의 해일 때, $y(\pi)$의 값은?

풀이 (i) 특성방정식 $t^2+1=0$에서 $t=\pm i$이므로 $y_c=A\cos x+B\sin x$

(ii) 역연산자법을 이용하면

$$y_p=\frac{1}{D^2+1}\{-4\sin x\}=-4\,Im\left[\frac{1}{D^2+1}\{e^{ix}\}\right]=-4Im\left[\frac{1}{(D-i)(D+i)}\{e^{ix}\}\right]=-4Im\left[\frac{xe^{ix}}{2i}\right]$$

$$=-4Im\left[\frac{x}{2i}(\cos x+i\sin x)\right]=-4Im\left[\frac{-xi}{2}(\cos x+i\sin x)\right]=(-4)\left(-\frac{x}{2}\cos x\right)=2x\cos x$$

(i), (ii)에 의하여 $y=y_c+y_p=A\cos x+B\sin x+2x\cos x$이고,

$y'=-A\sin x+B\cos x+2\cos x-2x\sin x$이므로

$y\left(\frac{\pi}{2}\right)=B=-1$, $y'\left(\frac{\pi}{2}\right)=-A-\pi=0 \Rightarrow A=-\pi$, $B=-1$이다.

$\therefore\ y=-\pi\cos x-\sin x+2x\cos x \Rightarrow y(\pi)=\pi-2\pi=-\pi$

95. 다음 미분방정식의 특수해를 구하여라.

(1) $y''-y'+4y=-2\cos 3x$

(2) $y''+y=\sin x$

96. $y(t)$가 다음 미분방정식 $y''+4y=\cos t$, $y(0)=y'(0)=0$의 해일 때, $y\left(\frac{\pi}{2}\right)$의 값은?

97. 미분방정식 $f''(t)-2f'(t)=3\cos t$, $f'(0)=0$을 만족시키는 $f(t)$에 대하여 $f''(0)$의 값은?

98. 초깃값 $y(0)=0$, $y'(0)=0$을 만족하는 미분방정식 $y''+4y=\sin^2(2x)$의 해 $y=y(x)$의 $y(\pi)$의 값은?

필수 예제 32

미분방정식 $y'' - 2y' + y = x^3e^x$, $y(0) = 0$, $y'(0) = 1$의 해 $y(x)$에 대하여, $y(1)$의 값은?

풀이 step 1) $t^2 - 2t + 1 = 0$이므로, $t = 1, 1$이다. $y_c = Ae^x + Bxe^x$

step 2) $y_p = \dfrac{1}{f(D)}\{e^x \cdot x^3\} = \dfrac{e^x}{f(D+1)}\{x^3\}$; $f(D) = (D-1)^2$, $f(D+1) = D^2$이므로

$= \dfrac{e^x}{D^2}\{x^3\} = e^x \iint x^3\, dx = e^x\left(\dfrac{1}{5} \cdot \dfrac{1}{4}x^5\right)$

$\therefore y = Ae^x + Bxe^x + \dfrac{1}{20}x^5e^x \Rightarrow y(0) = A = 0$이고, $y = Bxe^x + \dfrac{1}{20}x^5e^x$이다.

$y' = Be^x + Bxe^x + \dfrac{1}{4}x^4e^x + \dfrac{1}{20}x^5e^x \Rightarrow y'(0) = B = 1$

$\therefore y = xe^x + \dfrac{1}{20}x^5e^x \Rightarrow y(1) = e + \dfrac{1}{20}e = \dfrac{21}{20}e$

99. 다음 미분방정식의 특수해를 구하시오.

(1) $y'' - 2y' + y = x^2e^{3x}$

(2) $y'' - 2y' + 3y = (x+1)e^x$

100. $y(x)$가 미분방정식 $y''' + y' = 3x^2$, $y''(0) = y'(0) = y(0) = 1$의 해일 때, $y(x)$의 x항의 계수는?

필수 예제 33

미분방정식 $y''+2y'+y=e^{-x}\cos 2x$, $y(0)=0$, $y'(0)=-1$의 해를 구하면?

① $y=\frac{-1}{4}e^{-x}(4x+\cos 2x-1)$ ② $y=\frac{-1}{2}e^{-x}(4x+\cos 2x-1)$

③ $y=\frac{-1}{4}e^{-x}(2x+\cos 2x-1)$ ④ $y=\frac{-1}{2}e^{-x}(2x+\cos 2x-1)$

풀이 (i) 특성[보조]방정식 $D^2+2D+1=0$에서 $D=-1$(중근)이므로 $y_c=(a+bx)e^{-x}$이다.

(ii) 비동차[비제차] 미분방정식의 특수해 y_p

풀이 1) $y_p=\frac{1}{(D+1)^2}\{e^{-x}\cos 2x\}=e^{-x}\frac{1}{D^2}\{\cos 2x\}=e^{-x}\iint \cos 2x\,dx\,dx=-\frac{1}{4}e^{-x}\cos 2x$

풀이 2) $y_p=\frac{1}{(D+1)^2}\{e^{-x}\cos 2x\}=e^{-x}\frac{1}{D^2}\{\cos 2x\}=Re\left[\frac{e^{-x}}{D^2}\{e^{i2x}\}\right]=\frac{e^{-x}}{-4}\cos 2x$

풀이3) $y_p=\frac{1}{(D+1)^2}\{e^{-x}\cos 2x\}=Re\left[\frac{1}{(D+1)^2}\{e^{(-1+i2)x}\}\right]=\frac{1}{-4}e^{-x}\cos 2x$

(i), (ii)에 의하여 $y=y_c+y_p=\left(a+bx-\frac{1}{4}\cos 2x\right)e^{-x}$이다.

$y'=\left(b+\frac{1}{2}\sin 2x\right)e^{-x}-\left(a+bx-\frac{1}{4}\cos 2x\right)e^{-x}=\left(b-a-bx+\frac{1}{2}\sin 2x+\frac{1}{4}\cos 2x\right)e^{-x}$이므로

$y(0)=0$, $y'(0)=-1$에서 $a=\frac{1}{4}$, $b=-1$이다.

$\therefore y=\left(\frac{1}{4}-x-\frac{1}{4}\cos 2x\right)e^{-x}=-\frac{1}{4}e^{-x}(4x+\cos 2x-1)$

101. **미분방정식 $y''+4y'+4y=e^{-x}\cos 2x$의 일반해를 구하시오.**

102. **미분방정식 $y''-y'-6y=e^{-x}\sin 2x$의 특수해 $y_p(x)$를 구하시오.**

103. 미분방정식 $y'' - 2y' - 3y = 6e^{-x}\sin 3x$ 의 특수해 $y_p(x)$ 를 구하시오.

104. 미분방정식 $y'' + 6y' + 9y = e^{-3x}\cos 2x$, $y(0) = -\frac{1}{4}$, $y'(0) = 1$ 의 해를 구하면?

① $y = \frac{1}{4}e^{-3x}(x - \cos 2x)$
② $y = \frac{1}{2}e^{-3x}(x - \cos 2x)$
③ $y = \frac{1}{4}e^{-3x}(x + \cos 2x)$
④ $y = \frac{1}{2}e^{-3x}(x + \cos 2x)$

105. 미분방정식 $y'' - 4y' + 4y = e^{2x} + \sin x$ 의 특수해는?

106. $y = y(x)$ 가 미분방정식 $y'' - y = x + \sin x$, $y(0) = 3$, $y'(0) = -\frac{1}{2}$ 의 해일 때, $y\left(\frac{\pi}{2}\right)$ 의 값은?

107. $y'' + y = 2x + 8\cos x$, $y(\pi) = 0$, $y'(\pi) = 2$ 일 때, $y(\frac{\pi}{2})$ 의 값은?

4 코시-오일러 미분방정식

1 2계 코시-오일러 방정식 $ax^2y'' + bxy' + cy = 0$

(1) 특성방정식 $ar(r-1)+br+c=0$

step 1) $y = x^r$ 형태의 해를 시도해 보자. ($x^r = e^{\ln x^r} = e^{r\ln x}$)

step 2) $y' = rx^{r-1} \Rightarrow xy' = rx^r$와 $y'' = r(r-1)x^{r-2} \Rightarrow x^2y'' = r(r-1)x^r$를 미분방정식에 대입하면

$\Rightarrow ax^2y'' + bxy' + cy = ar(r-1)x^r + brx^r + cx^r = (ar(r-1)+br+c)x^r = 0$

step 3) $y = x^r$이 미분방정식의 해가 되려면 r의 값은 $ar(r-1)+br+c=0$의 근이 되어야 한다.

(2) 특성방정식에 따른 미분방정식의 일반해

특성방정식의 해의 형태	일반해의 형태
① 서로 다른 두 실근 α, β	$y = c_1x^\alpha + c_2x^\beta$
② 중근 α	$y = c_1x^\alpha + c_2(\ln x)x^\alpha$
③ 서로 다른 두 허근 $\alpha \pm \beta i$	$y = x^\alpha(A\cos(\beta\ln x) + B\sin(\beta\ln x))$

2 고계 코시-오일러 방정식

$a_nx^ny^{(n)} + a_{n-1}x^{n-1}y^{(n-1)} + \cdots + a_1xy' + a_0y = 0$의 n계 미분방정식을 풀려면

특성방정식 $a_nr(r-1)\cdots(r-(n-1)) + a_{n-1}r(r-1)\cdots(r-(n-2)) + \cdots + a_1r + a_0 = 0$를 풀어야 한다.

r의 실근, 중근과 허근에 따라 2계 코시-오일러 미분방정식과 동일한 방식으로 근을 적으면 된다.

MEMO

Areum Math Tip

〈상수계수 미분방정식과 코시-오일러 미분방정식의 관계성〉

$y=y(x)$인 해를 갖는 $ay''+by'+cy=0 \Leftrightarrow a\dfrac{d^2y}{dx^2}+b\dfrac{dy}{dx}+cy(x)=0$의 해는 $y=c_1e^{\alpha x}+c_2e^{\beta x}$이다.

여기서 $e^x=t \Leftrightarrow x=\ln t$라고 치환하면, $y=y(x)=f(t)$라고 할 수 있다.

$$\frac{dy}{dx}=\frac{y'(t)}{x'(t)}=\frac{\frac{dy}{dt}}{\frac{1}{t}}=t\frac{dy}{dt},\ \frac{d^2y}{dx^2}=\frac{x'y''-x''y'}{(x')^3}=\frac{\frac{1}{t}\frac{d^2y}{dt^2}+\frac{1}{t^2}\frac{dy}{dt}}{\frac{1}{t^3}}=t^2\frac{d^2y}{dt^2}+t\frac{dy}{dt}$$ 이므로

상수계수 미분방정식 $a\dfrac{d^2y}{dx^2}+b\dfrac{dy}{dx}+cy(x)=0$에 치환 결과를 대입하면

코시-오일러 미분방정식 $at^2\dfrac{d^2y}{dt^2}+(a+b)t\dfrac{dy}{dt}+cy(t)=0$이 된다.

코시-오일러 미분방정식의 특성방정식은 $ar(r-1)+(a+b)r+c=ar^2+br+c=0$이므로

상수계수 미분방정식의 특성방정식과도 동일하다.

특성방정식에 따른 미분방정식의 일반해를 정리해보자.

상수계수 미분방정식에서 $e^x=t$로 치환했으므로 $x=\ln t$가 된다.

특성방정식의 해의 형태	2계 상수계수 미분방정식의 일반해의 형태	코시-오일러 미분방정식의 일반해의 형태
① 서로 다른 두 실근 α, β	$y=c_1e^{\alpha x}+c_2e^{\beta x}$	$y=c_1e^{\alpha\ln t}+c_2e^{\beta\ln t}=c_1t^{\alpha}+c_2t^{\beta}$
② 중근 α	$y=c_1e^{\alpha x}+c_2xe^{\alpha x}$	$y=c_1e^{\alpha\ln t}+c_2(\ln t)e^{\alpha\ln t}$ $=c_1t^{\alpha}+c_2(\ln t)t^{\alpha}$
③ 서로 다른 두 허근 $\alpha\pm\beta i$	$y=e^{\alpha x}(A\cos\beta x+B\sin\beta x)$	$y=c_1e^{(\alpha+\beta i)\ln t}+c_2e^{(\alpha-\beta i)\ln t}$ $=e^{\alpha\ln t}(A\cos(\beta\ln t)+B\sin(\beta\ln t))$ $=t^{\alpha}(A\cos(\beta\ln t)+B\sin(\beta\ln t))$

필수 예제 34

미분방정식 $x^3y''' + x^2y'' - 2xy' + 2y = 0$의 해가 $y(1) = 3,\ y(-1) = -7,\ y'(1) = -7$을 만족할 때, $y(2)$의 값은?

풀이 주어진 코시-오일러 미분방정식의 특성다항식이 $r(r-1)(r-2) + r(r-1) - 2r + 2 = 0 \Rightarrow r^3 - 2r^2 - r + 2 = 0$이므로, $r = -1, 1, 2$이다.

$\therefore\ y = ax^{-1} + bx + cx^2,\ y' = -ax^{-2} + b + 2cx$

$\Rightarrow y(1) = a + b + c = 3,\ y(-1) = -a - b + c = -7,\ y'(1) = -a + b + 2c = -7$

$\Leftrightarrow \begin{pmatrix} 1 & 1 & 1 \\ -1 & -1 & 1 \\ -1 & 1 & 2 \end{pmatrix}\begin{pmatrix} a \\ b \\ c \end{pmatrix} = \begin{pmatrix} 3 \\ -7 \\ -7 \end{pmatrix}$이므로

$\begin{pmatrix} 1 & 1 & 1 & 3 \\ -1 & -1 & 1 & -7 \\ -1 & 1 & 2 & -7 \end{pmatrix} \sim \begin{pmatrix} 1 & 1 & 1 & 3 \\ 0 & 0 & 2 & -4 \\ 0 & 2 & 3 & -4 \end{pmatrix} \sim \begin{pmatrix} 1 & 1 & 1 & 3 \\ 0 & 2 & 3 & -4 \\ 0 & 0 & 2 & -4 \end{pmatrix} \sim \begin{pmatrix} 1 & 0 & 0 & 4 \\ 0 & 1 & 0 & 1 \\ 0 & 0 & 1 & -2 \end{pmatrix}$

$\Rightarrow a = 4, b = 1, c = -2$

$\therefore y = \dfrac{4}{x} + x - 2x^2$이고, $y(2) = -4$이다.

108. 코시-오일러 미분방정식 $x^2y'' - 6y = 0$의 해 $y = f(x)$는 $f(1) = 1,\ f(-1) = 1$을 만족한다. $f(2)$의 값은?

109. 미분방정식 $x^2y'' - 4xy' + 6y = 0$이 $y(1) = -1, y'(1) = -4$를 만족할 때 $y(-1)$은?

110. 초깃값 문제 $x^3y'' + 2x^2y' - 6xy = 0$, $y(1) = 0,\ y'(1) = 5$ 의 해를 구하여라.

111. 코시-오일러 방정식 $x^3y''' - 6x^2y'' + 18xy' - 24y = 0$ 의 해를 구하면 $y = c_1x^a + c_2x^b + c_3x^c$ 이다. 이때 $a + b + c$ 의 값은 얼마인가?

필수 예제 35

$y=y(x)$가 미분방정식 $x^2y''-5xy'+10y=0,\ y(1)=4,\ y'(1)=-6$의 해일 때, $y(e)$의 값은?

① $-18e^3\sin(1)$ ② $4e^3\cos(e)$ ③ $4e^3\cos(e)-18e^3\sin(e)$ ④ $4e^3\cos(1)-18e^3\sin(1)$

풀이 주어진 코시-오일러 미분방정식의 특성방정식은 $r(r-1)-5r+10=0 \Leftrightarrow r^2-6r+10=0$이고 $r=3\pm i$이다.

$y=Ae^{(3+i)\ln x}+Be^{(3-i)\ln x}=x^3(A\cos(\ln x)+B\sin(\ln x))$

$y(1)=4,\ y'(1)=-6$이므로, $A=4,\ B=-18$이다.

$y=x^3(4\cos(\ln x)-18\sin(\ln x))$이므로 $y(e)=e^3(4\cos 1-18\sin 1)$이다. 따라서 정답은 ④이다.

112. $y=y(x)$가 미분방정식 $x^2y''-3xy'+4y=0,\ y(1)=5,\ y'(1)=3$의 해 일 때, $y(e^2)$의 값은?

113. $4x^2\dfrac{d^2y}{dx^2}+ax\dfrac{dy}{dx}+y=0$ 의 해가 $y=c_1\dfrac{1}{\sqrt{x}}+c_2\dfrac{\ln x}{\sqrt{x}}$ 일 때, a값은?

114. 미분방정식 $x^2\dfrac{d^2y}{dx^2}+ax\dfrac{dy}{dx}+by=0$ 의 일반해가 $y=c_1x+c_2x\ln x$ 의 꼴이라 하면, $a+b$ 의 값은?

115. $x^2y''+5xy'+5y=0,\ y(1)=1,\ y'(1)=-5$일 때, $y(e)$의 값은?

① $-e^{-2}(\cos 1+3\sin 1)$ ② $e^{-2}(\cos 1+2\sin 1)$
③ $e^{-2}(\cos 1-3\sin 1)$ ④ $e^{-2}(\cos 1-2\sin 1)$

필수 예제 36

미분방정식 $(ax+b)^2\dfrac{d^2y}{dx^2}+(ax+b)\dfrac{dy}{dx}+y=0$을 코시-오일러 미분방정식의 형태로 정리하시오.

풀이 주어진 미분방정식의 해 $y=y(x)$에 애하여 $ax+b=t$로 치환하면 $x=\dfrac{t-b}{a}$이고, $y=y\left(\dfrac{t-b}{a}\right)=f(t)$가 된다.

즉, $\begin{cases} x=\dfrac{t-b}{a} \\ y=f(t) \end{cases}$ 에 대하여 $\dfrac{dy}{dx}=\dfrac{\frac{dy}{dt}}{\frac{dx}{dt}}=\dfrac{\frac{dy}{dt}}{\frac{1}{a}}=a\dfrac{dy}{dt}$, $\dfrac{d^2y}{dx^2}=\dfrac{x'y''-x''y'}{(x')^3}=\dfrac{\frac{1}{a}\frac{d^2y}{dt^2}}{\frac{1}{a^3}}=a^2\dfrac{d^2y}{dt^2}$ 이므로

미분방정식에 대입하자.

$(ax+b)^2\dfrac{d^2y}{dx^2}+(ax+b)\dfrac{dy}{dx}+y=0 \Rightarrow a^2t^2\dfrac{d^2y}{dt^2}+at\dfrac{dy}{dt}+y(t)=0$이라는 코시 - 오일러 미분방정식이 되었다.

116. 미분방정식 $(x+2)^2\dfrac{d^2y}{dx^2}+(x+2)\dfrac{dy}{dx}+y=0$ 을 풀어라.

117. $y=y(x)$가 미분방정식 $(x+1)^2y''-4(x+1)y'+4y=0$, $y(0)=0$, $y'(0)=3$의 해일 때, $y(1)$의 값은?

118. 미분방정식 $(x+1)^2y''-3(x+1)y'+4y=0$, $y(0)=-1$, $y'(0)=0$의 해 $y(x)$에 대하여 $y(1)+y(3)=a+b\ln 2$일 경우 $a+b$의 값은?

119. 미분방정식 $(1-x^2)\dfrac{d^2y}{dx^2}-x\dfrac{dy}{dx}=0$, $|x|<1$을 $x=\sin t$를 이용하여 t에 관한 미분방정식으로 바꾸면?

① $\dfrac{d^2y}{dt^2}=0$　② $\cos^2t\dfrac{d^2y}{dt^2}-\sin t\dfrac{dy}{dt}=0$　③ $\dfrac{d^2y}{dt^2}-\sin t\dfrac{dy}{dt}=0$　④ $\dfrac{d^2y}{dt^2}-\dfrac{dy}{dt}=0$

MEMO

5 매개변수 변환법

1 론스키안 행렬식

론스키안(Wronskian) 행렬식은 선형대수학과 미적분학, 미분기하학 등에서 사용되는 식으로,

유한개 함수들의 집합이 일차독립인지를 판별하는 도구이다.

함수 $\{y_1(x), y_2(x), \cdots, y_n(x)\}$가 $n-1$번 미분가능 할 때, 론스키안 행렬식은 다음과 같다.

$$W(x) = \begin{vmatrix} y_1(x) & y_2(x) & \cdots & y_n(x) \\ y_1{'}(x) & y_2{'}(x) & \cdots & y_n{'}(x) \\ \vdots & \vdots & & \vdots \\ y_1^{(n-1)}(x) & y_2^{(n-1)}(x) & \cdots & y_n^{(n-1)}(x) \end{vmatrix}$$

(1) $W(x) \neq 0$이면, $\{y_1(x), y_2(x), \cdots, y_n(x)\}$는 일차독립이다.

(2) $W(x) = 0$이면, $\{y_1(x), y_2(x), \cdots, y_n(x)\}$는 일차종속이다.

2 매개변수 변환법(론스키안 해법)

$\boldsymbol{y^{(n)} + p_1(x)y^{(n-1)} + p_2(x)y^{(n-2)} + \cdots + p_n(x)y = R(x)}$에서 특수해는 다음과 같이 구한다.

❖ 여기서 $R(x)$는 항상 표준형을 기준으로 세팅해야한다.

step 1) $y^{(n)} + p_1(x)y^{(n-1)} + p_2(x)y^{(n-2)} + \cdots + p_n(x)y = 0$의 일반해를 구한다.

$y_c = C_1y_1(x) + C_2y_2(x) + \cdots + C_ny_n(x)$이고, 기저는 $\{y_1(x), y_2(x), \cdots, y_n(x)\}$이다.

step 2) $W(x)$, $W_i(x)R(x)$를 구한다.

$W_i(x)R(x)$는 행렬식 $W(x)$에서 i열을 성분을 모두 삭제하고, 그 자리에 0을 계속 넣다가 마지막 행에 $R(x)$를 넣고 계산한 행렬식이다.

$$W_i(x)R(x) = \begin{vmatrix} y_1(x) & \cdots & 0 & \cdots & y_n(x) \\ y_1{'}(x) & \cdots & 0 & \cdots & y_n{'}(x) \\ \vdots & & \vdots & & \vdots \\ y_1^{(n-1)}(x) & \cdots & R(x) & \cdots & y_n^{(n-1)}(x) \end{vmatrix}$$

step 3) 특수해를 구하는 식에 대입하여 적분한다.

$$y_p = y_1(x)\int \frac{W_1(x)R(x)}{W(x)}dx + y_2(x)\int \frac{W_2(x)R(x)}{W(x)}dx + \cdots + y_n(x)\int \frac{W_n(x)R(x)}{W(x)}dx$$

3 언제 사용하면 좋을까요?

(1) 비제차 상수계수 선형미분방정식의 $R(x)$의 형태가 기본공식에 대입하기 어려울 때

(2) 비제차 코시-오일러 방정식

Areum Math Tip

2계 미분방정식의 경우

$W(x) = \begin{vmatrix} y_1 & y_2 \\ y_1' & y_2' \end{vmatrix} = y_1 y_2' - y_1' y_2,$

$W_1 R(x) = \begin{vmatrix} 0 & y_2 \\ R(x) & y_2' \end{vmatrix} = -y_2 R(x),\ W_2 R(x) = \begin{vmatrix} y_1 & 0 \\ y_1' & R(x) \end{vmatrix} = y_1 R(x)$

따라서 $y_p = y_1 \int \frac{-y_2 R(x)}{W} dx + y_2 \int \frac{y_1 R(x)}{W} dx$ 라고 할 수 있다.

필수 예제 37

y_1, y_2를 미분방정식 $x\frac{d^2y}{dx^2} + \frac{dy}{dx} + xy = 0,\ x > 0$의 자명하지 않은 두 일차독립인 해라고 하자. 이 때, y_1, y_2의 론스키안 행렬식을 구하면?

풀이 론스키안 행렬식은 $W = \begin{vmatrix} y_1 & y_2 \\ y_1' & y_2' \end{vmatrix} = y_1 y_2' - y_2 y_1'$이다.

미분방정식이 $xy'' + y' + xy = 0$이므로 해 y_1, y_2를 각각 대입하면 다음과 같다.

$\begin{cases} xy_1'' + y_1' + xy_1 = 0 & \times y_2 \\ xy_2'' + y_2' + xy_2 = 0 & \times y_1 \end{cases}$

$xy_1''y_2 + y_1'y_2 + xy_1y_2 = 0 \cdots\cdots ①$

$xy_1y_2'' + y_1y_2' + xy_1y_2 = 0 \cdots\cdots ②$

①식에서 ②식을 빼주면, $x(y_1y_2'' - y_1''y_2) + y_1y_2' - y_1'y_2 = 0 \Leftrightarrow \{x(y_1y_2' - y_2y_1')\}' = 0$이다.

이 식을 적분하면, $x(y_1y_2' - y_2y_1') = C$이다.

$W = \begin{vmatrix} y_1 & y_2 \\ y_1' & y_2' \end{vmatrix} = y_1y_2' - y_2y_1'$이므로, $W = \frac{C}{x}$이다.

필수 예제 38

미분방정식 $y'' + y = \sec x \quad \left(-\frac{\pi}{2} < x < \frac{\pi}{2}\right)$의 특수해 $y_p(x)$를 구하여라.

풀이 step 1) 제차 미분방정식의 특성방정식이 $t^2+1=0$이므로 $t = \pm i$이다.

$y_c = A\cos x + B\sin x = span\{\cos x, \sin x\}$

step 2) $W = \begin{vmatrix} \cos x & \sin x \\ -\sin x & \cos x \end{vmatrix} = 1$

$W_1 R(x) = \begin{vmatrix} 0 & \sin x \\ \sec x & \cos x \end{vmatrix} = -\sec x \sin x = -\tan x$

$W_2 R(x) = \begin{vmatrix} \cos x & 0 \\ -\sin x & \sec x \end{vmatrix} = 1$

step 3) $y_p = \cos x \int -\tan x dx + \sin x \int 1 dx$

$= \cos x \ln(\cos x) + x \sin x$

120. 미분방정식 $y'' - 2y' + y = \frac{2e^x}{1+x^2}$의 특수해 $y_p(x)$를 구하여라.

121. 미분방정식 $y'' - 4y' + 4y = \frac{e^{2x}}{x}$의 해가 $y(1) = 4e^2$과 $y(-1) = 0$을 만족할 때, 해 $y(x)$를 구하시오.

122. 미분방정식 $y'' + 9y = \csc 3x$ 의 특수해는?

필수 예제 39

비제차 코시-오일러 방정식 $x^2y'' - 4xy' + 6y = x^2\ln x$의 해를 구하시오.

풀이 〈론스키안 해법〉

$y'' - \frac{4}{x}y' + \frac{6}{x^2}y = \ln x$이고, $R(x) = \ln x$이다.

step 1) $x^2y'' - 4xy' + 6y = 0$에서 $r(r-1) - 4r + 6 = 0$이므로 $r = 2, 3$이다.

그러므로 $y_c = Ax^2 + Bx^3 = span\{x^2, x^3\}$

step 2) $W = \begin{vmatrix} x^2 & x^3 \\ 2x & 3x^2 \end{vmatrix} = x^4$, $W_1R(x) = \begin{vmatrix} 0 & x^3 \\ \ln x & 3x^2 \end{vmatrix} = -x^3\ln x$, $W_2R(x) = \begin{vmatrix} x^2 & 0 \\ 2x & \ln x \end{vmatrix} = x^2\ln x$

step 3) $y_p = x^2\int \frac{-x^3\ln x}{x^4}dx + x^3\int \frac{x^2\ln x}{x^4}dx = -\frac{1}{2}x^2(\ln x)^2 - x^2\ln x - x^2$

$\therefore y = Ax^2 + Bx^3 - x^2 - \frac{1}{2}x^2(\ln x)^2 - x^2\ln x = (A-1)x^2 + Bx^3 - \frac{1}{2}x^2(\ln x)^2 - x^2\ln x$

여기서 특수해 $y_p(x) = -\frac{1}{2}x^2(\ln x)^2 - x^2\ln x$

〈미정계수법을 이용한 해법〉

step 1) $r(r-1) - 4r + 6 = 0$이므로 $r = 2, 3$이다.

step 2) $r(x) = x^2\ln x$ 이므로 $r = 2, 2$ 이다.

step 3) $y_p = Ax^2\ln x + Bx^2(\ln x)^2 = x^2(A\ln x + B(\ln x)^2)$

$y_p' = x(A + (2A+2B)\ln x + 2B(\ln x)^2)$

$y_p'' = 3A + 2B + (2A+6B)\ln x + 2B(\ln x)^2$

$x^2y'' - 4xy' + 6y = x^2\ln x$이므로 $A = -1$, $B = -\frac{1}{2}$이다.

$\therefore y_p = -x^2\ln x - \frac{1}{2}x^2(\ln x)^2$

〈코시-오일러 미분방정식을 상수계수 미분방정식으로 바꿔서 풀기〉

step 1) $e^t = x$, $t = \ln x$로 치환하고 주어진 미분방정식의 특성다항식 $r(r-1) - 4r + 6 = r^2 - 5r + 6 = 0$이다.

step 2) 상수계수 미분방정식으로 치환하면 $y'' - 5y' + 6y = te^{2t}$이다.

step 3) $y_c = ae^{2t} + be^{3t}$이고, $y_p = \frac{1}{(D-2)(D-3)}\{te^{2t}\} = \frac{e^{2t}}{D(D-1)}\{t\} = \frac{-e^{2t}}{1-D}\left\{\frac{1}{2}t^2\right\}$

$= -e^{2t}(1 + D + D^2)\left\{\frac{1}{2}t^2\right\} = -e^{2t}\left(\frac{1}{2}t^2 + t + 1\right)$

그러므로 $y = ae^{2t} + be^{3t} - e^{2t} - \left(t + \frac{1}{2}t^2\right)e^{2t}$이고, $-e^{2t}$는 일반해에 포함된다.

따라서 $y_p(t) = -\left(t + \frac{1}{2}t^2\right)e^{2t}$이고 $e^t = x$, $t = \ln x$로 치환한 것이였으므로 $y_p(x) = -x^2\left(\ln x + \frac{1}{2}(\ln x)^2\right)$이다.

123. 다음 중 비제차 미분방정식 $x^2y'' - xy' + y = 2x$ 의해인 것은?

① x　　② $x \ln x$　　③ $x^2 \ln x$　　④ $x(\ln x)^2$

124. 미분방정식 $x^2y'' - 4xy' + 6y = x^2$ 의 특수해 $y_p(x)$ 를 구하시오.

125. 미분방정식 $2x^2y'' - xy' + y = 2x^3$ 와 $y(1) = 0,\ y'(1) = \dfrac{2}{5}$ 가 성립할 때, $y(2)$ 의 값은?

126. $x^2y'' - xy' + y = \ln x$ 의 일반해 $y(x)$ 에 대하여 $y(1) = 1,\ y(e) = 3$ 일 때, $y'(1) + y'(e^{-1})$ 의 값은?

127. $y(x)$ 가 미분방정식 $x^2y'' - xy' - 3y = x^2,\ y(1) = \dfrac{8}{3},\ y'(1) = \dfrac{1}{3}$ 의 해일 때, $y(3)$ 의 값은?

MEMO

6 급수해법

1 급수해의 존재 정리

제차 선형미분방정식의 표준형 $y^{(n)} + p_1(x)y^{(n-1)} + p_2(x)y^{(n-2)} + \cdots + p_n(x)y = 0$에서 $p_1(x), p_2(x), \cdots, p_n(x)$가 모두 $x = 0$에서 해석적(매클로린 급수로 표현가능)이면, 미분방정식의 해도 같은 점에서 해석적이다. 즉, 미분방정식의 해는 다음과 같다.

$$y = \sum_{n=0}^{\infty} a_n x^n = a_0 + a_1 x + a_2 x^2 + a_3 x^3 + \cdots$$

2 급수해로 미분방정식의 해 구하기

step 1) $y = \sum_{n=0}^{\infty} a_n x^n = a_0 + a_1 x + a_2 x^2 + a_3 x^3 + \cdots$ 로 가정하고, 다음을 구한다.

step 2) $y' = \sum_{n=0}^{\infty} n a_n x^{n-1} = a_1 + 2a_2 x + 3a_3 x^2 + \cdots$

step 3) $y'' = \sum_{n=0}^{\infty} n(n-1) a_n x^{n-2} = 2! a_2 + 3 \cdot 2a_3 x + \cdots$

⇒ 위에서 구해진 식을 미분방정식에 대입하여, 계수 비교를 통해 y를 구한다.

필수 예제 40

미분방정식 $y'' + (\cos t)y = 0$의 급수해 $y = \sum_{n=0}^{\infty} a_n t^n$에 대하여 $\frac{a_2}{a_4}$로 가능한 값은?

풀이 미분방정식의 해가 급수해를 가지므로 해는 $y = a_0 + a_1 x + a_2 x^2 + a_3 x^3 + \cdots$이다.

$y'' = 2a_2 + 6a_3 x + 12a_4 x^2 + \cdots$, $\cos x = 1 - \frac{1}{2!}x^2 + \frac{1}{4!}x^4 - \cdots$, $(\cos x)y = a_0 + a_1 x + \left(a_2 - \frac{1}{2}a_0\right)x^2 + \cdots$

$y'' + (\cos x)y = 0$이므로 상수항은 $2a_2 + a_0 = 0$, 이차항의 계수 $12a_4 + a_2 - \frac{1}{2}a_0 = 0$이다.

$12a_4 + 2a_2 = 0$이고 $\frac{a_2}{a_4} = -6$이다.

[다른 풀이] Secret JUJU!!

미분방정식의 해가 급수해를 갖는다는 것은 $x = 0$에서 매클로린 급수가 가능하다는 것이다.

따라서 $a_n = \frac{y^{(n)}(0)}{n!}$이므로 $a_2 = \frac{y^{(2)}(0)}{2!}$, $a_4 = \frac{y^{(4)}(0)}{4!}$이다.

$y'' + (\cos t)y = 0 \Rightarrow y^{(2)}(0) + y(0) = 0 \Rightarrow y^{(2)}(0) = -y(0)8$

$y^{(4)} - \cos x\, y - 2\sin x\, y' + \cos x\, y'' = 0 \Rightarrow y^{(4)}(0) - y(0) + y''(0) = 0$

$\Rightarrow y^{(4)}(0) = y(0) - y''(0) \Rightarrow y^{(4)}(0) = 2y(0)$

$$\frac{a_2}{a_4} = \frac{\frac{y^{(2)}(0)}{2!}}{\frac{y^{(4)}(0)}{4!}} = \frac{12y^{(2)}(0)}{y^{(4)}(0)} = \frac{-12y(0)}{2y(0)} = -6$$

128. **다음 방정식 중 멱급수 $y = \sum_{n=0}^{\infty} a_n x^n$ 형태의 해가 존재하지 않는 것은?**

① $\frac{d^2y}{dx^2} + \frac{\sin x}{x}y = 0$

② $\frac{d^2y}{dx^2} + \frac{\cos x}{x}y = 0$

③ $\frac{d^2y}{dx^2} + (\sin x)y = 0$

④ $\frac{d^2y}{dx^2} + (\cos x)y = 0$

필수 예제 41

미분방정식 $(2x+1)\,y''+y'+2y=0$의 급수해 $y=\sum_{n=0}^{\infty}a_n x^n$에 대하여 (a_0, a_1, a_2)로 가능하지 않은 것은?

① $(0, 4, -2)$ ② $(1, 0, -1)$ ③ $(2, 2, -3)$ ④ $(1, 2, -3)$

풀이 $y=a_0+a_1x+a_2x^2+a_3x^3+\cdots \Rightarrow 2y=2a_0+2a_1x+2a_2x^2+2a_3x^3+\cdots$

$y'=a_1+2a_2x+3a_3x^2+\cdots \Rightarrow y''=2a_2+6a_3x+12a_4x^2+\cdots \Rightarrow 2xy''=4a_2x+12a_3x^2+\cdots$

$(2x+1)y''+y'+2y=0$을 만족하려면 $2a_0+a_1+2a_2=0$을 만족해야 한다.

①, ②, ③, ④ 중 조건을 만족하지 않는 것은 ④이다.

[다른풀이] Secret JUJU!!

미분방정식 $(2x+1)\,y''+y'+2y=0$에 $x=0$을 대입하자.

$y''(0)+y'(0)+2y(0)=0 \Leftrightarrow \frac{y''(0)}{2!}+\frac{y'(0)}{2}+y(0)=0 \Leftrightarrow a_2+\frac{1}{2}a_1+a_0=0$ 의 관계식을 나타낼 수 있다.

보기의 값을 대입해서 만족여부를 확인하자.

129. $y''+(\cos x)y=0$의 급수해 $y=\sum_{n=0}^{\infty}c_n x^n$에서 $c_5=-50$일 때, c_3의 값은?

130. 미분방정식 $\frac{d^2y}{dx^2}+(\sin x)y=0$ 을 만족하는 함수를 멱급수 $\sum_{n=0}^{\infty}a_n x^n$ 으로 표현할 때, a_2 의 값을 구하여라.

131. 미분방정식 $y''+e^x y'-y=0$ 을 만족하는 함수를 멱급수 $y=\sum_{n=0}^{\infty}a_n x^n$ 라 할 때 a_3 를 a_0, a_1 로 나타내어라.

필수 예제 42

$y=y(x)$가 미분방정식 $y''-2xy'+8y=0,\ y(0)=3,\ y'(0)=0$의 해일 때, $y(1)$의 값은?

풀이 $y=\sum_{n=0}^{\infty}c_n x^n$이라 하면

$$y''-2xy'+8y=\sum_{n=2}^{\infty}n(n-1)c_n x^{n-2}-2\sum_{n=1}^{\infty}nc_n x^n+8\sum_{n=0}^{\infty}c_n x^n$$

$$=\sum_{k=0}^{\infty}(k+2)(k+1)c_{k+2}x^k-2\sum_{k=1}^{\infty}kc_kx^k+8\sum_{k=0}^{\infty}c_kx^k \quad (\because k=n-2\text{로 치환})$$

$$=8c_0+2c_2+\sum_{k=1}^{\infty}[(k+2)(k+1)c_{k+2}+(8-2k)c_k]x^k=0$$

$\Rightarrow 8c_0+2c_2=0$이고 $(k+2)(k+1)c_{k+2}+(8-2k)c_k=0$

$\Rightarrow c_2=-4c_0$이고 $c_{k+2}=\dfrac{2(k-4)}{(k+2)(k+1)}c_k,\ k=1,2,3,\cdots$

$c_0=3,\ c_1=0$이므로 $c_1=c_3=c_5=\cdots=0,\ c_2=-12,\ c_4=4,\ c_6=c_8=\ \cdots\ =0$

그러므로 $y=3-12x^2+4x^4 \Rightarrow y(1)=-5$

[다른풀이]

급수해를 갖는 미분방정식이다. $y(0)=3,\ y'(0)=0$이므로 $y=3+a_2x^2+a_3x^3+a_4x^4+\cdots$이다.

$y^{(2)}=2xy'-8y \quad \Rightarrow y''(0)=-8y(0)=-24 \Rightarrow a_2=\dfrac{y''(0)}{2!}=-12$

$y^{(3)}=2xy''-6y' \quad \Rightarrow y'''(0)=-6y'(0)=0 \Rightarrow a_3=\dfrac{y'''(0)}{3!}=0$

$y^{(4)}=2xy'''-4y'' \quad \Rightarrow y^{(4)}(0)=-4y''(0)=96 \Rightarrow a_4=\dfrac{y^{(4)}(0)}{4!}=\dfrac{96}{4!}=4$

$y^{(5)}=2xy^{(4)}-2y''' \quad \Rightarrow y^{(5)}(0)=-2y^{(3)}(0)=0$

$y^{(6)}=2xy^{(5)} \quad \Rightarrow y^{(6)}(0)=0$

$y^{(7)}=2y^{(5)}+2xy^{(6)} \quad \Rightarrow y^{(7)}(0)=0$

$y^{(8)}=4y^{(6)}+2xy^{(7)} \quad \Rightarrow y^{(8)}(0)=0$

그러므로 $y=3-12x^2+4x^4$이고, $y(1)=-5$이다.

132. 초깃값 문제 $y''+(x-6)y=0,\ y(0)=1,\ y'(0)=1$의 해를 멱급수 $\sum_{n=0}^{\infty}a_nx^n$으로 나타냈을 때, a_4의 값을 구하시오.

133. 미분방정식 $y'' - e^x y' = 0$ 을 만족하는 함수를 멱급수 $y = \sum_{n=0}^{\infty} a_n x^n$ 이라 할 때, a_2는?

① $\frac{a_1}{2}$ ② $\frac{a_0}{2}$ ③ $-a_0$ ④ $-\frac{a_1}{4}$

134. 미분방정식 $y'' - y' + xy = 0$과 $y(0) = 1$, $y'(0) = 0$을 만족하는 해 y를 멱급수 $y = \sum_{n=0}^{\infty} a_n x^n$로 표현할 때, a_3의 값은? (단, $y' = \frac{dy}{dx}$, $y'' = \frac{d^2y}{dx^2}$)

135. 정상점 $x = 0$ 근방에서 미분방정식$(1-x^2)y'' - 2y' + 3y = 0$의 급수해 $y = \sum_{n=0}^{\infty} a_n x^n$의 계수들의 점화관계식은?

① $a_{n+2} = \frac{n^2 - n - 1}{n+1} a_n, \quad n \geq 2$

② $a_{n+2} = \frac{n^2 + n - 3}{(n+2)(n+1)} a_n, \quad n \geq 2$

③ $a_{n+2} = \frac{n^2 - n - 3}{(n+2)(n+1)} a_n + \frac{2}{n+2} a_{n+1}, \quad n \geq 2$

④ $a_{n+2} = \frac{-n^2 + n + 3}{(n+2)(n+1)} a_n - \frac{2}{n+2} a_{n+1}, \quad n \geq 2$

⑤ $a_{n+2} = \frac{n^2 + n - 3}{(n+2)(n+1)} a_n - \frac{2}{n+2} a_{n+1}, \quad n \geq 2$

7 계수 감소법

1 계수 감소법

2계 미분방정식을 검토하거나 다른 방법으로 한 개의 해를 찾을 수 있는 경우, 일차독립인 두 번째 해를 1계 미분방정식을 풀어서 얻을 수 있다. 이 방법을 계수내림 또는 차수축소법이라 부른다.

2 한 해를 알 고 있을 때 다른 해 구하기

2계 선형미분방정식 $y'' + p(x)y' + q(x)y = 0$의 한 해 $y_1(x)$를 알고 있을 때,

$y_2 = y_1(x)\,u(x)$로 치환해서 풀이하거나 공식에 대입해서 찾을 수 있다.

다른해는 $y_2(x) = y_1(x)\displaystyle\int \frac{e^{-\int p(x)\,dx}}{(y_1(x))^2}dx$ 이다. 즉, $u(x) = \displaystyle\int \frac{e^{-\int p(x)\,dx}}{(y_1(x))^2}dx$ 이다.

필수예제 43

미분방정식 $y'' + yy' = 0,\ y(0) = 1,\ y'(0) = -1$일 때, 해를 구하시오.

풀이 $\dfrac{dy}{dx} = y' = u$로 치환하면 $\dfrac{d^2y}{dx^2} = y'' = \dfrac{du}{dx} = \dfrac{du}{dy}\dfrac{dy}{dx} = u\dfrac{du}{dy}$이다. 주어진 미분방정식에 대입하자.

$u\dfrac{du}{dy} + yu = 0 \Leftrightarrow du = -y\,dy \Leftrightarrow u = -\dfrac{1}{2}y^2 + C_1$이고, $x = 0$일 때 $y = 1, y' = u = -1$이므로 대입하면

$C_1 = -\dfrac{1}{2}$이다.

$\Rightarrow \dfrac{dy}{dx} = -\dfrac{1}{2}(y^2+1) \Leftrightarrow \dfrac{1}{y^2+1}dy = -\dfrac{1}{2}dx$인 변수분리 미분방정식이다.

$\tan^{-1}y = -\dfrac{1}{2}x + C \Leftrightarrow y = \tan\left(C - \dfrac{1}{2}x\right)$이다. $y(0) = \tan C = 1$을 만족하는 $C = \dfrac{\pi}{4}$이다.

136. 미분방정식 $xy'' = y' + 6x(y')^2$ 의 해를 구하면? (단, c_1, c_2 는 임의의 상수이다.)

① $y = c_2 - \frac{1}{6}\ln\left|c_1 - 3x^2\right|$ ② $y = c_2 - \frac{1}{6}\ln\left|c_1 - 2x^2\right|$

③ $y = c_2 - \frac{1}{2}\ln\left|c_1 - 3x^2\right|$ ④ $y = c_2 - \frac{1}{2}\ln\left|c_1 - 2x^2\right|$

137. 2계 미분방정식 $y'' = 2x(y')^2$이 $y'(0) = -1$과 $y(1) = \frac{\pi}{4}$를 만족할 때, $y(\sqrt{3})$ 값은?

138. xy평면의 원점을 지나면서 $y'' = 2y'$을 만족하며 원점에서 접선의 기울기가 1인 곡선을 구하여라.

139. 다음 미분방정식의 해는? $\left(\text{단, } y' = \frac{dy}{dx},\ y'' = \frac{d^2y}{dx^2}\right)$

$$xy'' + y' = 1\,(x > 0),\ y(1) = 0,\ y'(1) = 0$$

140. 미분방정식 $yy'' = (y')^2$을 풀어라.

필수 예제 44

함수 $f(x)=x$가 미분방정식 $(x^2+1)\frac{d^2y}{dx^2}-2x\frac{dy}{dx}+2y=0$의 해이다. $f(x)$와 일차독립인 다른 해를 구하기 위해 계수 감소법을 이용하여 주어진 미분방정식으로부터 변수분리 가능한 1계 미분방정식이 유도된다. 유도된 방정식의 형태는?

① $(x^2+1)\frac{dw}{dx}+2w=0$　② $x^2(x+1)\frac{dw}{dx}+w=0$　③ $x^2(x+1)\frac{dw}{dx}+2w=0$

④ $x(x^2+1)\frac{dw}{dx}+w=0$　⑤ $x(x^2+1)\frac{dw}{dx}+2w=0$

풀이　식을 정리하면 $(x^2+1)y''-2xy'+2y=0$이다. $y_1=x$일 때 $y_2(x)=y_1(x)u(x) \Leftrightarrow y=xu$로 치환하면, $y'=u+xu'$, $y''=2u'+xu''$이다. 이것을 위의 식에 대입하자.

$(x^2+1)(2u'+xu'')-2x(u+xu')+2xu=0$

$\Leftrightarrow\ 2u'+x^3u''+xu''=0$; $u'=w, u''=w'$로 치환하자.

$\Rightarrow\ 2w+x^3w'+xw'=0 \ \Leftrightarrow\ x(x^2+1)\frac{dw}{dx}+2w=0$

따라서 정답은 ⑤이다.

141. 미분방정식 $(x^2-x)y''-xy'+y=0$의 한 해는 $y_1=x$이다.
계수 축소법으로 y_1과 일차독립인 해 y_2를 구했을 때 $y_2(e^2)$의 값으로 가능한 것은?

① $2e^2+1$　② $\frac{2}{e^2}-1$　③ $e^2+\frac{1}{e^2}$　④ e^2+1

MEMO

편입이 인생의 마지막 기회였습니다

대학교에 입학 후 학벌 콤플렉스가 있던 저는 편입이야말로 인생의 마지막 기회라고 생각했습니다. 수능 때는 열심히 하는 것에 대한 주변의 격려에 의지를 많이 했었는데, 편입은 결과가 좋지 않다면 '최선을 다했으니까 괜찮아.'라는 생각을 도저히 할 수가 없을 것 같았습니다. 그러다 보니 목표한 대학을 가기 위해서 정말 수단과 방법을 가리지 않았습니다. 다시 돌아갈 대학이 없는 사람처럼 공부를 했습니다.

아름쌤을 따라가고 스터디를 이용했어요

아름쌤의 인강 커리큘럼은 그냥 믿고 따라가시면 됩니다. 오랜 고심 끝에 만든 학습순서이기 때문에 크게 걱정하지 않으셔도 됩니다. 다만 인강을 들으며 멍하게 있으면 안 됩니다. 반드시 필기를 다 하셔야 합니다. 저는 아름쌤 책에 필기하는 것에 더하여 각 과목마다 노트를 만들어 따로 또 필기를 했습니다. 그리고 또 한가지 괜찮은 방법을 소개하자면, 바로 편입스터디입니다. 지방에서 인강만 들으시는 분들은 쉽지 않을 수 있지만, 지역에서 편입공부를 하는 사람들끼리 스터디를 만들 수 있습니다. 서로 부족한 부분을 채우거나 자료를 공유하고 서로 심적으로 의지하는 것이 굉장히 큰 시너지 효과를 냅니다.

카운트다운이 아니라 카운트업을 하세요

제 수학 점수는 3월부터 아주 꾸준히 내려가고 있었습니다. 이 과정에서 제가 공부를 안 했을까요? 그건 아닙니다. 저는 모의고사를 보는 기간에 수업 진도를 빼고 양치기만 하는 데 급급하여 질이 좋지 않은 공부를 하고 있었습니다. 하지만 결국 시험을 잘 볼 수 있었던 이유는 바로 '실수 줄이기'였습니다. 저는 시험을 보기 두 달 전쯤부터 친구의 권유로 시험지를 받아서 혼자 문제를 풀 때 카운트업을 하기 시작했습니다. 1시간에 맞춰놓고 푸는 것이 아니라, 타이머를 0초부터 시작하도록 켜놓고 문제를 풀었던 것입니다. 제 마인드가 '시간 내에 빠르게 문제를 풀고 검토를 하며 실수한 부분을 찾아야겠다.'에서 '한 문제 한 문제 천천히 그리고 꼼꼼히 문제를 풀되 시간은 생각하지 말고 풀자.'로 변했습니다. 이렇게 하니 문제를 푸는 시간은 오히려 줄어들고 실수도 엄청 많이 줄게 되었습니다. 급하게 문제를 풀고 답이 안 나와서 처음부터 다시 푸는 것보다 천천히 꼼꼼하게 푸는 것이 더 빨랐습니다. 이걸 몸소 체험하고 나니 문제를 풀 때 여유가 생기고 시야가 좀 더 넓어지는 느낌을 받았습니다. 이것이 저를 합격으로 이끌었습니다.

- 유동영(중앙대학교 전자전기공학부)

MEMO

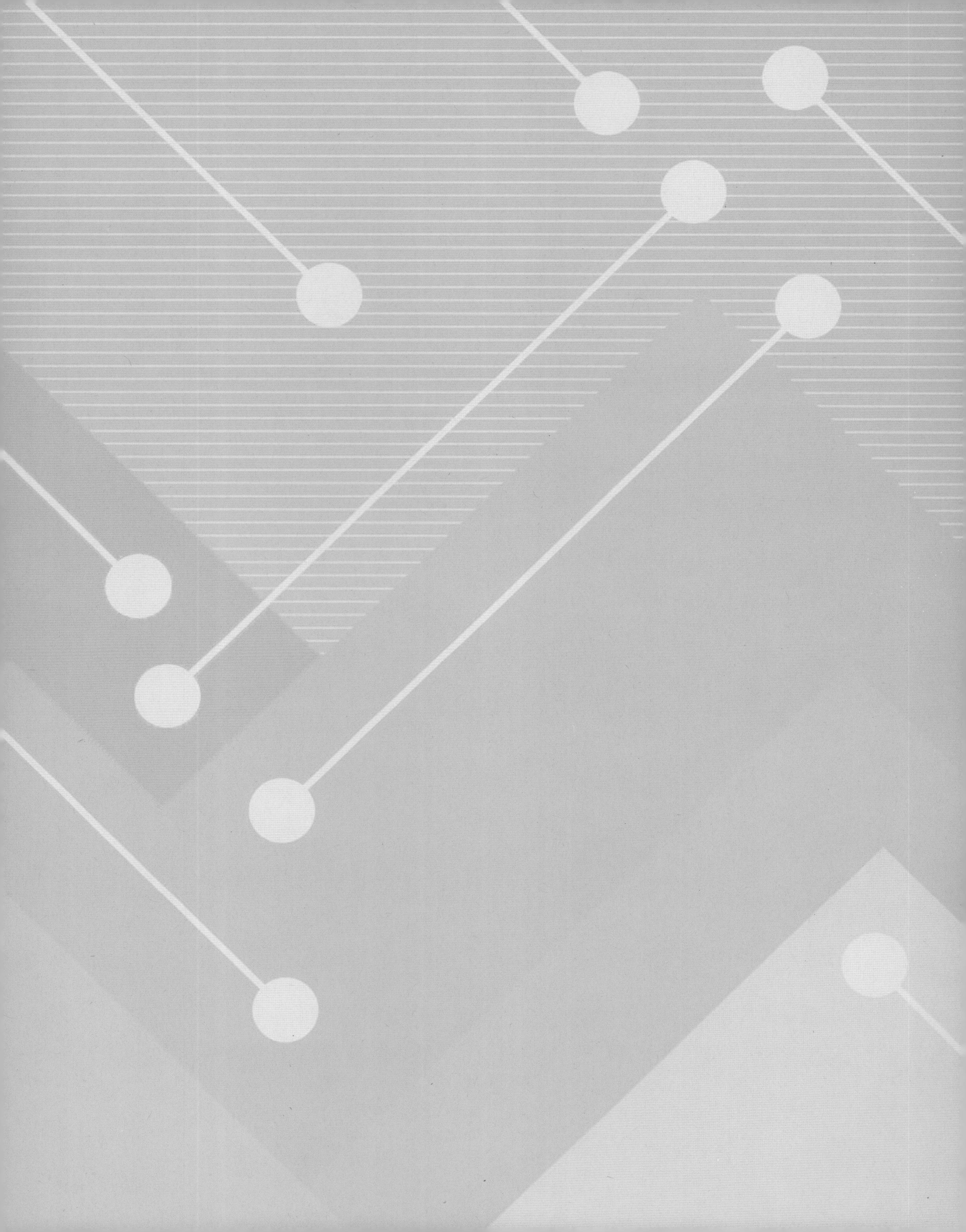

CHAPTER 03

라플라스 변환

1. 라플라스 변환의 정의와 공식
2. 라플라스 변환의 이동
3. 라플라스 변환의 미분과 적분
4. 도함수와 적분의 라플라스 변환
5. 합성곱
6. 단위계단함수
7. 델타함수

03 라플라스 변환

1 라플라스 변환의 정의와 공식

1 라플라스 변환

(1) 정의

만약 $f(t)$가 모든 $t \geq 0$에 대해서 정의된 함수라면, 이 함수의 라플라스 변환은 다음과 같이 정의된다.

$$\mathcal{L}\{f(t)\} = \int_0^{\infty} e^{-st} f(t)\, dt = F(s) \quad (s > 0)$$

(2) $f(t)$ 의 역라플라스 변환 : $\mathcal{L}^{-1}\{F(s)\} = f(t)$

(3) 라플라스 변환의 선형성 : $\mathcal{L}\{af(t)+bg(t)\} = a\mathcal{L}\{f(t)\} + b\mathcal{L}\{g(t)\}$

(4) 역라플라스 변환의 선형성 : $\mathcal{L}^{-1}\{aF_1(s)+bF_2(s)\} = a\mathcal{L}^{-1}\{F_1(s)\} + b\mathcal{L}^{-1}\{F_2(s)\}$

(5) 공식

라플라스 변환 공식 $(s>0)$	역라플라스 변환 공식 $(s>0)$
(1) $\mathcal{L}\{1\} = \frac{1}{s}$	(1) $\mathcal{L}^{-1}\left\{\frac{1}{s}\right\} = 1$
(2) $\mathcal{L}\{t^n\} = \frac{n!}{s^{n+1}}$	(2) $\mathcal{L}^{-1}\left\{\frac{n!}{s^{n+1}}\right\} = t^n$
(3) $\mathcal{L}\{e^{at}\} = \frac{1}{s-a}$	(3) $\mathcal{L}^{-1}\left\{\frac{1}{s-a}\right\} = e^{at}$
(4) $\mathcal{L}\{\sinh at\} = \frac{a}{s^2-a^2}$	(4) $\mathcal{L}^{-1}\left\{\frac{a}{s^2-a^2}\right\} = \sinh at$
(5) $\mathcal{L}\{\cosh at\} = \frac{s}{s^2-a^2}$	(5) $\mathcal{L}^{-1}\left\{\frac{s}{s^2-a^2}\right\} = \cosh at$
(6) $\mathcal{L}\{\sin at\} = \frac{a}{s^2+a^2}$	(6) $\mathcal{L}^{-1}\left\{\frac{a}{s^2+a^2}\right\} = \sin at$
(7) $\mathcal{L}\{\cos at\} = \frac{s}{s^2+a^2}$	(7) $\mathcal{L}^{-1}\left\{\frac{s}{s^2+a^2}\right\} = \cos at$

2 존재성 정리

(1) 유한구간 $0 \leq t < T$에서 조각적(구분적) 연속이고, 무한구간 $T < t < \infty$에서 적당한 $M > 0$와 k에 대하여 $|f(t)| \leq Me^{\alpha t}$를 만족한다면, 모든 $s > k$에 대해 $f(t)$의 라플라스 변환 $\mathcal{L}\{f(t)\}$가 존재한다.

이 때, 함수 $f(t)$를 지수 위의함수 또는 지수적차수 α라고 한다.

(2) $\mathcal{L}^{-1}\{F(s)\}$이 존재한다면 $\lim_{s\to\infty} F(s) = 0$이다. (참인 명제)

$\lim_{s\to\infty} F(s) \neq 0$이면, $\mathcal{L}^{-1}\{F(s)\}$은 존재하지 않는다. (대우 명제)

Areum Math Tip

라플라스 공식을 증명해보자. $(s>0)$

(1) $\mathcal{L}\{1\} = \int_0^\infty e^{-st}dt = -\frac{1}{s}[e^{-st}]_0^\infty = \frac{1}{s}$

(2) $\mathcal{L}\{t^n\} = \int_0^\infty t^n \cdot e^{-st}dt$; $st=x$로 치환하면 $t=\frac{x}{s},\ dt=\frac{1}{s}dx,\ t^n=\frac{x^n}{s^n}$이다.

$= \int_0^\infty \frac{x^n}{s^n}e^{-x}\frac{1}{s}dx = \frac{1}{s^{n+1}}\int_0^\infty x^n e^{-x}dx$; 감마함수의 정의에 의해서 $\int_0^\infty x^n e^{-x}dx = n!$이다.

$= \frac{n!}{s^{n+1}}$

(3) $\mathcal{L}\{e^{at}\} = \int_0^\infty e^{-st}\cdot e^{at}dt = \int_0^\infty e^{-(s-a)t}dt = -\frac{1}{s-a}\left[e^{-(s-a)t}\right]_0^\infty = \frac{1}{s-a}$

(4) $\mathcal{L}\{\sinh at\} = \mathcal{L}\left\{\frac{e^{at}-e^{-at}}{2}\right\}$; 라플라스의 선형성을 이용하자.

$= \frac{1}{2}\{\mathcal{L}\{e^{at}\} - \mathcal{L}\{e^{-at}\}\} = \frac{1}{2}\left\{\frac{1}{s-a} - \frac{1}{s+a}\right\} = \frac{a}{s^2-a^2}$

(5) $\mathcal{L}\{\cosh at\} = \mathcal{L}\left\{\frac{e^{at}+e^{-at}}{2}\right\}$; 라플라스의 선형성을 이용하자.

$= \frac{1}{2}\{\mathcal{L}\{e^{at}\} + \mathcal{L}\{e^{-at}\}\} = \frac{1}{2}\left\{\frac{1}{s-a} + \frac{1}{s+a}\right\} = \frac{s}{s^2-a^2}$

(6) $\mathcal{L}\{\sin at\} = \int_0^\infty e^{-st}\sin at\,dt = \left.\frac{e^{-st}(-s\sin at - a\cos at)}{s^2+a^2}\right|_0^\infty = \frac{0-(-a)}{s^2+a^2} = \frac{a}{s^2+a^2}$

(7) $\mathcal{L}\{\cos at\} = \int_0^\infty e^{-st}\cos at\,dt = \left.\frac{e^{-st}(-s\cos at + a\sin at)}{s^2+a^2}\right|_0^\infty = \frac{0-(-s)}{s^2+a^2} = \frac{s}{s^2+a^2}$

TIP $\int e^{ax}\sin bx\,dx = \frac{e^{ax}(a\sin bx - b\cos bx)}{a^2+b^2}$

$\int e^{ax}\cos bx\,dx = \frac{e^{ax}(a\cos bx + b\sin bx)}{a^2+b^2}$

필수 예제 45

함수 $f(t)=\sin^2 t$의 라플라스 변환 $\mathcal{L}(f)$는?

① $\dfrac{2}{s^2(s^2+4)}$ ② $\dfrac{2}{s(s^2+4)}$ ③ $\dfrac{2}{s(s^2+1)}$ ④ $\dfrac{2}{s^2(s^2+1)}$

풀이 라플라스 공식을 활용할 수 있도록 식을 정리할 필요가 있다. 라플라스의 선형성의 성질을 활용하자.

$$\mathcal{L}\{f(t)\}=\mathcal{L}\{\sin^2 t\}=\mathcal{L}\left\{\frac{1-\cos 2t}{2}\right\}=\frac{1}{2}\left(\frac{1}{s}-\frac{s}{s^2+4}\right)=\frac{2}{s(s^2+4)}$$

142. 다음 적분 $\int_0^{\infty} e^{-3t}\cos 2t\,dt$을 계산하시오.

143. 다음 중 지수적 차수들이 가지는 조각적 연속함수의 라플라스 변환이 아닌 것은? (k: 상수)

① $\dfrac{1}{s^2}-\dfrac{48}{s^2}$ ② $\dfrac{s}{s+1}$ ③ $\dfrac{(s+1)^3}{s^4}$ ④ $\dfrac{s}{s^2-k^2}$

144. 함수 $f(t)=e^{-2t}-e^{-t}$ 의 라플라스 변환을 $F(s)$라고 할 때, $\int_0^1 F(s)ds$의 값은?

필수 예제 46

함수 $y=y(t)$의 라플라스 변환이 $Y(s)=\dfrac{6s+3}{s^4+5s^2+4}$일 때, y를 구하여라.

풀이 $\mathcal{L}\{y(t)\}=Y$이므로 $\mathcal{L}^{-1}\{Y\}=y(t)$을 구하자.
주어진 유리식을 부분분수로 나타낸 후 역라플라스 변환을 하자.

$$Y(s)=\frac{6s+3}{s^4+5s^2+4}=\frac{6s+3}{(s^2+1)(s^2+4)}=\frac{2s+1}{s^2+1}-\frac{2s+1}{s^2+4}=\frac{2s}{s^2+1}+\frac{1}{s^2+1}-\frac{2s}{s^2+4}-\frac{1}{s^2+4}$$

$$y(t)=2\cos t+\sin t-2\cos 2t-\frac{1}{2}\sin 2t$$

145. 다음의 역라플라스 변환을 구하여라.

(1) $\mathcal{L}^{-1}\left\{\dfrac{1}{s^2+4}+\dfrac{4s+1}{s^2+9}\right\}$

(2) $\mathcal{L}^{-1}\left\{\dfrac{s+3}{(s-2)(s+1)}\right\}$

(3) $\mathcal{L}^{-1}\left\{\dfrac{2s}{4s^2-9}\right\}$

(4) $\mathcal{L}^{-1}\left\{\dfrac{1}{s(s^2+a^2)}\right\}$

146. 라플라스 변환 $\mathcal{L}\{f(t)\}=\dfrac{1}{s^2(s^2+a^2)}$의 역변환 $f(t)$를 구하시오.

147. $f(t)$가 $t\geq 0$에서 연속인 함수 일 때, $f(t)$의 라플라스 변환은 $\mathcal{L}\{f(t)\}=\displaystyle\int_0^{\infty}e^{-st}f(t)dt$로 정의된다.

$\mathcal{L}\{f(t)\}=\dfrac{2}{s-1}-\dfrac{1}{s^2+1}$인 함수 $f(t)$에 대하여, $f(0)$의 값은?

2 라플라스 변환의 이동

제1이동정리 : $f(t)$ 가 변환 $F(s)$ (어떤 수 k에 대해 $s>k$)를 갖는다면,

$e^{at}f(t)$는 변환 $F(s-a)$를 갖는다. $(s-a>k)$

(1) $\mathcal{L}\{e^{at}f(t)\}=F(s-a)$

$$\mathcal{L}\{e^{at}f(t)\}=\int_0^\infty e^{-st}e^{at}f(t)\,dt=\int_0^\infty e^{-(s-a)t}f(t)\,dt=\mathcal{L}\{f(t)\}_{s\to s-a}=F(s-a)$$

(2) $\mathcal{L}^{-1}\{F(s-a)\}=e^{at}f(t)$

$$\mathcal{L}^{-1}\{F(s-a)\}_{s-a\to s}=e^{at}\mathcal{L}^{-1}\{F(s)\}=e^{at}f(t)$$

필수 예제 47

역변환 $\mathcal{L}^{-1}\{F(s)\}=e^t(t-1)$를 만족하는 함수 $F(s)$ 는?

① $\dfrac{2-s}{s-1}$ ② $\dfrac{2-s}{(s-1)^2}$ ③ s ④ $\dfrac{s}{(s-1)^2}$

풀이 $\mathcal{L}^{-1}\{F(s)\}=e^t(t-1)$

$$\Leftrightarrow\quad F(s)=\mathcal{L}\{e^t(t-1)\}=\mathcal{L}\{t-1\}_{s\to s-1}=\left[\frac{1}{s^2}-\frac{1}{s}\right]_{s\to s-1}=\frac{1}{(s-1)^2}-\frac{1}{s-1}=\frac{2-s}{(s-1)^2}$$

따라서 정답은 ②이다.

148. 다음의 라플라스 변환을 구하시오.

(1) $\mathcal{L}\{te^{2t}\}$

(2) $\mathcal{L}\{t^3e^{5t}\}$

(3) $\mathcal{L}\{e^{-4t}\cos 2t\}$

(4) $\mathcal{L}\{e^{-2t}\cos 4t\}$

필수 예제 48

함수 $y=y(t)$의 라플라스 변환이 $Y(s)=\dfrac{3s+4}{(s+1)(s^2+2s+2)}$일 때, $y(t)$는?

① $y(t)=e^{-t}-e^{-t}(\cos t+3\sin t)$　　② $y(t)=e^{-t}-e^{-t}(\cos t-3\sin t)$

③ $y(t)=e^{-t}-e^{-t}(\cos t+2\sin t)$　　④ $y(t)=e^{-t}-e^{-t}(\cos t-2\sin t)$

풀이

$$Y(s)=\frac{3s+4}{(s+1)(s^2+2s+2)}=\frac{3(s+1)+1}{(s+1)\{(s+1)^2+1\}}$$

$$y(t)=\mathcal{L}^{-1}\{Y(s)\}=\mathcal{L}^{-1}\left\{\frac{3(s+1)+1}{(s+1)\{(s+1)^2+1\}}\right\}_{s+1\to s}$$

$$=e^{-t}\mathcal{L}^{-1}\left\{\frac{3s+1}{s(s^2+1)}\right\}=e^{-t}\mathcal{L}^{-1}\left\{\frac{1}{s}+\frac{-s+3}{s^2+1}\right\}$$

$$=e^{-t}(1-\cos t+3\sin t)=e^{-t}-e^{-t}(\cos t-3\sin t)$$

149. 다음의 역라플라스 변환을 구하시오.

(1) $\mathcal{L}^{-1}\left\{\dfrac{2s+5}{(s-3)^2}\right\}$　　(2) $\mathcal{L}^{-1}\left\{\dfrac{s}{s^2+2s+2}\right\}$

(3) $\mathcal{L}^{-1}\left\{\dfrac{s-1}{(s+1)(s+2)^2}\right\}$　　(4) $\mathcal{L}^{-1}\left\{\dfrac{8s+20}{s^2-4s+8}\right\}$

150. $F(s)=\dfrac{3}{2s^2+8s+10}$에 의하여 정의된 함수 $F(s)$의 역라플라스 변환을 구하면?

151. $y=y(t)$의 라플라스 변환이 $Y(s)=\dfrac{2}{s-3}+\dfrac{2}{(s-3)^5}$일 때, $y(1)$의 값은?

3 라플라스 변환의 미분과 적분

1 라플라스 변환의 미분과 역변환

$\mathcal{L}\{f(t)\}= F(s)$ 라고 하자.

(1) $\mathcal{L}\{tf(t)\} = -F'(s) \Leftrightarrow \mathcal{L}^{-1}\{F'(s)\} = -tf(t)$

(2) $\mathcal{L}\{t^2 f(t)\} = F''(s) \Leftrightarrow \mathcal{L}^{-1}\{F''(s)\} = t^2 f(t)$

(3) $\mathcal{L}\{t^n f(t)\} = (-1)^n F^{(n)}(s)$

(4) $F'(s)= h(s)$ 일 때, $\mathcal{L}^{-1}\left\{\int h(s)\, ds\right\} = -t\,\mathcal{L}^{-1}\{F(s)\} = -t\,f(t)$

(5) $F''(s)= g(s)$ 일 때, $\mathcal{L}^{-1}\left\{\iint g(s)ds\right\} = t^2\mathcal{L}^{-1}\{F(s)\} = t^2 f(t)$

2 라플라스 변환의 적분과 역변환

$\mathcal{L}\{f(t)\}= F(u)$ 라고 하자.

(1) $\mathcal{L}\left\{\frac{1}{t}f(t)\right\} = \int_s^{\infty} F(u)\, du = G(s)$

(2) $\mathcal{L}^{-1}\{G(s)\} = -\frac{1}{t}\mathcal{L}^{-1}\{G'(s)\} = -\frac{1}{t}\mathcal{L}^{-1}\{-F(s)\} = \frac{1}{t}\mathcal{L}^{-1}\{\mathcal{L}\{f(t)\}\} = \frac{f(t)}{t}$

$G(s)= \lim_{t\to\infty}\int_s^t F(u)\, du$ 미분을 하면 $G'(s) = \lim_{t\to\infty} F(t) - F(s) = -F(s) = -\mathcal{L}\{f(t)\}$

$\mathcal{L}\left\{\frac{1}{t}f(t)\right\}$ 의 라플라스 역변환

$\Leftrightarrow \mathcal{L}^{-1}\{G(s)\} = -\frac{1}{t}\mathcal{L}^{-1}\{G'(s)\} = -\frac{1}{t}\mathcal{L}^{-1}\{-\mathcal{L}\{f(t)\}\}$

$= \frac{1}{t}\mathcal{L}^{-1}\{\mathcal{L}\{f(t)\}\} = \frac{f(t)}{t}$

$\mathcal{L}^{-1}\left\{\int_s^{\infty} F(u)\, du\right\} = \frac{1}{t}\mathcal{L}^{-1}\{F(s)\} = \frac{1}{t}f(t)$

Areum Math Tip

〈라플라스 변환의 미분〉

$\mathcal{L}\{f(t)\} = \int_0^\infty e^{-st}f(t)\,dt = F(s)$ 이고 s에 대하여 미분하면

$$F'(s) = \frac{d}{ds}\int_0^\infty e^{-st}f(t)\,dt = \int_0^\infty \frac{\partial}{\partial s}\left(e^{-st}f(t)\right)dt = \int_0^\infty -te^{-st}f(t)\,dt = -\mathcal{L}\{tf(t)\}$$

$$F''(s) = \int_0^\infty \frac{\partial}{\partial s}\left(-te^{-st}f(t)\right)dt = \int_0^\infty t^2 e^{-st}f(t)\,dt = \mathcal{L}\{t^2 f(t)\}$$

〈라플라스 변환의 적분〉

$\mathcal{L}\{f(t)\} = \int_0^\infty e^{-ut}f(t)\,dt = F(u)$ 이고 구간 $s < u < \infty$ 에 대하여 $F(u)$ 를 적분하자.

$$\int_s^\infty F(u)\,du = \int_s^\infty \int_0^\infty e^{-ut}f(t)\,dtdu = \int_0^\infty \int_s^\infty e^{-ut}f(t)\,dudt = \int_0^\infty -\frac{1}{t}\left[e^{-ut}\right]_s^\infty f(t)\,dt$$

$$= \int_0^\infty \frac{1}{t}e^{-st}f(t)\,dt = \mathcal{L}\left\{\frac{1}{t}f(t)\right\}$$

필수 예제 49

함수 $f(t)=te^{-t}\sin 2t$의 라플라스 변환 $\mathcal{L}\{f(t)\}$는?

① $\dfrac{4s-4}{s^2-2s+5}$ ② $\dfrac{4s+4}{s^2+2s+5}$ ③ $\dfrac{4s-4}{(s^2-2s+5)^2}$ ④ $\dfrac{4s+4}{(s^2+2s+5)^2}$

풀이

$$\mathcal{L}\{t\sin 2t\}=-(\mathcal{L}\{\sin 2t\})'=-\left(\frac{2}{s^2+4}\right)'=\frac{4s}{(s^2+4)^2}$$

$$\mathcal{L}\{te^{-t}\sin 2t\}=\mathcal{L}\{t\sin 2t\}_{s\to s+1}=\left.\frac{4s}{(s^2+4)^2}\right|_{s\to s+1}=\frac{4(s+1)}{((s+1)^2+4)^2}=\frac{4(s+1)}{(s^2+2s+5)^2}$$

[다른 풀이]

$$\mathcal{L}\{e^{-t}\sin 2t\}=\mathcal{L}\{\sin 2t\}_{s\to s+1}=\left.\frac{2}{s^2+4}\right|_{s\to s+1}=\frac{2}{(s+1)^2+4}$$

$$\mathcal{L}\{te^{-t}\sin 2t\}=-(\mathcal{L}\{e^{-t}\sin 2t\})'=-\left(\frac{2}{(s+1)^2+4}\right)'=\frac{2\cdot 2(s+1)}{((s+1)^2+4)^2}=\frac{4(s+1)}{(s^2+2s+5)^2}$$

152. 다음의 라플라스 변환 또는 역라플라스 변환을 구하여라.

(1) $\mathcal{L}\{te^{2t}\}$

(2) $\mathcal{L}\{t^2e^{2t}\}$

(3) $\mathcal{L}\{t\sin 2t\}$

(4) $\mathcal{L}\{te^{2t}\sin 6t\}$

(5) $\mathcal{L}^{-1}\left\{\dfrac{s}{(s^2-9)^2}\right\}$

(6) $\mathcal{L}^{-1}\left\{\dfrac{2s+4}{(s^2+4s+5)^2}\right\}$

153. 이상적분 $\int_0^\infty te^{-5t}\sin t\,dt$를 계산하면?

필수 예제 50

다음의 라플라스 변환 또는 역라플라스 변환을 구하여라.

(1) $\mathcal{L}\left\{\dfrac{\sin t}{t}\right\}$ (2) $\mathcal{L}^{-1}\left\{\tan^{-1}\dfrac{1}{s}\right\}$

풀이 (1) $\mathcal{L}\left\{\dfrac{\sin t}{t}\right\}=\int_s^\infty \mathcal{L}\{\sin t\}du=\int_s^\infty \dfrac{1}{u^2+1}du=\tan^{-1}u\big]_s^\infty=\dfrac{\pi}{2}-\tan^{-1}s=\tan^{-1}\left(\dfrac{1}{s}\right)$

(2) $\left(\tan^{-1}\dfrac{1}{s}\right)'=\dfrac{1}{1+\dfrac{1}{s^2}}\left(-\dfrac{1}{s^2}\right)=\dfrac{-1}{s^2+1}$

$\mathcal{L}^{-1}\left\{\tan^{-1}\dfrac{1}{s}\right\}=-\dfrac{1}{t}\mathcal{L}^{-1}\left\{\left(\tan^{-1}\dfrac{1}{s}\right)'\right\}=-\dfrac{1}{t}\mathcal{L}^{-1}\left\{\dfrac{-1}{s^2+1}\right\}=\dfrac{1}{t}\sin t$

154. 다음의 라플라스 변환 또는 역라플라스 변환을 구하여라.

(1) $\mathcal{L}\left\{\dfrac{\sinh at}{t}\right\}$ (2) $\mathcal{L}\left\{\dfrac{e^{-at}-e^{-bt}}{t}\right\}$

(3) $\mathcal{L}\left\{\dfrac{2(1-\cos at)}{t}\right\}$ (4) $\mathcal{L}^{-1}\left\{\ln\left(\dfrac{s+2}{s+1}\right)\right\}$

155. 다음 이상적분을 계산하시오.

(1) $\displaystyle\int_0^\infty \frac{e^{-t}\sin t}{t}dt$ (2) $\displaystyle\int_0^\infty \frac{\sin t}{t}dt$

(3) $\displaystyle\int_0^\infty \frac{e^{-3t}-e^{-t}}{t}dt$ (4) $\displaystyle\int_0^\infty \frac{e^{-4t}(1-\cos t)}{t}dt$

4 도함수와 적분의 라플라스 변환

1 n계 도함수의 라플라스 변환

(1) 함수 $f(t)$의 n계 도함수의 변환은

$$\mathcal{L}\{f^{(n)}(t)\} = s^n \mathcal{L}\{f(t)\} - s^{n-1}f(0) - s^{n-2}f'(0) - \cdots - sf^{(n-2)}(0) - f^{(n-1)}(0)$$

(2) **1계 도함수의 변환** : $\mathcal{L}\{f'(t)\} = s\mathcal{L}\{f(t)\} - f(0)$

(3) **2계 도함수의 변환** : $\mathcal{L}\{f''(t)\} = s^2\mathcal{L}\{f(t)\} - sf(0) - f'(0)$

2 2계 상수계수 미분방정식

라플라스 방법으로 2계 상수계수 미분방정식을 풀 수 있다.

step 1) 양변에 라플라스 변환을 적용한다.

step 2) 위의 식을 정리해서 $\mathcal{L}\{y\} = F(s)$ 꼴로 만든다.

step 3) 변환을 이용해서 $y = \mathcal{L}^{-1}\{F(s)\}$를 구한다.

3 미분방정식 해법 - 라플라스 변환을 이용한 장점

(1) 비제차 미분방정식을 푸는데 있어서 제차 상미분방정식을 먼저 푸는 것이 요구되지 않는다.

(2) 초깃값은 자동적으로 처리된다.

(3) 복잡한 형태의 $r(x)$ (선형미분방정식의 우변)도 매우 효과적으로 다루어 질수 있다.

4 적분의 라플라스 변환

(1) **적분의 라플라스 변환** : $\mathcal{L}\left\{\int_0^t f(x)\,dx\right\} = \frac{1}{s}\mathcal{L}\{f(t)\} = \frac{1}{s}F(s)$

(2) **역라플라스 변환** : $\mathcal{L}^{-1}\left\{\frac{1}{s}F(s)\right\} = \int_0^t f(x)\,dx$

Areum Math Tip

〈적분의 라플라스 변환〉

$g(t) = \int_0^t f(x)\,dx$라고 하면 $g'(t) = f(t)$이고, $g(0) = 0$이다.

$\mathcal{L}\{f(t)\} = \mathcal{L}\{g'(t)\} = s\mathcal{L}\{g(t)\} - g(0)$ ($\because$도함수의 라플라스공식) $g(0) = 0$이므로

$\mathcal{L}\{g(t)\} = \frac{1}{s}\mathcal{L}\{f(t)\}$ 이다.

Areum Math Tip

〈미분방정식의 라플라스 변환〉

2계 상수계수 미분방정식 $ay'' + by' + cy' = r(x)$의 해 $y(x)$의 라플라스 변환을 Y라고 하고, $r(x)$의 라플라스 변환을 $R(s)$라고 하자.

$\mathcal{L}\{ay'' + by' + cy\} = \mathcal{L}\{r(x)\} \Rightarrow as^2Y - asy(0) - ay'(0) + bsY - by(0) + cY = R(s)$

$\Rightarrow (as^2 + bs + c)Y = (as+b)y(0) + ay'(0) + R(s)$로 바로 식을 정리할 수 있다.

필수 예제 51

미분방정식 $y' - y = te^t \sin t$, $y(0) = 0$의 해를 $y(t)$라고 할 때, $\mathcal{L}\{y(t)\}$를 구하시오.

풀이 미분방정식 $y' - y = te^t \sin t$의 양변에 라플라스 변환을 취하면

$\mathcal{L}\{y'\} - \mathcal{L}\{y\} = \mathcal{L}\{te^t \sin t\} \Rightarrow s\mathcal{L}\{y\} - y(0) - \mathcal{L}\{y\} = [\mathcal{L}\{t \sin t\}]_{s-1}$

$\Rightarrow s\mathcal{L}\{y\} - \mathcal{L}\{y\} = \left[-\left(\frac{1}{s^2+1}\right)'\right]_{s \to s-1} \Rightarrow (s-1)\mathcal{L}\{y\} = \frac{2(s-1)}{\{(s-1)^2+1\}^2}$

$\therefore \mathcal{L}\{y\} = \frac{2}{\{(s-1)^2+1\}^2}$

역변환을 이용하여 미분방정식의 해를 구해보자.

$y = \mathcal{L}^{-1}\left[\frac{2}{\{(s-1)^2+1\}^2}\right] = e^t \mathcal{L}^{-1}\left[\frac{2}{(s^2+1)^2}\right] = e^t \mathcal{L}^{-1}\left[\frac{1}{s^2+1} + \frac{1-s^2}{(s^2+1)^2}\right]$

$= e^t\left\{\sin t + \mathcal{L}^{-1}\left[\left(\frac{s}{s^2+1}\right)'\right]\right\} = e^t(\sin t - t\cos t)$

$\therefore y = e^t(\sin t - t\cos t)$

156. **다음 미분방정식의 초깃값 문제의 해를 $y(x)$라고 할 때, $\mathcal{L}\{y(x)\}$를 구하시오.**

(1) $\frac{dy}{dx} + 3y = 13\sin 2x$, $y(0) = 6$

(2) $y'' - 3y' + 2y = e^{-4t}$, $y(0) = 1$, $y'(0) = 5$

(3) $y'' - 6y' + 9y = t^2e^{3t}$, $y(0) = 2$, $y'(0) = 17$

필수 예제 52

초깃값 문제 $y''+y'+3y=e^t, y(0)=1, y'(0)=0$의 해 $y=f(t)$에 대하여 $f(t)$의 라플라스 변환 $\mathcal{L}\{f(t)\}$를 구하시오.

풀이 미분방정식 양변에 라플라스 변환을 하면 $\mathcal{L}\{y''+y'+3y\}=\mathcal{L}\{e^t\}$이다.

$$(s^2+s+3)\mathcal{L}\{y\}=(s+1)y(0)+y'(0)+\frac{1}{s-1}=s+1+\frac{1}{s-1}=\frac{s^2}{s-1} \Rightarrow \mathcal{L}\{y\}=\frac{s^2}{(s-1)(s^2+s+3)}$$

157. 초깃값 문제 $y''-y=t, y(0)=0, y'(0)=0$의 해 $y=f(t)$에 대하여 y의 라플라스 변환 $Y=\mathcal{L}\{f(t)\}$를 구하면?

158. $\mathcal{L}\{f(t)\}=\dfrac{s}{s^2+4}, f(0)=1, f'(0)=0$ 일 때, $\mathcal{L}\{f''(t)\}$ 를 구하면?

159. $\mathcal{L}\{t^2y''\}$을 구하여라.

160. y가 미분방정식 $y''+4y'+2y=0, y(0)=1, y'(0)=-1$의 해 일 때, 라플라스 변환 $\mathcal{L}\{y\}$를 구하면?

161. 미분방정식 $\dfrac{dy}{dt}+2y=\cos 2t,\ y(0)=1$을 만족하는 함수 y의 라플라스 변환 Y를 구하면?

필수 예제 53

$y'(t) = 1 - \sin t - \int_0^t y(\tau)\, d\tau,\ y(0) = 0$을 만족시키는 $y(t)$에 대해서 $y\left(\frac{\pi}{2}\right)$의 값은?

풀이 $\mathcal{L}(y) = Y$라 하자. 양변에 라플라스 변환을 하자.

$\mathcal{L}\{y'(t)\} = \mathcal{L}\left\{1 - \sin t - \int_0^t y(\tau)\, d\tau\right\} \Rightarrow sY - y(0) = \frac{1}{s} - \frac{1}{s^2+1} - \frac{1}{s}Y$

$\Rightarrow \left(s + \frac{1}{s}\right)Y = \left(\frac{s^2+1}{s}\right)Y = \frac{s^2 - s + 1}{s(s^2+1)} \Rightarrow Y = \frac{s^2 - s + 1}{(s^2+1)^2} = \frac{1}{s^2+1} - \frac{s}{(s^2+1)^2}$

$\Rightarrow y = \mathcal{L}^{-1}\left(\frac{1}{s^2+1}\right) + t\,\mathcal{L}^{-1}\left(\int \frac{s}{(s^2+1)^2} ds\right) \Rightarrow y = \sin t - \frac{1}{2}t \sin t$

$\therefore y\left(\frac{\pi}{2}\right) = 1 - \frac{\pi}{4}$

[다른 풀이]

$y'(0) = 1$이고, 양변을 미분하면 $y''(t) = -\cos t - y(t)$이다.

즉, $y''(t) + y'(t) = -\cos t,\ y'(0) = 1,\ y(0) = 0$인 2계 상수계수 비제차 미분방정식이다.

$y_c = a\cos t + b\sin t$이고, $y_p = Re\left\{\frac{1}{(D^2+1)}\{-e^{it}\}\right\} = Re\left\{\frac{-t}{2i}\{\cos t + i\sin t\}\right\} = -\frac{1}{2}t\sin t$

$y = a\cos t + b\sin t - \frac{1}{2}t\sin t$이고 $y(0) = a = 0$이다.

$y = b\sin t - \frac{1}{2}t\sin t$이고, $y' = b\cos t - \frac{1}{2}\sin t - \frac{1}{2}t\cos t,\ y'(0) = b = 1$이다.

따라서 $y = \sin t - \frac{1}{2}t\sin t$이고, $y\left(\frac{\pi}{2}\right) = 1 - \frac{\pi}{4}$이다.

162. $f(t) = \int_0^t xe^x\, dx$의 라플라스 변환을 구하시오.

163. $y = y(t)$가 미적분방정식 $y'(t) + 6y(t) + 9\int_0^t y(\tau)d\tau = 1,\ y(0) = 0$의 해일 때, $y\left(\frac{\pi}{3}\right)$의 값은?

5 합성곱(convolution)

1 합성곱(convolution)의 정의

$$f(t) * g(t) = \int_0^t f(x) g(t-x)\,dx$$

2 합성곱의 성질

(1) 교환법칙 : $f * g = g * f$

(2) 분배법칙 : $f * (g_1 + g_2) = f * g_1 + f * g_2$

(3) 결합법칙 : $(f * g) * h = f * (g * h)$

(4) $f * 0 = 0 = 0 * f$

3 합성곱의 라플라스 변환

(1) $\mathcal{L}\{f(t) * g(t)\} = \mathcal{L}\{f(t)\}\,\mathcal{L}\{g(t)\} = F(s)\,G(s)$

(2) 역라플라스 변환 : $\mathcal{L}^{-1}\{F(s)\,G(s)\} = f(t) * g(t)$

(3) 주의사항

① $\mathcal{L}\{f(t)g(t)\} \neq \mathcal{L}\{f(t)\}\,\mathcal{L}\{g(t)\}$

② $f(t) * 1 \neq f(t)$

(4) 적분의 라플라스 변환

$g(t) = 1$일 때 $g(x-t) = 1$이다.

따라서 $f(t) * g(t) = \int_0^t f(x)\,g(t-x)\,dx = \int_0^t f(x)\,dx$이다. 양변에 라플라스 변환을 하면

$\mathcal{L}\left\{\int_0^t f(x)\,dx\right\} = \mathcal{L}\{f(t) * g(t)\} = \frac{1}{s}\,\mathcal{L}\{f(t)\}$이 성립한다.

4 적분방정식

라플라스 방법으로 적분방정식을 풀 수 있다.

step 1) 양변에 라플라스 변환을 적용한다.

step 2) 위의 식을 정리해서 $\mathcal{L}\{y\} = F(s)$ 꼴로 만든다.

step 3) 변환을 이용해서 $y = \mathcal{L}^{-1}\{F(s)\}$를 구한다.

필수 예제 54

적분방정식 $y(t)=2+\int_0^t e^{t-u}y(u)du$ 일 때, $y(t)$ 의 라플라스 변환 Y와 $y(t)$ 를 구하시오.

풀이 $y(t)=2+e^t*y(t)$ 이고 양변에 라플라스 변환을 하자.

$\mathcal{L}\{y(t)\}=\mathcal{L}\{2+e^t*y(t)\} \Leftrightarrow Y(s)=\dfrac{2}{s}+\dfrac{1}{s-1}Y(s) \Leftrightarrow Y(s)\left(1-\dfrac{1}{s-1}\right)=\dfrac{2}{s} \Leftrightarrow Y(s)=\dfrac{2}{s}\times\dfrac{s-1}{s-2}$

$\therefore Y(s)=\dfrac{2(s-1)}{s(s-2)}=\dfrac{1}{s}+\dfrac{1}{s-2}$, $y(t)=1+e^{2t}$

164. $\int_0^t f(u)f(t-u)\,du=6t^3$ 일 때, $f(t)$는?

165. 다음 적분방정식을 풀어라.

(1) $\int_0^x f(t)\cos(x-t)\,dt=\sin x$

(2) $y(t)=-2e^t\int_0^t e^{-x}y(x)\,dx+te^t$

166. 라플라스 변환을 이용하여 적분방정식 $f(x)=e^x-\int_0^x e^{x-t}f(t)\,dt$의 해 $f(x)$를 구하시오.

필수 예제 55

$y'' + 4y = 2\cos t$, $y(0) = 1$, $y'(0) = 4$**의 해가** $y = a\cos 2t + b\sin 2t + c\int_0^t \sin 2(t-u)\cos u\, du$**일 때,**

$a+b+c$**의 값은?**

풀이 $\int_0^t \sin 2(t-u)\cos u\, du = \sin 2t * \cos t$이므로 $y = a\cos 2t + b\sin 2t + c\sin 2t * \cos t$이고

$\mathcal{L}\{y(t)\} = \frac{as}{s^2+4} + \frac{2b}{s^2+4} + \frac{2cs}{(s^2+4)(s^2+1)}$이다.

미분방정식에 라플라스 변환을 하자.

$(s^2+4)\mathcal{L}\{y\} = sy(0) + y'(0) + 2\mathcal{L}\{\cos t\} = s + 4 + \frac{2s}{s^2+1}$

$\mathcal{L}\{y\} = \left(s+4+\frac{2s}{s^2+1}\right)\frac{1}{s^2+4} = \frac{s}{s^2+4} + \frac{4}{s^2+4} + \frac{2s}{(s^2+1)(s^2+4)}$

$a=1, b=2, c=1$이므로, $a+b+c=4$이다.

167. **다음 방정식의 해** $y(t)$**는?**

$$y(t) - \int_0^t (1+\tau)\, y(t-\tau)\, d\tau = 1 - \sinh t$$

168. **두 함수** $y=t$**와** $y=f(t)$**의 합성곱** $*$**이** $t * f(t) = t^2(1-e^{-t})$**을 만족할 때,** $f(2)$**의 값은?**

① $-2-2e^{-2}$ ② e^{-2} ③ $-1-2e^{-2}$ ④ $2+2e^{-2}$

필수 예제 56

다음 식이 성립함을 보이시오.

(1) $\cos at * \cos at = \dfrac{1}{2a}(\sin at + at\cos at)$ (2) $\sin at * \sin at = \dfrac{1}{2a}(\sin at - at\cos at)$

풀이 삼각함수의 덧셈정리와 합성곱의 정리를 통해서 식을 정리하자.

$\cos(ax + (at-ax)) = \cos ax\cos(at-ax) - \sin ax\sin(at-ax) \cdots ①$

$\cos(ax - (at-ax)) = \cos ax\cos(at-ax) + \sin ax\sin(at-ax) \cdots ②$

식 ①과 ②를 더하면 $\cos ax\cos(at-ax) = \dfrac{1}{2}\{\cos at + \cos(2ax-at)\}$이다.

식 ②에서 ①를 빼면 $\sin ax\sin(at-ax) = \dfrac{1}{2}\{\cos(2ax-at) - \cos at\}$이다.

(1) $$\begin{aligned}\cos at * \cos at &= \int_0^t \cos ax \cdot \cos a(t-x)dx \\ &= \frac{1}{2}\int_0^t \cos at + \cos(2ax-at)dx \\ &= \frac{1}{2}\left[x\cos at + \frac{1}{2a}\sin(2ax-at)\right]_0^t \\ &= \frac{1}{2}\left[t\cos at + \frac{1}{2a}(\sin at - \sin(-at))\right] \\ &= \frac{1}{2}\left[t\cos at + \frac{1}{a}\sin at\right] \\ &= \frac{1}{2a}[\sin at + at\cos at]\end{aligned}$$

(2) $$\begin{aligned}\sin at * \sin at &= \int_0^t \sin ax\sin a(t-x)dx \\ &= \frac{1}{2}\int_0^t \cos(2ax-at) - \cos at\,dx \\ &= \frac{1}{2}\left[\frac{1}{2a}\sin(2ax-at) - x\cos at\right]_0^t \\ &= \frac{1}{2}\left[\frac{1}{2a}(\sin at - \sin(-at)) - t\cos at\right] \\ &= \frac{1}{2}\left[\frac{1}{a}\sin at - t\cos at\right] \\ &= \frac{1}{2a}[\sin at - at\cos at]\end{aligned}$$

169. **라플라스 변환** $\mathcal{L}\left(\int_0^t 10e^{\tau}\sin(t-\tau)d\tau\right)$**를** $f(s)$**라 하고, 역라플라스 변환** $\mathcal{L}^{-1}\left(\dfrac{16}{(s^2+4)^2}\right)$**을** $g(t)$**라고 할 때,** $f(2)+g\left(\dfrac{\pi}{4}\right)$**의 값을 구하시오.**

6 단위계단함수

1 단위계단함수(unit step function)의 정의

단위 계단함수 $u(t-a)$ 는 다음과 같이 정의된다. $(a \geq 0)$

$$u(t-a) = \begin{cases} 0 & (0 \leq t < a) \\ 1 & (t > a) \end{cases}$$

2 단위계단함수의 라플라스 변환

$$\mathcal{L}\{u(t-a)\} = \frac{e^{-as}}{s}$$

$$\left(\begin{aligned} \because \mathcal{L}\{u(t-a)\} &= \int_0^{\infty} e^{-st} u(t-a)\,dt = \int_0^{a} e^{-st} \cdot 0\ dt + \int_a^{\infty} e^{-st} \cdot 1\ dt \\ &= \int_a^{\infty} e^{-st}\,dt = \left[-\frac{1}{s}e^{-st}\right]_a^{\infty} = \frac{e^{-as}}{s} \end{aligned} \right)$$

3 제2평행이동 정리

만약 $f(t)$ 가 라플라스 변환 $F(s)$ 를 가지면, t축의 방향으로 a만큼 이동한 함수는 다음과 같다.

(1) $f(t-a)u(t-a) = \begin{cases} 0 & (t < a) \\ f(t-a) & (a < t) \end{cases}$

(2) $\mathcal{L}\{f(t-a)u(t-a)\} = e^{-as}F(s) = e^{-as}\mathcal{L}\{f(t)\}$

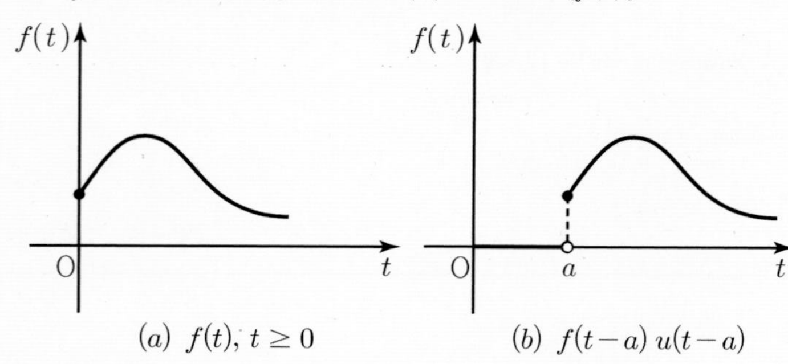

(a) $f(t),\ t \geq 0$ (b) $f(t-a)\,u(t-a)$

Areum Math Tip

<라플라스 제2평행이동정리 증명>

$\mathcal{L}\{f(t)\} = \int_0^\infty e^{-st} f(t)\, dt = F(s)$ 라고 하자.

$$\mathcal{L}\{f(t-a)u(t-a)\} = \int_0^\infty e^{-st} f(t-a)u(t-a)dt = \int_0^a e^{-st} \cdot 0dt + \int_a^\infty e^{-st} \cdot f(t-a)\, dt$$

$= \int_a^\infty e^{-st} \cdot f(t-a)\, dt$; $t-a=v \Leftrightarrow t=v+a$ 로 치환하자.

$$= \int_0^\infty e^{-s(v+a)} f(v) dv$$

$$= e^{-as} \int_0^\infty e^{-sv} f(v) dv$$

$$= e^{-as} \mathcal{L}\{f(t)\} = e^{-as} F(s)$$

170. 다음 함수의 라플라스 변환을 구하시오.

(1) $f(t) = \begin{cases} 5 & (0 < t < 1) \\ 0 & (1 < t) \end{cases}$

(2) $f(t) = \begin{cases} 2 & (\pi < t < 2\pi) \\ 0 & (t < \pi,\ t > 2\pi) \end{cases}$

(3) $f(t) = \begin{cases} 2 & (0 < t < \pi) \\ 0 & (\pi < t < 2\pi) \\ 3 & (2\pi < t) \end{cases}$

(4) $f(t) = \begin{cases} 3 & (0 < t < 1) \\ 0 & (t > 1) \end{cases}$

필수 예제 57

함수 $f(t)$가 다음과 같이 주어져 있다. 다음 중 $f(t)$의 라플라스 변환인 것은?

$$f(t)=\begin{cases}\cos 2t & (\pi \le t < 2\pi)\\ 0 & (t<\pi \text{ 또는 } t \ge 2\pi)\end{cases}$$

풀이 $f(t)=\begin{cases}0 & (t<\pi)\\ \cos 2t & (\pi \le t < 2\pi)\\ 0 & (t \ge 2\pi)\end{cases}$ 인 함수이므로

$f(t)=\cos 2t\, u(t-\pi)-\cos 2t\, u(t-2\pi)$

$=\cos 2(t-\pi+\pi)\cdot u(t-\pi)-\cos 2(t-2\pi+2\pi)u(t-2\pi)$

$\mathcal{L}\{f(t)\}=e^{-\pi s}\mathcal{L}\{\cos 2(t+\pi)\}-e^{-2\pi s}\mathcal{L}\{\cos 2(t+2\pi)\}$

$=e^{-\pi s}\mathcal{L}\{\cos 2t\}-e^{-2\pi s}\mathcal{L}\{\cos 2t\}$

$=(e^{-\pi s}-e^{-2\pi s})\dfrac{s}{s^2+4}$

171. 다음 함수의 라플라스 변환을 구하여라.

(1) $f(t)=\begin{cases}3 & (0<t<\pi)\\ 0 & (\pi<t<2\pi)\\ \sin t & (2\pi<t)\end{cases}$

(2) $\mathcal{L}\{t^2 u(t-4)\}$

172. 함수 $f(t)=\begin{cases}0 & (t<3)\\ \cos 4(t-3) & (t \ge 3)\end{cases}$ 의 라플라스 변환은?

필수 예제 58

$f(t)=\begin{cases}0 & ,0\le t<\pi\\ 3\cos t & ,t\ge\pi\end{cases}$ 에 대하여 $y=y(t)$가 미분방정식 $y'+y=f(t)$, $y(0)=5$의 해일 때, $y\left(\frac{\pi}{4}\right)+y\left(\frac{7\pi}{4}\right)$의 값은?

① $5e^{-\frac{\pi}{4}}+\frac{3}{2}e^{\frac{3\pi}{4}}+5e^{-\frac{7\pi}{4}}$
② $5e^{\frac{\pi}{4}}+\frac{3}{2}e^{-\frac{3\pi}{4}}+5e^{\frac{7\pi}{4}}$
③ $5e^{-\frac{\pi}{4}}+\frac{3}{2}e^{-\frac{3\pi}{4}}+5e^{\frac{7\pi}{4}}$
④ $5e^{-\frac{\pi}{4}}+\frac{3}{2}e^{-\frac{3\pi}{4}}+5e^{-\frac{7\pi}{4}}$

풀이 $f(t)=3\cos t\,u(t-\pi)$라고 식을 정리하자. 미분방정식의 양변에 라플라스 변환을 하자.

$\mathcal{L}\{y'\}+\mathcal{L}\{y\}=\mathcal{L}\{3\cos(t-\pi+\pi)u(t-\pi)\}$

$\Rightarrow (s+1)Y(s)=y(0)+3e^{-\pi s}\mathcal{L}\{\cos(t+\pi)\}=5+3e^{-\pi s}\mathcal{L}\{-\cos t\}=5-3e^{-\pi s}\frac{s}{s^2+1}$

$\Rightarrow Y(s)=\frac{5}{s+1}-\frac{3s}{(s+1)(s^2+1)}e^{-\pi s}=\frac{5}{s+1}-e^{-\pi s}\left[\frac{-\frac{3}{2}}{s+1}+\frac{\frac{3}{2}s+\frac{3}{2}}{s^2+1}\right]$

위 식의 역변환은

$$\begin{aligned}y(t)&=5e^{-t}+\frac{3}{2}\left[e^{-(t-\pi)}-\cos(t-\pi)-\sin(t-\pi)\right]u(t-\pi)\\&=5e^{-t}+\frac{3}{2}\left[e^{-(t-\pi)}+\cos t+\sin t\right]u(t-\pi)\\&=\begin{cases}5e^{-t} & (0\le t<\pi)\\ 5e^{-t}+\frac{3}{2}\left[e^{-(t-\pi)}+\sin t+\cos t\right] & (t\ge\pi)\end{cases}\end{aligned}$$

따라서 $y\left(\frac{\pi}{4}\right)+y\left(\frac{7\pi}{4}\right)=5e^{-\frac{\pi}{4}}+\frac{3}{2}e^{-\frac{3\pi}{4}}+5e^{-\frac{7\pi}{4}}$이다. 정답은 ④이다.

173. 다음 함수의 라플라스 역변환을 구하여라.

(1) $\mathcal{L}^{-1}\left\{\frac{8e^{-3s}}{s^2-4}\right\}$
(2) $\mathcal{L}^{-1}\left\{\frac{4e^{-\pi s}}{s^2+4}\right\}$

174. $x\ge0$에서 유한개의 불연속점을 갖는 함수 $f(t)$에 대하여 라플라스 변환은 $L[f(t)]=\int e^{-st}f(t)dt$로 정의한다. $L[f(t)]=\frac{e^{-2s}}{(s-1)^4}$ 인 함수 $f(t)$에 대하여 $f(3)$의 값은?

필수 예제 59

함수 $f(t)$의 라플라스 변환이 $\mathcal{L}[f(t)]=\frac{1}{s^2}-\frac{e^{-2s}}{s^2}-2\frac{e^{-2s}}{s}$ 일 때, $t \ge 2$에 대하여 다음 미분방정식의 초기치 문제의 해 $y(t)$는?

$$y'' + y = f(t),\ y(0)=0,\ y'(0)=0\ (t \ge 0)$$

풀이 주어진 미분방정식에 라플라스 변환을 하자.

$$(s^2+1)\,\mathcal{L}\{y\}=\frac{1}{s^2}-\frac{e^{-2s}}{s^2}-2\frac{e^{-2s}}{s}$$

$$\mathcal{L}\{y\}=\frac{1}{s^2(s^2+1)}-\frac{e^{-2s}}{s^2(s^2+1)}-2\frac{e^{-2s}}{s^2(s^2+1)}=\frac{1}{s^2}+\frac{-1}{s^2+1}-e^{-2s}\left(\frac{1}{s^2}+\frac{-1}{s^2+1}+\frac{2}{s}+\frac{-2s}{s^2+1}\right)$$

$$\therefore y=t-\sin t-u(t-2)\{(t-2)-\sin(t-2)+2-2\cos(t-2)\}$$

$$=t-\sin t-u(t-2)(t-\sin(t-2)-2\cos(t-2))$$

$t<2$일 때 $y(t)=t-\sin t$이고

$t \ge 2$일 때 $y(t)=t-\sin t-(t-\sin(t-2)-2\cos(t-2))=-\sin t+\sin(t-2)+2\cos(t-2)$이다.

175. 다음 초깃값 문제에 대하여 $y(t)$의 라플라스 변환 $Y(s)$를 구하면?

$$y''-4y'-12y=f(t),\ \ y(0)=3,\ \ y'(0)=0,\ \ f(t)=\begin{cases}0, & 0 \le t < 1\\ 4, & t \ge 1\end{cases}$$

① $Y(s)=\frac{3}{s^2-4s-12}+\frac{e^{-s}}{s(s^2-4s-12)}$

② $Y(s)=\frac{3s}{s^2-4s-12}+\frac{e^{-4s}}{s(s^2-4s-12)}$

③ $Y(s)=\frac{3s}{s^2-4s-12}+\frac{4e^{-s}}{s(s^2-4s-12)}$

④ $Y(s)=\frac{3s-12}{s^2-4s-12}+\frac{e^{-4s}}{s(s^2-4s-12)}$

⑤ $Y(s)=\frac{3s-12}{s^2-4s-12}+\frac{4e^{-s}}{s(s^2-4s-12)}$

176. 다음 초깃값 문제의 해를 구하시오.

$$y' + y = u(t-1),\ u(t-1) = \begin{cases} 0, & t < 1 \\ 1, & t \geq 1 \end{cases},\ y(0) = 0$$

① $y(t) = (1+e^{-t})\,u(t-1)$　② $y(t) = (1-e^{-t})\,u(t-1)$

③ $y(t) = \{1-e^{-(t-1)}\}u(t-1)$　④ $y(t) = \{1+e^{-(t-1)}\}u(t-1)$

177. 다음 〈보기〉의 그래프와 같이 주어진 함수 $f(t)$, $g(t)$의 합성곱 $h(t) = \int_0^t f(s)g(t-s)ds$의 그래프는?

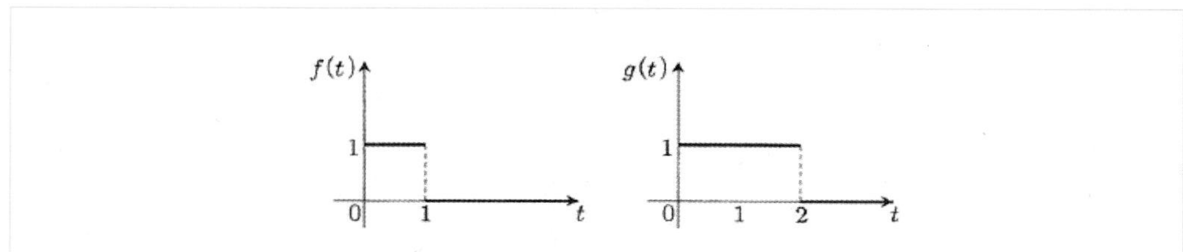

①

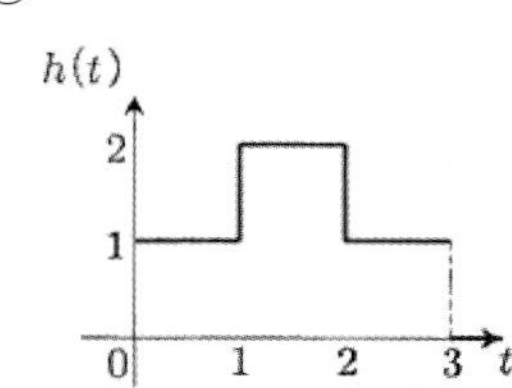

②

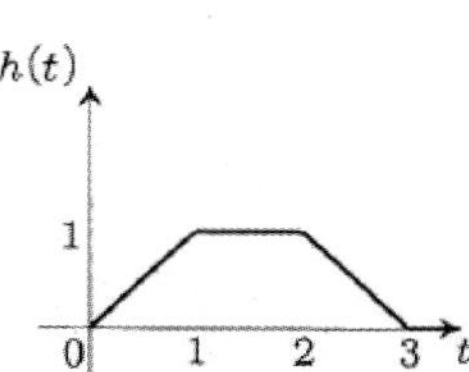

③

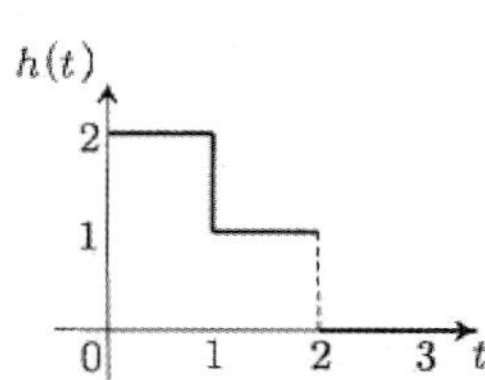

④

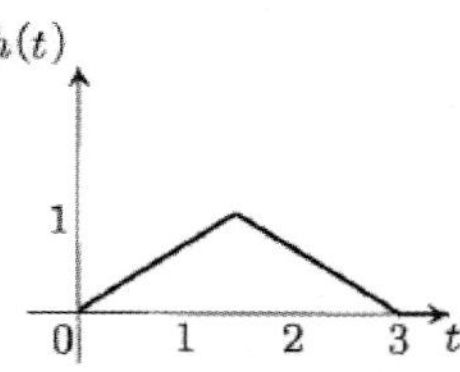

Areum Math Tip

기본주기가 p인 주기함수 $f(t)$의 값은 다음과 같은 식이 성립한다.

$f(t) = f(t+p) = f(t+2p) = \cdots = f(t-p) = f(t-2p) = \cdots$

(i) $\int_p^{2p} e^{-st} f(t)\,dt = \int_p^{2p} e^{-st} f(t-p)\,dt$; $t-p=x$로 치환하자.

$$= \int_0^p e^{-s(x+p)} f(x)\,dx = e^{-sp}\int_0^p e^{-sx} f(x)\,dx$$

(ii) $\int_{2p}^{3p} e^{-st} f(t)\,dt = \int_{2p}^{3p} e^{-st} f(t-2p)\,dt$; $t-2p=x$로 치환하자.

$$= \int_0^p e^{-s(x+2p)} f(x)\,dx = e^{-2sp}\int_0^p e^{-sx} f(x)\,dx$$

(iii) $\int_{3p}^{4p} e^{-st} f(t)\,dt = \int_{3p}^{4p} e^{-st} f(t-3p)\,dt$; $t-3p=x$로 치환하자.

$$= \int_0^p e^{-s(x+3p)} f(x)\,dx = e^{-3sp}\int_0^p e^{-sx} f(x)\,dx$$

주기함수 $f(t)$의 라플라스 변환을 구해보자.

$$\mathcal{L}\{f(t)\} = \int_0^\infty e^{-st} f(t)\,dt = \int_0^p e^{-st} f(t)\,dt + \int_p^{2p} e^{-st} f(t)\,dt + \int_{2p}^{3p} e^{-st} f(t)\,dt + \int_{3p}^{4p} e^{-st} f(t)\,dt + \cdots$$

$$= \int_0^p e^{-st} f(t)\,dt + e^{-sp}\int_0^p e^{-st} f(t)\,dt + e^{-2sp}\int_0^p e^{-st} f(t)\,dt + e^{-3sp}\int_0^p e^{-st} f(t)\,dt + \cdots$$

$$= \left(1 + e^{-sp} + e^{-2sp} + e^{-3sp} + \cdots\right)\int_0^p e^{-st} f(t)\,dt$$

$$= \frac{1}{1-e^{-sp}}\int_0^p e^{-st} f(t)\,dt$$

$$\mathcal{L}\{f(t)\} = \mathcal{L}\{f(t+p)\} = \frac{1}{1-e^{-ps}}\int_0^p e^{-st} f(t)\,dt$$

필수 예제 60

톱니파형 신호 $f(t)$의 라플라스 변환을 구하시오.

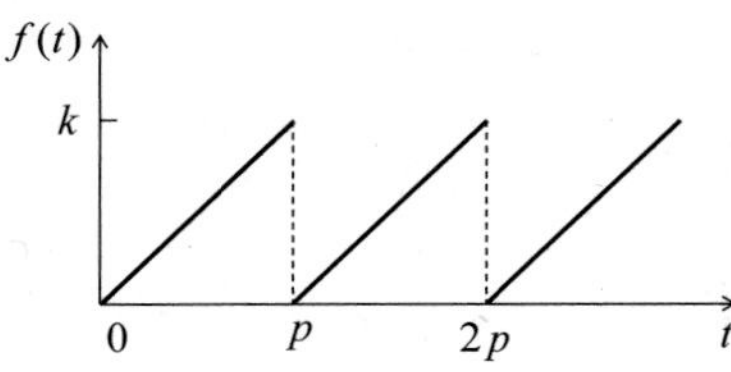

풀이 $f(t)=\frac{k}{p}t\ (0<t<p)$, $f(t+p)=f(t)$라 하면

$$F(s)=\mathcal{L}\,(f(t))=\frac{1}{1-e^{-ps}}\int_0^p e^{-st}\frac{k}{p}t\,dt$$

$$=\frac{k}{p(1-e^{-ps})}\left(-\frac{p}{s}e^{-ps}-\frac{1}{s^2}e^{-ps}+\frac{1}{s^2}\right)(\because \text{부분적분})$$

$$=\frac{k}{ps^2}-\frac{ke^{-ps}}{s(1-e^{-ps})}$$

178. 다음 주기함수 $f(t)$의 라플라스 변환을 구하여라.

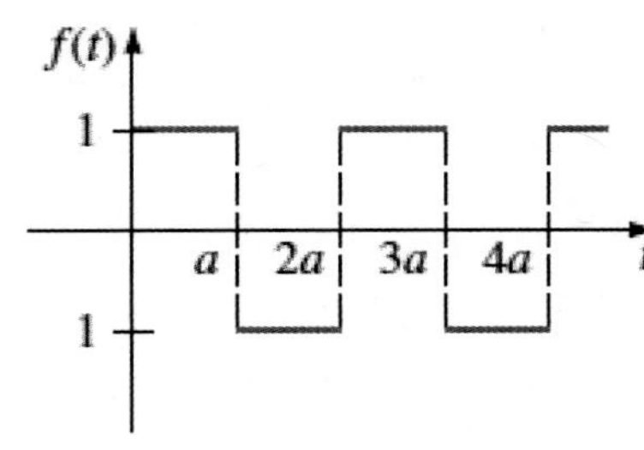

7 델타함수

1 델타함수(단위 충격 함수)

디랙(Dirac)의 델타(Delta)함수는 망치에 의해 가격되는 물체, 전기회로에 가해지는 전압 등과 같이 기계적이거나 전기적인 힘의 영향이 짧은 시간에 가해지는 현상을 모델링하는 데 주로 사용된다.

(1) $\delta_a(t-t_0)=\begin{cases} 0 & (0 \le t < t_0-a) \\ \dfrac{1}{2a} & (t_0-a \le t < t_0+a) \\ 0 & (t \ge t_0+a) \end{cases}$, 여기서 $a,\ t_0>0$

(2) $\lim\limits_{a\to 0}\delta_a(t-t_0)=\delta(t-t_0)=\begin{cases} \infty & (t=t_0) \\ 0 & (t\ne t_0) \end{cases}$ 를 디랙 델타함수 또는 단위 충격 함수라 한다.

(3) $\displaystyle\int_0^{\infty}\delta_a(t-t_0)\,dt=\int_{t_0-a}^{t_0+a}\frac{1}{2a}\,dt=1$

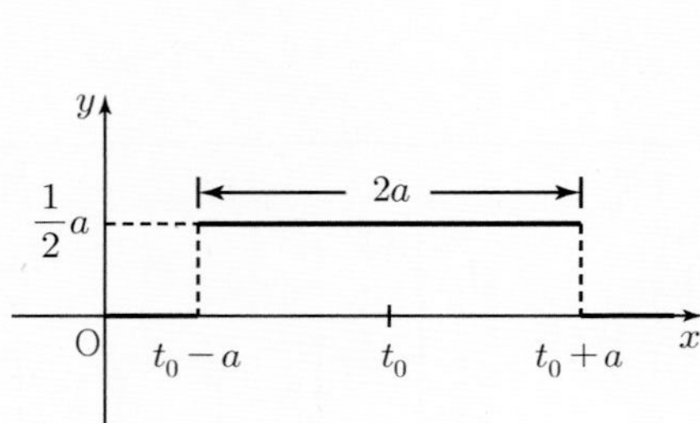

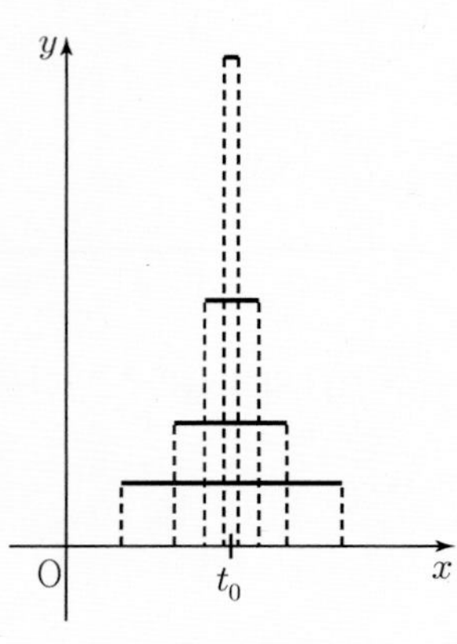

[$a\to0$일 때 δ_a의 행동]

2 델타함수의 라플라스 변환

$$\mathcal{L}\{\delta(t-a)\}=e^{-as}$$

$\delta(t-a)=\lim\limits_{k\to 0}\delta_k(t-a)=\begin{cases} 0 & (0<t<a) \\ \dfrac{1}{k} & (a<t<a+k) \\ 0 & (a+k<t) \end{cases}$ 라고 한다.

$$\mathcal{L}\{\delta(t-a)\}=\lim_{k\to 0}\int_0^{\infty}e^{-st}\delta_k(t-a)dt=\lim_{k\to 0}\int_a^{a+k}e^{-st}\cdot\frac{1}{k}\,dt=\lim_{k\to 0}\frac{1}{k}\cdot\left.\frac{-1}{s}e^{-st}\right|_a^{a+k}$$

$$=\lim_{k\to 0}\frac{1}{ks}\left(e^{-sa}-e^{-s(a+k)}\right)=\frac{e^{-as}}{s}\left(\lim_{k\to 0}\frac{1-e^{-sk}}{k}\right)=e^{-as}$$

필수 예제 61

라플라스 변환을 이용하여 다음 미분방정식을 풀어라.

$$\frac{dy}{dt}+2y+\int_0^t y(\tau)d\tau=\delta(t-1)\,,\ y(0)=0$$

풀이 주어진 미분방정식의 양변에 라플라스 변환을 하자.

$$\mathcal{L}\left\{\frac{dy}{dt}\right\}+\mathcal{L}\{2y\}+\mathcal{L}\left\{\int_0^t y(u)du\right\}=\mathcal{L}\{\delta(t-1)\}$$

$sY(s)-y(0)+2Y(s)+\dfrac{Y(s)}{s}=e^{-s}$; $y(0)=0$이므로 식에 대입하고 양변에 s를 곱해서 식을 정리하자.

$(s^2+2s+1)Y(s)=se^{-s}\ \Rightarrow\ Y(s)=\dfrac{se^{-s}}{(s+1)^2}$ 이므로 역라플라스 변환을 하자.

$$y(t)=\mathcal{L}^{-1}\left\{\frac{se^{-s}}{(s+1)^2}\right\}=u(t-1)\,\mathcal{L}^{-1}\left\{\frac{s+1-1}{(s+1)^2}\right\}_{s+1\to s}$$

$$=u(t-1)e^{-(t-1)}\mathcal{L}^{-1}\left\{\frac{s-1}{s^2}\right\}=u(t-1)e^{-(t-1)}(1-(t-1))$$

$$=u(t-1)e^{-(t-1)}(2-t)=\begin{cases}0 & (0<t<1)\\ e^{-(t-1)}(2-t) & (t>1)\end{cases}$$

179. 단위계단함수 $u_a(t)$와 디랙의 델타함수 $\delta_a(t)$가 다음과 같이 정의된다. $y(0)=2$일 때, 미분방정식 $y'+3y=\delta_1(t)$의 해를 구하시오.

$$u_a(t)=\begin{cases}0, & (t<a)\\ 1, & (t\ge a)\end{cases},\quad \delta_a(t)=\lim_{k\to 0^+}\frac{1}{k}\left(u_a(t)-u_{a+k}(t)\right)$$

180. 디랙의 델타함수 $\delta(t-a)$는 다음과 같이 정의된다. 미분방정식 $I'(t)+I(t)=\delta(t-1)$, $I(0)=0$의 해 $I(t)$에 대하여, $I(2)$의 값은?

$$\delta(t-a)=\begin{cases}0, & t\ne a\\ \infty, & t=a\end{cases},\quad \int_{-\infty}^{\infty}\delta(t-a)\,dt=1$$

필수 예제 62

미분방정식 $y'' + 4y' + 5y = \delta(t-2\pi)$, $y(0)=0$, $y'(0)=0$의 해를 구하면?
(단, $\delta(t-2\pi)$는 2π에 집중되어 있는 디랙의 델타함수를 나타내고, $U(t-2\pi)$는 $0 \le t < 2\pi$일 때 0, $t \ge 2\pi$ 일 때, 1의 값을 갖는 함수를 나타낸다.)

① $y = e^{-2(t-2\pi)}\sin(t)$

② $y = e^{-2t}\sin(t)\,U(t-2\pi)$

③ $y = e^{-2(t-2\pi)}U(t-2\pi)$

④ $y = e^{-2(t-2\pi)}\sin(t)\,U(t-2\pi)$

풀이 $\mathcal{L}\{y(t)\} = Y(s)$라고 하자. 주어진 미분방정식의 초기조건 $y(0)=0$, $y'(0)=0$이므로 라플라스 변환을 하면 식은 간결하게 정리된다.

$$(s^2+4s+5)\,Y(s) = e^{-2\pi s} \Rightarrow Y(s) = \frac{e^{-2\pi s}}{s^2+4s+5}$$

$$\begin{aligned} y(t) &= \mathcal{L}^{-1}\left(\frac{e^{-2\pi s}}{(s+2)^2+1}\right) \\ &= U(t-2\pi)\,\mathcal{L}^{-1}\left(\frac{1}{(s+2)^2+1}\right)_{s+2\to s} \\ &= U(t-2\pi)\,e^{-2(t-2\pi)}\,\mathcal{L}^{-1}\left(\frac{1}{s^2+1}\right) \\ &= U(t-2\pi)\,e^{-2(t-2\pi)}\sin(t-2\pi) \\ &= U(t-2\pi)\,e^{-2(t-2\pi)}\sin t \end{aligned}$$

따라서 정답은 ④이다.

181. **다음 초깃값 문제를 풀어라.**

(1) $y'' + y = 4\delta(t-2\pi)$, $y(0)=0$, $y'(0)=0$

(2) $y'' + y = 4\delta(t-2\pi)$, $y(0)=1$, $y'(0)=0$

(3) $y'' + 3y' + 2y = \delta(t-1)$, $y(0)=0$, $y'(0)=0$

(4) $y'' + 5y' + 6y = \delta(t-3)$, $y(0)=1$, $y'(0)=0$

MEMO

선배들의 이야기 ++

저는 삼수를 해서 대학에 들어갔지만 이어진 수능 실패 때문에 큰 시험에 대한 트라우마가 있었습니다. 이것을 극복하고 싶기도 했고 수학 과목에 자신이 있었기 때문에 편입시험에 도전하게 되었습니다. 그리고 무엇보다 연구자로서 확고한 꿈이 생겨 더 좋은 환경을 가진 학교에서 공부하고 싶은 마음이 컸습니다.

저만의 학습전략 첫째는 규칙적인 생활입니다.

사실 수능을 공부할 때만 해도 항상 새벽 늦게까지 공부하고 불규칙적인 생활을 했습니다. 항상 피로하고 아침에 일어날 때마다 몽롱한 상태로 고통스럽게 일어났었습니다. 하지만 편입 공부를 하면서는 항상 새벽 5시 반쯤 기상하고 10시 반쯤에 잠들었습니다. 수능 공부할 때와는 달리 피로감도 덜하고 아침에도 항상 상쾌하게 일어나서 좋았습니다.

둘째는 계획을 세우는 것입니다.

계획을 세우는 가장 큰 이유는 공부를 효율적으로 하기 위해서입니다. 예를 들어 단어를 외우는데 주어진 시간이 1시간이라면 1시간을 그냥 풀로 써서 외우는 것보다 20분씩 쪼개서 여러 번 외우는 것이 훨씬 효율적입니다. 수학도 마찬가지로, 정해진 양을 공부할 때 수업을 듣고 며칠 뒤에 오랜 시간 복습하는 것보다 수업 직후 30분, 다음날 또 40분… 이런 식으로 당일 복습, 누적 복습을 하는 것이 가장 효율적입니다. 저는 아침에 일어나서 하루 계획을 세웠고 매달 초에 한 달 계획을 세웠습니다.

마지막은 충분한 휴식과 긍정적인 생각입니다.

저는 항상 하루 계획을 세우고 목표한 양을 이루면 휴식을 취했습니다. 그 달의 성적이 너무 안 좋거나 공부가 너무 잘 될 때는 10시까지 공부하기도 했지만, 계획은 항상 저녁 8시쯤이면 충분히 끝낼 수 있게 잡았습니다. 매일 목표한 양을 성취했기 때문에 스트레스도 받지 않았습니다. 그리고 매달 며칠 정도는 휴식하는 날로 정했습니다. 하루 종일 아무 것도 안 하고 쉬기보다는 오전에 조조영화를 보고 맛있는 걸 먹으러 간다든지, 오후에 친구들과 한강 가서 맥주 한 잔을 한다든지 스트레스를 풀어줬습니다. 항상 어떤 일이든 긍정적으로 생각하려고 노력하면서 수험생활을 한다면 슬럼프 없이 생활할 수 있을 겁니다.

저는 무조건 당일 복습을 하고 누적 복습을 했습니다. 1일 후, 3일 후, 일주일 후로 계획을 세웠습니다. 최대한 효율적으로 공부할 수 있기 때문입니다. 1회독을 하면서는 어려운 문제에 집중하기보다는 유형을 익히고 공식을 암기하는 데 집중했습니다. 3회독 이상부터는 개념에 집중해서 개념 부분을 정독하고 증명해보면서 과정 하나하나에 어떤 의미가 있는지 생각하면서 공부했습니다.

그리고 한 문제를 푸는데 여러 가지 방식으로 풀려고 했습니다. 그 방식이 아무리 오래 걸리는 방식이라도 항상 2,3가지 방식으로 풀이했습니다. 너무 쉬운 문제는 이런 것들은 스킵 했습니다. 그랬기 때문에 항상 선생님이 풀어준 방식 외에 여러 가지 방식으로도 풀어보려고 노력하고 학교에서 알려준 거 하나하나 다 챙겨서 자기 자신만의 개념서를 만드는 게 좋을 것 같습니다.
수학 커리큘럼은 자신의 상황에 맞게 짜는 게 중요합니다. 누가 어떻게 했다고 해서 따라 할 필요 없어요. 그냥 자신의 실력에 맞게 페이스 유지하시면 될 것 같습니다.

편입을 준비하는 데 있어서 확실한 목표를 정하셨으면 좋겠습니다. 단지 편입해서 어디 대학에 가야지가 아니라 편입 후 미래까지도 꼭 생각해보셨으면 합니다. 그리고 편입수학을 공부하는 데 있어서는 의심할 필요 없이 아름쌤만 믿고 따라가면 됩니다!

- 이유신(한양대학교 기계공학과)

MEMO

MEMO

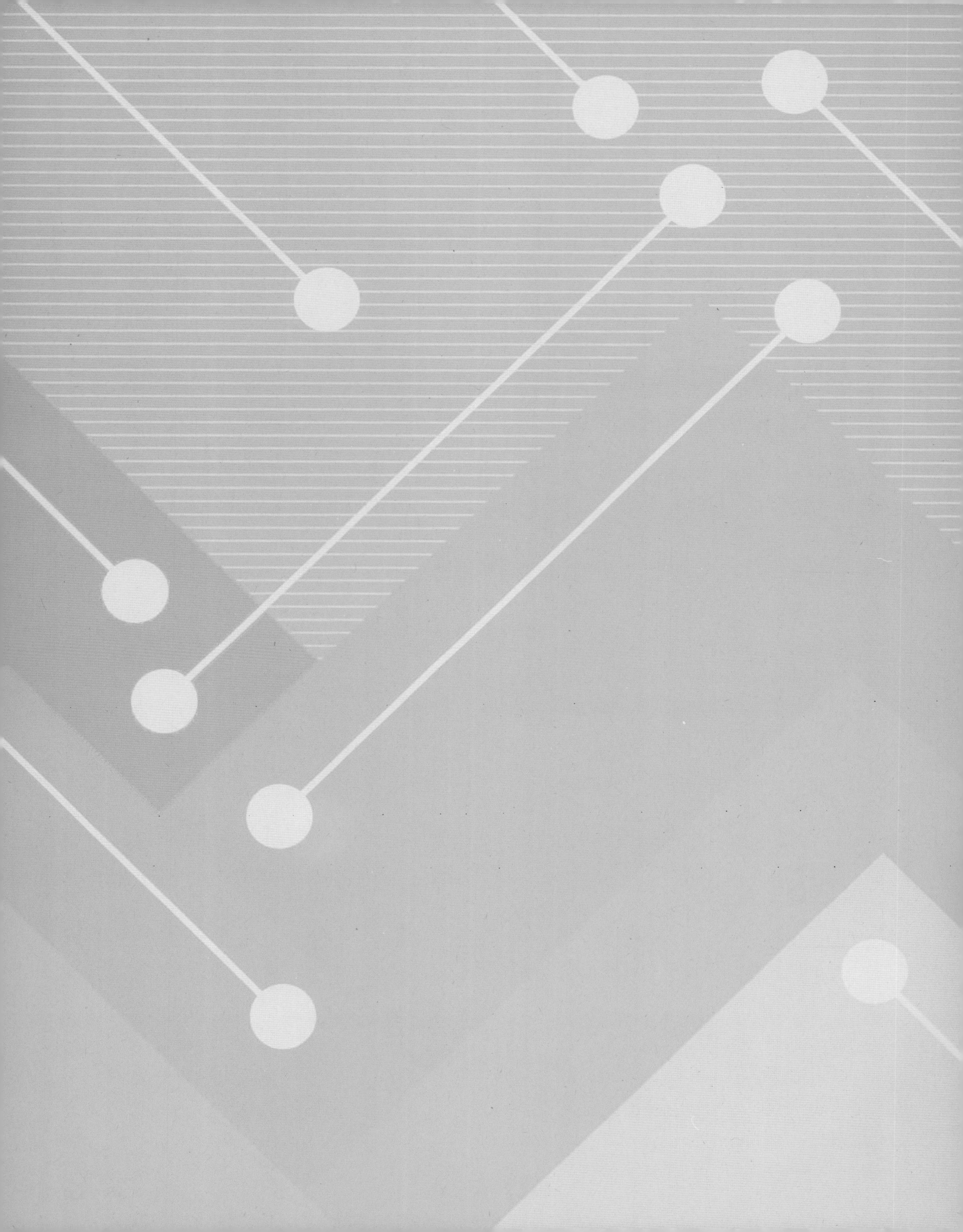

CHAPTER 04

연립 미분방정식

1. 제차 연립미분방정식
2. 비제차 연립미분방정식
3. 연립미분방정식의 임계점

04 연립미분방정식

1 제차 연립미분방정식

1 선형 연립미분방정식

선형미분방정식의 개념을 확장하여, 다음과 같은 형태로 쓸 수 있다면 이 식을 선형 연립미분방정식이라고 부른다.

$$\begin{aligned} y_1{}' &= a_{11}(t)y_1 + \cdots + a_{1n}(t)y_n + g_1(t) \\ y_2{}' &= a_{21}(t)y_1 + \cdots + a_{2n}(t)y_n + g_1(t) \\ &\vdots \\ y_n{}' &= a_{n1}(t)y_1 + \cdots + a_{nn}(t)y_n + g_n(t) \end{aligned}$$

(1) 위의 연립방정식을 행렬로 나타내기

$$y' = Ay + g(t) \iff \begin{pmatrix} y_1{}' \\ y_2{}' \\ \vdots \\ y_n{}' \end{pmatrix} = \begin{pmatrix} a_{11} \cdots a_{1n} \\ a_{21} \cdots a_{2n} \\ \vdots \ \ddots \ \vdots \\ a_{n1} \cdots a_{nn} \end{pmatrix} \begin{pmatrix} y_1 \\ y_2 \\ \vdots \\ y_n \end{pmatrix} + \begin{pmatrix} g_1 \\ g_2 \\ \vdots \\ g_n \end{pmatrix}$$

(2) $g(t) = 0$ 이면 제차 선형 연립미분방정식이라고 한다.

(3) $g(t) \neq 0$ 이면 비제차 선형 연립미분방정식이라고 한다.

(4) 제차 선형 연립미분방정식의 해가 Y_1과 Y_2라고 할 때, $y = c_1 Y_1 + c_2 Y_2$ 또한 해가 된다.

2 N계 상미분방정식을 1계 연립미분방정식으로 변환

n계 상미분방정식 $y^{(n)} = F(x, y, y', \cdots, y^{(n-1)})$

또는 $a_n(x)\dfrac{d^n y}{dx^n} + a_{n-1}(x)\dfrac{d^{n-1}y}{dx^{n-1}} + \cdots + a_1(x)\dfrac{dy}{dx^n} + a_0(x)y = g(x)$ 의 해 y를 다음과 같이 놓음으로써

1계 상미분방정식의 연립방정식으로 변환할 수 있다.

$$\begin{aligned} y_1 &= y \\ y_2 &= y' = y_1{}' \\ y_3 &= y'' = y_1{}'' = y_2{}' \\ y_n &= y^{(n-1)} = y_1^{(n-1)} = y_{n-1}{}' \end{aligned}$$

필수 예제 63

2계 상미분방정식 $y''+4y'+3y=0$을 연립 1계 미분방정식으로 표현하여 해를 구하시오.

풀이 $y_1=y,\ y_2=y'=y_1{}'$라고 하면, $y_2{}'=y''=-4y'-3y$이다.

$\Rightarrow\ y_1{}'=y_2,\ y_2{}'=-3y_1-4y'\ \Leftrightarrow\ u=\begin{bmatrix} y_1 \\ y_2 \end{bmatrix}$ $then\ u'=\begin{bmatrix} y_1{}' \\ y_2{}' \end{bmatrix}=\begin{bmatrix} 0 & 1 \\ -4 & -3 \end{bmatrix}\begin{bmatrix} y_1 \\ y_2 \end{bmatrix}=Au$

$\det(A-\lambda I)=\begin{vmatrix} -\lambda & 1 \\ -3 & -4-\lambda \end{vmatrix}=\lambda^2+4\lambda+3=(\lambda+3)(\lambda+1)=0$이다.

일반해는 $u=\begin{bmatrix} y_1 \\ y_2 \end{bmatrix}=c_1e^{-t}\begin{bmatrix} 1 \\ -1 \end{bmatrix}+c_2e^{-3t}\begin{bmatrix} 1 \\ -3 \end{bmatrix}$

182. 함수 $y=f(x)$가 미분방정식 $y''-xy'+3y=0$의 해일 때, 다음 연립미분방정식 중에 $y_1=f(x),\ y_2=f'(x)$가 해인 것을 고르면?

① $\begin{pmatrix} y_1{}' \\ y_2{}' \end{pmatrix}=\begin{pmatrix} 0 & 1 \\ -3 & x \end{pmatrix}\begin{pmatrix} y_1 \\ y_2 \end{pmatrix}$

② $\begin{pmatrix} y_1{}' \\ y_2{}' \end{pmatrix}=\begin{pmatrix} 1 & 0 \\ -x & 3 \end{pmatrix}\begin{pmatrix} y_1 \\ y_2 \end{pmatrix}$

③ $\begin{pmatrix} y_1{}' \\ y_2{}' \end{pmatrix}=\begin{pmatrix} 1 & -\frac{x}{2} \\ -3 & 3 \end{pmatrix}\begin{pmatrix} y_1 \\ y_2 \end{pmatrix}$

④ $\begin{pmatrix} y_1{}' \\ y_2{}' \end{pmatrix}=\begin{pmatrix} -x & 3 \\ 1 & 0 \end{pmatrix}\begin{pmatrix} y_1 \\ y_2 \end{pmatrix}$

183. x의 함수 y_1, y_2가 연립미분방정식 $\begin{pmatrix} y'_1 \\ y'_2 \end{pmatrix}=\begin{pmatrix} 2 & -1 \\ -1 & x \end{pmatrix}\begin{pmatrix} y_1 \\ y_2 \end{pmatrix}$의 해일 때, 다음 중 y_1이 만족하는 미분방정식을 고르면?

① $y''-2xy'+(2x-1)y=0$
② $y''-(x+2)y'+(2x-1)y=0$
③ $y''+2xy'-(2x-1)y=0$
④ $y''+(x-2)y'+(2x-1)y=0$
⑤ $y''+(2x-1)y'+(x+2)y=0$

3 제차 상수계수 연립미분방정식 $y' = Ay$

(1) 임계점 : $y' = Ay$인 연립방정식의 유일한 임계점은 원점 P_0이다.

(2) 연립미분방정식 $y' = Ay$ 해의 형태가 $y = Ve^{\lambda t}$일 때,

좌변 : $y' = \lambda Ve^{\lambda t}$, 우변 : $Ay = AVe^{\lambda t}$ $\Rightarrow$ $AVe^{\lambda t} = \lambda Ve^{\lambda t}$이 성립하므로

$AV = \lambda V$을 만족하는 고유값과 고유벡터를 찾으면 연립미분방정식의 해를 찾을 수 있다.

(λ : 행렬 A의 고윳값이고, V : λ에 대응하는 행렬 A의 고유벡터이다.)

(3) n차 정방행렬 A의 일차독립인 고유벡터가 n개이면 $y' = Ay$의 해는 다음과 같다.

$$\begin{pmatrix} y_1 \\ \vdots \\ y_n \end{pmatrix} = c_1 V_1 e^{\lambda_1 t} + \cdots + c_n V_n e^{\lambda_n t}$$

(4) 라플라스 변환을 이용한 해 구하기

라플라스 변환 $\mathcal{L}\{x(t)\} = X$, $\mathcal{L}\{y(t)\} = Y$라고 하자.

$\begin{cases} x'(t) = ax(t) + by(t) \\ y'(t) = cx(t) + dy(t) \end{cases}$를 행렬의 곱으로 나타내면 $\begin{pmatrix} x' \\ y' \end{pmatrix} = \begin{pmatrix} a & b \\ c & d \end{pmatrix}\begin{pmatrix} x \\ y \end{pmatrix}$이다.

양변에 라플라스 변환을 하자.

$$\begin{cases} sX - x(0) = aX + bY \\ sY - y(0) = cX + dY \end{cases} \Leftrightarrow \begin{pmatrix} s-a & -b \\ -c & s-d \end{pmatrix}\begin{pmatrix} X \\ Y \end{pmatrix} = \begin{pmatrix} x(0) \\ y(0) \end{pmatrix}$$

X, Y를 구하고 역변환을 통해서 해를 구할 수 있다.

필수 예제 64

다음 연립미분방정식의 해가 아닌 것은?

$$y_1{}'(t)=\ \ 7y_1(t)+4y_2(t)$$
$$y_2{}'(t)=-3y_1(t)-\ y_2(t)$$

① $y_1(t)=2e^t,\ y_2(t)=2e^t$ ② $y_1(t)=2e^{5t},\ y_2(t)=-e^{5t}$

③ $y_1(t)=4e^t+2e^{5t},\ y_2(t)=-6e^t-e^{5t}$ ④ $y_1(t)=2e^t-2e^{5t},\ y_2(t)=-3e^t+e^{5t}$

풀이 연립미분방정식을 행렬 형태로 쓰면 $\begin{bmatrix} y_1{}'(t) \\ y_2{}'(t) \end{bmatrix}=\begin{bmatrix} 7 & 4 \\ -3 & -1 \end{bmatrix}\begin{bmatrix} y_1(t) \\ y_2(t) \end{bmatrix}$ 이고,

$A=\begin{bmatrix} 7 & 4 \\ -3 & -1 \end{bmatrix}$ 의 고윳값은 $\det(A-\lambda I)=(\lambda-1)(\lambda-5)=0 \Rightarrow \lambda_1=1,\ \lambda_2=5$이다.

$\lambda_1=1$에 대응하는 고유벡터는 $v_1=\begin{bmatrix} 2 \\ -3 \end{bmatrix}$, $\lambda_2=5$에 대응하는 고유벡터는 $v_2=\begin{bmatrix} 2 \\ -1 \end{bmatrix}$이다.

따라서 미분방정식의 해는 $\begin{bmatrix} y_1(t) \\ y_2(t) \end{bmatrix}=c_1\begin{bmatrix} 2 \\ -3 \end{bmatrix}e^t+c_2\begin{bmatrix} 2 \\ -1 \end{bmatrix}e^{5t}$ 이다.

보기 중 위의 식을 만족하지 않은 것은 ①번뿐이다.

184. **미분방정식** $\begin{pmatrix} \frac{dx}{dt} \\ \frac{dy}{dt} \\ \frac{dz}{dt} \end{pmatrix}=\begin{pmatrix} 1 & -1 & 4 \\ 3 & 2 & -1 \\ 2 & 1 & -1 \end{pmatrix}\begin{pmatrix} x \\ y \\ z \end{pmatrix}$ **의 일반해가** $Ae^{at}+Be^{bt}+Ce^{ct}$ **형태일 때,** $a+b+c$**의 값은?**

(단, A, B, C**는** 3×1 **행렬이다.)**

185. **연립방정식** $\begin{cases} \dfrac{dx}{dt}=x+2y \\ \dfrac{dy}{dt}=3x+2y \end{cases}$, $x(0)=0,\ y(0)=1$ **일 때, 일반해는?**

① $-\frac{2}{5}\begin{pmatrix} 1 \\ -1 \end{pmatrix}e^{-t}+\frac{1}{5}\begin{pmatrix} 2 \\ 3 \end{pmatrix}e^{4t}$ ② $-\frac{2}{5}\begin{pmatrix} 1 \\ -1 \end{pmatrix}e^{-t}+\frac{1}{5}\begin{pmatrix} 2 \\ 3 \end{pmatrix}e^{-4t}$

③ $-\frac{2}{5}\begin{pmatrix} 1 \\ -1 \end{pmatrix}e^{t}+\frac{1}{5}\begin{pmatrix} 2 \\ 3 \end{pmatrix}e^{4t}$ ④ $-\frac{2}{5}\begin{pmatrix} 1 \\ -1 \end{pmatrix}e^{t}+\frac{1}{5}\begin{pmatrix} 2 \\ 3 \end{pmatrix}e^{-4t}$

필수 예제 65

초깃값 $y_1(0)=0$, $y_2(0)=2$를 만족하는 아래의 선형 연립미분방정식 $\begin{cases} y_1' = y_1 + 12y_2 \\ y_2' = 3y_1 + y_2 \end{cases}$의 해 $y_1 = y_1(t)$, $y_2 = y_2(t)$에 대하여 $y_1(1)+y_2(1)$의 값은?

① $3e^7 - e^{-5}$ ② $4e^7 + e^{-5}$ ③ $e^7 - e^{-5}$ ④ $e^7 - 3e^{-5}$ ⑤ $5e^7 - 3e^{-5}$

풀이 $\begin{pmatrix} y_1' \\ y_2' \end{pmatrix} = \begin{pmatrix} 1 & 12 \\ 3 & 1 \end{pmatrix}\begin{pmatrix} y_1 \\ y_2 \end{pmatrix}$의 일반해는 $\begin{pmatrix} y_1 \\ y_2 \end{pmatrix} = c_1 v_1 e^{\lambda_1 t} + c_2 v_2 e^{\lambda_2 t}$ 하다.

$|A-\lambda I| = \begin{vmatrix} 1-\lambda & 12 \\ 3 & 1-\lambda \end{vmatrix} = \lambda^2 - 2\lambda - 35 = 0$

$\therefore \lambda = 7, -5$

(i) $(A-7I)V=0 \Rightarrow \begin{pmatrix} -6 & 12 \\ 3 & -6 \end{pmatrix}\begin{pmatrix} x \\ y \end{pmatrix} = \begin{pmatrix} 0 \\ 0 \end{pmatrix}$이므로 $x-2y=0$이다.

$\therefore \lambda = 7$의 고유벡터는 $v_1 = t\begin{pmatrix} 2 \\ 1 \end{pmatrix}$이다.

(ii) $(A+5I)V=0 \Rightarrow \begin{pmatrix} 6 & 12 \\ 3 & 6 \end{pmatrix}\begin{pmatrix} x \\ y \end{pmatrix} = \begin{pmatrix} 0 \\ 0 \end{pmatrix}$이므로 $x+2y=0$이다.

$\therefore \lambda = -5$의 고유벡터는 $v_2 = t\begin{pmatrix} -2 \\ 1 \end{pmatrix}$이다.

$\begin{pmatrix} y_1 \\ y_2 \end{pmatrix} = a\begin{pmatrix} 2 \\ 1 \end{pmatrix}e^{7t} + b\begin{pmatrix} -2 \\ 1 \end{pmatrix}e^{-5t}$이고, $y_1(0)=0$, $y_2(0)=2$이므로 $a=b=1$이다.

$\therefore y_1(1)+y_2(1) = 3e^7 - e^{-5}$

[다른 풀이] 라플라스 변환을 이용하자.

$y_1 = x$, $y_2 = y$라 하고, $\mathcal{L}\{x(t)\} = X$, $\mathcal{L}\{y(t)\} = Y$라고 하자.

$\begin{pmatrix} x' \\ y' \end{pmatrix} = \begin{pmatrix} 1 & 12 \\ 3 & 1 \end{pmatrix}\begin{pmatrix} x \\ y \end{pmatrix}$의 라플라스 변환을 하자.

$\begin{pmatrix} s-1 & -12 \\ -3 & s-1 \end{pmatrix}\begin{pmatrix} X \\ Y \end{pmatrix} = \begin{pmatrix} 0 \\ 2 \end{pmatrix} \Leftrightarrow \begin{pmatrix} X \\ Y \end{pmatrix} = \frac{1}{s^2-2s-35}\begin{pmatrix} s-1 & 12 \\ 3 & s-1 \end{pmatrix}\begin{pmatrix} 0 \\ 2 \end{pmatrix} = \frac{1}{(s+5)(s-7)}\begin{pmatrix} 24 \\ 2s-2 \end{pmatrix}$

$X+Y = \frac{2s+22}{(s+5)(s-7)} = \frac{3}{s-7} - \frac{1}{s+5}$이므로 $x(t)+y(t) = 3e^{7t} - e^{-5t}$이고,

$y_1(1)+y_2(1) = 3e^7 - e^{-5}$이다.

각각의 해를 구하자고 한다면

$x(t) = \mathcal{L}^{-1}\left\{\frac{2}{s-7} - \frac{2}{s+5}\right\} = 2(e^{7t} - e^{-5t})$, $y(t) = \mathcal{L}^{-1}\left\{\frac{2s-2}{(s-7)(s+5)}\right\} = \mathcal{L}^{-1}\left\{\frac{1}{s-7} + \frac{1}{s+5}\right\} = e^{7t} + e^{-5t}$이다.

[다른 풀이] 객관식 보기를 활용하자.

보기를 통해서 서로 다른 고윳값이 2개인 연립미분방정식임을 알 수 있고 해를 유추하자면 $y_1 + y_2 = ae^{7t} + be^{-5t}$이다.

$y_1' + y_2' = 7ae^{7t} - 5be^{-5t}$이고, $y_1(0)=0$, $y_2(0)=2$일 때, $\begin{pmatrix} y_1' \\ y_2' \end{pmatrix} = \begin{pmatrix} 1 & 12 \\ 3 & 1 \end{pmatrix}\begin{pmatrix} 0 \\ 2 \end{pmatrix} = \begin{pmatrix} 24 \\ 2 \end{pmatrix}$이다.

$y_1(0)+y_2(0) = a+b = 2$, $y_1'(0)+y_2'(0) = 7a-5b = 26 \Rightarrow a=3$, $b=-1$이다.

186. 다음 연립미분방정식이$\begin{cases} y_1{}' = 2y_1 - y_2 \\ y_2{}' = 3y_1 - 2y_2 \end{cases}$, $y_1(0) = 1, y_2(0) = -3$을 만족할 때, $y_1(\ln 2) + y_2(\ln 3)$ 의 값은?

① 12　② 34　③ $6\ln 2 - 8\ln 3$　④ $\ln 2 - 3\ln 3$

187. 미분연립방정식 $\begin{cases} x' = y - x \\ y' = x - y \end{cases}$, $x(0) = 1$, $y(0) = 0$을 만족하는 $x(t)$, $y(t)$에 대하여 $x(2016) + y(2016)$의 값은?

① 1　② 2　③ 2015　④ 2016

188. 연립미분방정식 $\begin{bmatrix} y_1{}' \\ y_2{}' \end{bmatrix} = \begin{bmatrix} 1 & 1 \\ -2 & 3 \end{bmatrix} \begin{bmatrix} y_1 \\ y_2 \end{bmatrix}$, $\begin{bmatrix} y_1(0) \\ y_2(0) \end{bmatrix} = \begin{bmatrix} 0 \\ 1 \end{bmatrix}$ 의 해 $y_{1,}\ y_2$에 대하여 $y_1 - y_2$는?

① $-e^{2t}\cos t$　② $e^{2t}\sin t$　③ $e^{2t}\sin t - e^{2t}\cos t$　④ $e^{2t}\cos t - e^{2t}\sin t$　⑤ $e^{2t}\sin t + e^{2t}\cos t$

189. 연립미분방정식 $y_1{}' = -3y_1 + 2y_2$, $y_2{}' = -2y_1 + 2y_2$, $y_1(0) = 0$, $y_2(0) = 1$을 만족하는 $y_1(t)$, $y_2(t)$에 대해서 $y_1(1) + y_2(1)$ 의 값은?

① $2e - e^{-3}$　② $2e - 3e^{-3}$　③ $2e - e^{-2}$　④ $2e - 3e^{-2}$

190. 행렬 $X(t)$가 다음 미분방정식 $X'(t)=\begin{pmatrix}0&0&1\\0&1&0\\1&0&0\end{pmatrix}X(t),\ X(0)=\begin{pmatrix}1\\2\\5\end{pmatrix}$을 만족할 때, $X(1)$의 값은?

① $\begin{pmatrix}e\\2e\\5e\end{pmatrix}$ ② $\begin{pmatrix}-2e^{-1}+3e\\2e\\2e^{-1}+3e\end{pmatrix}$ ③ $\begin{pmatrix}-2e^{-1}\\2e\\3e\end{pmatrix}$ ④ $\begin{pmatrix}1\\1\\1\end{pmatrix}$

191. 미분방정식 $y''(t)=\begin{pmatrix}2&0\\0&2\end{pmatrix}y(t)+\begin{pmatrix}0&1\\1&0\end{pmatrix}y'(t)$의 일반해를 $y(t)=\begin{pmatrix}y_1(t)\\y_2(t)\end{pmatrix}$라 할 때, $y_1(t)+y_2(t)$의 일반해는?

① $c_1e^t+c_2e^{2t}$ ② $c_1e^{-t}+c_2e^{-2t}$ ③ $c_1e^{-t}+c_2e^{2t}$ ④ $c_1e^t+c_2e^{-2t}$ ⑤ $c_1e^{-t}+c_2e^t$

192. 미분연립방정식 $\begin{cases}\dfrac{d^2x}{dt^2}+\dfrac{d^2y}{dt^2}=t^2\\ \dfrac{d^2x}{dt^2}-\dfrac{d^2y}{dt^2}=4t\end{cases}$, $x(0)=8,\ x'(0)=0,\ y(0)=0,\ y'(0)=0$을 만족하는 $x(t),\ y(t)$에 대해서 $x(1)+y(1)$의 값은?

① $\dfrac{97}{12}$ ② $\dfrac{101}{24}$ ③ $\dfrac{65}{3}$ ④ $\dfrac{85}{8}$

필수 예제 66

$(x(t), y(t))$가 연립미분방정식 $\begin{cases} x'(t) = x(t) + 4y(t) \\ y'(t) = x(t) + y(t) \end{cases}$의 해이고, $(x(0), y(0)) \neq (0,0)$일 때,

극한 $\lim_{t \to \infty} \frac{x(t)}{y(t)}$의 값은?

① 0 ② 2 ③ -2 ④ 2 또는 -2 ⑤ ∞

풀이 행렬 $\begin{pmatrix} 1 & 4 \\ 1 & 1 \end{pmatrix}$의 특성(고유)방정식 $\lambda^2 - 2\lambda - 3 = 0$ 이므로 고유치 λ는 -1, 3이다.

고유치 $\lambda = -1$에 대응하는 고유벡터는 $\begin{pmatrix} 2 \\ -1 \end{pmatrix}$이고, 고유치 $\lambda = 3$에 대응하는 고유벡터는 $\begin{pmatrix} 2 \\ 1 \end{pmatrix}$이므로

$\begin{pmatrix} x(t) \\ y(t) \end{pmatrix} = a\begin{pmatrix} 2 \\ -1 \end{pmatrix}e^{-t} + b\begin{pmatrix} 2 \\ 1 \end{pmatrix}e^{3t}$이다.

$\begin{pmatrix} x(0) \\ y(0) \end{pmatrix} = a\begin{pmatrix} 2 \\ -1 \end{pmatrix} + b\begin{pmatrix} 2 \\ 1 \end{pmatrix} = \begin{pmatrix} 2 & 2 \\ -1 & 1 \end{pmatrix}\begin{pmatrix} a \\ b \end{pmatrix} \neq \begin{pmatrix} 0 \\ 0 \end{pmatrix}$이므로 $\begin{pmatrix} a \\ b \end{pmatrix} \neq \begin{pmatrix} 0 \\ 0 \end{pmatrix}$이다.

(i) $a \neq 0, b \neq 0$일 때, $\lim_{t \to \infty} \frac{x(t)}{y(t)} = 2$

(ii) $a = 0, b \neq 0$일 때, $\lim_{t \to \infty} \frac{x(t)}{y(t)} = 2$

(iii) $a \neq 0, b = 0$일 때, $\lim_{t \to \infty} \frac{x(t)}{y(t)} = -2$

$\therefore \lim_{t \to \infty} \frac{x(t)}{y(t)} = 2$ 또는 -2이다.

193. 어떤 숲 속에 있는 토끼와 늑대의 시각 t에서의 개체수를 각각 $r(t), w(t)$라고 할 때, $\frac{dr}{dt} = 3r - w$, $\frac{dw}{dt} = r + \frac{w}{2}$의 관계가 성립한다. 만일 $r(0) = 70, w(0) = 20$이라면 극한 $\lim_{t \to \infty} \frac{r(t)}{w(t)}$의 값은?

① $\frac{1}{2}$ ② 2 ③ $\frac{1}{3}$ ④ 3

194. 연립미분방정식 $x'' = y, y'' = x$의 해 $x(t),\ y(t)$는 $\lim_{t\to\infty} x(t) = 0,\ \lim_{t\to\infty} y(t) = 0$ 를 만족한다. $x(0) - y(0)$의 값으로 가능한 수의 집합은?

① $\{0\}$ ② $\{e\}$ ③ $\{0,\ e\}$ ④ $\{0,\ 1,\ e\}$ ⑤ 실수의 집합

195. 선형 연립미분방정식 $\begin{pmatrix} {y_1}' \\ {y_2}' \end{pmatrix} = \begin{pmatrix} 2a & -1 \\ 2 & -a \end{pmatrix}\begin{pmatrix} y_1 \\ y_2 \end{pmatrix}$의 해 $y_1(t),\ y_2(t)$가 초기조건에 관계없이 극한값 $\lim_{t\to\infty} y_1(t),\ \lim_{t\to\infty} y_2(t)$ 를 갖도록 하는 a값의 범위는?

① $-2 \le a < -1$ ② $-1 \le a < 0$ ③ $0 < a \le 1$ ④ $1 < a \le 2$

196. 초기조건이 주어진 연립미분방정식 $\begin{pmatrix} x'(t) \\ y'(t) \end{pmatrix} = \begin{pmatrix} 2 & 8 \\ -1 & -2 \end{pmatrix}\begin{pmatrix} x(t) \\ y(t) \end{pmatrix},\ \begin{pmatrix} x(0) \\ y(0) \end{pmatrix} = \begin{pmatrix} 2 \\ -1 \end{pmatrix}$의 해 $(x(t), y(t), z(t))$에 대하여 $x''(0) + y''(0)$의 값은?

① -8 ② -4 ③ -2 ④ -1

197. 초기조건이 주어진 연립미분방정식 $\begin{pmatrix} x'(t) \\ y'(t) \\ z'(t) \end{pmatrix} = \begin{pmatrix} 1 & -1 & 0 \\ -1 & 1 & 1 \\ 0 & 1 & 1 \end{pmatrix}\begin{pmatrix} x(t) \\ y(t) \\ z(t) \end{pmatrix},\ \begin{pmatrix} x(0) \\ y(0) \\ z(0) \end{pmatrix} = \begin{pmatrix} -1 \\ 1 \\ 0 \end{pmatrix}$의 해 $(x(t), y(t), z(t))$에 대하여 $x''(0) + y''(0) + z''(0)$의 값은?

① 3 ② 4 ③ 7 ④ 8

MEMO

4 고윳값 λ의 중복도가 m인 경우

$Y = \begin{pmatrix} y_1 \\ \vdots \\ y_n \end{pmatrix}$에 대하여 $Y' = AY$를 만족하는 일반해를 구할 때, $n \times n$ 행렬 A의 고윳값이 중복도가 존재할 수 있다.

(1) 고윳값 λ의 대수적 중복도 m, 기하적 중복도 m인 경우

고윳값 λ에 대응하는 일차독립인 고유벡터 $\{V_1, V_2, \cdots, V_m\}$가 m개 존재하면 일반해는 다음과 같다.

$$\begin{pmatrix} y_1 \\ \vdots \\ y_n \end{pmatrix} = c_1 V_1 e^{\lambda t} + \cdots + c_m V_m e^{\lambda t}$$

(2) 대수적 중복도 m, 기하적 중복도는 1인 경우

고윳값 λ에 대응하는 일차독립인 고유벡터가 V_1만 존재한다면

$$Y_1 = V_1 e^{\lambda t}$$
$$Y_2 = V_1 t e^{\lambda t} + V_2 e^{\lambda t}$$
$$Y_3 = V_1 \frac{t^2}{2!} e^{\lambda t} + V_2 t e^{\lambda t} + V_3 e^{\lambda t}$$
$$Y_4 = V_1 \frac{t^3}{3!} e^{\lambda t} + V_2 \frac{t^2}{2!} e^{\lambda t} + V_3 t e^{\lambda t} + V_4 e^{\lambda t}$$
$$Y_m = V_1 \frac{t^{m-1}}{(m-1)!} e^{\lambda t} + V_2 \frac{t^{m-2}}{(m-2)!} e^{\lambda t} + \cdots + V_m e^{\lambda t}$$

$$(A - \lambda I) V_1 = O$$
$$(A - \lambda I) V_2 = V_1$$
$$(A - \lambda I) V_3 = V_2$$
$$\vdots$$
$$(A - \lambda I) V_m = V_{m-1}$$

일반해는 다음과 같다.

$$\boldsymbol{Y = c_1 Y_1 + \cdots + c_m Y_m}$$

MEMO

필수 예제 67

다음 연립미분방정식 $\begin{cases} y_1' = -3y_1 + y_2 \\ y_2' = -y_1 - y_2 \end{cases}$ 의 해 $y = \begin{pmatrix} y_1 \\ y_2 \end{pmatrix}$가 아닌 것은?

① $\begin{pmatrix} 1 \\ 1 \end{pmatrix} e^{-2t} + \left\{ \begin{pmatrix} 1 \\ 1 \end{pmatrix} t + \begin{pmatrix} 0 \\ 1 \end{pmatrix} \right\} e^{-2t}$

② $\begin{pmatrix} 2 \\ 2 \end{pmatrix} e^{-2t} + \left\{ \begin{pmatrix} 1 \\ 1 \end{pmatrix} t + \begin{pmatrix} 1 \\ 2 \end{pmatrix} \right\} e^{-2t}$

③ $\begin{pmatrix} 1 \\ 1 \end{pmatrix} e^{-2t} + \left\{ \begin{pmatrix} 2 \\ 2 \end{pmatrix} t + \begin{pmatrix} 1 \\ 3 \end{pmatrix} \right\} e^{-2t}$

④ $\begin{pmatrix} 2 \\ 2 \end{pmatrix} e^{-2t} + \left\{ \begin{pmatrix} 2 \\ 2 \end{pmatrix} t + \begin{pmatrix} 1 \\ 4 \end{pmatrix} \right\} e^{-2t}$

풀이 미분방정식을 $X' = \begin{pmatrix} -3 & 1 \\ -1 & -1 \end{pmatrix} X$라고 하자. 고윳값이 중근이 나오면 소거법으로 풀이하자.

$|A - \lambda I| = \begin{vmatrix} -3-\lambda & 1 \\ -1 & 1-\lambda \end{vmatrix} = \lambda^2 + 4\lambda + 4 = 0 \quad \therefore \lambda = -2, -2$

$\begin{pmatrix} D+3 & -1 \\ 1 & D+1 \end{pmatrix} \begin{pmatrix} y_1 \\ y_2 \end{pmatrix} = \begin{pmatrix} 0 \\ 0 \end{pmatrix} \Rightarrow (D^2 + 4D + 3 + 1) y_1 = 0 \quad \therefore y_1 = Ae^{-2t} + Bte^{-2t}$

주어진 방정식에서 $y_2 = y_1' + 3y_1$ 이므로 $y_1 = Ae^{-2t} + Bte^{-2t}$을 대입해서 y_2를 구하자.

$y_2 = -2Ae^{-2t} + Be^{-2t} - 2Bte^{-2t} + 3Ae^{-2t} + 3Bte^{-2t} = Ae^{-2t} + Be^{-2t} + Bte^{-2t}$

$\therefore \begin{pmatrix} y_1 \\ y_2 \end{pmatrix} = \begin{pmatrix} A \\ A+B \end{pmatrix} e^{-2t} + \begin{pmatrix} B \\ B \end{pmatrix} te^{-2t}$

문제에서 주어진 연립미분방정식의 해가 아닌 것은 ④이다.

[다른 풀이]

고유값이 중근을 갖기 때문에 $Y = c_1 Ve^{-2t} + c_2(Vt + U)e^{-2t}$ 형태이다.

여기서 V는 고유치 -2에 대응하는 고유벡터이고, U는 $(A+2I)U = V$를 만족하는 해벡터이다.

$A + 2I = \begin{pmatrix} -1 & 1 \\ -1 & 1 \end{pmatrix} \sim \begin{pmatrix} 1 & -1 \\ 0 & 0 \end{pmatrix}$이므로

(i) 고유치 -2의 고유벡터 $V = \begin{pmatrix} 1 \\ 1 \end{pmatrix}$이다.

$(A+2I)U = V \Rightarrow \begin{pmatrix} -1 & 1 & 1 \\ -1 & 1 & 1 \end{pmatrix} \sim \begin{pmatrix} 1 & -1 & -1 \\ 0 & 0 & 0 \end{pmatrix}$

$U = \begin{pmatrix} s-1 \\ s \end{pmatrix} = s\begin{pmatrix} 1 \\ 1 \end{pmatrix} + \begin{pmatrix} -1 \\ 0 \end{pmatrix}_{s \in R}$ 이므로 $U = \left\{ \begin{pmatrix} -1 \\ 0 \end{pmatrix} \begin{pmatrix} 0 \\ 1 \end{pmatrix} \begin{pmatrix} 1 \\ 2 \end{pmatrix} \begin{pmatrix} 2 \\ 3 \end{pmatrix} \cdots \right\}$

$\begin{pmatrix} y_1 \\ y_2 \end{pmatrix} = c_1 \begin{pmatrix} 1 \\ 1 \end{pmatrix} e^{-2t} + c_2 \left\{ \begin{pmatrix} 1 \\ 1 \end{pmatrix} t + \begin{pmatrix} 0 \\ 1 \end{pmatrix} \right\} e^{-2t}$ 또는 $\begin{pmatrix} y_1 \\ y_2 \end{pmatrix} = c_1 \begin{pmatrix} 1 \\ 1 \end{pmatrix} e^{-2t} + c_2 \left\{ \begin{pmatrix} 1 \\ 1 \end{pmatrix} t + \begin{pmatrix} 1 \\ 2 \end{pmatrix} \right\} e^{-2t}$

(ii) 고유치 -2의 고유벡터 $V = \begin{pmatrix} 2 \\ 2 \end{pmatrix}$라고 한다면

$(A+2I)U = V \Rightarrow \begin{pmatrix} -1 & 1 & 2 \\ -1 & 1 & 2 \end{pmatrix} \sim \begin{pmatrix} 1 & -1 & -2 \\ 0 & 0 & 0 \end{pmatrix}$

$U = \begin{pmatrix} s-2 \\ s \end{pmatrix} = s\begin{pmatrix} 1 \\ 1 \end{pmatrix} + \begin{pmatrix} -2 \\ 0 \end{pmatrix}_{s \in R}$ 이므로 $U = \left\{ \begin{pmatrix} -2 \\ 0 \end{pmatrix} \begin{pmatrix} -1 \\ 1 \end{pmatrix} \begin{pmatrix} 0 \\ 2 \end{pmatrix} \begin{pmatrix} 1 \\ 3 \end{pmatrix} \begin{pmatrix} 2 \\ 4 \end{pmatrix} \cdots \right\}$이다.

$\begin{pmatrix} y_1 \\ y_2 \end{pmatrix} = c_1 \begin{pmatrix} 1 \\ 1 \end{pmatrix} e^{-2t} + c_2 \left\{ \begin{pmatrix} 2 \\ 2 \end{pmatrix} t + \begin{pmatrix} 1 \\ 3 \end{pmatrix} \right\} e^{-2t}$ 또는 $\begin{pmatrix} y_1 \\ y_2 \end{pmatrix} = c_1 \begin{pmatrix} 1 \\ 1 \end{pmatrix} e^{-2t} + c_2 \left\{ \begin{pmatrix} 2 \\ 2 \end{pmatrix} t + \begin{pmatrix} 2 \\ 4 \end{pmatrix} \right\} e^{-2t}$

이러한 값을 가질 수 있다.

2 비제차 연립미분방정식

1 비제차 선형 연립미분방정식 $y' = Ay + g(t)$

$$y_1' = a_{11}(t)y_1 + \cdots + a_{1n}(t)y_n + g_1(t)$$
$$\vdots$$
$$y_1' = a_{n1}(t)y_1 + \cdots + a_{nn}(t)y_n + g_n(t)$$

(1) $g(t) \neq 0$ 이면 비제차 선형 연립미분방정식이라고 한다.

(2) 비제차 선형 연립미분방정식의 해는 일반해 Y_C와 특수해 Y_P의 합이다.

필수 예제 68

비제차 연립미분방정식 $\begin{cases} y_1' = y_2 + e^{2t} \\ y_2' = y_1 - 3e^{2t} \end{cases}$에 대한 일반해를 구하시오.

풀이 주어진 미분방정식을 $\begin{pmatrix} D & -1 \\ -1 & D \end{pmatrix}\begin{pmatrix} y_1 \\ y_2 \end{pmatrix} = \begin{pmatrix} e^{2t} \\ -3e^{2t} \end{pmatrix}$로 표현할 수 있다.

(i) 여기서 제차 연립미분방정식의 일반해를 찾아보자.

$\lambda^2 - 1 = 0$이므로 $\lambda = 1,\ -1$이다.

여기서 $\lambda = 1$의 고유벡터 $V_1 = \begin{pmatrix} 1 \\ 1 \end{pmatrix}$이고, $\lambda = -1$의 고유벡터 $V_2 = \begin{pmatrix} 1 \\ -1 \end{pmatrix}$이다.

따라서 $Y_c = c_1\begin{pmatrix} 1 \\ 1 \end{pmatrix}e^t + c_2\begin{pmatrix} 1 \\ -1 \end{pmatrix}e^{-t}$이다.

(ii) 특수해를 구해보자.

$$\begin{pmatrix} D & -1 \\ -1 & D \end{pmatrix}\begin{pmatrix} y_1 \\ y_2 \end{pmatrix}_p = \begin{pmatrix} e^{2t} \\ -3e^{2t} \end{pmatrix}$$

$$\begin{pmatrix} y_1 \\ y_2 \end{pmatrix}_p = \frac{1}{D^2-1}\begin{pmatrix} D & 1 \\ 1 & D \end{pmatrix}\begin{pmatrix} e^{2t} \\ -3e^{2t} \end{pmatrix} = \frac{1}{D^2-1}\begin{pmatrix} -e^{2t} \\ -5e^{2t} \end{pmatrix} = \frac{1}{3}\begin{pmatrix} -e^{2t} \\ -5e^{2t} \end{pmatrix}$$

따라서 미분방정식의 해는 다음과 같다.

$$\begin{pmatrix} y_1 \\ y_2 \end{pmatrix} = c_1\begin{pmatrix} 1 \\ 1 \end{pmatrix}e^t + c_2\begin{pmatrix} 1 \\ -1 \end{pmatrix}e^{-t} + \frac{1}{3}\begin{pmatrix} -1 \\ -5 \end{pmatrix}e^{-2t}$$

필수 예제 69

비제차 연립미분방정식 $\begin{cases} {y_1}' = -y_2 + 2\cos t \\ {y_2}' = 4y_1 - 8\sin t \end{cases}$, $y_1(0) = -1$, $y_2(0) = 2$일 때 해를 구하시오.

풀이 주어진 미분방정식을 $\begin{pmatrix} D & 1 \\ -4 & D \end{pmatrix}\begin{pmatrix} y_1 \\ y_2 \end{pmatrix} = \begin{pmatrix} 2\cos t \\ -8\sin t \end{pmatrix}$로 표현할 수 있다.

(i) 여기서 제차 연립미분방정식의 일반해를 찾아보자.

$\lambda^2 + 4 = 0$이므로 $\lambda = \pm 2i$이고 고유벡터를 구하는 것보다는 대입법으로 해를 구하고자 한다.

일반해 $\begin{pmatrix} y_1 \\ y_2 \end{pmatrix} = \begin{pmatrix} a \\ c \end{pmatrix}\cos 2t + \begin{pmatrix} b \\ d \end{pmatrix}\sin 2t$이다.

(ii) 특수해를 구해보자.

$$\begin{pmatrix} y_1 \\ y_2 \end{pmatrix}_p = \frac{1}{D^2+4}\begin{pmatrix} D & -1 \\ 4 & D \end{pmatrix}\begin{pmatrix} 2\cos t \\ -8\sin t \end{pmatrix} = \frac{1}{D^2+4}\begin{pmatrix} 6\sin t \\ 0 \end{pmatrix} = Im\frac{6}{D^2+4}\begin{pmatrix} e^{it} \\ 0 \end{pmatrix} = \begin{pmatrix} 2\sin t \\ 0 \end{pmatrix}$$

(iii) 해를 나타내보자.

$y_1(0) = -1$, $y_2(0) = 2$이고, 식에 대입을 통해서 ${y_1}'(0) = 0$, ${y_2}'(0) = -4$이다.

$\begin{pmatrix} y_1 \\ y_2 \end{pmatrix} = \begin{pmatrix} a \\ c \end{pmatrix}\cos 2t + \begin{pmatrix} b \\ d \end{pmatrix}\sin 2t + \begin{pmatrix} 2\sin t \\ 0 \end{pmatrix}$이고, $\begin{pmatrix} y_1(0) \\ y_2(0) \end{pmatrix} = \begin{pmatrix} a \\ c \end{pmatrix} = \begin{pmatrix} -1 \\ 2 \end{pmatrix}$

$\begin{pmatrix} {y_1}' \\ {y_2}' \end{pmatrix} = -2\begin{pmatrix} a \\ c \end{pmatrix}\sin 2t + 2\begin{pmatrix} b \\ d \end{pmatrix}\cos 2t + \begin{pmatrix} 2\cos t \\ 0 \end{pmatrix}$

$\begin{pmatrix} {y_1}'(0) \\ {y_2}'(0) \end{pmatrix} = 2\begin{pmatrix} b \\ d \end{pmatrix} + \begin{pmatrix} 2 \\ 0 \end{pmatrix} = \begin{pmatrix} 0 \\ -4 \end{pmatrix}$가 되기 위해서는 $\begin{pmatrix} b \\ d \end{pmatrix} = \begin{pmatrix} -1 \\ -2 \end{pmatrix}$

따라서 해는 $\begin{pmatrix} y_1 \\ y_2 \end{pmatrix} = \begin{pmatrix} -1 \\ 2 \end{pmatrix}\cos 2t + \begin{pmatrix} -1 \\ -2 \end{pmatrix}\sin 2t + \begin{pmatrix} 2\sin t \\ 0 \end{pmatrix}$이다.

198. 비제차 연립미분방정식 $Y' = \begin{pmatrix} 6 & 1 \\ 4 & 3 \end{pmatrix} Y + \begin{pmatrix} 6t \\ -10t+4 \end{pmatrix}$의 일반해를 구하시오.

199. 연립미분방정식 $x' - 4x + y'' = t^2$, $x' + x + y' = 0$의 일반해 $x(t), y(t)$를 구했을 때, $y(t)$의 꼴로 알맞은 것은?

① $y(t) = c_1 + c_2 \cos 2t + c_3 \sin 2t + \frac{1}{12}t^3 + \frac{1}{4}t^2 - \frac{1}{8}t$

② $y(t) = c_1 \cos 2t + c_2 \sin 2t + \frac{1}{12}t^3 + \frac{1}{4}t^2 - \frac{1}{8}t$

③ $y(t) = c_1 e^{2t} + c_2 te^{2t} + \frac{1}{12}t^3 + \frac{1}{4}t^2 - \frac{1}{8}t$

④ $y(t) = c_1 e^{2t} + \frac{1}{12}t^3 + \frac{1}{4}t^2 - \frac{1}{8}t$

200. 다음 연립미분방정식의 일반해 $(x(t), y(t))$에서 $y(t)$는? (단, c_1, c_2는 상수)

$$\begin{cases} x(t) - y(t) + y'(t) = 0 \\ x'(t) + 3x(t) - 4y(t) = -e^{-t}\ln t \end{cases}$$

① $c_1 e^{-t} + c_2 te^{-t} + \frac{1}{2}t^2 e^{-t}\ln t + \frac{3}{2}t^2 e^{-t}$

② $c_1 e^{-t} + c_2 te^{-t} + \frac{1}{2}t^2 e^{-t}\ln t - \frac{3}{2}t^2 e^{-t}$

③ $c_1 e^{-t} + c_2 te^{-t} + \frac{1}{2}t^2 e^{-t}\ln t + \frac{3}{4}t^2 e^{-t}$

④ $c_1 e^{-t} + c_2 te^{-t} + \frac{1}{2}t^2 e^{-t}\ln t - \frac{3}{4}t^2 e^{-t}$

201. 다음 미분방정식을 만족하는 벡터함수 $X(t)$를 구하면? (단, C_1, C_2는 임의의 상수이다.)

$$X'(t) = \begin{pmatrix} 1 & -10 \\ -1 & 4 \end{pmatrix} X(t) + \begin{pmatrix} e^t \\ \sin t \end{pmatrix}$$

① $\begin{pmatrix} 5C_1e^{-t} - 2C_2e^{6t} + \frac{3}{10}e^t + \frac{35}{37}\sin t - \frac{25}{37}\cos t \\ C_1e^{-t} + C_2e^{6t} + \frac{1}{10}e^t + \frac{1}{37}\sin t - \frac{6}{37}\cos t \end{pmatrix}$

② $\begin{pmatrix} 5C_1e^{-t} - 2C_2e^{6t} + \frac{3}{10}e^t - \frac{35}{37}\sin t - \frac{25}{37}\cos t \\ C_1e^{-t} + C_2e^{6t} + \frac{1}{10}e^t - \frac{1}{37}\sin t - \frac{6}{37}\cos t \end{pmatrix}$

③ $\begin{pmatrix} 5C_1e^{-t} - 2C_2e^{6t} + \frac{3}{10}e^t - \frac{35}{37}\sin t + \frac{25}{37}\cos t \\ C_1e^{-t} + C_2e^{6t} + \frac{1}{10}e^t - \frac{1}{37}\sin t + \frac{6}{37}\cos t \end{pmatrix}$

④ $\begin{pmatrix} 5C_1e^{-t} - 2C_2e^{6t} - \frac{3}{10}e^t - \frac{35}{37}\sin t - \frac{25}{37}\cos t \\ C_1e^{-t} + C_2e^{6t} - \frac{1}{10}e^t - \frac{1}{37}\sin t - \frac{6}{37}\cos t \end{pmatrix}$

202. 다음 연립미분방정식 $Y' = AY + g = \begin{pmatrix} -3 & 1 \\ 1 & -3 \end{pmatrix} Y + \begin{pmatrix} -6 \\ 2 \end{pmatrix} e^{-2t}$의 일반해 $Y(t)$는?

$\left(\text{단, } Y(t) = \begin{pmatrix} x(t) \\ y(t) \end{pmatrix} \right)$

203. 다음 미분방정식을 만족하는 벡터함수 $X(t)$에서, $X(1)$를 구하면? (단, c_1, c_2는 임의의 상수이다.)

$$X'(t) = \begin{pmatrix} 5 & 9 \\ -1 & 11 \end{pmatrix} X(t) + \begin{pmatrix} 2 \\ 6 \end{pmatrix}, \; X(0) = \begin{pmatrix} 0 \\ 1 \end{pmatrix}$$

① $\frac{1}{2}\begin{pmatrix} 1+29e^8 \\ -1+13e^8 \end{pmatrix}$ ② $\frac{1}{2}\begin{pmatrix} 1+24e^8 \\ -1+13e^8 \end{pmatrix}$ ③ $\frac{1}{2}\begin{pmatrix} 1+24e^8 \\ -1+8e^8 \end{pmatrix}$ ④ $\frac{1}{2}\begin{pmatrix} 1+29e^8 \\ -1+8e^8 \end{pmatrix}$

204. 물탱크 T_1에는 초기에 10 L 의 순수한 물이 들어있고, 물탱크 T_2에는 초기에 10 kg 의 소금이 용해된 10 L 의 물이 들어있다. 아래 그림과 같이 T_1 탱크로는 외부로부터 농도가 1 kg/L 인 소금물이 분당 3 L 의 유량으로 유입되고, T_2 탱크로부터 분당 1 L 가 유입된다. 또한 T_2 탱크로는 T_1 탱크로부터 4 L 가 유입되고, 외부로 분당 3 L 가 유출된다. 각 탱크의 용액은 잘 혼합되어서 균질하게 유지된다. 오랜 시간이 지난 후 $(t \to \infty)$, T_1과 T_2의 소금의 양을 구하시오.

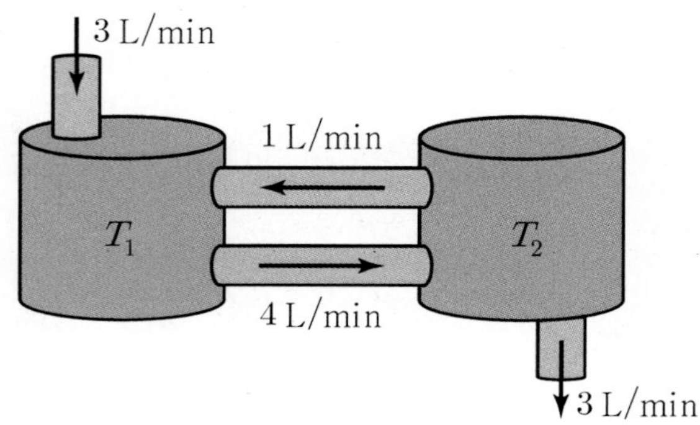

① T_1 : 5 kg, T_2 : 5 kg
② T_1 : 10 kg, T_2 : 10 kg
③ T_1 : 5 kg, T_2 : 10 kg
④ T_1 : 0 kg, T_2 : 0 kg

205. 두 개의 탱크가 직렬로 연결되어 있다. 탱크 1에는 처음에 20 lb 의 소금이 용해되어 있는 100 gal 의 소금물이 들어 있고, 탱크 2에는 90 lb 의 소금이 용해되어 있는 150 gal 의 소금물이 들어있다. 이 때, 0.5 lb/gal 의 소금이 용해되어 있는 소금물이 5 gal/min 의 속도로 탱크 1로 유입된다고 하자. 탱크 1에 달린 배출구를 통해 5 gal/min 의 속도로 소금물이 탱크 2로 유출되고, 탱크 2도 마찬가지로 배출구가 있어 이를 통해 5 gal/min 의 속도로 소금물이 밖으로 유출된다. t 분(min) 경과 후 탱크 1과 탱크 2에 녹아 있는 소금의 양을 각각 $A(t)$, $B(t)$ lb 라고 할 때, $A(t)$와 $B(t)$를 구하면?

① $A(t) = 50 - 30e^{-t/20}$, $B(t) = 75 + 90e^{-t/20} - 75e^{-t/30}$
② $A(t) = 50 - 30e^{-t/10}$, $B(t) = 75 + 90e^{-t/10} - 75e^{-t/30}$
③ $A(t) = 50 - 30e^{-t/20}$, $B(t) = 75 + 90e^{-t/10} - 75e^{-t/20}$
④ $A(t) = 50 - 30e^{-t/10}$, $B(t) = 75 + 90e^{-t/10} - 75e^{-t/20}$

MEMO

3 연립미분방정식의 임계점

1 임계점의 유형

연립방정식 $\begin{pmatrix} y_1' \\ y_2' \end{pmatrix} = \begin{pmatrix} a_{11} & a_{12} \\ a_{21} & a_{22} \end{pmatrix} \begin{pmatrix} y_1 \\ y_2 \end{pmatrix} \Leftrightarrow \mathbf{y}' = A\mathbf{y}$ 의 $\dfrac{dy_2}{dy_1}$ 이 정의되지 않는 점을 임계점이라고 한다.

즉, $\mathbf{y}' = A\mathbf{y} = \mathbf{0}$ 이 되는 점이다.

임계점을 구하는 식은 $\dfrac{dy_2}{dy_1} = \dfrac{y_2'dt}{y_1'dt} = \dfrac{y_2'}{y_1'} = \dfrac{a_{21}y_1 + a_{22}y_2}{a_{11}y_1 + a_{12}y_2}$ 이다.

이 식은 점 $P = (0,0)$ 을 제외한 모든 점 $P = (y_1, y_2)$ 에서 점 P 를 지나는 궤적의 유일한 접선방향 $\dfrac{dy_2}{dy_1}$ 의 값을 준다.

점 $P = (0,0)$ 에서는 $\dfrac{0}{0}$ 이 되어 $\dfrac{dy_2}{dy_1}$ 이 정의되지 않으므로 이 점을 임계점이라 한다.

임계점 근방에서 궤적의 기하학적 형태에 따라서 5가지 유형의 임계점으로 분류한다.

이를 판단하는 방법은 행렬 A 의 고윳값의 형태로 알 수 있다.

임계점 유형	고유치의 특성	
(1) 비고유마디점	서로 다른 두 음(-)의 실근을 갖는 경우	중근을 갖지만
(2) 고유마디점	서로 다른 두 양(+)의 실근을 갖는 경우	고유벡터가 2개인 경우
(3) 안장점	부호가 다른 두 실근을 갖는 경우	
(4) 퇴화마디점	중근을 갖고, 고유벡터가 1개인 경우	
(5) 중심점	순허근 $\pm bi$ $(b \neq 0)$ 을 갖는 경우	
(6) 나선점	허근 $a \pm bi$ $(a \neq 0, b \neq 0)$ 을 갖는 경우	

유형	$p = \lambda_1 + \lambda_2$	$q = \lambda_1\lambda_2$	$\Delta = (\lambda_1 - \lambda_2)^2$	λ_1, λ_2 설명
(1) 마디점		$q > 0$	$\Delta \geq 0$	실수, 같은 부호
(2) 안장점		$q < 0$	$\Delta > 0$	실수, 반대 부호
(3) 중심	$p = 0$	$q > 0$	$\Delta < 0$	순허수
(4) 나선점	$p \neq 0$	$q > 0$	$\Delta < 0$	복소수 $a \pm bi$ $(a \neq 0, b \neq 0)$

연립방정식 $\begin{pmatrix} y_1' \\ y_2' \end{pmatrix} = \begin{pmatrix} a_{11} & a_{12} \\ a_{21} & a_{22} \end{pmatrix} \begin{pmatrix} y_1 \\ y_n \end{pmatrix} \Leftrightarrow \mathbf{y}' = A\mathbf{y}$ 에 대하여 행렬 A 의 고유치가 λ_1, λ_2 일 때,

$p = \lambda_1 + \lambda_2 = tr(A)$, $q = \lambda_1\lambda_2 = \det(A)$ 라고 하면,

$f(\lambda) = \lambda^2 - (a_{11} + a_{22})\lambda + (a_{11}a_{22} - a_{12}a_{21}) = \lambda^2 - tr(A)\lambda + \det(A) = \lambda^2 - p\lambda + q = 0$

2 임계점의 안정성

(1) 안정적(stable) 임계점

개략적으로 말하면, 임계점 P_0에 근접한 식의 모든 궤적이 이후의 모든 시간에서 P_0에 근접하게 남아있는 경우 안정적 임계점이라고 한다. 정확하게 말하면, 중심이 P_0이고, 반지름이 $\epsilon > 0$인 모든 원판 D_ϵ에 대하여 중심이 P_0이고 반지름이 $\delta > 0$인 원판 D_δ가 존재하여 D_δ 내에 한 점 P_1 ($t = t_1$에 대응하는 점)을 갖는 식의 모든 궤적이 모든 $t \geq t_1$에 대하여 궤적의 모든 점을 D_ϵ 내에 갖는다면 P_0는 안정적 임계점이라고 한다.

(2) 불안정적(unstable) 임계점

임계점 P_0에 근접한 식의 모든 궤적이 이후의 모든 시간에서 P_0에 근접하게 남아있지 않는 경우이다. 즉, P_0에서 안정적이지 않으면 P_0에서 불안정적이라 한다.

(3) 안정적이고 끌어당기는 (stable & attractive) 또는 점근적으로 안정적인 임계점

P_0가 안정적이고 D_δ 내에 한 점을 갖는 모든 궤적이 $t \to \infty$ 일 때, P_0에 근접하면 P_0는 안정적이고 끌어당긴다고 한다.

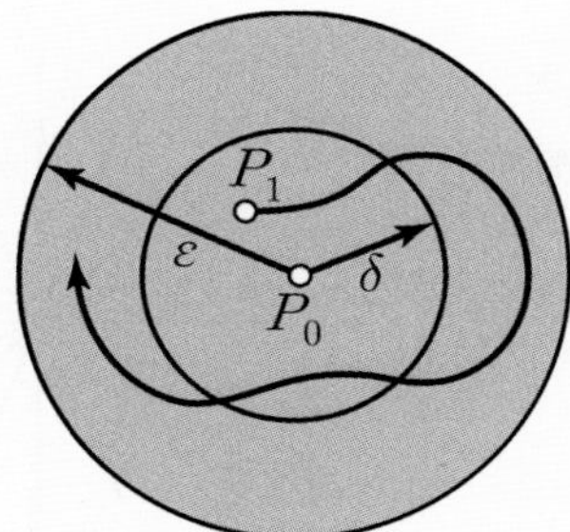

안정적인 임계점 P_0

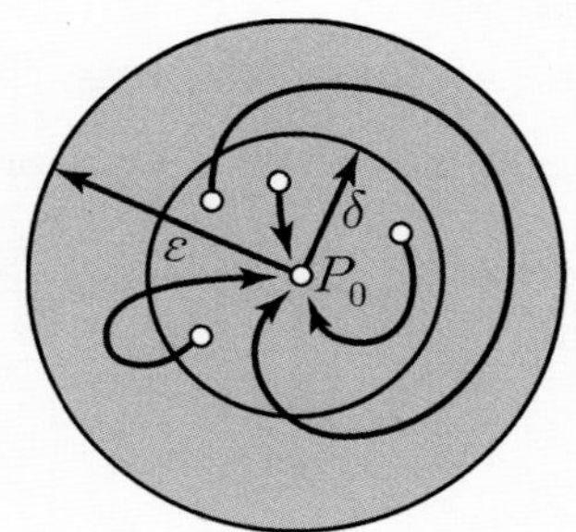

안정적이고 끌어당기는 임계점 P_0

(4) 임계점에 대한 안정성 판별법

안정성의 형태	$p = \lambda_1 + \lambda_2$	$p = \lambda_1 \lambda_2$	임계점의 유형
(1) 안정적 & 끌어당김	$p < 0$	$p > 0$	비고유마디점, 나선점 ($a \pm bi$ ($a < 0$))
(2) 안정	$p \leq 0$	$p > 0$	비고유마디점, 나선점 ($a \pm bi$ ($a < 0$)), 중심
(3) 불안정	$p > 0$ 또는 $p < 0$		고유마디점, 안장점, 나선점 ($a \pm bi$ ($a > 0$))

(1) 비고유마디점(improper node)

임계점 P_0에서 두 개의 궤적을 제외한 나머지 모든 궤적의 접선이 같은 극한방향을 갖는 임계점이다. 두 개의 예외적인 궤적의 접선도 역시 P_0에서 극한 방향을 가지지만, 이 방향은 다른 방향이 된다.

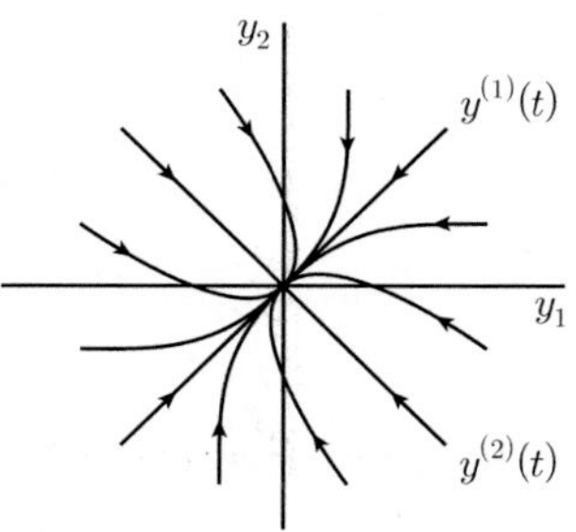

$\begin{cases} y_1' = -3y_1 + y_2 \\ y_2' = y_1 - 3y_2 \end{cases}$의 해는 $\begin{pmatrix} y_1 \\ y_2 \end{pmatrix} = c_1 \begin{pmatrix} 1 \\ 1 \end{pmatrix} e^{-2t} + c_2 \begin{pmatrix} 1 \\ -1 \end{pmatrix} e^{-4t}$를 얻는다.

원점에서 공통된 극한 방향은 고유벡터 $v_1 = \begin{pmatrix} 1 \\ 1 \end{pmatrix}$의 방향인데,

t가 증가함에 따라 e^{-4t}가 e^{-2t}보다 더 빠르게 원점으로 접근하기 때문이다.

예외적인 두 개의 궤적에 대한 접선의 극한방향은

$v_2 = \begin{pmatrix} 1 \\ -1 \end{pmatrix}$와 $-v_2 = \begin{pmatrix} -1 \\ 1 \end{pmatrix}$이다.

(2) 고유마디점(proper node)

임계점 P_0에서 각각의 궤적들이 특정한 극한방향을 가지는 임계점으로서,

임계점에서 어떤 주어진 방향 v에 대해서도 v를 극한방향으로 가지는 궤적이 존재한다.

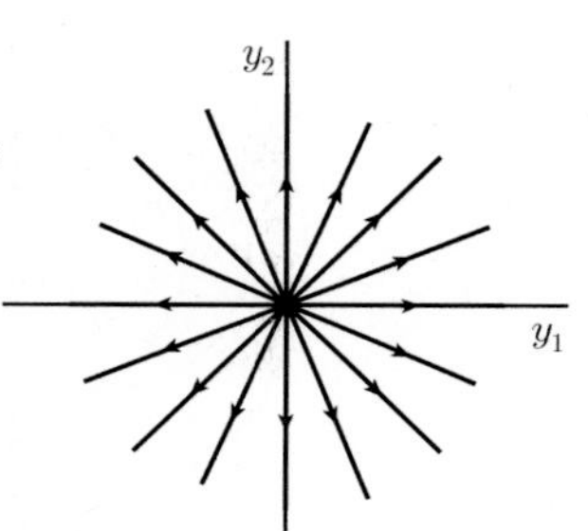

$\begin{pmatrix} y_1' \\ y_2' \end{pmatrix} = \begin{pmatrix} 1 & 0 \\ 0 & 1 \end{pmatrix} \begin{pmatrix} y_1 \\ y_2 \end{pmatrix}$의 해는 $\begin{pmatrix} y_1 \\ y_2 \end{pmatrix} = c_1 \begin{pmatrix} 1 \\ 0 \end{pmatrix} e^{t} + c_2 \begin{pmatrix} 0 \\ 1 \end{pmatrix} e^{t}$이고 고유마디점을 갖는다.

(3) 안장점(saddle point)

임계점 P_0에서 두 개의 들어오는 궤적과 두 개의 나가는 궤적이 존재하고

P_0 근방에서 모든 다른 궤적들은 P_0를 우회하는 임계점이다.

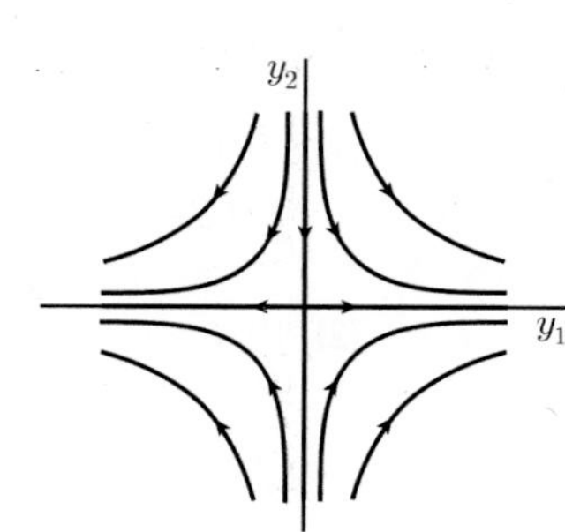

$\begin{pmatrix} y_1' \\ y_2' \end{pmatrix} = \begin{pmatrix} 1 & 0 \\ 0 & -1 \end{pmatrix} \begin{pmatrix} y_1 \\ y_2 \end{pmatrix}$의 해는 $\begin{pmatrix} y_1 \\ y_2 \end{pmatrix} = c_1 \begin{pmatrix} 1 \\ 0 \end{pmatrix} e^{t} + c_2 \begin{pmatrix} 0 \\ 1 \end{pmatrix} e^{-t}$이다.

즉, $\begin{cases} y_1 = c_1 e^{t} \\ y_2 = c_2 e^{-t} \end{cases}$ 또는 $y_1 y_2 =$상수이다.

(4) 중심(center)

무한히 많은 닫힌 궤적들에 의해 둘러싸여진 임계점이다.

$\begin{cases} x'(t) = y(t) \\ y'(t) = -4x(t) \end{cases}$ 의 해는 $\begin{pmatrix} x \\ y \end{pmatrix} = c_1 \begin{pmatrix} 1 \\ 2i \end{pmatrix} e^{2it} + c_2 \begin{pmatrix} 1 \\ -2i \end{pmatrix} e^{-2it}$ 이다.

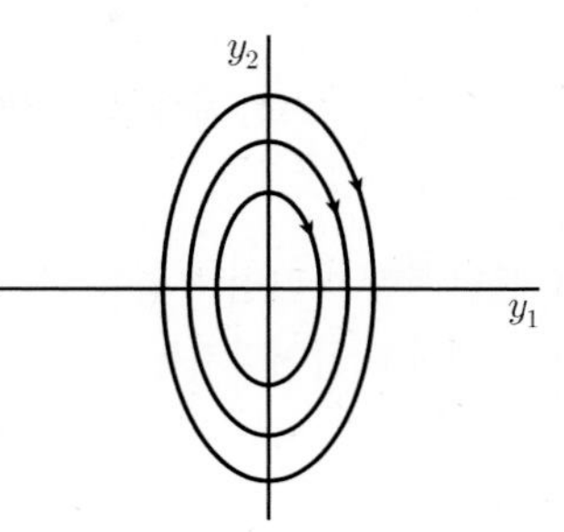

복소수의 고유치를 얻기 때문에 고유벡터를 구하기 쉽지 않다. 다른 풀이를 생각하자.

$\begin{cases} x'(t) = y(t) & \cdots (1) \\ y'(t) = -4x(t) & \cdots (2) \end{cases}$

식(1)의 양변에 $-4x$를 곱하고, 식 (2)의 양변에 y를 곱하면

$\begin{cases} -4xx' = -4xy \\ yy' = -4yx \end{cases}$

$-4xx' = yy'$이 성립하고 양변을 적분하면

$-2x^2 = \frac{1}{2}y^2 + c_1 \Rightarrow 4x^2 + y^2 = C$

(5) 나선점 (sprial point)

$t \to \infty$ 일 때, 궤적들이 임계점 P_0의 주위에서 나선형을 그리며 P_0에 접근하거나

또는 P_0으로부터 멀어지면서 그 나선들을 반대방향으로 그리는 임계점이다.

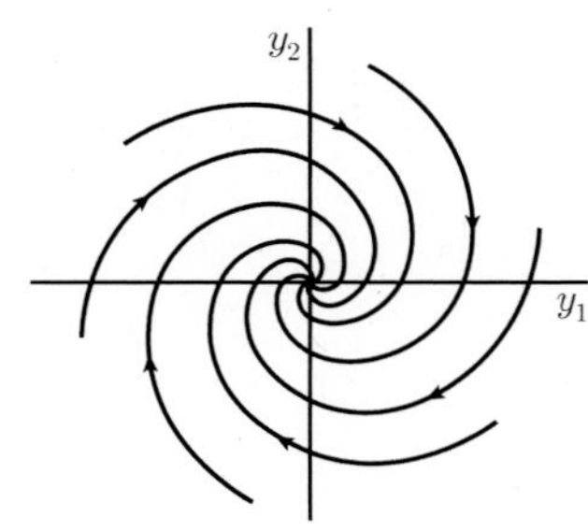

(6) 퇴화마디점 (degenerate node)

고유벡터가 기저를 형성하지 않는 경우,

즉, 고유치의 대수적 중복도가 기하적 중복도보다 큰 경우 발생하는 임계점의 유형이다..

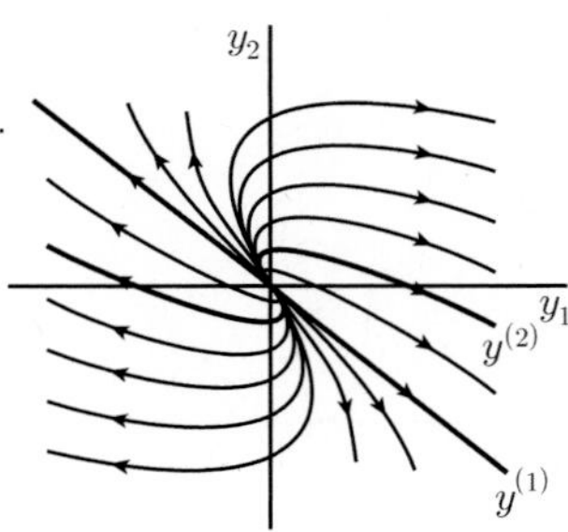

필수 예제 70

연립방정식 $\begin{bmatrix} \dfrac{dy_1}{dt} \\ \dfrac{dy_2}{dt} \end{bmatrix} = \begin{bmatrix} y_2 \\ -4y_1 - 5y_2 \end{bmatrix}$ 의 임계점의 종류와 안정성은?

① 불안정한 마디점　② 불안정한 나선점
③ 안정하고 끌어당기는 마디점　④ 안정하고 끌어당기는 나선점

풀이

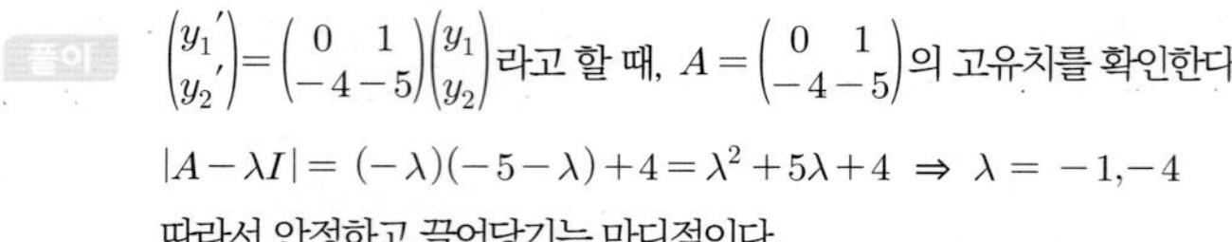

$\begin{pmatrix} y_1' \\ y_2' \end{pmatrix} = \begin{pmatrix} 0 & 1 \\ -4 & -5 \end{pmatrix}\begin{pmatrix} y_1 \\ y_2 \end{pmatrix}$ 라고 할 때, $A = \begin{pmatrix} 0 & 1 \\ -4 & -5 \end{pmatrix}$ 의 고유치를 확인한다.

$|A - \lambda I| = (-\lambda)(-5-\lambda) + 4 = \lambda^2 + 5\lambda + 4 \Rightarrow \lambda = -1, -4$

따라서 안정하고 끌어당기는 마디점이다.

206. 다음 연립미분방정식들 중 임계점이 안정적인 것은?

① $\begin{cases} y_1' = y_1 + 2y_2 \\ y_2' = 2y_1 + y_2 \end{cases}$　② $\begin{cases} y_1' = \dfrac{1}{3}y_1 \\ y_2' = \dfrac{1}{3}y_1 + \dfrac{2}{3}y_2 \end{cases}$　③ $\begin{cases} y_1' = -y_1 + 3y_2 \\ y_2' = -y_1 - 5y_2 \end{cases}$　④ $\begin{cases} y_1' = y_1 - y_2 \\ y_2' = y_1 + 3y_2 \end{cases}$

207. x, y는 실수 t의 함수이며, 다음 연립미분방정식이 있다. $a+d=0,\ \ ad-bc>0$일 때, 해 $x(t), y(t)$의 위상평면 그림으로 가능한 것은?

$$\begin{pmatrix} x' \\ y' \end{pmatrix} = \begin{pmatrix} a & c \\ b & d \end{pmatrix}\begin{pmatrix} x \\ y \end{pmatrix}$$ (단, a, b, c, d는 상수)

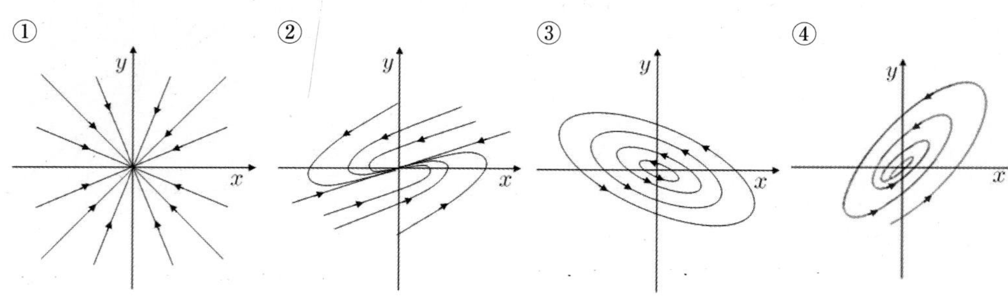

필수 예제 71

연립미분방정식 $\begin{cases} y'_1 = -y_1 + y_2 - y_2^2 \\ y'_2 = -y_1 - y_2 \end{cases}$의 임계점들과 유형이 맞게 짝 지어진 것은? (힌트 : 선형화를 이용하라.)

① (0,0) : 나선점, $(-2,2)$: 안장점　　② (0,0) : 안장점, $(-2,2)$: 나선점
③ (0,0) : 안장점, $(2,-2)$: 나선점　　④ (0,0) : 나선점, $(2,-2)$: 안장점

풀이 (ⅰ) 임계점구하기

$\begin{cases} y'_1 = -y_1 + y_2 - y_2^2 = 0 \\ y'_2 = -y_1 - y_2 = 0 \end{cases}$ 의 연립방정식을 풀면, $y_2 = y_1$, $y_1^2 + 2y_1 = 0$이므로 $(0,0)$, $(-2,2)$이 임계점이다.

(ⅱ) $\begin{cases} F(y_1, y_2) = -y_1 + y_2 - {y_2}^2 \\ G(y_1, y_2) = -y_1 - y_2 \end{cases}$ 의 선형화를 하자.

$F_{y_1}(y_1, y_2) = -1$, $F_{y_2}(y_1, y_2) = 1 - 2y_2$,

$G_{y_1}(y_1, y_2) = -1$, $G_{y_2}(y_1, y_2) = -1$이므로

㉠ 임계점 : $(0, 0)$

$$\begin{cases} y_1' = F(0,0) + F_{y_1}(0,0)y_1 + F_{y_2}(0,0)y_2 \\ y_2' = G(0,0) + G_{y_1}(0,0)y_1 + G_{y_2}(0,0)y_2 \end{cases} \Rightarrow \begin{cases} y_1' = -y_1 + y_2 \\ y_2' = -y_1 - y_2 \end{cases} \Leftrightarrow \begin{pmatrix} y_1' \\ y_2' \end{pmatrix} = \begin{pmatrix} -1 & 1 \\ -1 & -1 \end{pmatrix} \begin{pmatrix} y_1 \\ y_2 \end{pmatrix}$$

행렬 $\begin{pmatrix} -1 & 1 \\ -1 & -1 \end{pmatrix}$의 특성[고유]방정식 $\lambda^2 + 2\lambda + 2 = 0 \Leftrightarrow \lambda = -1 \pm i$이므로 원점에서 나선점을 갖는다.

㉡ 임계점 : $(-2, 2)$

$$\begin{cases} y_1' = F(-2,2) + F_{y_1}(-2,2)(y_1+2) + F_{y_2}(-2,2)(y_2-2) \\ y_2' = G(-2,2) + G_{y_1}(-2,2)(y_1+2) + G_{y_2}(-2,2)(y_2-2) \end{cases}$$

$$\Rightarrow \begin{cases} y_1' = -(y_1+2) - 3(y_2-2) \\ y_2' = -(y_1+2) - (y_2-2) \end{cases} \Leftrightarrow \begin{pmatrix} y_1' \\ y_2' \end{pmatrix} = \begin{pmatrix} -1 & -3 \\ -1 & -1 \end{pmatrix} \begin{pmatrix} y_1 - 2 \\ y_2 - 2 \end{pmatrix}$$

행렬 $\begin{pmatrix} -1 & -3 \\ -1 & -1 \end{pmatrix}$의 특성[고유]방정식 $\lambda^2 + 2\lambda - 2 = 0$ 에서 $\lambda = -1 \pm \sqrt{3}$ 이므로 임계점 $(-2, 2)$은 안장점이다.

따라서 정답은 ①이다.

208. 연립미분방정식 $y_1{}' = y_1 - y_2^2,\ y_2{}' = y_1 y_2 - y_2$의 임계점을 구하고, 선형화하여 임계점의 유형을 판별하였을 때, 임계점과 그 유형이 바르게 짝지어진 것은?

① $(0,0)$, 나선점　② $(0,0)$, 중심　③ $(1,-1)$, 나선점　④ $(1,1)$, 중심

209. 연립미분방정식 $y_1{}' = 2y_2,\ y_2{}' = -y_1 + \frac{1}{4}y_1^2$의 임계점을 구하고, 선형화하여 임계점의 유형을 판별하였을 때, 임계점과 그 유형이 바르게 짝지어진 것은?

① $(0,0)$, 나선점　② $(0,0)$, 마디점　③ $(4,0)$, 중심점　④ $(4,0)$, 안장점

210. 다음 비선형미분방정식 $y'' - \sin y = 0$을 선형화를 이용하여 연립미분방정식으로 나타내고, 임계점의 유형과 안정성을 바르게 나타낸 것은?

① $(\pi,0)$에서 마디점, 불안정　② $(2\pi,0)$에서 고유마디점, 안정
③ $(3\pi,0)$에서 나선점, 안정　④ $(4\pi,0)$에서 안장점, 불안정

MEMO

선배들의 이야기 ++

나 자신과 한 약속을 지키기 위해 도전한 편입시험

저는 좀 더 높은 학교를 가고 싶었고, 학과도 맞지 않았기 때문에 편입을 결정하기로 했습니다. 중학교 시절까지 예체능을 했던 저는 공부와는 조금 거리가 먼 학생이었습니다. 그러나 집안의 경제적인 이유로 인해 꿈을 접고 공부 쪽으로 진로를 선택해야만 했었습니다. 그래서 저는 제가 노력해왔던 꿈들을 헛되게 하고 싶지 않아 노력해왔던 것보다도 더 공부를 해서 성공해야겠다는 생각을 마음 깊이 새겨왔었습니다. 하지만 대학입시 결과는 좋지 못했습니다. 재수를 하려 했지만 부모님께서는 반대를 하셨습니다. 할 수 없이 입학하게 되었고 저는 마음먹었던 것을 이루지 못했다는 생각 때문에 자존감도 많이 떨어지고 삶의 목표성도 흐려지기 시작했습니다. 그래서 그때의 저 자신에 대한 약속을 지켜보고자 마지막이라는 생각으로 편입시험에 뛰어들게 되었습니다.

편입수학이 일반수학 공부와 다른 점

편입수학이 수능수학 시험과 다른 점은 유형이 정해져 있고 수학에 대한 사고력을 수능보다도 깊이 요구하지 않는다는 점입니다. 하지만 범위가 대학수학을 공부하는 것이기 때문에 양이 방대합니다. 그래서 저는 편입수학에서 일반 수학공부와 다른 제가 생각하는 중요한 학습방법 세 가지를 말씀드려보고자 합니다.

첫 번째는 개념을 확실하게 잡아둬야 한다는 것입니다. 수능 수학보다 암기해야 하는 공식들이 많아지기 때문에 개념을 확실하게 알지 못하면 원리가 이해가 되지 않아 공식을 쉽게 까먹을 수 있습니다. 스스로 공식을 직접 손으로 써내려가면서 유도하면 고생한 만큼 쉽게 까먹지 않게 됩니다.
두 번째는 반복학습입니다. 한아름 선생님께서는 반복학습에 대해 강조를 많이 하셨습니다. 편입수학에서 문제 유형은 정해져 있기 때문에 그것을 자신에게 익숙하게 만드는 것이 점수를 잘 받는 빠른 길입니다. 공부하고 있는 수학기본서를 적어도 5회독 이상은 해야 합니다. 많이 하시는 분들은 10회독 이상 하는 경우도 있었습니다. 반복학습에 대한 자신의 계획을 월별, 주별로 짜서 세부적으로 하루에 어느 정도 해야겠다는 구체적인 계획이 있으셔야 합니다.
세 번째는 이해가 가지 않는 수학문제는 완벽하게 이해하지 않아도 된다는 것입니다. 편입수학은 대학교 수학입니다. 그 방대한 양을 1년이라는 기간에 완벽하게 배운다는 것은 불가능합니다. 너무 완벽히 이해하려 하시면 많은 시간이 소요될 수 있습니다. 그럴 때는 선생님이나 조교님들께 계속 질문을 하면서 생각을 정리하고 반복학습을 통해서 자신의 것으로 만드는 것이 가장 효율적인 방법입니다.

합격에 있어 가장 중요한 것은 마음가짐인 것 같습니다. 저는 공부뿐만 아니라 뭐든 일을 시작할 때 자신이 마음먹기에 따라 결과가 달라진다고 생각을 합니다. 자신이 편입을 시작했다면 왜 편입을 시작했는지, 왜 준비하는 학교와 학과에 들어가려고 하는지 등 목표를 뚜렷이 잡고 나아가세요. 그런 것들을 미리 생각하고 편입공부를 시작한다면 힘든 시기가 와도 이겨낼 수 있는 힘이 생길 겁니다.

편입을 맨 처음 시작을 하겠다고 결심한 순간 두렵거나 막막한 감정이 들 수 있습니다. 저 또한 그랬고요. 길게는 2년 짧게는 6개월이라는 기간 동안 결과도 알 수 없는 시험에 뛰어든다는 것 자체가 부담이 될 수 있습니다. 하지만 현재에 어렵고 힘든 일을 겪기 싫어 다른 곳으로 회피하게 되면 그곳에서 더 큰 산을 겪어야만 합니다. 저는 이런 생각으로, 마지막으로 저 자신에게 기회를 주었습니다.

이제 편입을 시작하게 된 후배 여러분들도 자신에게 마지막 기회를 준 것이라고 생각을 하고 최선을 다해 노력하신다면 자신이 상상치도 못한 결과를 만들어 낼 수 있을 것입니다. 가장 중요한 것은 자신을 믿는 것입니다. 여러분의 합격을 기원합니다!

- 김희수(이화여자대학교 지구과학교육과)

MEMO

MEMO

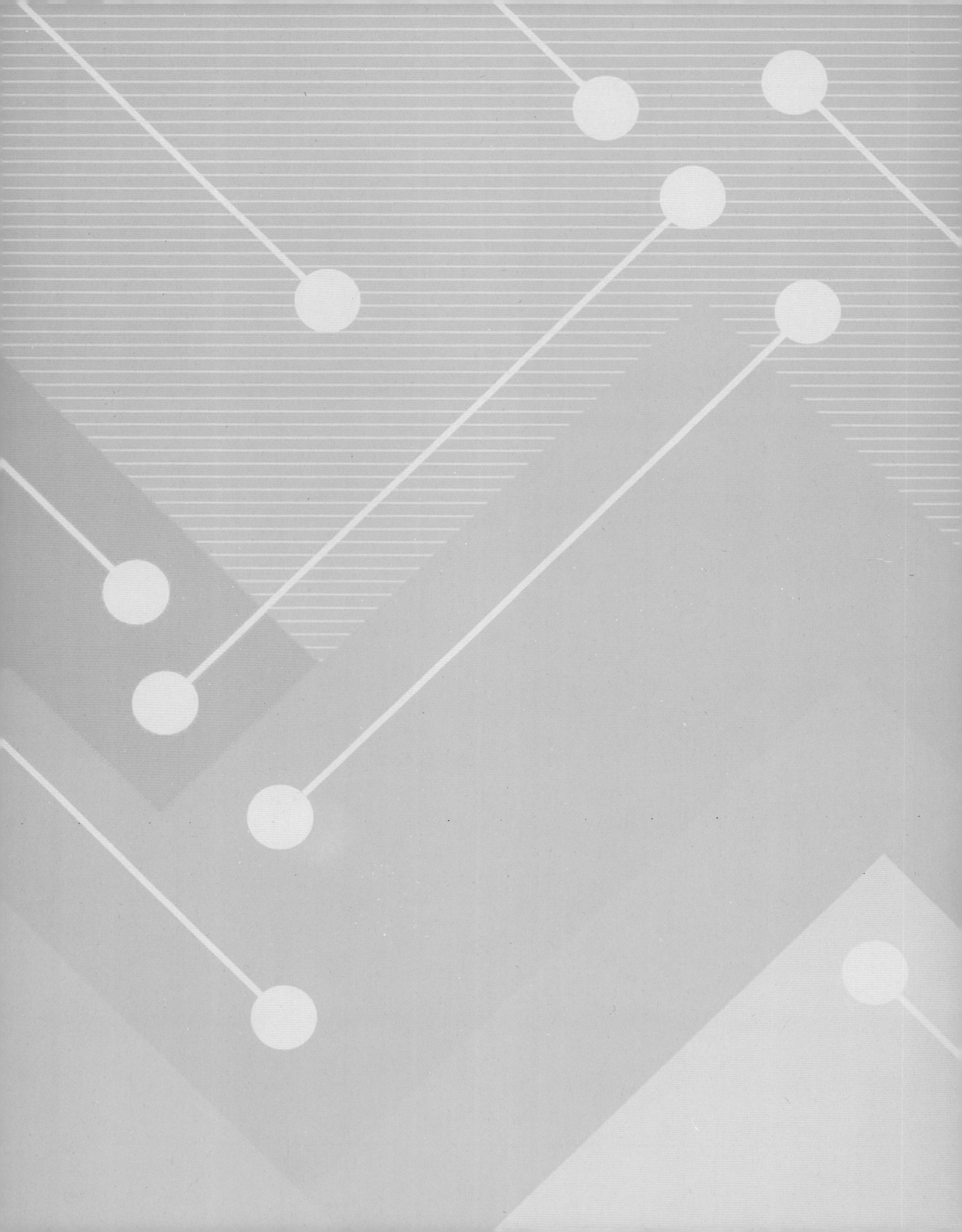

CHAPTER 05

복소수

1. 복소수 & 복소평면
2. 복소수의 극형식 & 거듭제곱근

05 복소수

1 복소수 & 복소평면

1 복소수(complex number)

i는 허수단위 : $i=\sqrt{-1}$, $i^2=-1$

$z=x+iy$ $(x, y \in R)$의 형식으로 표현되는 수 또는 순서쌍 $z=(x, y)$로 표기한다.

$z=x+iy$의 실수부분 $Re(z)=x$, 허수부분 $Im(z)=y$

(1) 산술연산

복소수 $z_1=x_1+iy_1$, $z_2=x_2+iy_2$에 대해, 다음과 같이 연산을 정의한다.

① 더하기 : $z_1+z_2=(x_1+x_2)+i(y_1+y_2)$

② 빼 기 : $z_1-z_2=(x_1-x_2)+i(y_1-y_2)$

③ 곱하기 : $z_1z_2=(x_1+iy_1)(x_2+iy_2)=(x_1x_2-y_1y_2)+i(x_1y_2+x_2y_1)$

④ 나누기 : $\dfrac{z_1}{z_2}=\dfrac{x_1+iy_1}{x_2+iy_2}=\dfrac{(x_1+iy_1)(x_2-iy_2)}{{x_2}^2+{y_2}^2}=\dfrac{x_1x_2+y_1y_2}{{x_2}^2+{y_2}^2}+i\dfrac{x_2y_1-x_1y_2}{{x_2}^2+{y_2}^2}$

(2) 교환법칙, 결합법칙, 분배법칙

① 교환법칙 : $\begin{cases} z_1+z_2=z_2+z_1 \\ z_1z_2=z_2z_1 \end{cases}$

② 결합법칙 : $\begin{cases} z_1+(z_2+z_3)=(z_1+z_2)+z_3 \\ z_1(z_2z_3)=(z_1z_2)z_3 \end{cases}$

③ 분배법칙 : $z_1(z_2+z_3)=z_1z_2+z_1z_3$

위의 정의를 외우려 할 필요가 없음을 알 수 있다.

복소수를 더하거나 뺄 때는 실수부분끼리, 허수부분끼리 연산하면 된다. 곱셈은 $i^2=-1$이라는 것에 유의하자.

(3) 켤레복소수(complex conjugate) 또는 공액복소수

복소수 z에 대해, 실수부분은 그대로 두고, 허수부분의 부호만 바꾼 복소수를

z의 켤레복소수(complex conjugate) 또는 z의 켤레(conjugate)라고 하고, $\overline{z}$로 표시한다.

$z=x+iy$, $\overline{z}=x-iy$, $Re(z)=x=\dfrac{1}{2}(z+\overline{z})$, $Im(z)=y=\dfrac{1}{2i}(z-\overline{z})$

$\overline{z_1+z_2}=\overline{z_1}+\overline{z_2}$, $\overline{z_1-z_2}=\overline{z_1}-\overline{z_2}$, $\overline{z_1\cdot z_2}=\overline{z_1}\cdot\overline{z_2}$, $\overline{\left(\dfrac{z_1}{z_2}\right)}=\dfrac{\overline{z_1}}{\overline{z_2}}$

2 복소평면(complex plane)

복소수의 기하학적 표현을 고려해보자.

두 개의 서로 직교하는 좌표축, 즉 실수축이라고 불리는 수평 x축과 허수축이라고 불리는 y축을 선택하자.

이것을 복소평면(complex plane)이라고 부른다.

복소수의 $z=x+iy$는 두 실수의 순서쌍 (x, y)로 유일하게 결정된다.

시작점이 원점이고 끝점이 (x, y)인 벡터로 볼 수 있다.

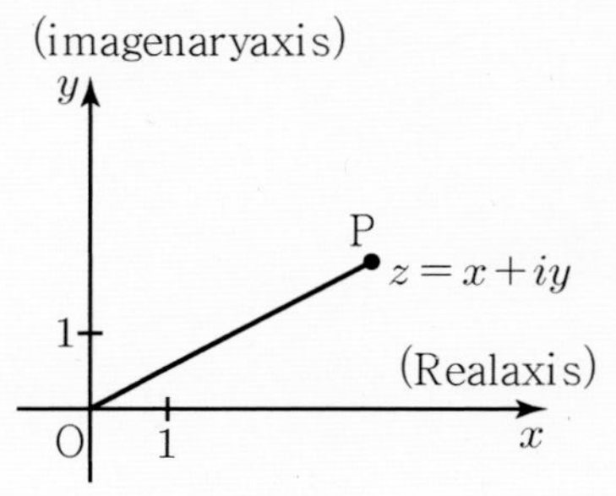

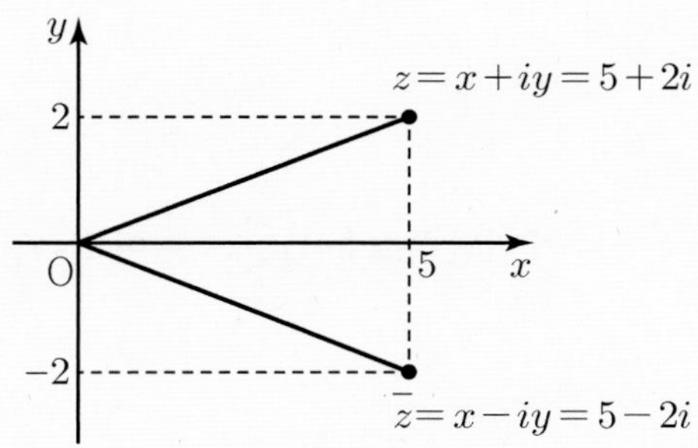

(1) 복소수의 절댓값

복소수 $z=x+iy$ 의 절댓값(modulus/absolute value)을 $|z|$로 표시한다.

$$|z|=\sqrt{x^2+y^2}=\sqrt{z\bar{z}}$$

(2) 복소수의 덧셈과 뺄셈의 기하학적 의미

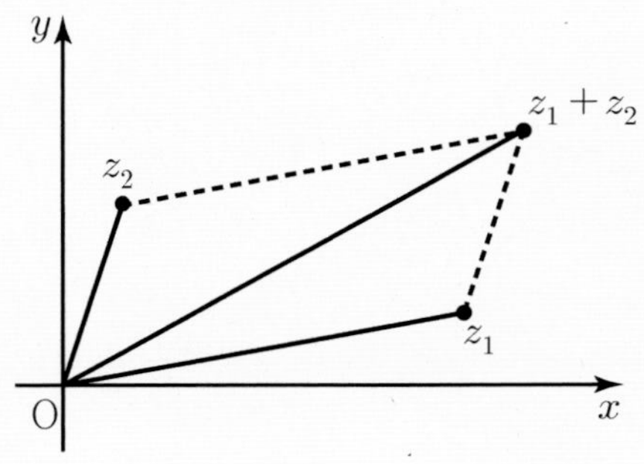

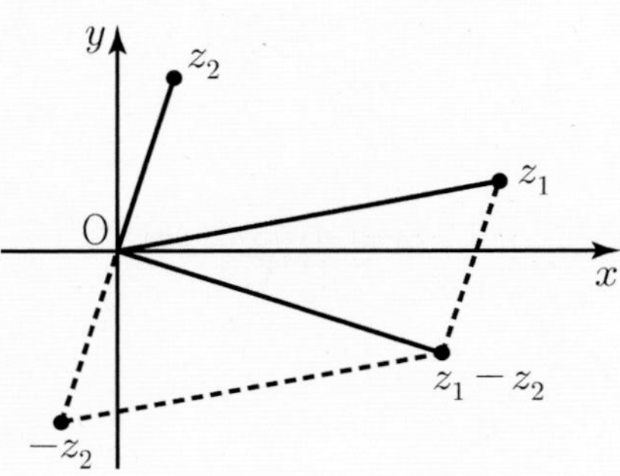

211. $\frac{1-2i}{1+2i}=a+bi$일 때, a^2+b^2+1의 값은? (단, a, b는 실수, $i=\sqrt{-1}$)

212. $\left(\frac{1+i}{1-i}\right)^{2012}+\left(\frac{1-i}{1+i}\right)^{2012}$를 간단히 한 결과는?

213. z는 실수가 아닌 복소수이고, $z+\frac{1}{z}$이 실수일 때, $z\bar{z}$의 값은?

214. 제곱해서 $8+6i$가 되는 복소수를 z라고 할 때, 조건을 만족하는 모든 z값의 합은?

215. z가 복소수일 때, $(2-i)\bar{z}+4iz=7+5i$를 만족하는 z는?

216. 복소수 $z=2-3i$의 절댓값은?

217. 두 복소수 $10+8i$, $11-6i$ 가운데 어느 것이 원점에 가까이 있는가?

MEMO

2 복소수의 극형식 & 거듭제곱근

1 극형식

$z = x + iy$를 다음과 같은 극형식의 형태로 나타낼 수 있고, 이를 이용해서 복소수 연산의 성질을 확인하고자 한다.

(1) 극형식

직교좌표 $(x,\ y)$와 극좌표 $(r,\ \theta)$의 관계는

$$x = r\cos\theta,\ \ y = r\sin\theta$$

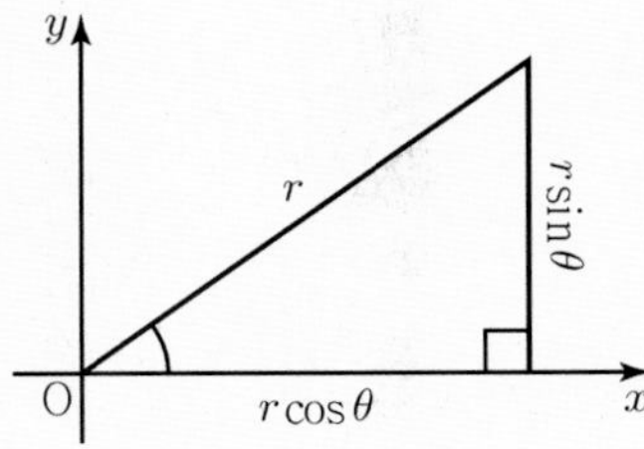

복소수 $z = x + iy = (r\cos\theta) + i(r\sin\theta)$로 쓸 수 있다.

다음을 극형식이라고 한다.

$$z = r(\cos\theta + i\sin\theta) = re^{i\theta}$$

(2) r은 z의 절댓값이며 다음과 같이 표기한다.

$$r = |\,z\,| = \sqrt{x^2 + y^2} = \sqrt{z\,\overline{z}}$$

기하학적으로 $|\,z\,|$는 원점에서 점 z까지의 거리에 해당한다. 유사하게 $|\,z_1 - z_2\,|$는 두 점 $z_1,\ z_2$ 사이의 거리이다.

(3) θ는 벡터 z의 편각(argument)이라 부르며 $\arg z$로 표기한다.

↳ 편각의 표현법은 유일하지 않다.

$$\tan\theta = \frac{y}{x},\ \ \arg z = \theta = \theta + 2\pi = \theta + 4\pi = \cdots$$

(4) $-\pi < \theta \le \pi$를 만족하는 편각을 z의 주편각 또는 주값(principal value) $\theta = Arg\,z$이라고 한다.

↳ 주편각의 표현법은 유일하다.

2 곱셈과 나눗셈

$z_1 = r_1(\cos\theta_1 + i\sin\theta_1) = r_1 e^{i\theta_1}$, $z_2 = r_2(\cos\theta_2 + i\sin\theta_2) = r_2 e^{i\theta_2}$ 라 하자.

(1) $z_1 z_2 = r_1 r_2[(\cos\theta_1\cos\theta_2 - \sin\theta_1\sin\theta_2) + i(\sin\theta_1\cos\theta_2 + \cos\theta_1\sin\theta_2)]$

$= r_1 r_2[\cos(\theta_1+\theta_2) + i\sin(\theta_1+\theta_2)] = r_1 r_2 e^{i(\theta_1+\theta_2)}$

(2) $\dfrac{z_1}{z_2} = \dfrac{r_1}{r_2}[\cos(\theta_1-\theta_2) + i\sin(\theta_1-\theta_2)] = \dfrac{r_1}{r_2}e^{i(\theta_1-\theta_2)}$

(3) $|z_1 z_2| = |z_1||z_2| = r_1 r_2$

(4) $\left|\dfrac{z_1}{z_2}\right| = \dfrac{|z_1|}{|z_2|} = \dfrac{r_1}{r_2}$

(5) $\arg(z_1 z_1) = \theta_1 + \theta_2 = \arg z_1 + \arg z_2$

(6) $\arg\left(\dfrac{z_1}{z_2}\right) = \theta_1 - \theta_2 = \arg z_1 - \arg z_2$

3 z 의 거듭제곱

$z = r(\cos\theta + i\sin\theta) = re^{i\theta}$일 때, $z^n = r^n(\cos n\theta + i\sin n\theta) = r^n e^{in\theta}$

(1) $z^2 = r^2(\cos 2\theta + i\sin 2\theta) = r^2 e^{i2\theta}$, $z^3 = r^3(\cos 3\theta + i\sin 3\theta) = r^3 e^{i3\theta}$

(2) $\dfrac{1}{z^2} = z^{-2} = r^{-2}\{\cos(-2\theta) + i\sin(-2\theta)\} = \dfrac{1}{r^2 e^{i2\theta}} = r^{-2}e^{i(-2\theta)}$

4 드무아브르(DeMoivre) 공식

$z = \cos\theta + i\sin\theta = e^{i\theta}$이면, $|z| = r = 1$이므로 $z^n = (\cos\theta + i\sin\theta)^n = e^{inx} = \cos n\theta + i\sin n\theta$

5 제곱근

0이 아닌 복소수 $\boldsymbol{z}$에 대해서 복소수 w가 $w^n = z$를 만족할 때, w를 z의 n제곱근이라 한다.

$w = \rho(\cos\phi + i\sin\phi)$이고, $z = r(\cos\theta + i\sin\theta)$일 때,

$w^n = z \Leftrightarrow \rho^n(\cos n\phi + i\sin n\phi) = r(\cos\theta + i\sin\theta)$

(1) $w = \sqrt[n]{z} \Leftrightarrow \rho = r^{\frac{1}{n}}$

(2) $n\phi = \theta + 2k\pi \Leftrightarrow \phi = \dfrac{\theta + 2k\pi}{n} \ (k = 0, 1, 2, \cdots, n-1)$

필수 예제 72

복소수 $\left(\dfrac{\dfrac{1}{2}+i\dfrac{\sqrt{3}}{2}}{1-i\sqrt{3}}\right)^{24}$ 의 값을 구하시오. (단, $i=\sqrt{-1}$ 이다.)

① 1　　② i　　③ $\dfrac{1}{2^{24}}$　　④ $\dfrac{i}{2^{24}}$

풀이 $\dfrac{1}{2}+i\dfrac{\sqrt{3}}{2}=\cos\dfrac{\pi}{3}+i\sin\dfrac{\pi}{3}=e^{i\left(\frac{\pi}{3}\right)}$ 이고

$1-i\sqrt{3}=2\left(\dfrac{1}{2}-i\dfrac{\sqrt{3}}{2}\right)=2\left\{\cos\left(-\dfrac{\pi}{3}\right)+i\sin\left(-\dfrac{\pi}{3}\right)\right\}=2e^{i\left(-\frac{\pi}{3}\right)}$ 이므로

$\left(\dfrac{\dfrac{1}{2}+i\dfrac{\sqrt{3}}{2}}{1-i\sqrt{3}}\right)^{24}=\left\{\dfrac{e^{i\left(\frac{\pi}{3}\right)}}{2e^{i\left(-\frac{\pi}{3}\right)}}\right\}^{24}=\left(\dfrac{1}{2}e^{i\frac{2\pi}{3}}\right)^{24}=\dfrac{1}{2^{24}}\cdot e^{i(16\pi)}=\dfrac{1}{2^{24}}(\cos16\pi+i\sin16\pi)=\dfrac{1}{2^{24}}$ 이다.

따라서 정답은 ③이다.

218. 다음을 극형식으로 표시하라.

(1) i　　(2) $1-\sqrt{3}i$

219. $z_1=i,\ z_2=1-\sqrt{3}i$에 대하여 z_1z_2와 $\dfrac{z_1}{z_2}$을 계산하고, 이들의 주편각을 구하여라.

220. 복소수 $z=1-\sqrt{3}i$ 에 대해, z^3을 계산하여라.

필수 예제 73

복소수 z가 $z=\dfrac{(2-ki)^2}{(-1-i)^3}$이고, $|z|=2\sqrt{2}$일 때, 이를 만족하는 상수 k의 값은?

① 1　② 2　③ 3　④ 4

풀이 $z_1=-1-i$, $z_2=2-ki$라 두면 $|z_1|=\sqrt{2}$, $|z_2|=\sqrt{4+k^2}$ 이므로

$$|z|=\left|\frac{{z_2}^2}{{z_1}^3}\right|=\frac{|z_2|^2}{|z_1|^3}=\frac{4+k^2}{2\sqrt{2}}=2\sqrt{2} \Rightarrow 4+k^2=8 \Rightarrow k^2=4$$

$\therefore k=2$ 또는 $k=-2$

따라서 정답은 ②이다.

221. $\left(\dfrac{\sqrt{3}-i}{\sqrt{3}+i}\right)^{27}+\left(\dfrac{\sqrt{3}+i}{\sqrt{3}-i}\right)^{54}$을 간단히 하면? (단, $i=\sqrt{-1}$)

222. $z=\dfrac{\sqrt{3}}{2}-\dfrac{1}{2}i$일 때, 합 $1+z+z^2+z^3+\cdots+z^{47}$의 값은?

① 0　② 2　③ 4　④ 8

필수 예제 74

방정식 $z^3 = i$ 의 해가 아닌 것, 즉 복소수 i 의 세제곱근이 아닌 것을 고르시오.

① $\cos\frac{\pi}{6} + i\sin\frac{\pi}{6}$ ② $\cos\frac{5\pi}{6} + i\sin\frac{5\pi}{6}$ ③ $\cos\frac{7\pi}{6} + i\sin\frac{7\pi}{6}$ ④ $\cos\frac{9\pi}{6} + i\sin\frac{9\pi}{6}$

풀이 $z^3 = i = \cos\frac{\pi}{2} + i\sin\frac{\pi}{2} 8 = e^{i\left(\frac{\pi}{2}+2n\pi\right)}$이므로 $z = e^{i\left(\frac{\pi}{6}+\frac{2n\pi}{3}\right)}$ (단, $n=0,\ 1,\ 2$)이다.

$z^3 = i$의 세 근을 $z_1,\ z_2,\ z_3$라 하면 아래와 같다.

$z_1 = e^{i\frac{\pi}{6}} = \cos\frac{\pi}{6} + i\sin\frac{\pi}{6}$, $z_2 = e^{i\left(\frac{\pi}{6}+\frac{2\pi}{3}\right)} = e^{i\left(\frac{5\pi}{6}\right)} = \cos\frac{5\pi}{6} + i\sin\frac{5\pi}{6}$,

$z_3 = e^{i\left(\frac{\pi}{6}+\frac{4\pi}{3}\right)} 8 = e^{i\left(\frac{9\pi}{6}\right)} = \cos\frac{3\pi}{2} + i\sin\frac{3\pi}{2}$

따라서 정답은 ③이다.

223. 방정식 $z^3 = 1$의 모든 해를 구하시오.

224. 방정식 $z^4 + 1 = 0$의 모든 해를 구하시오.

225. 복소수 $z = 1 + i$ 의 네제곱근 네 개를 찾아라.

226. 임의의 복소수 z는 $z = Re(z) + i\,Im(z)$로 쓸 수 있고, 이를 이용하여 좌표평면 위의 점과 복소수는 일대일 대응관계에 있다. 일사분면 위에 있으면서 단위원에 놓여있는 두 복소수 $z_1,\ z_2$에 대하여 $Re(z_1) + Re(z_2) + Im(z_1 z_2)$의 최댓값은?

① 1 ② $\sqrt{2}$ ③ $\frac{3}{2}$ ④ 2 ⑤ $\frac{3\sqrt{3}}{2}$

MEMO

MEMO

"한아름이라 쓰고 합격이라 읽는다."

저는 군대에서 편입이라는 것을 처음 알게 되었습니다. 같은 과 동기가 편입을 했다는 SNS를 보고 막연하게 '나도 해볼까?' 라는 관심만 생긴 정도였습니다. 전역을 하고 복학을 해서 새로운 마음으로 학과 공부와 취업을 위한 공부를 다시 시작하게 되었습니다. 그러나 생각과는 달리 열심히 할 수 있는 환경이 아니었습니다. 이대로는 안될 것 같다는 생각이 들었고 2학년을 마칠 때까지 고민하다가 결국 휴학을 하고 편입을 해보자고 결심을 하게 되었습니다.

각자의 사정에 맞추어 공부하는 것이 가장 중요합니다

각자 공부방식, 개인사정 등 자신에게 맞추어 공부하는 것이 가장 중요하다고 생각합니다. 저는 7월부터 1월까지는 아름쌤의 현강을 직접 들으면서 열심히 따라갔습니다. 저한테는 이 시기가 가장 유익했던 시간인 것 같습니다. 학원에서 학생들과 같이 스터디를 하면서 서로 모르는 것을 질문하고 질문을 답해주며 실력을 많이 쌓았고, 불안하거나 고민이 있을 때마다 아름쌤과 상담을 하면서 추진력을 얻은 것 같습니다.

성적이 오르지 않는다고 고민한다면, '고민하지 말고 끝까지 하던 대로 하시면 분명히 좋은 대학 갑니다.' 라고 말해주고 싶습니다. 주변에서 열심히 하는 사람 중에서 좋은 학교 못 간 사람 못 봤습니다. 끝까지 포기하지 마세요! 반대로 성적이 상위권이라고 방심하시는 분들이라면 방심하지 마세요. 방심하다가 상위권 학교 못 가는 사람들도 있었습니다. 조금 더 욕심을 갖고 끝까지 힘내서 저보다 더 좋은 학교 가시길 바랍니다.

'내가 할 수 있을까?' 걱정이 되시는 분들 모두 아름쌤만 믿고 따라간다면 성공할 수 있습니다! 저도 아름쌤에게 찾아가서 고민을 많이 털어놓았었는데요. 그때마다 긍정의 힘을 많이 얻었습니다. 여러분 모두가 끝까지 포기하지 않고 따라간다면 할 수 있습니다. 긍정의 아이콘 아름쌤과 함께 파이팅입니다!

마지막으로 인강으로 공부하는 분들께 조언을 해드리자면 '하루 계획을 짜서 그 계획을 반드시 지켜라!' 입니다. 현장 강의는 시간이 정해져 있고 그 시간에 맞추어 진도가 꾸준히 나가게 됩니다. 그에 반해 인강 듣는 학생분들은 한번 밀리면 계속 밀릴 수가 있기 때문에 하루 계획을 짜서 지키는 것이 가장 중요하다고 생각합니다. 인내심을 갖고 끝까지 파이팅입니다!

- 류학렬(중앙대학교 기계공학부)

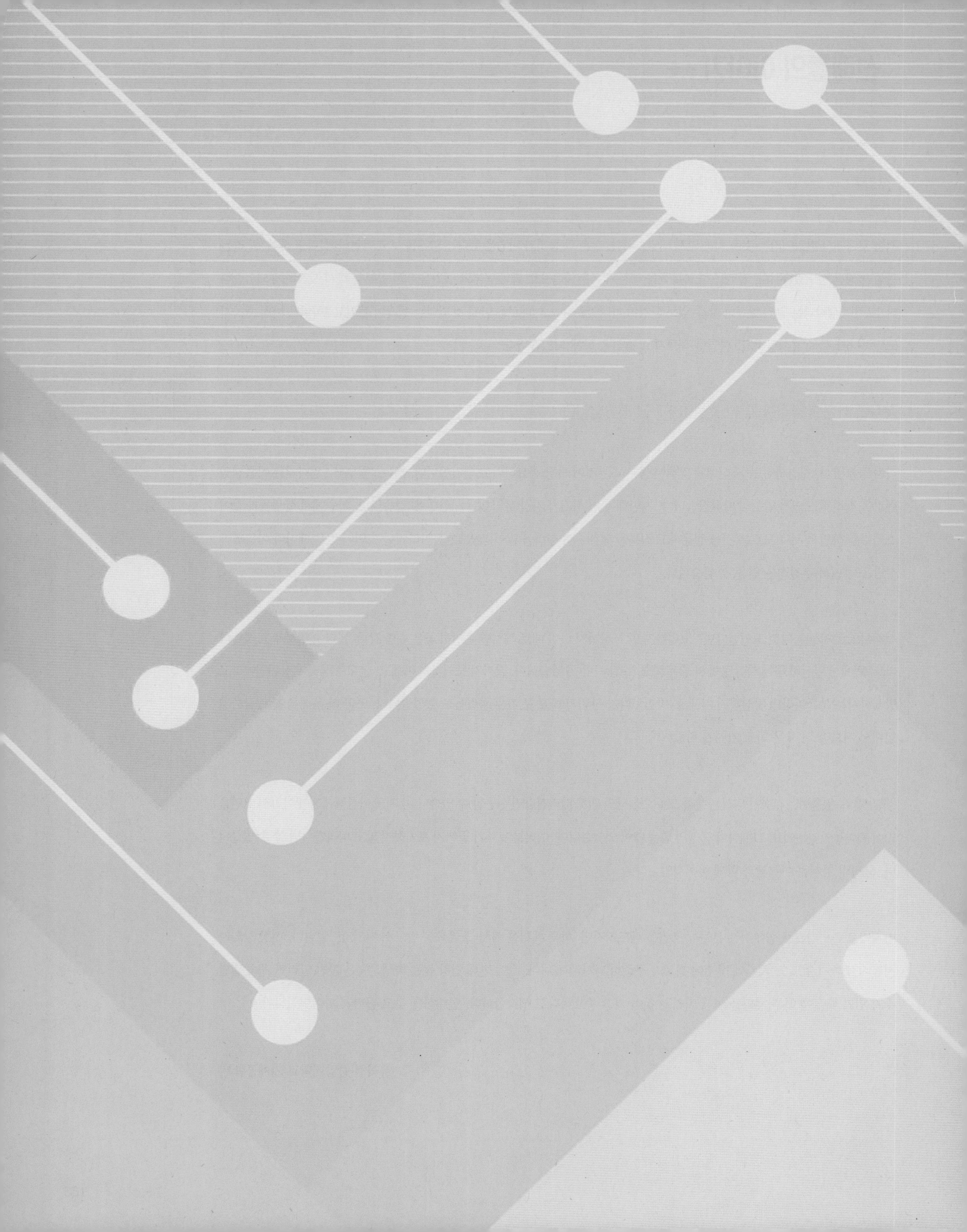

CHAPTER 06

복소함수

1. 복소함수
2. 코시-리만 방정식
3. 라플라스 방정식 & 조화함수
4. 지수함수
5. 로그함수
6. 삼각함수 & 쌍곡선함수
7. 등각사상

06 복소함수

1 복소함수

1 복소평면에 있는 점들의 집합

두 복소수 $z = x + iy$, $z_0 = x_0 + iy_0$에 대해서, $|z - z_0| = \sqrt{(x-x_0)^2 + (y-y_0)^2} = \rho$

↳ 중심이 z_0이고, 반지름이 ρ인 원 위의 점 z의 집합이다.

2 복소함수

복소수 $z(= x + iy)$가 정의역의 원소일 때,

f는 복소변수 z의 함수 또는 복소함수 $w = f(z) = u(x, y) + iv(x, y)$이다.

ex $f(z) = z^2 - 4z = (x+iy)^2 - 4(x+iy) = (x^2 - y^2 - 4x) + i(2xy - 4y)$일 때,

$u(x, y) = x^2 - y^2 - 4x$, $v(x, y) = 2xy - 4y$

비록 복소함수 $w = f(z)$를 그래프로 그릴 수는 없어도,
z평면에서 w평면으로 가는 변환
또는 대응하는 규칙으로 해석할 수 있다.

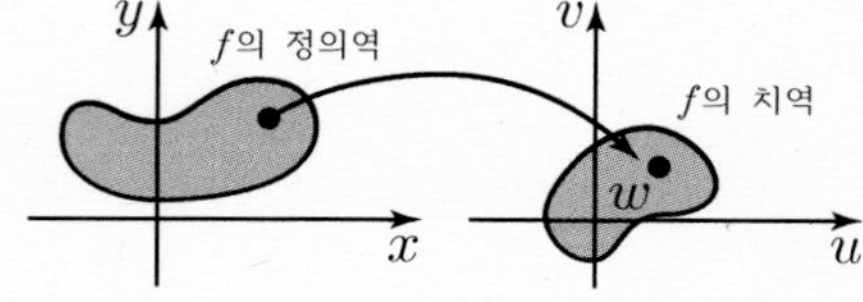

3 함수의 극한

함수 f가 z_0 근방에서 정의되어 있다고 하자. (z_0에서 정의되지 않아도 상관없다.)

함수 f가 z_0에서 극한을 지닌다고 하며, $\lim_{z \to z_0} f(z) = L$ 로 표기한다.

4 함수의 연속

$\lim_{z \to z_0} f(z) = f(z_0)$이 성립하면, f는 z_0에서 연속이라 한다.

5 함수의 도함수

함수 f가 z_0 근방에서 정의되어 있다고 하자. z_0에서 f의 도함수는

$$f'(z_0) = \lim_{\triangle z \to 0} \frac{f(z_0 + \triangle z) - f(z_0)}{\triangle z} = \lim_{z \to z_0} \frac{f(z) - f(z_0)}{z - z_0}$$

복소함수에서 미분규칙은 실함수의 미적분학에서 나오는 미분규칙 그대로 성립한다.

$(cf)' = cf'$, $(f \pm g)' = f' \pm g'$, $(fg)' = f'g + fg'$, $\left(\frac{f}{g}\right)' = \frac{f'g - fg'}{g^2}$

227. 다음 주어진 방정식의 그래프를 대략적으로 그려라.

(1) $|z| = 1$

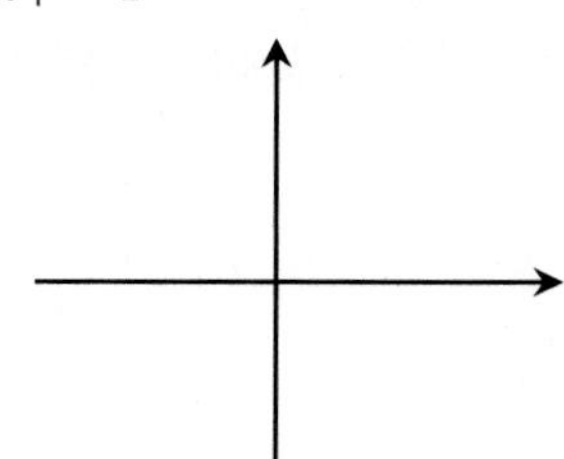

(2) $|z-1-2i| = 2$

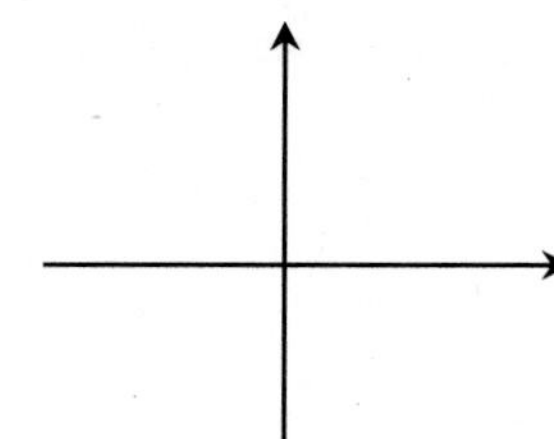

(3) $|z| > 1$

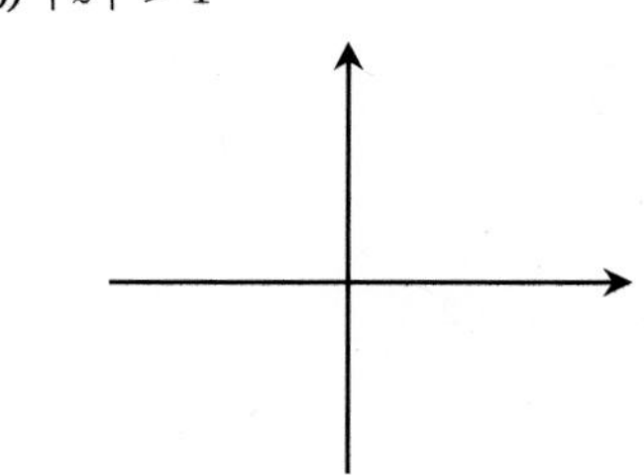

(4) $1 < |z| < 2$

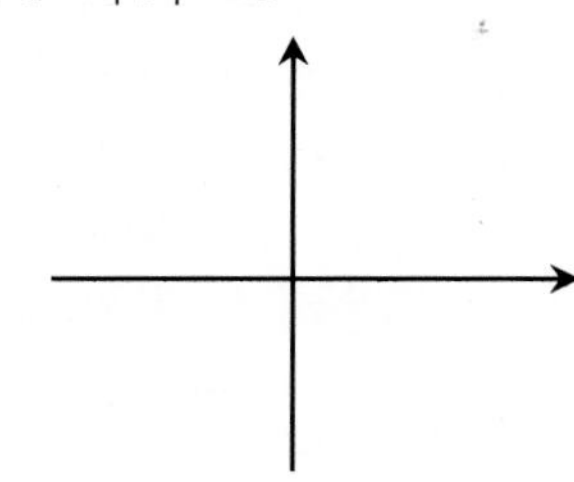

(5) $Re(z) = 2$

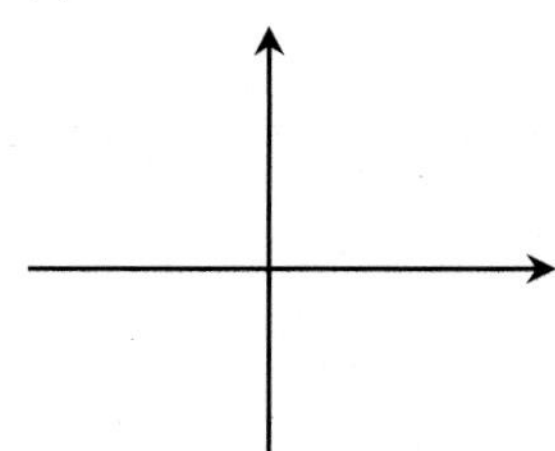

(6) $-2 < Re(z) < 2$

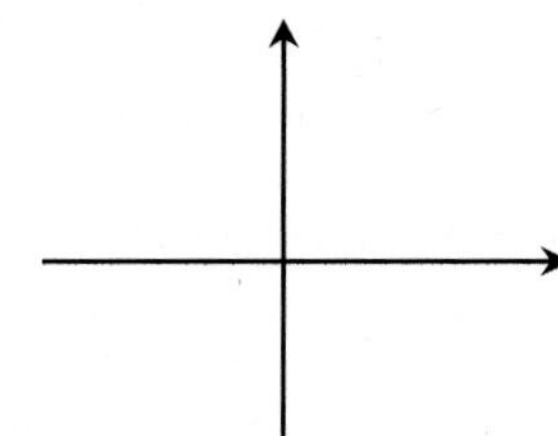

(7) $Im(z) = -2$

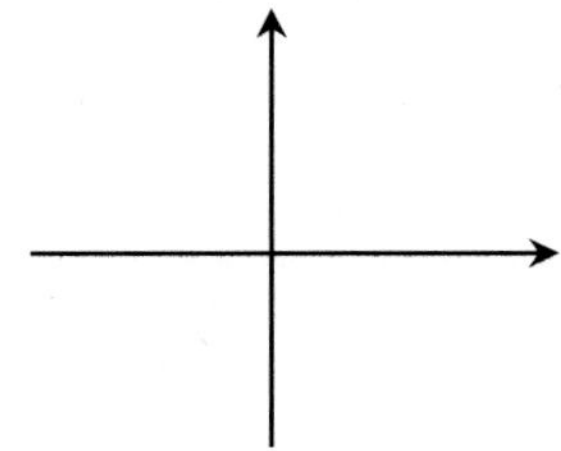

(8) $Im(z) < -2$

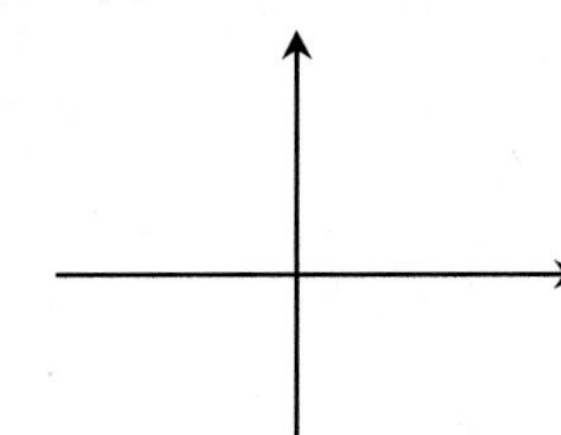

필수 예제 75

$z-$평면의 극좌표 영역 $1 \le r \le 2,\ \frac{\pi}{6} \le \theta \le \frac{\pi}{3}$이 사상 $w=f(z)=z^2$에 의해 옮겨진 $w-$평면의 영역을 나타내시오.

풀이 $1 \le r \le 2,\ \frac{\pi}{6} \le \theta \le \frac{\pi}{3}$를

xy평면에 나타내면 그림 1과 같다.

$f(z)=z^2 \Leftrightarrow f(z)=(x+iy)^2=\left(re^{i\theta}\right)^2=r^2e^{i2\theta}$이고

$1 \le r^2 \le 4,\ \frac{\pi}{3} \le 2\theta \le \frac{2\pi}{3}$이므로

$w-$평면의 영역은 다음 그림 2와 같다.

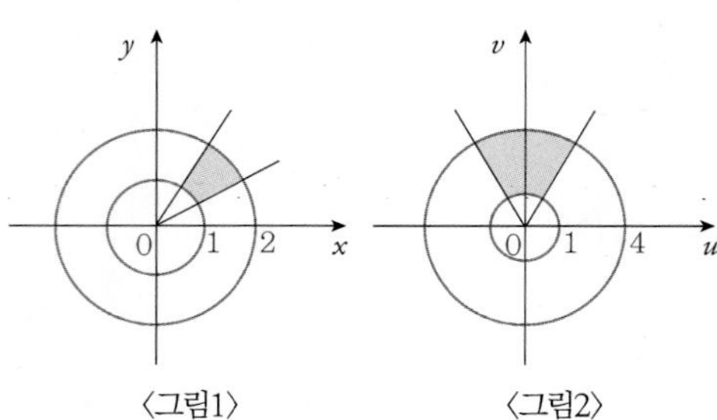

〈그림1〉 〈그림2〉

[참고]

① $f(z)=z^2=(x+iy)^2=\left(x^2-y^2\right)+i2xy$에서 $u(x,\ y)=x^2-y^2,\ v(x,\ y)=2xy$

$x=1$일 때, $\begin{cases} u(1,\ y)=1-y^2 \\ v(1,\ y)=2y \end{cases} \Rightarrow u=1-\frac{v^2}{4}$

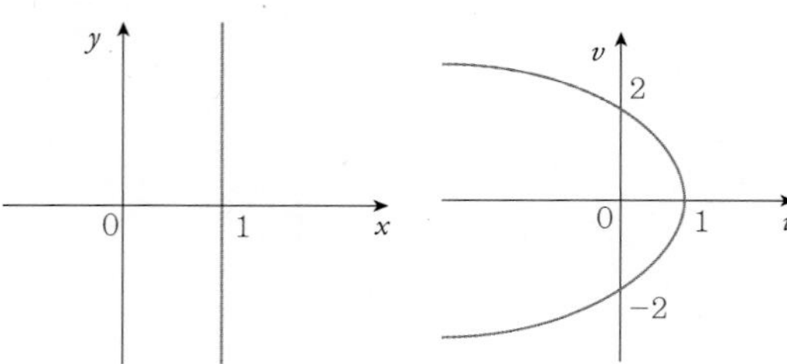

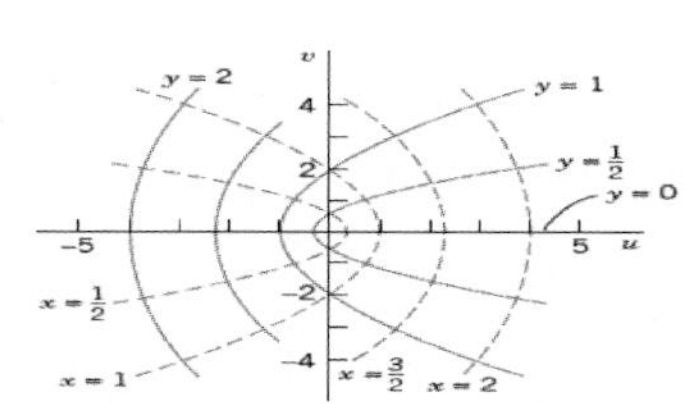

② $f(z)=iz^2$이면 $f(z)=e^{i\left(\frac{\pi}{2}\right)}\cdot r^2e^{i2\theta}=r^2e^{i\left(2\theta+\frac{\pi}{2}\right)}$이고

$1 \le r \le 2,\ \frac{\pi}{6} \le \theta \le \frac{\pi}{3}$일 때, $1 \le r^2 \le 4,\ \frac{\pi}{3}+\frac{\pi}{2} \le 2\theta+\frac{\pi}{2} \le \frac{2\pi}{3}+\frac{\pi}{2}$이므로

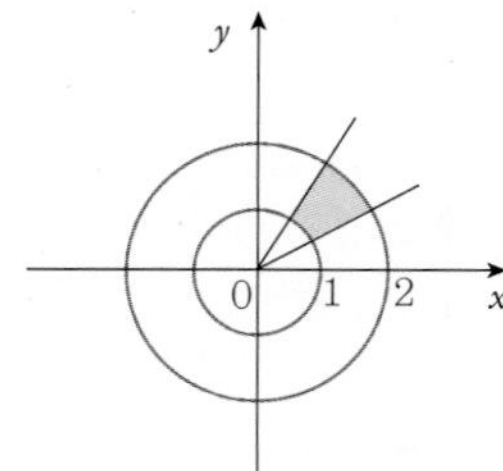

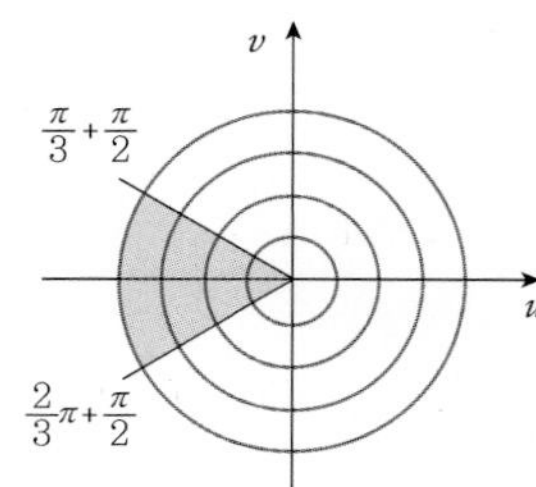

228. 주어진 함수를 $f(z)=u+iv$ 꼴로 표시하고, $z=1-i$일 때 함숫값을 구하시오.

(1) $f(z)=z^2$

(2) $f(z)=\dfrac{1}{z}$

229. 다음 복소함수를 미분하라.

(1) $f(z)=(z-2i)^3$의 도함수 $f'(z)$와 $f'(5+2i)$의 값은?

(2) $f(z)=\dfrac{z^3}{(z-i)^3}$의 도함수 $f'(z)$와 $f'(-i)$의 값은?

2 코시-리만 방정식

1 해석함수(analytical function)

복소함수 $f(z)$가 열린 영역 D의 모든 점에서 정의되고 미분가능할 때, $f(z)$는 D에서 해석적이라고 한다.

또한 함수 $f(z)$가 z_0의 근방에서 해석적이면 $f(z)$는 D 내의 점 $z = z_0$에서 해석적이라고 하고, 도함수를 갖는다는 뜻이다.

해석함수는 어떤 열린 영역에서 해석적인 함수를 의미한다.

2 완전함수(entire function)

복소평면 전체에서 해석적인 함수를 완전함수(entire function)이라 한다.

(1) 다항함수 $f(z) = c_0 + c_1 z + c_2 z^2 + \cdots + c_n z^n$ ($c_0, c_1, \cdots, c_n$은 복소상수, n : 양의 정수)

(2) 지수함수 $f(z) = e^z = e^{x+iy} = e^x(\cos y + i \sin y)$

(3) 삼각함수 $f(z) = \cos z$, $g(z) = \sin z$

(4) 쌍곡선함수 $f(z) = \cosh z$, $g(z) = \sinh z$

참고 유리함수 $f(z) = \dfrac{g(z)}{h(z)}$ ($h(z) = 0$인 점을 제외하면 해석적이다.)

로그함수 $f(z) = \ln z = \ln\{re^{i(\theta+2n\pi)}\} = \ln r + i(\theta + 2n\pi) = \ln|z| + i(\theta + 2n\pi)$

($z = 0$인 점을 제외하면 해석적이다.)

3 코시-리만 방정식

(1) $f(z) = u(x, y) + iv(x, y)$가 $z = x + iy$에서 미분가능하고,

$u(x, y)$와 $v(x, y)$의 1차 편도함수가 존재하면 다음과 같은 코시-리만 방정식을 만족한다.

$$\frac{\partial u}{\partial x} = \frac{\partial v}{\partial y},\ \frac{\partial u}{\partial y} = -\frac{\partial v}{\partial x}$$

(2) 실함수 $u(x, y)$, $v(x, y)$가 연속이고 1차 편도함수들도 모두 연속일 때,

열린 영역 D 안에서 코시-리만 방정식을 만족하면, 복소함수 $f(z) = u(x, y) + iv(x, y)$는 D에서 해석적이다.

(3) $f(z)$가 정의역 D에서 해석적일 필요충분조건은 코시-리만 방정식을 만족한다.

Areum Math Tip

〈코시-리만 방정식의 증명〉

$f'(z)$가 존재하므로 $f'(z) = \lim_{\Delta z \to 0} \frac{f(z+\Delta z)-f(z)}{\Delta z}$ 가 성립한다.

$f(z) = u(x, y) + iv(x, y)$와 $\Delta z = \Delta x + i\Delta y$이고,

$z + \Delta z = (x+\Delta x) + i(y+\Delta y)$임을 대입하면

$$f'(z) = \lim_{\Delta z \to 0} \frac{u(x+\Delta x, y+\Delta y) + iv(x+\Delta x, y+\Delta y) - u(x, y) - iv(x, y)}{\Delta x + i\Delta y}$$

① x축과 평행인 수평 방향($y=0$)으로 $\Delta z \to 0$이면, $\Delta z = \Delta x$이므로

$$f'(z) = \lim_{\Delta x \to 0} \frac{u(x+\Delta x, y) - u(x, y)}{\Delta x} + i \lim_{\Delta x \to 0} \frac{v(x+\Delta x, y) - v(x, y)}{\Delta x} = \frac{\partial u}{\partial x} + i\frac{\partial v}{\partial x}$$

② y축과 평행인 수평 방향($x=0$)으로 $\Delta z \to 0$ 이면, $\Delta z = i\Delta y$이므로

$$f'(z) = \lim_{\Delta z \to 0} \frac{u(x, y+\Delta y) - u(x, y)}{i\Delta y} + i \lim_{\Delta z \to 0} \frac{v(x, y+\Delta y) - v(x, y)}{i\Delta y}$$

$$= \frac{1}{i}u_y + i\left(\frac{1}{i}v_y\right) = -iu_y + v_y = \frac{\partial v}{\partial y} - i\frac{\partial u}{\partial y}$$

①과 ②는 같은 식이므로 $\frac{\partial u}{\partial x} + i\frac{\partial v}{\partial x} = \frac{\partial v}{\partial y} - i\frac{\partial u}{\partial y}$ 가 성립해야 한다.

즉 코시-리만 방정식 $\frac{\partial u}{\partial x} = \frac{\partial v}{\partial y}$, $\frac{\partial u}{\partial y} = -\frac{\partial v}{\partial x}$ 가 성립한다.

참고

$f(z) = u(x, y) + iv(x, y) = u(r\cos\theta, r\sin\theta) + iv(r\cos\theta, r\sin\theta)$로 나타낼 수 있다.

$u_x = v_y$, $u_y = -v_x$가 성립하기 때문에

(1) $u_r = u_x\cos\theta + u_y\sin\theta = v_y\cos\theta - v_x\sin\theta$

$v_\theta = v_x(-r\sin\theta) + v_y(r\cos\theta) = r(v_y\cos\theta - v_x\sin\theta) = r u_r$

$\Rightarrow v_\theta = r u_r \Leftrightarrow u_r = \frac{v_\theta}{r}$가 성립한다.

(2) $u_\theta = u_x(-r\sin\theta) + u_y(r\cos\theta) = r(u_y\cos\theta - u_x\sin\theta)$

$v_r = v_x\cos\theta + v_y\sin\theta = -u_y\cos\theta + u_x\sin\theta$

$\Rightarrow u_\theta = -r v_r \Leftrightarrow v_r = -\frac{u_\theta}{r}$가 성립한다.

필수 예제 76

$z=x+iy$일 때, 복소함수 $f(z)=(3x+axy+4)+i(x^2+by-y^2+5)$가 복소평면에서 해석적이 되기 위한 실수 상수 a, b는?

① $a=-3$, $b=2$ ② $a=3$, $b=2$ ③ $a=-2$, $b=3$ ④ $a=2$, $b=3$

풀이 $u(x, y)=3x+axy+4$, $v(x, y)=x^2+by-y^2+5$라 두면

(i) $u_x=v_y \Leftrightarrow 3+ay=b-2y \Leftrightarrow a=-2,\ b=3$

(ii) $u_y=-v_x \Leftrightarrow ax=-2x \Leftrightarrow a=-2$

$\therefore a=-2,\ b=3$

따라서 정답은 ③이다.

230. 복소함수 $f(z)=u(x,y)+iv(x,y)$가 z에서 미분가능일 때, $f'(z)$와 일치하지 않는 것은? (단, $z=x+iy$)

① $\dfrac{\partial u}{\partial x}+i\dfrac{\partial v}{\partial x}$ ② $\dfrac{\partial v}{\partial y}-i\dfrac{\partial u}{\partial y}$ ③ $\dfrac{\partial u}{\partial x}-i\dfrac{\partial u}{\partial y}$ ④ $\dfrac{\partial v}{\partial y}-i\dfrac{\partial v}{\partial y}$

231. 복소함수 $f(z)=ax^2+bxy+y^2+i(x^2+cxy+dy^2)$이 해석함수일 때, 실수 a, b, c, d에 대하여 $a+b+c+d$의 값은?

232. $z = x + iy$ 일 때, 다음 중 모든 z에 대하여 해석적인 것은?

(1) $f(z) = z^2 + z$

(2) $f(z) = \overline{z}$

(3) $f(z) = (2x^2 + y) + i(y^2 - x)$

(4) $f(z) = \dfrac{x}{x^2 + y^2} - i\dfrac{y}{x^2 + y^2}$

(5) $f(z) = iz\overline{z}$

(6) $f(z) = Re(z^2) - i\,Im(z^2)$

(7) $f(z) = e^z = e^x(\cos y + i\sin y)$

(8) $f(z) = e^{\overline{z}} = e^x(\cos y - i\sin y)$

(9) $f(z) = e^{-x}(\cos y - i\sin y)$

(10) $f(z) = e^{iz}$

3 라플라스 방정식 & 조화함수

1 라플라스 방정식

만약에 $f(z) = u(x, y) + iv(x, y)$ 가 열린 영역 D에서 해석적이면
u와 v는 D에서 각각 다음 라플라스 방정식을 만족하며 D에서 2계 편도함수를 갖는다.

$$\nabla^2 u = u_{xx} + u_{yy} = 0,\ \nabla^2 v = v_{xx} + v_{yy} = 0$$

2 조화함수

라플라스 방정식의 해를 조화함수라고 한다. 즉, 복소함수 $f(z) = u(x,y) + iv(x,y)$ 가 열린 영역 D에서 해석적이면
해석함수의 실수부 $u(x,y)$ 와 허수부 $v(x,y)$ 는 조화함수이다.
이 때, $v(x,y)$ 는 $u(x,y)$ 의 공액조화함수(켤레조화함수)라 한다.
(여기서 '공액'이란 말은 복소수 z의 공액 $\bar{z}$와 아무런 관계가 없다.)

Areum Math Tip

복소함수 $f(z)$ 가 해석적이므로 ① $u_x = v_y$, ② $u_y = -v_x$를 만족한다.
①을 x로 편미분하면 $u_{xx} = v_{yx}$ 이고, ②를 y로 편미분하면 $u_{yy} = -v_{xy}$가 된다.
위의 식을 더하면 $u_{xx} + u_{yy} = 0$ 을 얻는다. 즉, $u(x,y)$ 는 조화함수이다.
이와 같은 방법으로 ①을 y로 편미분, ②를 x로 편미분해서 더하면 $\dfrac{\partial^2 v}{\partial x^2} + \dfrac{\partial^2 v}{\partial y^2} = 0$을 만족하여 $v(x,y)$ 도 조화함수이다.

필수 예제 77

조화함수 $u(x,y)=e^{x}(x\sin y+y\cos y)$의 공액조화함수를 구하면? (단, C는 임의의 상수이다.)

① $e^{x}(y\sin y-x\cos y)+C$ ② $e^{x}(x\cos y+y\cos y)+C$

③ $e^{x}(x\cos y-y\sin y)+C$ ④ $e^{x}(x\cos y+y\sin y)+C$

풀이 $v_y=u_x=e^{x}(x\sin y+y\cos y)+e^{x}(\sin y),\ v_x=-u_y=-e^{x}(x\cos y+\cos y-y\sin y)$이므로

$v=\int(xe^{x}\sin y+e^{x}y\cos y+e^{x}\sin y)\,dy+h(x)=\int(-xe^{x}\cos y-e^{x}\cos y+e^{x}y\sin y)\,dx+h(y)$

$\therefore v(x,y)=-xe^{x}\cos y+e^{x}y\sin y+e^{x}\cos y-e^{x}\cos y+C=e^{x}(y\sin y-x\cos y)+C$

따라서 정답은 ①이다.

233. 다음 문제의 함수 u가 조화함수임을 보여라. 아울러 u의 켤레조화함수 v를 찾고, 해석함수 $f(z)=u+iv$를 구성하라.

(1) $u(x,y)=x^2-y^2-y$

(2) $u(x,y)=x^3-3xy^2-5y$

234. 주어진 함수가 조화함수가 되는 a를 결정하고, 공액조화함수를 구하시오.

(1) $u(x,y)=e^{-\pi x}\cos ay$

(2) $u(x,y)=\cos ax\cosh 2y$

(3) $u(x,y)=\cosh ax\cos y$

235. 해석함수 $f(z)=u(x,y)+iv(x,y)$에서 $u(x,y)=Arg(z)$일 때, $f(z)$를 구하시오.
(단, $z=x+iy$, $(x,y)\in R^2-\{0\}$이고, Arg는 주편각이다.)

4 지수함수

1 지수함수

(1) 복소수 $z = x + iy$에 대하여 지수함수는 다음과 같이 나타낼 수 있다.

$$f(z) = e^z = e^{x+iy} = e^x \cdot e^{iy} = e^x(\cos y + i\sin y) = e^x\cos y + ie^x\sin y$$

(2) $f(z) = e^z$는 모든 z에서 해석적이므로 완전함수이다.

$f(z) = e^z$의 $u(x, y) = e^x\cos y$, $v(x, y) = e^x\sin y$이고,

코시-리만 방정식 $\frac{\partial u}{\partial x} = \frac{\partial v}{\partial y}$, $\frac{\partial u}{\partial y} = -\frac{\partial v}{\partial x}$ 를 만족한다.

2 지수함수의 성질

(1) $e^{z_1+z_2} = e^{z_1}e^{z_2}$

(2) $e^{z_1-z_2} = \frac{e^{z_1}}{e^{z_2}}$

(3) $\frac{d}{dz}e^z = e^z$

(4) $|e^z| = |e^{x+iy}| = |e^x| = e^x$

(5) $|e^{iy}| = 1$ (단, $e^{iy} = \cos y + i\sin y$)

3 주기가 $2\pi i$를 갖는 함수 e^z의 주기성

(1) $f(z+2\pi i) = f(z) \Leftrightarrow e^{z+2\pi i} = e^z(\cos 2\pi + i\sin 2\pi) = e^z$

(2) 복소평면에서 $\{(x, y) | -\infty < x < \infty, -\pi < y \leq \pi\}$인 폭이 2π인 무한의 수평 띠를 e^z의 기본영역이라 한다.

MEMO

필수 예제 78

다음 식의 해를 구하시오.

(1) $e^z = 1$ (2) $e^z = 4i$

풀이 (1) $z = x + iy$라 두자.

$e^z = 1$이면 $|e^z| = 1 = e^x$이므로 $x = 0$

$e^z = \cos 0 + i\sin 0 = \cos(0 + 2n\pi) + i\sin(0 + 2n\pi)$

$\therefore z = x + iy$에서 $x = 0$이고 $y = 2n\pi$ (단, n은 정수) $\Rightarrow$ $z = i(2n\pi)$(단, n은 정수)

(2) $z = x + iy$라 두자.

$|e^z| = e^x = |4i| = 4$이므로 $x = \ln 4$이다.

$e^z = e^x(\cos y + i\sin y) = 4i$를 만족하기 위해서 $\sin y = 1$이고, $y = \frac{\pi}{2} + 2n\pi$ ($n \in$ 정수)

따라서 $z = x + iy = \ln 4 + i\left(\frac{\pi}{2} + 2n\pi\right)$($n \in$ 정수)이다.

236. **코시-리만 방정식을 이용하여 $f(z) = e^z$가 해석함수임을 보여라.**

237. **다음 z에 대해서 e^z를 $u + iv$ 꼴로 표현하고, $|e^z|$의 값을 구하여라.**

(1) $z = -1 + i\frac{\pi}{4}$ (2) $z = \pi + i\pi$

06 | 복소함수

5 로그함수

복소 로그함수는 실수 로그함수에 비해 더 복잡하고, 역사적으로 오랜기간 동안 난제로 수학자들을 곤혹스럽게 하였다. 인내와 별도의 관심을 가지고 이 절을 공부해주길 바란다. - Kreyszig 공업수학의 일부 구절

1 복소수의 극형식

$z = x + iy$ 의 극형식 $z = r\cos\theta + ir\sin\theta = r(\cos\theta + i\sin\theta) = re^{i\theta}$

ex $z = 1 + i$의 극형식은 $z = \sqrt{2}e^{i\frac{\pi}{4}}$

2 로그함수

(1) 0이 아닌 복소수 $z = x + iy$ 의 로그함수는 지수함수의 역함수로 정의한다.

$z = e^{w} \Leftrightarrow w = \ln z = \ln r + i\theta = \ln|z| + i\arg z$

(2) 여기서 중요한 실미적분학과 다른 점이 발견된다.

즉, z의 편각은 주값에 2π의 임의의 정수배를 더한 값들이므로

복소자연로그 $\ln z(z \neq 0)$는 무수히 많은 값들을 갖는다는 점이다.

주값 $Arg\,z$에 대응하는 $\ln z$의 값을 주값이라고 부르고 $\mathrm{Ln}\,z$로 표기한다.

$$\mathrm{Ln}\,z = \ln|z| + i\,Arg\,z,\ \ln z = \mathrm{Ln}\,z + i2n\pi \ (n = 0, \pm 1, \pm 2, \cdots)$$

(3) $\ln z = \mathrm{Ln}\,z + i2n\pi = \ln|z| + i(Arg\,z + 2n\pi) = \ln\left(\sqrt{x^2+y^2}\right) + i\left\{\tan^{-1}\left(\frac{y}{x}\right) + 2n\pi\right\}$

3 로그함수의 성질

(1) $\ln(z_1 z_2) = \ln z_1 + \ln z_2$

(2) $\ln\left(\frac{z_1}{z_2}\right) = \ln z_1 - \ln z_2$

(3) $\frac{d}{dz}\ln z = \frac{1}{z}$ (z는 0 또는 음의 실수가 아님)

(4) $z^a = e^{\ln(z^a)} = e^{a\ln z},\ a^z = e^{\ln(a^z)} = e^{z\ln a}$

필수 예제 79

주어진 식의 주값을 구하시오.

(1) i^i (2) $(1-i)^{1+i}$ (3) $(-i)^{4i}$

풀이 (1) $\mathrm{Ln}i=\ln 1+i\left(\frac{\pi}{2}\right)=i\frac{\pi}{2}$ 이므로 $i\mathrm{Ln}i=i\left\{i\left(\frac{\pi}{2}\right)\right\}=-\frac{\pi}{2}$ 이다.

$i^i=e^{i\ln i}$ 의 주값은 $e^{i\mathrm{Ln}i}=e^{i\left(i\frac{\pi}{2}\right)}=e^{-\frac{\pi}{2}}$

(2) $(1-i)^{1+i}=e^{(1+i)\ln(1-i)}$ 이므로

$\mathrm{Ln}(1-i)=\ln\sqrt{2}+i\left(-\frac{\pi}{4}\right)$ 이고, $(1+i)\mathrm{Ln}(1-i)=(1+i)\left(\ln\sqrt{2}-i\frac{\pi}{4}\right)=\ln\sqrt{2}+\frac{\pi}{4}+i\left(\ln\sqrt{2}-\frac{\pi}{4}\right)$

$\therefore e^{(1+i)\mathrm{Ln}(1-i)}=e^{\ln\sqrt{2}}\cdot e^{\frac{\pi}{4}}\cdot e^{i\left(\ln\sqrt{2}-\frac{\pi}{4}\right)}=\sqrt{2}e^{\frac{\pi}{4}}\left\{\cos\left(\ln\sqrt{2}-\frac{\pi}{4}\right)+i\sin\left(\ln\sqrt{2}-\frac{\pi}{4}\right)\right\}$

(3) $4i\mathrm{Ln}(-i)=4i\left(\ln 1+i\left(-\frac{\pi}{2}\right)\right)=2\pi$ 이므로 $(-i)^{4i}=e^{4i\mathrm{Ln}(-i)}=e^{2\pi}$ 이다.

238. 로그함수 $\ln z$가 코시-리만 방정식을 만족함을 보이시오.

239. 다음 z에 대한 주값 $\mathrm{Ln}z$를 구하여라.

(1) $z=1$ (2) $z=i$ (3) $z=-2$

(4) $z=-1-i$ (5) $z=(1+\sqrt{3}i)^5$

240. 다음을 만족하는 방정식의 해를 구하시오.

(1) $e^z=\sqrt{3}+i$ (2) $e^{z-1}=-ie^2$

6 삼각함수 & 쌍곡선함수

1 삼각함수

(1) $e^{ix} = \cos x + i\sin x,\ e^{-ix} = \cos x - i\sin x \Leftrightarrow \cos x = \dfrac{e^{ix}+e^{-ix}}{2},\ \sin x = \dfrac{e^{ix}-e^{-ix}}{2i}$

임의의 복소수 $z = x + iy$에 대하여

$$\cos z = \frac{e^{iz}+e^{-iz}}{2} = \cosh iz = \cos(x+iy) = \cos x\cosh y - i\sin x\sinh y$$

$$\sin z = \frac{e^{iz}-e^{-iz}}{2i} = \frac{1}{i}\sinh iz = \sin(x+iy) = \sin x\cosh y + i\cos x\sinh y$$

(2) 실수에서 관련이 없는 함수들이 복소수에서는 연관된다는 것을 매우 주목할 만하다.

한편, 실미적분학에서와 같이 아래 함수들이 정의된다.

$\tan z = \dfrac{\sin z}{\cos z},\ \cot z = \dfrac{\cos z}{\sin z},\ \sec z = \dfrac{1}{\cos z},\ \csc z = \dfrac{1}{\sin z}$

(3) e^z가 완전함수이므로 $\cos z$, $\sin z$는 완전함수이다.

그러나 $\tan z$와 $\sec z$는 완전함수가 아니며, $\cos z = 0$인 점을 제외하고 해석적이다.

반면, $\cot z$와 $\csc z$는 $\sin z = 0$인 점을 제외하고 해석적이다.

2 삼각함수의 성질

(1) $\sin(-z) = -\sin z$

(2) $\cos(-z) = \cos z$

(3) $\cos^2 z + \sin^2 z = 1$

(4) $\sin(z_1 \pm z_2) = \sin z_1 \cos z_2 \pm \cos z_1 \sin z_2$

(5) $\cos(z_1 \pm z_2) = \cos z_1 \cos z_2 \mp \sin z_1 \sin z_2$

(6) $\sin 2z = 2\sin z\cos z$

(7) $\cos 2z = \cos^2 z - \sin^2 z$

3 삼각함수의 도함수

(1) $\dfrac{d}{dz}(\sin z) = \cos z$ (2) $\dfrac{d}{dz}(\cos z) = -\sin z$ (3) $\dfrac{d}{dz}(\tan z) = \sec^2 z$

(4) $\dfrac{d}{dz}(\csc z) = -\csc z\cot z$ (5) $\dfrac{d}{dz}(\sec z) = \sec z\tan z$ (6) $\dfrac{d}{dz}(\cot z) = -\csc^2 z$

4 쌍곡선함수와 도함수

임의의 복소수 $z = x + iy$에 대하여 다음과 같이 정의한다.

$$\cosh z = \frac{e^z + e^{-z}}{2}, \quad \sinh z = \frac{e^z - e^{-z}}{2}$$

(1) $\sinh z = \sinh(x+iy) = \sinh x \cos y + i \cosh x \sin y$

(2) $\cosh z = \cosh(x+iy) = \cosh x \cos y + i \sinh x \sin y$

(3) $\cosh iz = \cos z$, $\sinh iz = i \sin z$, $\cos iz = \cosh z$, $\sin iz = i \sinh z$

복소삼각함수와 복소쌍곡선함수는 서로 연관성이 있다.

(4) $\frac{d}{dx}(\sinh x) = \cosh x$

(5) $\frac{d}{dx}(\cosh x) = \sinh x$

5 역삼각함수와 역쌍곡선함수 공식

(1) $\sin^{-1} z = -i \ln\left(iz + \sqrt{1-z^2}\right) \Rightarrow \frac{d}{dz}(\sin^{-1} z) = \frac{1}{\sqrt{1-z^2}}$

(2) $\cos^{-1} z = -i \ln\left(z + i\sqrt{1-z^2}\right) \Rightarrow \frac{d}{dz}(\cos^{-1} z) = \frac{-1}{\sqrt{1-z^2}}$

(3) $\tan^{-1} z = \frac{i}{2} \ln\left(\frac{i+z}{i-z}\right) \Rightarrow \frac{d}{dz}(\tan^{-1} z) = \frac{1}{1+z^2}$

(4) $\sinh^{-1} z = \ln\left(z + \sqrt{z^2+1}\right) \Rightarrow \frac{d}{dz}(\sinh^{-1} z) = \frac{1}{\sqrt{z^2+1}}$

(5) $\cosh^{-1} z = \ln\left(z + \sqrt{z^2-1}\right) \Rightarrow \frac{d}{dz}(\cosh^{-1} z) = \frac{1}{\sqrt{z^2-1}}$

(6) $\tanh^{-1} z = \frac{1}{2} \ln\left(\frac{1+z}{1-z}\right) \Rightarrow \frac{d}{dz}(\tan^{-1} z) = \frac{1}{1-z^2}$

필수 예제 80

다음 함숫값을 구하시오.

(1) $\sin^{-1}\sqrt{5}$　　　　(2) $\cosh^{-1}(-1)$

풀이 (1) $\sin^{-1}\sqrt{5}=z=x+iy$라고 하자.

$\sin(x+iy)=\sin x\cosh y+i\cos x\sinh y=\sqrt{5}$를 만족하기 위해서 $\cos x=0 \Leftrightarrow x=\dfrac{2n+1}{2}\pi$이다.

(i) $x=\dfrac{3\pi}{2}$일 때, $\sin x=-1$, $\cos x=0$이므로 $\cosh y=-\sqrt{5}$이어야 하는데 $\cosh y\ge 1$이므로 모순이다.

(ii) $x=\dfrac{\pi}{2}$일 때, $\sin x=1$, $\cos x=0$이므로 $\cosh y=\sqrt{5}$, $y=\cosh^{-1}\sqrt{5}=\ln(\sqrt{5}+2)$이면 된다.

$\cosh y$는 우함수이므로 $\cosh y=\cosh(-y)$가 성립하므로 $y=\pm\ln(\sqrt{5}+2)$이다.

따라서 $\sin^{-1}\sqrt{5}=z=\dfrac{\pi}{2}+2n\pi\pm i\ln(2+\sqrt{5})$이다.

[다른 풀이]

$(\pm 2i)^2=-4$이고, $\sqrt{-4}=\pm 2i$임에 유의하자.

$\ln z=\ln(x+iy)=\ln(re^{i\theta})=\ln r+i(\theta+2n\pi)$로 나타낼 수 있듯이 $\ln((\sqrt{5}\pm 2)i)=\ln(\sqrt{5}\pm 2)+i\left(\dfrac{\pi}{2}+2n\pi\right)$이다.

$\ln(\sqrt{5}-2)=\ln\left(\dfrac{1}{\sqrt{5}+2}\right)=-\ln(\sqrt{5}+2)$가 성립하므로 $\ln(\sqrt{5}\pm 2)=\pm$

공식 $\sin^{-1}z=-i\ln\left(iz+\sqrt{1-z^2}\right)$에 대입하면

$\sin^{-1}\sqrt{5}=-i\ln(i\sqrt{5}+\sqrt{-4})=-i\ln((\sqrt{5}\pm 2)i)=\left(\dfrac{\pi}{2}+2n\pi\right)-i\ln(\sqrt{5}\pm 2)=\left(\dfrac{\pi}{2}+2n\pi\right)\pm i\ln(\sqrt{5}+2)$

(2) $\cosh^{-1}(-1)=z=x+iy$라고 하자.

$\cosh(x+iy)=\cosh x\cos y+i\sinh x\sin y=-1$를 만족하기 위해서 $\sin y=0 \Leftrightarrow y=n\pi$이다.

(i) $y=2\pi$일 때, $\sin y=0$, $\cos y=1$이므로 $\cosh x=-1$이어야 하는데 $\cosh x\ge 1$이므로 모순이다.

(ii) $y=\pi$일 때, $\sin y=0$, $\cos y=-1$이므로 $\cosh x=1$를 만족하는 $x=0$이다.

따라서 $z=i(\pi+2n\pi)$이다.

[다른 풀이]

공식 $\cosh^{-1}z=\ln\left(z+\sqrt{z^2-1}\right)$에 대입하면 $\cosh^{-1}(-1)=\ln(-1)=i(\pi+2n\pi)$이다.

241. 다음 함숫값을 $u+iv$의 형태로 나타내시오.

(1) $\sin\frac{\pi}{2}i$

(2) $\cos(-i)$

(3) $\sin(-i)$

(4) $\cos\left(\frac{\pi}{2}-\frac{\pi}{4}i\right)$

242. 다음 방정식을 만족하는 z를 구하시오.

(1) $\cos z=0$

(2) $\sin z=0$

243. $z=\frac{\pi}{2}+i$일 때, $\cos^2 z-\sin^2 z$의 값은?

① $\frac{-e^2-e^{-2}}{2}$ ② $\frac{-e^2-e^{-2}}{2i}$ ③ $\frac{e+e^{-1}}{2}$ ④ $\frac{e+e^{-1}}{2i}$

244. 다음 함숫값을 구하시오.

(1) $\cosh\left(\frac{\pi}{2}+i\pi\right)$

(2) $\sinh\left(\frac{3\pi}{2}-i\frac{\pi}{2}\right)$

245. 방정식 $\cosh 2z=0$의 해를 구하시오.

7 등각사상

1 등각사상이란?

이제 해석함수에서 특이점을 제외한 모든 지점에서 각도가 보존되는 사상인 등각사상에 대해 알아보자.

여기서 특이점이란 등각사상에서 각도가 보존되지 않는 점으로, 그 함수의 미분값이 0이 되는 점에서 나타난다.

2 함수 $w = f(z)$

복소변수 z의 복소함수 $w = f(z) = u(x, y) + iv(x, y)$는

복소 z-평면에 있는 정의역 D에서 복소 w-평면 안으로 혹은 위로 사상(mapping)한다.

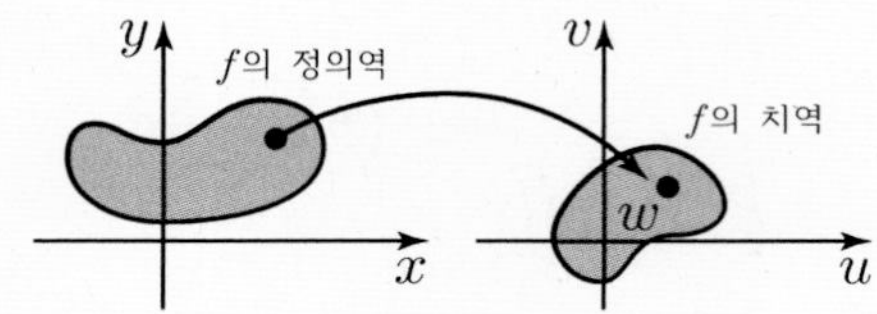

D에 있는 모든 점 z_0에 대하여 점 $w_0 = f(z_0)$을 f에 대한 z_0의 상(image)이라고 부른다.

함수 $w = f(z)$에 의한 사상이란 말 대신 간략하게 사상 $w = f(z)$라고 한다.

3 해석함수에 의한 사상의 등각성

해석함수 $w = f(z)$에 의한 사상은 도함수 $f'(z)$이 0이 되는 점, 즉 임계점(특이점)을 제외하고 등각사상이다.

246. 다음 사상들이 등각사상이 성립하지 않는 점을 구하시오.

(1) $f(z)=\sin\pi z$

(2) $f(z)=\dfrac{z+\frac{1}{2}}{4z^2+2}$

(3) $f(z)=z+e^z+1$

Areum Math Tip

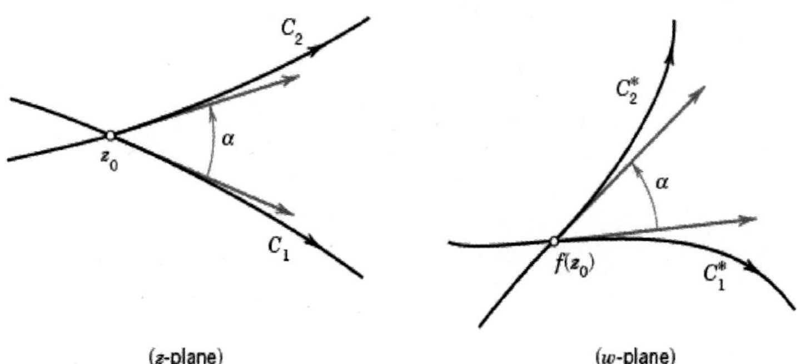

선배들의 이야기 ++

형식적으로 하는 공부 말고 진짜 공부를 하길 바랍니다

개인적으로, 과목별 학습 방법은 별 의미가 없다고 생각합니다. 학습 능력은 개인별로 차이가 날뿐더러, 한아름 선생님께서 가장 보편적인 방법을 제시해주기 때문에 우직하게 따라가는 것이 가장 효율적입니다.

다만, 꼭 당부드리고 싶은 점이 있습니다. 형식적인 공부를 하는 것이 아닌 진짜 공부를 하시길 바랍니다. 하루에 열 시간씩 도서관에 머무르기만 하는 그런 형식적인 행동 자체는 결코 합격을 보장해주지 않습니다.

저는 사실 준비 기간이 절대적으로 부족했기에 다른 생각을 할 겨를조차 없어, 힘든 것도 몰랐습니다. 하지만 수험 기간 마지막 파이널 문제풀이 과정에서 혼자 공부를 하는 것과 시험을 치르는 것은 꽤 차이가 있다고 느꼈을 때, 많이 힘들었습니다.

스스로 자주 하는 실수들을 따로 정리하여 극복할 필요가 있습니다. 예를 들어 문제를 잘못 읽는다든가, 사칙 연산을 실수한다든가, 공식을 잘못 적용한다든가, 극단적으로 OMR 마킹에서 실수를 할 수도 있습니다. 이런 것들은 평소에 쌓인 습관이기에 공부하는 과정에서부터 고치려고 노력해야 할 것입니다. 중간에 이런 것들을 고치는 일은 생각하시는 것보다 훨씬 더 어려운 일입니다. 따라서 공부를 시작하시는 단계에서부터 마지막 시험이 끝날 때까지 꾸준하게 극복해야 할 부분입니다.

- 박순익(중앙대학교 전기전자공학과)

예습보다는 복습 위주로, 풀었던 문제라도 다시 틀리지 않도록!

저는 중학교 1학년 때 까지 외국에서 살다 와서 학창시절에는 공부하는 데 큰 어려움이 있었습니다. 그래도 즐거운 대학생활을 꿈꾸며 생각하며 열심히 했었습니다. 그런데 수능 성적이 평소 실력보다 너무 못 나와서 몇 년간의 노력이 하루 안에 물거품이 되었습니다. 일단 수능 성적에 맞추어 대학교에 진학했지만, 원하던 학교가 아니다 보니 학교에 애정을 갖기 어려웠고, 제가 이루지 못한 목표에 대한 아쉬움이 남아 있었습니다. 더구나 공부하고 싶은 분야가 달라졌기 때문에 편입을 결심하게 되었습니다.

상위권 학교로 갈수록 학생들의 수학 실력이 비슷해지는 것 같습니다. 시험장에서 누가 더 많이, 정확하게 푸는지가 중요하기 때문에, 무작정 다양하게 많은 문제를 풀려고 하는 것보다는 이미 풀었던 문제라도 다시 풀었을 때 틀리지 않도록 하는 게 중요합니다. 처음 풀었을 때 틀린 문제를 표시하고, 다시 풀었을 때 또 틀리면 다른 색으로 표시해서 틀린 문제는 거의 암기 될 때까지 반복해서 풀었습니다.

편입수학에서 기출문제 풀이도 중요합니다. 후반부터는 기출문제 위주로 공부했으며, 지원할 학교는 5개년치 풀었고, 지원하지 않은 학교도 2-3년치는 풀었습니다. 다른 학교 기출문제가 응용돼서 나올 수 있고, 전년도 문제와 같은 유형이 나올 수도 있습니다. 한번 본 적 있는 유형이면 시험장에서도 긴장이 한층 풀릴 수 있고, 문제 한 개라도 더 맞출 수 있습니다.

저는 아름쌤 수업을 현강으로 토/일요일 아침에 들었습니다. 예습보다는 복습이 훨씬 중요하다고 생각을 했기 때문에, 수업하면서 사이에 쉬는 시간을 가지면 바로 전에 배운 개념/문제를 보고 제가 제대로 이해를 했는지 점검을 했습니다. 수업이 끝난 후에는 그 날 배운 개념/문제를 전체적으로 다시 보고 풀었습니다. 평일에도 복습을 했으며, 그 때까지 배운 모든 내용을 매일 틈틈이 쪼개서 누적복습을 했습니다. 갈수록 이해 잘 되는 부분은 틀린 문제 위주로만 복습했기 때문에 시간이 갈수록 누적복습 시간은 줄었습니다. 대신 점점 더 어렵게 느껴지는 부분을 반복하여 봤습니다.

- 유수정(고려대학교 화학공학과)

MEMO

MEMO

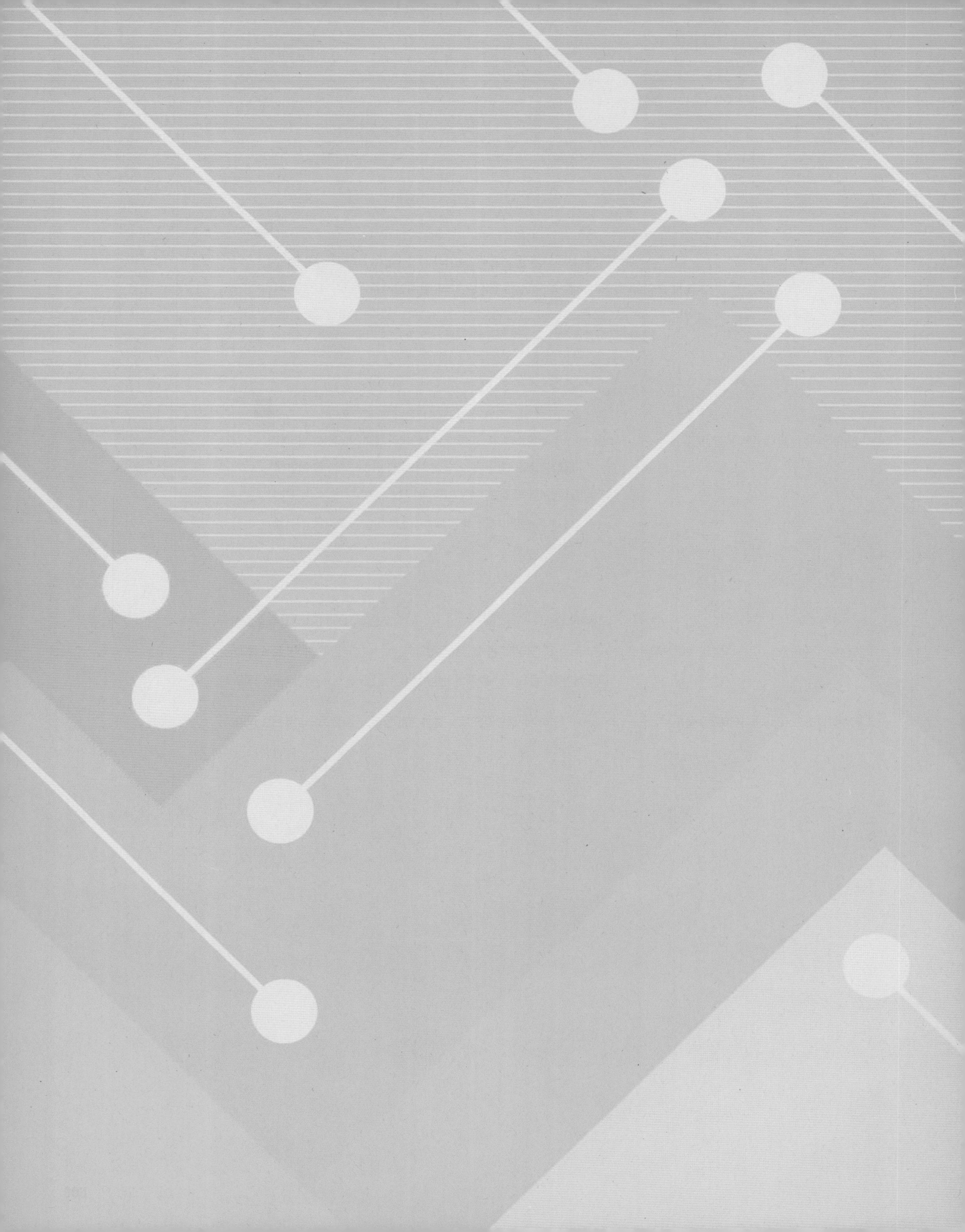

CHAPTER 07

복소평면에서의 선적분

1. 복소평면에서의 선적분
2. 코시 적분 정리

07 복소평면에서의 선적분

1 복소평면에서의 선적분

1 복소평면에서 선적분

복소 정적분은 (복소) 선적분이라 불리며 $\int_C f(z)\, dz$ 와 같이 표현한다.

여기서 피적분함수 $f(z)$ 는 주어진 곡선 C 또는 그것의 일부를 따라 적분된다.

복소평면 내의 곡선 C 를 적분경로라고 부르고,

매개변수 표현법으로 $C : z = x(t) + iy(t),\ (a \le t \le b)$ 와 같이 표현한다.

t가 증가하는 방향을 C에 대한 양의 방향이라고 한다.

2 선적분의 성질

$f(z)$, $g(z)$는 열린 영역 D에서 연속이고, C는 D 내에 있는 매끄러운 곡선이다.

매끄러운 곡선 C는 C_1과 C_2의 합집합이고, $-C$는 곡선 C의 반대 방향을 의미한다.

(1) 선형성 : $\int_C \{k_1 f(z) + k_2 g(z)\}\, dz = k_1 \int_C f(z)\, dz + k_2 \int_C g(z)\, dz$

(2) 경로분할 : $\int_C f(z)\, dz = \int_{C_1} f(z)\, dz + \int_{C_2} f(z)\, dz$

(3) 방향의 바뀜 : $\int_{z_0}^{Z} f(z)\, dz = -\int_{Z}^{z_0} f(z)\, dz$, $\int_{-C} f(z)\, dz = -\int_C f(z)\, dz$

3 경로의 독립성

단순 연결영역 D 내에서 $F(z)$, $f(z)$는 해석함수이고,

$F'(z) = f(z)$를 만족하면 D의 두 점 z_0와 z_1을 연결하는 D 내의 모든 경로에 대하여 다음 적분이 성립한다.

$$\int_{z_0}^{z_1} f(z)\, dz = [F(z)]_{z_0}^{z_1} = F(z_1) - F(z_0)$$

z_1에서 z_2까지의 임의의 경로 C에 대해서 똑같은 적분값을 가지므로,

C 대신에 z_1와 z_2을 쓸 수 있음을 주목하라.

즉, f가 단순 연결 열린 영역 D에서 해석함수면, $\int_C f(z)\, dz$는 경로 C에 독립이다.

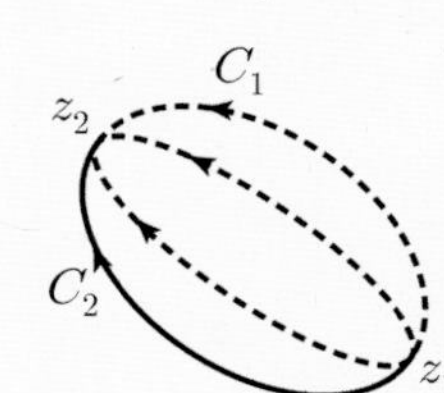

4 경로의 의존성 - 경로를 사용한 적분

C가 $z=x(t)+iy(t)$, $a\le t\le b$에 의해 표현되는 매끄러운 곡선이고,

$f(z)$가 C 위에서 연속이면 다음과 같이 경로를 따라서 적분한다.

$$\int_C f(z)\,dz=\int_a^b f(z(t))\,\frac{dz}{dt}\,dt=\int_a^b f(z(t))\,z'(t)\,dt$$

즉, 해석함수는 경로에 대해 독립적이다. 그러나 비해석함수는 경로의 양끝점 뿐만 아니라, 일반적으로 경로 자체에도 의존한다.

5 적분 한계값 - ML 부등식

복소 선적분의 절댓값을 대략적으로 구할 필요가 주어질 때 사용하며, 기본공식은 $\left|\int_C f(z)\,dz\right|\le ML$ 과 같다.

여기서 L은 곡선 C의 길이이고, M은 C 위의 모든 점에서 $|f(z)|\le M$을 만족하는 상수이다.

Areum Math Tip

단순 닫힌 곡선(Simple Closed Curve) : 스스로 교차하거나 접촉하지 않는 닫힌 곡선

단순 닫힌 곡선

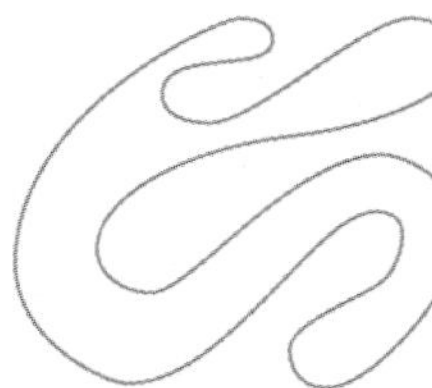
단순 닫힌 곡선

단순하지 않은 닫힌 곡선

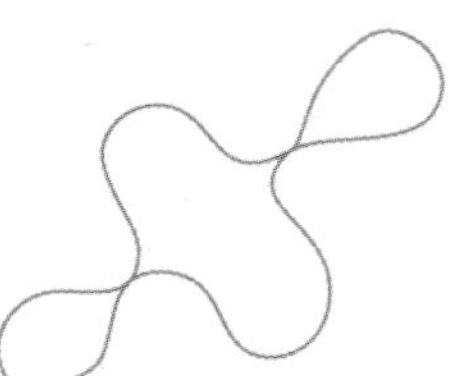
단순하지 않은 닫힌 곡선

단순 연결영역(Simply connected domail) D의 모든 단순 닫힌 곡선이 오직 D의 점들만 둘러싸고 있는 영역

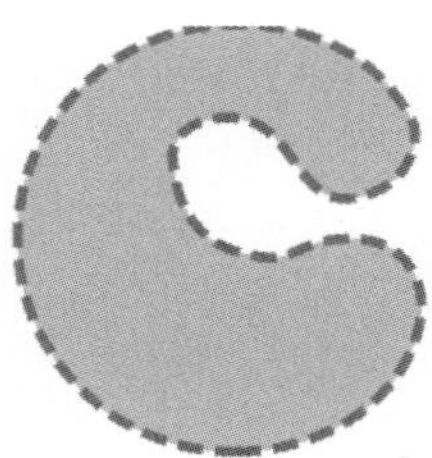
단순 연결영역

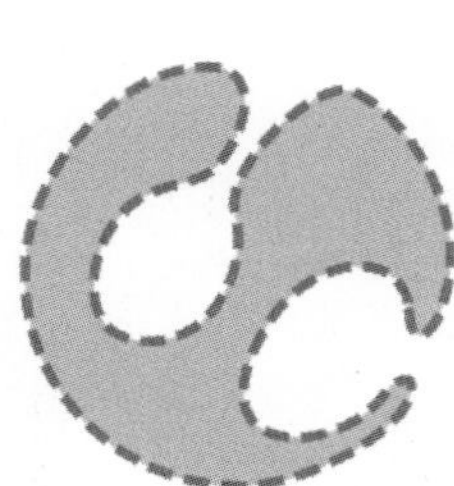
단순 연결영역

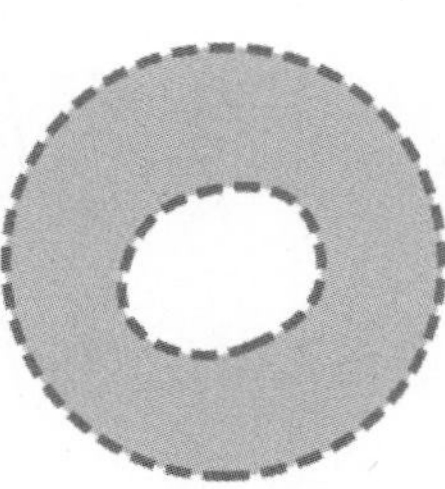
이중 연결영역

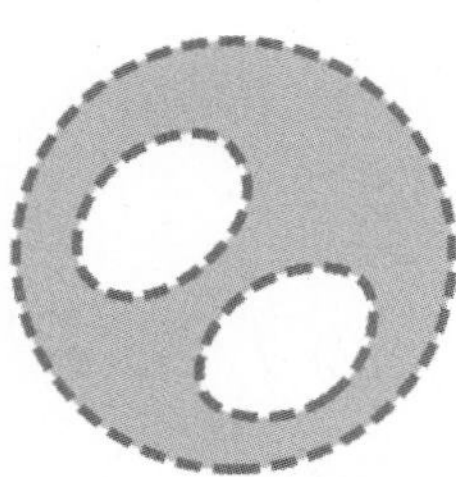
삼중 연결영역

필수 예제 81

C는 꼭짓점 $0,\ i,\ 1+i,\ 1$을 갖는 정사각형을 시계 방향을 따라 움직일 때, $\int Re\, z^2\, dz$는?

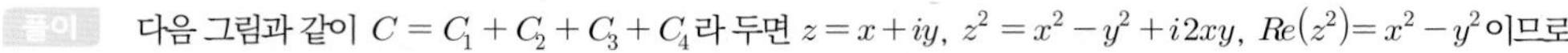

풀이 다음 그림과 같이 $C = C_1 + C_2 + C_3 + C_4$라 두면 $z = x+iy,\ z^2 = x^2 - y^2 + i2xy,\ Re(z^2) = x^2 - y^2$이므로

(i) $C_1 : x = t,\ y = 0,\ 0 \le t \le 1 \Rightarrow z = t$

$Re(z^2) = x^2 - y^2 = t^2$

$\therefore \int_{C_1} Re(z^2)\, dz = \int_0^1 t^2 \cdot 1\, dt = \frac{1}{3}$

(ii) $C_2 : x = 1,\ y = t,\ 0 \le t \le 1 \Rightarrow z = x + iy = 1 + it$

$Re(z^2) = x^2 - y^2 = 1 - t^2,\ dz = i\, dt$

$\therefore \int_{C_2} Re(z^2)\, dz = \int_0^1 (1-t^2) \cdot i\, dt = i\left[t - \frac{1}{3}t^3\right]_0^1 = \frac{2}{3}i$

(iii) $C_3 : x = t,\ y = 1,\ 1 \le t \le 0 \Rightarrow z = t + i$

$Re(z^2) = x^2 - y^2 = t^2 - 1,\ dz = 1\, dt$

$\therefore \int_{C_3} Re(z^2)\, dz = \int_1^0 (t^2 - 1)\, dt = \left[\frac{1}{3}t^3 - t\right]_1^0 = \frac{2}{3}$

(iv) $C_4 : x = 0,\ y = t,\ 1 \le t \le 0 \Rightarrow z = 0 + it$

$Re(z^2) = x^2 - y^2 = -t^2,\ dz = i\, dt$

$\therefore \int_{C_3} Re(z^2)\, dz = \int_1^0 (-t^2)\, i\, dt = i\int_0^1 t^2\, dt = \frac{1}{3}i$

따라서 $\int_C Re(z^2)\, dz = -\int_{C_1 + C_2 + C_3 + C_4} Re(z^2)\, dz = -\left(\frac{1}{3} + \frac{2}{3}i + \frac{2}{3} + \frac{1}{3}i\right) = -1 - i$

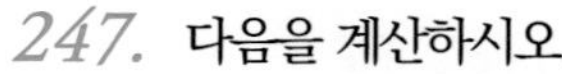

247. 다음을 계산하시오.

(1) $\int_0^{1+i} z^2\, dz$

(2) $\int_{-1}^{-1+i} 2z\, dz$

(3) $\int_0^{\pi i} z\, dz$

(4) $\int_{\frac{i}{2}}^{i} e^{\pi z}\, dz$

(5) $\int_{8+\pi i}^{8-3\pi i} e^{\frac{z}{2}}\, dz$

(6) $\int_{-\pi i}^{\pi i} \cos z\, dz$

(7) $\int_{-i}^{i} \frac{1}{z}\, dz$

(8) $\int_3^{2i} \frac{1}{z}\, dz$

248. 다음을 계산하시오.

(1) $\int_C z^2 dz$ (단, C : $x=t$, $y=t$ $(0 \le t \le 1)$)

(2) C는 꼭짓점 0, 1, i를 갖는 삼각형을 반시계 방향을 따라 움직일 때, $\int Im\, z^2 dz$

249. $f(z) = Re\,(z) = x$를 0에서 $1+2i$까지 다음을 적분하여라.
(단, C는 C_1과 C_2로 구성되어 있다.)

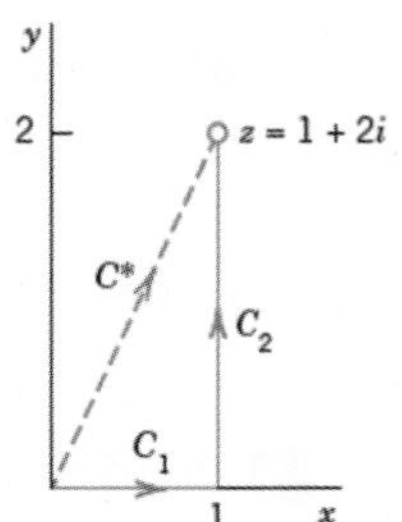

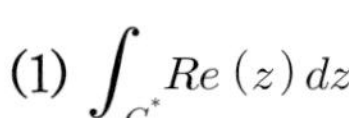

(1) $\int_{C^*} Re\,(z)\, dz$

(2) $\int_C Re\,(z)\, dz$

250. 오른쪽의 그림을 보고 다음을 각각 적분하여라.

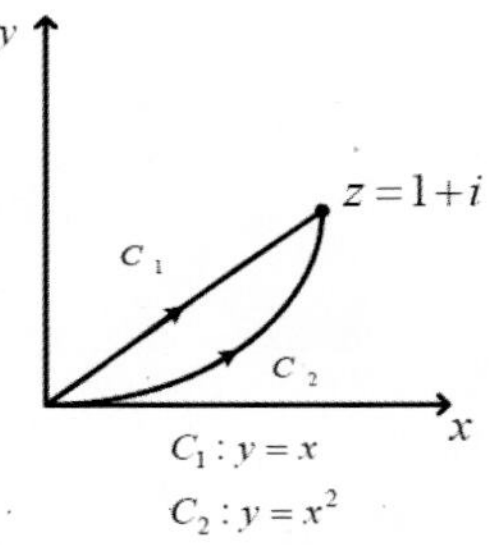

(1) $\int_{C_1} \bar{z}\, dz$

(2) $\int_{C_2} \bar{z}\, dz$

251. 곡선 C는 0부터 $1+i$까지의 선분일 때, 적분 $\int_C z^2 dz$의 절댓값에 대한 한계값 (상계)를 구하여라.

2 코시 적분 정리

1 단순 폐곡선에서의 해석함수

(1) 함수 f가 단순 연결 열린 영역 D 에서 해석적이면

D 내의 모든 단순 폐곡선 C에 대하여 다음 적분이 성립한다.

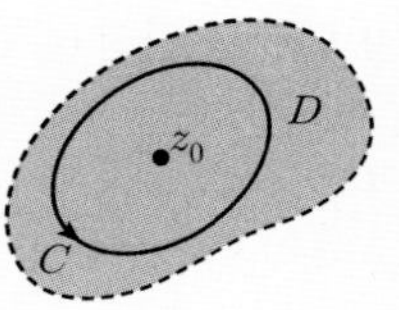

$$\oint_C f(z)\,dz = 0$$

(2) 완전함수는 모든 z에 대해 해석적인 함수이므로 임의의 폐곡선 C에 대하여 $\oint_C f(z)\,dz = 0$ 이 성립한다.

(3) $f(z)$가 열린 영역 D 에서 해석적이면 경로에 독립이다.

(4) $f(z)$가 열린 영역 D 에서 해석적이지 않으면 경로를 따라 적분한다.

2 이중 연결에서의 코시 적분 정리

D 는 바깥 경계곡선 C_1과 안쪽 경계곡선 C_2를 갖는 이중 연결영역이다.

D^*는 D 와 경계곡선을 포함하는 임의의 영역이다.

$f(z)$가 D^* 내에서 해석적인 함수이면 다음 적분이 성립한다.

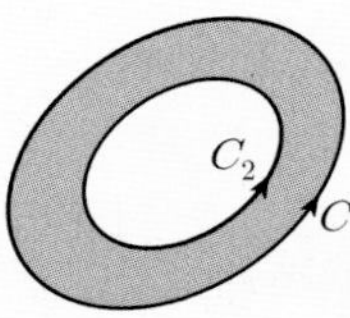

$$\oint_{C_1} f(z)\,dz = \oint_{C_2} f(z)\,dz$$

$$\oint_{C_1} \frac{1}{(z-z_0)^n}\,dz = \begin{cases} 2\pi i & (n=1) \\ 0 & (n \neq 1) \end{cases}$$

3 다중 연결에서의 코시 적분 정리

$C_1,\ C_2,\ \cdots,\ C_n$들이 양의 방향의 단순 폐곡선으로

$C_1,\ C_2,\ \cdots,\ C_n$은 C의 내부에 있고, 서로 겹치지 않는다고 하자.

$f(z)$가 모든 경로에서 해석적이면 다음 적분이 성립한다.

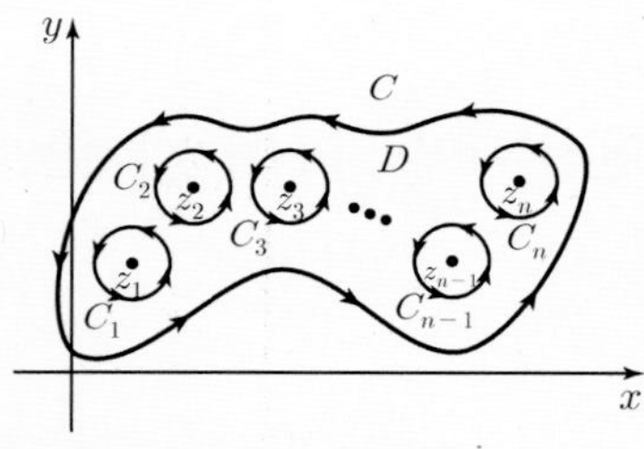

$$\oint_C f(z)\,dz = \oint_{C_1} f(z)\,dz + \oint_{C_2} f(z)\,dz + \cdots + \oint_{C_n} f(z)\,dz$$

Areum Math Tip

1. 함수 f가 단순 연결 열린 영역 D에서 해석적이면,

(1) $\int_{c_1 - c_2} f(z)\,dz = \int_{c_1} f(z)\,dz + \int_{-c_2} f(z)\,dz = \int_{c_1} f(z)\,dz - \int_{c_2} f(z)\,dz = 0$ (코시의 적분정리)

$\Rightarrow \int_{c_1} f(z)\,dz = \int_{c_2} f(z)\,dz$

(2) $\int_{c_1} f(z)\,dz + \int_{c_2^*} f(z)\,dz = 0 \Rightarrow \int_{c_1} f(z)\,dz = -\int_{c_2^*} f(z)\,dz$

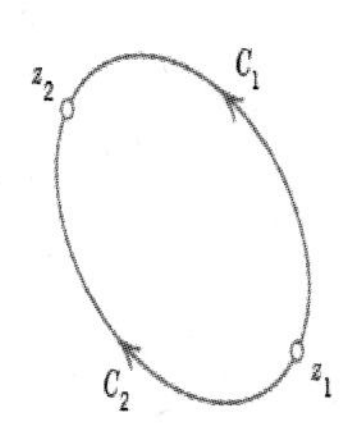

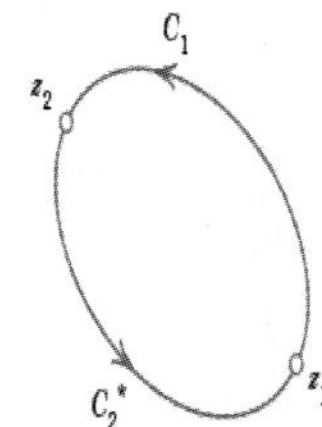

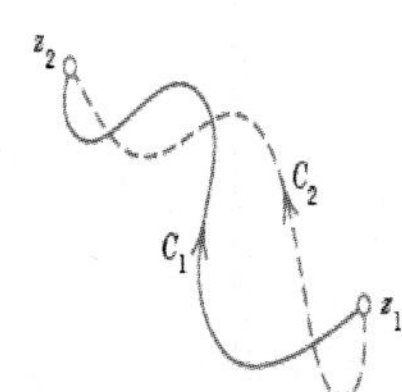

2. 함수 f 가 이중 연결 열린 영역 $D = D_1 + D_2$에서 해석적인 경우의 선적분

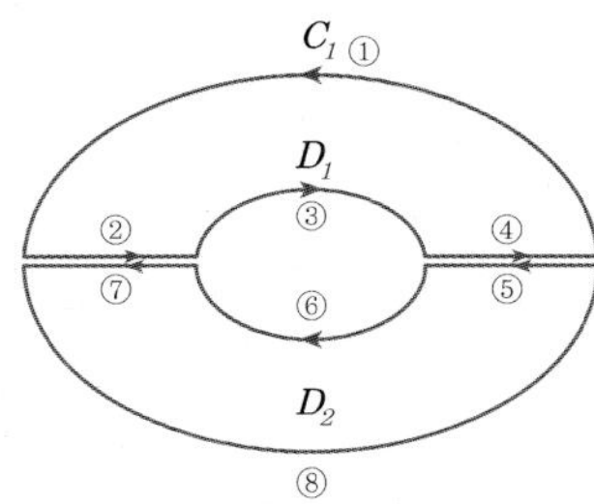

D_1 의 경계 : ∂D_1, D_2 의 경계 : ∂D_2 라고 하자.

$D = D_1 + D_2$에서 $f(z)$는 해석적이다.

$\Rightarrow \int_{\partial D_1} f(z) = 0,\ \int_{\partial D_2} f(z)dz = 0$

$$
\begin{array}{rl}
 & \int_{\partial D_1} f(z)\,dz = \int_{①} f(z)\,dz + \int_{②} f(z)\,dz + \int_{③} f(z)\,dz + \int_{④} f(z)\,dz \\
+ & \int_{\partial D_2} f(z)\,dz = \int_{⑤} f(z)\,dz + \int_{⑥} f(z)\,dz + \int_{⑦} f(z)\,dz + \int_{⑧} f(z)\,dz \\
\hline
 & \int_{\partial D_1} f(z)\,dz + \int_{\partial D_2} f(z)\,dz = \int_{①+③+⑥+⑧} f(z)\,dz
\end{array}
$$

$\Rightarrow 0 = \int_{①+⑧} f(z)\,dz + \int_{③+⑥} f(z)\,dz$

(이때, ①+⑧ $= C_1$: 반시계 방향, ③+⑥ $= C_2$: 시계 방향)

$\Rightarrow \int_{C_1 + C_2} f(z)\,dz = \int_{C_1} f(z)\,dz + \int_{C_2} f(z)\,dz = 0$

$\Rightarrow \int_{C_1} f(z)\,dz = -\int_{C_2} f(z)\,dz \Leftrightarrow \int_{C_1} f(z)\,dz = \int_{-C_2} f(z)\,dz$

(이때, $C_1, -C_2$: 반시계 방향)

3. 다중 연결영역에서 해석적인 함수의 선적분

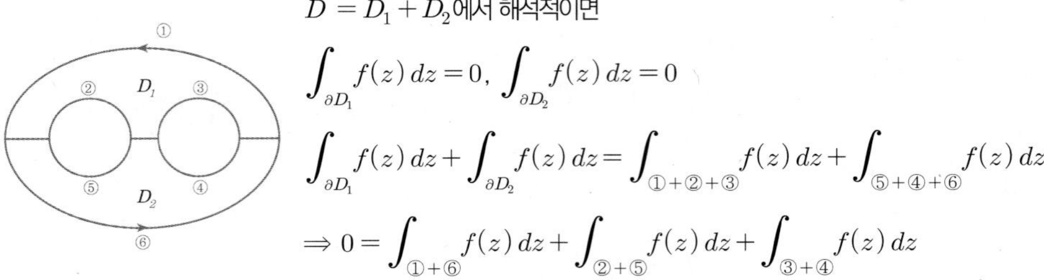

$D = D_1 + D_2$에서 해석적이면

$$\int_{\partial D_1} f(z)\,dz = 0,\ \int_{\partial D_2} f(z)\,dz = 0$$

$$\int_{\partial D_1} f(z)\,dz + \int_{\partial D_2} f(z)\,dz = \int_{①+②+③} f(z)\,dz + \int_{⑤+④+⑥} f(z)\,dz$$

$$\Rightarrow 0 = \int_{①+⑥} f(z)\,dz + \int_{②+⑤} f(z)\,dz + \int_{③+④} f(z)\,dz$$

이때, $① + ⑥ = C$: 반시계 방향, $② + ⑤ = C_1$: 시계 방향, $③ + ④ = C_2$: 시계 방향이다.

$\therefore \oint_C f(z)\,dz = \oint_{-C_1} f(z)\,dz + \oint_{-C_2} f(z)\,dz$ (이때, $C, -C_1, -C_2$: 반시계 방향)

---

252. **곡선 $C\ :\ (x-2)^2 + \dfrac{(y-5)^2}{4} = 1$인 타원일 때, 다음을 계산하여라.**

(1) $\oint_C e^z\,dz$

(2) $\oint_C \cos z\,dz$

(3) $\oint_C z^n\,dz\ (n = 0,\ 1,\ 2,\ \cdots)$

(4) $\oint_C \dfrac{dz}{z^2}$

(5) $\int_C \dfrac{1}{z^2+4}\,dz$

(6) $\int_C \sec z\,dz$

필수 예제 82

n은 정수이고, z_0가 상수일 때, $f(z)=\dfrac{1}{(z-z_0)^n}$ 이라고 하자. 반지름이 ρ 이고, 중심이 z_0인 원을 따라 반시계 방향으로 $f(z)$를 적분하여라.

풀이 $C: (x-x_0)^2+(y-y_0)^2=\rho^2,\ z_0=x_0+iy_0$일 때

$x=\rho\cos t+x_0,\ y=\rho\sin t+y_0\ (0\le t\le 2\pi)$

$z=x+iy=\rho(\cos t+i\sin t)+x_0+iy_0=\rho e^{it}+x_0+iy_0$

$dz=\rho(-\sin t+i\cos t)\,dt=\rho(i\cos t+i^2\sin t)\,dt=i\rho e^{it}\,dt$

$z-z_0=x+iy-(x_0+iy_0)=x-x_0+i(y-y_0)=\rho\cos t+i\rho\sin t=\rho(\cos t+i\sin t)=\rho e^{it}$

$\Rightarrow (z-z_0)^n=\rho^n e^{int}$

$$\int_C\frac{1}{(z-z_0)^n}dz=\int_0^{2\pi}\frac{1}{\rho^n e^{int}}\cdot i\rho e^{it}\,dt=i\frac{1}{\rho^{n-1}}\int_0^{2\pi}e^{i(1-n)t}\,dt$$

(i) $n=1$이면 $\displaystyle\int_C\frac{1}{z-z_0}dz=i\int_0^{2\pi}1\,dt=2\pi i\ \ \therefore\int_C\frac{1}{z-z_0}dz=2\pi i$

(ii) $n\ne 1$이면

$$\int_C\frac{1}{(z-z_0)^n}dz=i\frac{1}{\rho^{n-1}}\int_0^{2\pi}e^{i(1-n)t}\,dt=\frac{i}{\rho^{n-1}}\frac{1}{i(1-n)}\left[e^{i(1-n)t}\right]_0^{2\pi}=\frac{1}{\rho^{n-1}(1-n)}\left[e^{i(1-n)2\pi}-1\right]=0$$

$(\because e^{i(1-n)2\pi}=e^{i(2\pi+2n\pi)}=e^{i(2\pi)}=\cos2\pi+i\sin2\pi=1)$

$$\therefore\int_C\frac{1}{(z-z_0)^n}dz=\begin{cases}2\pi i & (n=1)\\ 0 & (n\ne 1)\end{cases}$$

253. 곡선 C_1, C_2가 다음과 같은 원일 때, 적분을 계산하시오.

$C_1\ :\ z(t)=a\cos t+ia\sin t\ (0\le t\le 2\pi),\ C_2\ :\ z(t)=a\sin t+ia\cos t\ (0\le t\le 2\pi)$

(1) $\displaystyle\oint_{C_1}\frac{1}{z}\,dz$

(2) $\displaystyle\oint_{C_1}\frac{1}{z^2}\,dz$

(3) $\displaystyle\oint_{C_2}\frac{1}{z}\,dz$

(4) $\displaystyle\oint_{C_2}\frac{1}{z^2}\,dz$

254. C가 $|z-i|=1$인 원일 때, $\oint_C \frac{5z+7}{z^2+2z-3}dz$를 구하여라.

255. C가 $|z-2i|=4$인 원일 때, $\oint_C \frac{z}{z^2+9}dz$를 계산하여라.

256. 함수 $f(z)=\frac{z+1}{z(z-2)}$에 대하여 다음 곡선 C_i 위에서의 선적분 값을 계산한 것 중 옳은 것의 개수는?

	곡선 $C_i : i=1, 2, 3$	$\int_{C_i} f(z)\,dz$
(가)	$C_1 : \lvert z\rvert=1$	$-\pi i$
(나)	$C_2 : \lvert z-2\rvert=1$	$3\pi i$
(다)	$C_3 : \lvert z-1\rvert=2$	$2\pi i$

257. 다음 적분을 계산하시오.

(1) C가 $|z|=3$인 원일 때, $\oint_C \frac{z}{z^2-\pi^2}dz$

(2) C가 $|z|=3$인 원일 때, $\oint_C \frac{1}{z^2+1}dz$

(3) C가 $|z|=3$인 원일 때, $\oint_C \left(z+\frac{1}{z}\right)dz$

(4) C가 $|z-5|=2$인 원일 때, $\oint_C \frac{-3z+2}{z^2-8z+12}dz$

(5) $\oint_{|z-2i|=3} \frac{-3z+2}{z^2-8z+12}dz$

(6) $\oint_{|z-1|=6} \frac{-3z+2}{z^2-8z+12}dz$

(7) $\oint_C \frac{z-1}{z(z-i)(z-3i)}dz$; $|z-i|=\frac{1}{2}$

(8) $\oint_C \frac{z-1}{z(z-i)(z-3i)}dz$; $|z|=4$

필수 예제 83

곡선C가 $|z| = a$ 일 때, $\int_C \bar{z}\,dz$를 구하시오.

풀이 $z = x + iy = a\cos t + ia\sin t = ae^{it}$, $dz = iae^{it}\,dt$

$f(z) = \bar{z} = x - iy = a\cos t - ia\sin t = ae^{i(-t)}$는 비해석적이므로

$$\int_C \bar{z}\,dz = \int_0^{2\pi} ae^{i(-t)} \cdot iae^{it}\,dt = a^2 i\int_0^{2\pi} e^0\,dt = 2\pi i \cdot a^2$$

258. C는 $|z| = 1$인 원일 때, $\oint_C \left(\frac{e^z}{z+3} - 3\bar{z}\right) dz$ 을 구하시오.

259. C가 주어진 그림과 같을 때, $\oint_C \frac{dz}{z^2-1}$을 계산하시오.

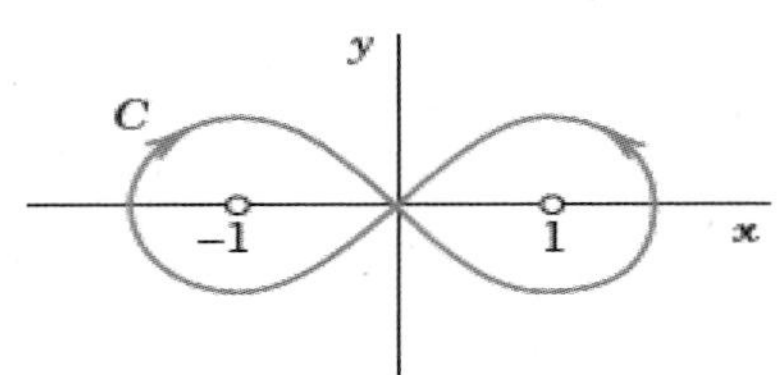

260. 곡선 C는 원 $|z|=1$ (반시계 방향)과 $|z|=3$ (시계 방향)일 때, $\oint_C \frac{e^z}{z}\,dz$를 계산하시오.

MEMO

MEMO

마지막 기회라고 생각하고 임하시길 바랍니다

저는 항상 전적대학을 부끄러워했습니다. 새로운 사람을 만날 때 제가 어디 대학에 다니는지 물어볼까 봐 조마조마하기도 했고요. 출신 대학교는 평생 따라 다닐 텐데, 학교를 사랑하는 마음과 그 학교 학생이라는 자부심을 가지고 졸업하고 싶었습니다. 남들 앞에서 부끄럽지 않게 제 대학을 이야기하고 싶었습니다.

군대에 있을 때 편입을 시작했습니다. 많이 준비를 하진 못했고, 기초수학만 들여다보았습니다. 전역을 하고 본격적으로 시작했으니 16개월 정도 준비한 것 같습니다. 학습은 인강으로 하였고, 중간중간 학원이나 대학으로 모의고사 보러 다녔습니다.

수학은 '그냥 한아름 교수님 하라는 대로 하세요.'라고 하고 싶습니다. 그게 답입니다. 기본서 복습 무한 반복하시고 제발 외우라는 것들 외우세요. 하지 말라는 것, 쓸데없고 비효율적이라고 말씀하시는 것들 하지마세요. 그러면 됩니다. 복습은 강의 듣자마자 바로 하려고 노력했습니다. 시간이 지날수록 잊혀지기 때문입니다.

일단 인강 학생들을 위해 말하고 싶어요. 여러분은 현장 강의 학생들보다 더 불리한 조건에서 공부하는 것이 사실입니다. 하지만 여러분은 한아름 교수님을 만났고 한아름 교수님만큼 인강학생 챙겨주는 교수님도 없답니다. 정말 혼자 외롭게 공부할 텐데 저처럼 현장 강의 한 번 안 듣고, 이런 결과를 얻어낼 수 있습니다. 이 사실에 큰 용기를 가지시길 바랍니다.

편입은 패자부활전이라고 생각합니다. 저도 그렇고 여러분도 그렇고 성실하지 못했거나 실수를 했거나 잘못된 선택을 했거나, 이러한 과거의 실수를 바로 잡기 위해 편입이라는 길을 걷고 있는 것이라고 생각합니다. 제발 같은 실수를 반복하지는 않기를 바랍니다.

"떨어지면 전적대 다시 가지 뭐."

이런 생각은 하지 말아야 합니다. 앞으로 살아가면서 이런 기회는 얼마 주어지지 않을 것입니다. 마지막이라 생각하고 임하세요. Areum Math의 모든 수강생들의 좋은 결과를 바랍니다.

- 고영진(한양대학교 기계공학과)

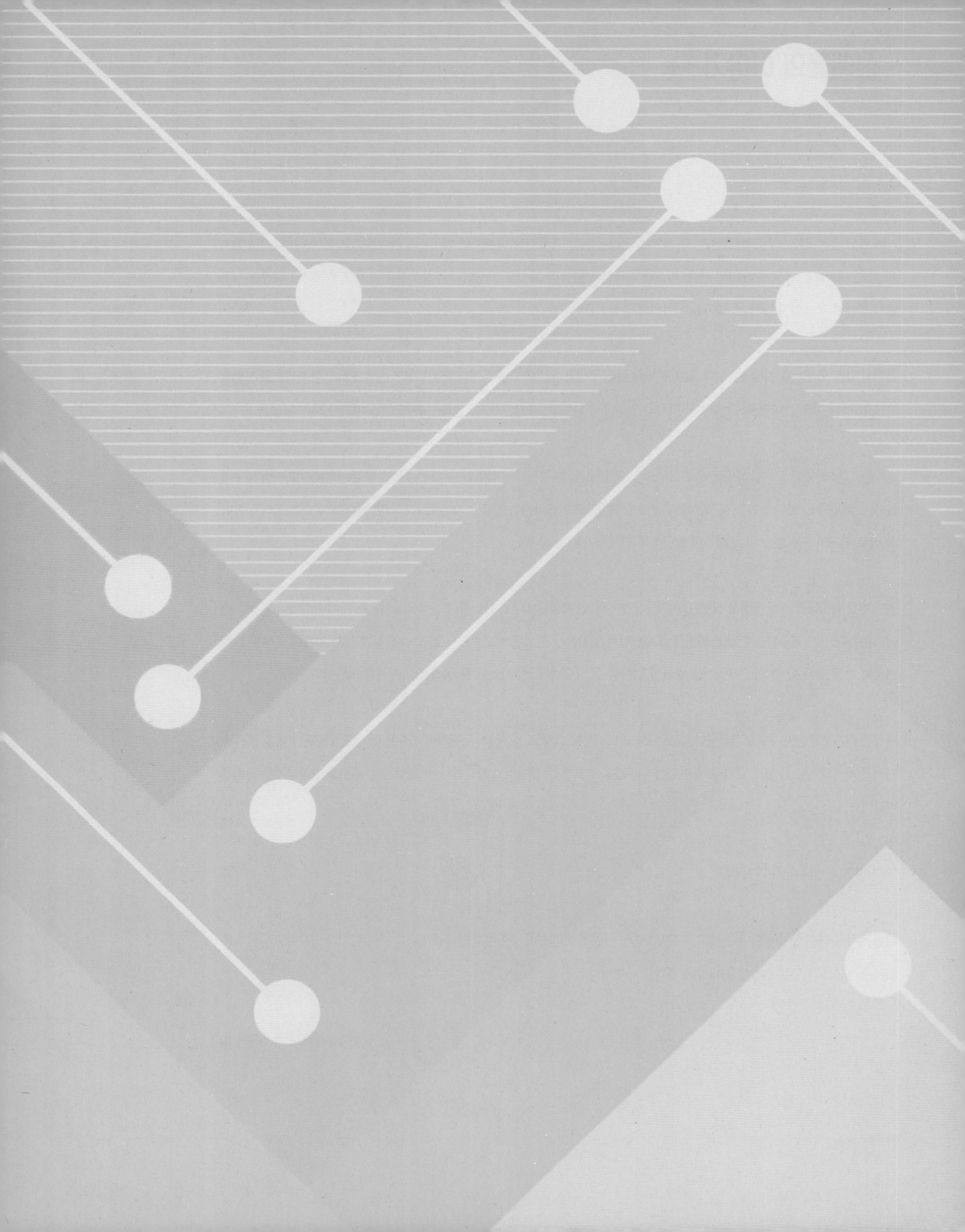

CHAPTER 08

로랑 급수와 유수정리

1. 수열과 급수 & 수렴반경
2. 테일러 급수 & 매클로린 급수
3. 로랑 급수
4. 코시 유수정리
5. 실적분의 유수정리

08 로랑 급수와 유수정리

1 수열과 급수 & 수렴반경

복소수열과 복소급수의 정의와 이들의 수렴과 발산 판정에 대한 개념들은 미적분학에서 실수열과 실급수와 매우 유사하다.

1 실수부와 허수부의 수열

복소수 $z_n = x_n + iy_n$ $(n=1, 2, \cdots)$의 수열 $z_1, z_2, \cdots$ 가 $c = a + ib$에 수렴하기 위한 필요충분조건은 수열의 실수부 $x_1, x_2, \cdots$ 가 a에 수렴하고, 수열의 허수부 $y_1, y_2, \cdots$ 가 b에 수렴하는 것이다.

2 무한급수의 수렴

$z_m = x_m + iy_m$인 급수 $\sum_{m=1}^{\infty} z_m = z_1 + z_2 + \cdots$이 수렴하고, 합이 $s = u + iv$일 필요충분조건은 $x_1 + x_2 + \cdots = u$이고, $y_1 + y_2 + \cdots = v$가 되는 것이다.

(1) 절대수렴 : $\sum_{m=1}^{\infty} |z_m| = |z_1| + |z_2| + \cdots$가 수렴할 때, 절대수렴한다고 말한다.

(2) 조건부수렴 : $\sum_{m=1}^{\infty} z_m = z_1 + z_2 + \cdots$ 는 수렴하고, $\sum_{m=1}^{\infty} |z_m| = |z_1| + |z_2| + \cdots$ 가 발산하면 $\sum_{m=1}^{\infty} z_m = z_1 + z_2 + \cdots$ 는 조건부수렴이라고 말한다.

3 급수의 수렴판정법

(1) 비교판정법

$\sum_{m=1}^{\infty} z_m = z_1 + z_2 + \cdots$ 가 주어졌을 때, $|z_n| \leq b_n$ $(n=1, 2, \cdots)$을 만족하는 수렴하는 급수 $\sum_{n=1}^{\infty} b_m = b_1 + b_2 + \cdots$ 를 찾을 수 있다면, 주어진 급수는 절대수렴한다.

(2) 기하급수 판정

$\sum_{m=0}^{\infty} q^m = 1 + q + q^2 + \cdots$ 이 $|q| < 1$이면 $\frac{1}{1-q}$로 수렴하고, $|q| \geq 1$이면 발산한다.

(3) 비율판정법

$\sum_{n=1}^{\infty} z_n = z_1 + z_2 + \cdots$ 가 $\lim_{n \to \infty} \left| \frac{z_{n+1}}{z_n} \right| \leq q < 1$을 만족하면 이 급수는 절대수렴한다.

4 거듭제곱 급수 & 수렴반경

(1) 복소해석에서 급수의 합은 해석함수이며, 모든 해석함수는 거듭제곱 급수(Power Series)에 의해서 표현될 수 있다.

$$\sum_{n=1}^{\infty} a_n (z-z_0)^n = a_0 + a_1(z-z_0) + a_2(z-z_0)^2 + \cdots$$

(2) $\sum_{n=1}^{\infty} a_n (z-z_0)^n$ 이 수렴하기 위해서 $|z - z_0| < R$이고, R을 수렴반경이라고 한다.

수렴반경은 $R = \lim_{n \to \infty} \left| \frac{a_n}{a_{n+1}} \right|$이다.

MEMO

261. 다음 수열의 극한값을 구하시오.

(1) $z_n = \frac{i^n}{n}$

(2) $z_n = (-1)^n + 5i$

(3) $z_n = \sin\left(\frac{n\pi}{4}\right) + i^n$

(4) $z_n = \frac{\cos(2n\pi i)}{n}$

(5) $z_n = \frac{n\pi}{2+4ni}$

(6) $z_n = \frac{(1+i)^{2n}}{2^n}$

(7) $z_n = \frac{(1+2i)^n}{n!}$

(8) $z_n = \left(\frac{1+2i}{\sqrt{5}}\right)^n$

(9) $z_n = (2+2i)^{-n}$

(10) $z_n = (2-i)^n$

262. 다음 급수의 수렴, 발산을 판정하시오.

(1) $\sum_{n=0}^{\infty} \frac{(20+30i)^n}{n!}$

(2) $\sum_{n=2}^{\infty} \frac{(-i)^n}{\ln n}$

(3) $\sum_{n=1}^{\infty} n^2 \left(\frac{i}{4}\right)^n$

(4) $\sum_{n=0}^{\infty} \frac{i^n}{n^2 - i}$

(5) $\sum_{n=0}^{\infty} \frac{n+i}{3n^2+2i}$

(6) $\sum_{n=0}^{\infty} \frac{(\pi+\pi i)^{2n+1}}{(2n+1)!}$

(7) $\sum_{n=1}^{\infty} \frac{1}{\sqrt{2n}}$

(8) $\sum_{n=0}^{\infty} \frac{(-1)^n(1+i)^{2n}}{(2n)!}$

(9) $\sum_{n=1}^{\infty} \frac{(3i)^n n!}{n^n}$

(10) $\sum_{n=1}^{\infty} \frac{(-1)^n}{n}$

263. 다음 수렴반경을 구하시오.

(1) $\sum_{n=0}^{\infty} 2^n (z-1)^n$

(2) $\sum_{n=0}^{\infty} \frac{(-1)^n}{(2n)!}\left(z-\frac{\pi}{4}\right)^{2n}$

(3) $\sum_{n=0}^{\infty} \frac{n^n}{n!}(z-\pi i)^n$

(4) $\sum_{n=o}^{\infty} \frac{n(n-1)}{2^n}(z+i)^{2n}$

(5) $\sum_{n=0}^{\infty} \left(\frac{3-i}{5+2i}\right)^n z^n$

(6) $\sum_{n=0}^{\infty} \frac{(3n)!}{2^n (n!)^3} z^n$

(7) $\sum_{n=0}^{\infty} \frac{(z-2i)^n}{n^n}$

(8) $\sum_{n=0}^{\infty} 16^n (z+i)^{4n}$

(9) $\sum_{n=0}^{\infty} \frac{(2n)!}{4^n (n!)^2}(z-2i)^n$

(10) $\sum_{n=0}^{\infty} \frac{3^n}{n(n+1)} z^{2n+1}$

(11) $\sum_{n=0}^{\infty} \frac{(-1)^n}{2n+1}\left(\frac{z}{2\pi}\right)^{2n+1}$

(12) $\sum_{k=1}^{\infty} \frac{(-1)^k}{2^k k}(z-1)^k$

(13) $\sum_{n=0}^{\infty} \frac{(2n)!}{(n!)^2}(z-3i)^n$

(14) $\sum_{k=1}^{\infty} \frac{z^k}{k^k}$

(15) $\sum_{k=1}^{\infty} \frac{1}{k}\left(\frac{i}{1+i}\right)^k z^k$

(16) $\sum_{k=0}^{\infty} \frac{1}{(1-2i)^{k+1}}(z-2i)^k$

2 테일러 급수 & 매클로린 급수

1 테일러 급수 정의

거듭제곱수가 $|z-z_0|<R,\ R\neq 0$에 대한 함수를 $f(z)$로 나타낸다고 하자.

즉 $z=z_0$를 중심으로 한 f의 다항식 전개를 한다.

$$f(z)=a_0+a_1(z-z_0)+a_2(z-z_0)^2+a_3(z-z_0)^3+\cdots=\sum_{n=0}^{\infty}a_n(z-z_0)^n$$
$$=f(z_0)+f'(z_0)(z-z_0)+\frac{f''(z_0)}{2!}(z-z_0)^2+\cdots$$
$$a_n=\frac{f^{(n)}(z_0)}{n!}=\frac{1}{2\pi i}\oint_C\frac{f(z)}{(z-z_0)^{n+1}}dz\ (n\geq 0)$$

2 중심이 $z_0=0$인 테일러 급수(매클로린 급수) $f(z)=\sum_{n=0}^{\infty}\frac{f^{(n)}(0)}{n!}z^n$

(1) $e^z=1+z+\frac{1}{2!}z^2+\frac{1}{3!}z^3+\cdots=\sum_{n=0}^{\infty}\frac{z^n}{n!}$ (수렴반경 $R=\infty$)

(2) $\sin z=z-\frac{1}{3!}z^3+\frac{1}{5!}z^5-\frac{1}{7!}z^7+\cdots=\sum_{n=0}^{\infty}\frac{(-1)^n z^{2n+1}}{(2n+1)!}$ (수렴반경 $R=\infty$)

(3) $\cos z=1-\frac{1}{2!}z^2+\frac{1}{4!}z^4-\frac{1}{6!}z^6+\cdots=\sum_{n=0}^{\infty}\frac{(-1)^n z^{2n}}{(2n)!}$ (수렴반경 $R=\infty$)

(4) $\sinh z=z+\frac{1}{3!}z^3+\frac{1}{5!}z^5+\frac{1}{7!}z^7+\cdots=\sum_{n=0}^{\infty}\frac{z^{2n+1}}{(2n+1)!}$ (수렴반경 $R=\infty$)

(5) $\cosh z=1+\frac{1}{2!}z^2+\frac{1}{4!}z^4+\frac{1}{6!}z^6+\cdots=\sum_{n=0}^{\infty}\frac{z^{2n}}{(2n)!}$ (수렴반경 $R=\infty$)

(6) $\frac{1}{1-z}=1+z+z^2+z^3+z^4+\cdots=\sum_{n=0}^{\infty}z^n$ $(|z|<1)$ (수렴반경 $R=1$)

(7) $\mathrm{Ln}(1+z)=z-\frac{1}{2}z^2+\frac{1}{3}z^3-\cdots=\sum_{n=1}^{\infty}\frac{(-1)^{n+1}z^n}{n}$ $(|z|<1)$ (수렴반경 $R=1$)

(8) $-\mathrm{Ln}(1-z)=z+\frac{1}{2}z^2+\frac{1}{3}z^3+\cdots=\sum_{n=1}^{\infty}\frac{z^n}{n}$ $(|z|<1)$ (수렴반경 $R=1$)

(9) $\mathrm{Ln}\left(\frac{1+z}{1-z}\right)=2\left(z+\frac{1}{3}z^3+\frac{1}{5}z^5+\cdots\right)$ $(|z|<1)$ (수렴반경 $R=1$)

(10) $\tan^{-1}z=z-\frac{1}{3}z^3+\frac{1}{5}z^5-\frac{1}{7}z^7+\cdots=\sum_{n=0}^{\infty}\frac{(-1)^n z^{2n+1}}{2n+1}$ (수렴반경 $R=1$)

❖ **실함수의 매클로린 급수와 복소함수의 매클로린 급수가 동일함을 알 수 있다.**

264. 주어진 함수의 매클로린 급수를 구하고, 수렴반경을 구하시오.

(1) $f(z) = \sin\left(\frac{z^2}{2}\right)$

(2) $f(z) = \frac{1}{8+z^4}$

(3) $f(z) = \frac{1}{1+2iz}$

(4) $f(z) = 2\sin^2\frac{z}{2}$

(5) $z^2\int_0^z e^{-t^2}dt$

265. 중심이 z_0인 테일러 급수를 구하고, 수렴반경을 구하시오.

(1) $\frac{1}{z}$, $z_0 = i$

(2) $\frac{1}{1+z}$, $z_0 = -i$

(3) $\cos z$, $z_0 = \pi$

(4) $e^{z(z-2)}$, $z_0 = 1$

(5) $\sinh(2z-i)$, $z_0 = \frac{i}{2}$

3 로랑 급수

1 로랑(Laurent) 급수

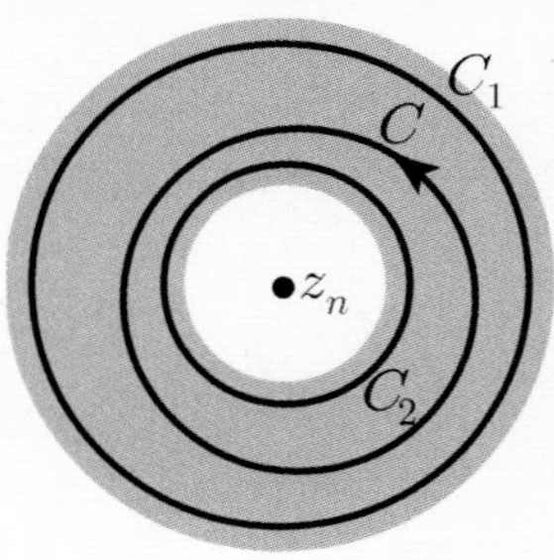

$f(z)$ 가 중심이 z_0인 두 동심원 C_1 과 C_2와 동심원 사이의 환형을 포함하는 열린 영역 $(0 < |z-z_0| < R)$에서 해석적이라 하면

$f(z)$는 양의 거듭제곱과 음의 거듭제곱으로 이루어진 로랑급수로 표현할 수 있다.

C : z_0 를 둘러싸는 단순 닫힌 경로 (반시계 방향)

$$f(z) = \cdots + \frac{a_{-2}}{(z-z_0)^2} + \frac{a_{-1}}{z-z_0} + a_0 + a_1(z-z_0) + a_2(z-z_0)^2 + \cdots$$

$$= \sum_{n=1}^{\infty} a_{-n}(z-z_0)^{-n} + \sum_{n=0}^{\infty} a_n(z-z_0)^n$$

= 주요부 (Principal Part) + 해석부 (Analytic Part)

2 특이점

(1) 특이점

복소함수가 $z = z_0$에서 해석적이 아니면 이 점은 특이하다, 또는 특이성을 갖는다고 말한다.

또는 $z = z_0$을 $f(z)$ 의 특이점이라 한다.

ex $f(z) = \dfrac{z}{z^2+4}$ 는 $z = 2i,\ z = -2i$에서 불연속이므로 특이점이다.

(2) 고립특이점

$z = z_0$을 복소함수 f의 특이점이라 하자. 중심점이 z_0을 제외한 열린 원판 $0 < |z-z_0| < R$ 이 존재하여 여기서 f가 해석적이면 $z = z_0$는 고립특이점이라 한다.

(3) 없앨 수 있는 특이점

$f(z)$ 의 로랑 급수 $f(z) = a_0 + a_1(z-z_0) + a_2(z-z_2)^2 + \cdots$ 의 주요부가 0이면,

$z = z_0$은 없앨 수 있는 특이점이다.

3 극(pole)과 위수(order)

$f(z)$ 의 로랑급수에서 주요부가 유한개의 항을 갖는다면 다음과 같다.

$$f(z) = \frac{a_{-n}}{(z-z_0)^n} + \cdots + \frac{a_{-2}}{(z-z_0)^2} + \frac{a_{-1}}{z-z_0} + a_0 + a_1(z-z_0) + a_2(z-z_0)^2 + \cdots$$

이 때, $z = z_0$에서 특이점을 극(pole)이라 하고, n을 그 극의 위수(order)라고 부른다.

(1) 단순극 : 위수가 1인 극

$$f(z) = \frac{a_{-1}}{z-z_0} + a_0 + a_1(z-z_0) + a_2(z-z_0)^2 + \cdots$$

(2) n차 극 : 위수가 n인 극

$$f(z) = \frac{a_{-n}}{(z-z_0)^n} + \cdots + \frac{a_{-2}}{(z-z_0)^2} + \frac{a_{-1}}{z-z_0} + a_0 + a_1(z-z_0) + a_2(z-z_0)^2 + \cdots$$

(3) 고립진성 특이점 : 주요부가 무수히 많은 항을 갖고 있을 때

$$f(z) = \cdots + \frac{a_{-2}}{(z-z_0)^2} + \frac{a_{-1}}{z-z_0} + a_0 + a_1(z-z_0) + a_2(z-z_0)^2 + \cdots$$

4 해석함수의 영점

어떤 열린 영역 D에서 해석적인 함수 $f(z)$의 영점은 $f(z_0)=0$이 되는 D에 있는 점 $z=z_0$이다.

영점 $z=z_0$에서 $f, f', f'', \cdots, f^{(n-1)}$이 모두 0이고, $f^{(n)}(z_0) \neq 0$일 경우 z_0를 위수 n의 영점이라고 부른다.

또한 위수가 1인 영점을 단순영점이라고 부른다.

$f(z)$가 $z=z_0$에서 해석적이고, $z=z_0$에서 위수 n의 영점을 갖는다고 하면,

$\frac{1}{f(z)}$은 $z=z_0$에서 위수 n의 극을 가진다.

$z=z_0$에서 $h(z) \neq 0$이면 $\frac{h(z)}{f(z)}$에 대해서도 똑같은 사실이 성립한다.

08 | 로랑 급수와 유수정리

266. 주어진 함수의 중심이 0인 로랑 전개를 하여라.

(1) $f(z)=\dfrac{\sin z}{z^5}$

(2) $f(z)=z^2e^{\frac{1}{z}}$

(3) $f(z)=\dfrac{1}{z^3-z^4}$

(4) $f(z)=\dfrac{-2z+3}{z^2-3z+2}$

267. $0<|z-1|<R$에 대해 수렴하는 $f(z)=\dfrac{e^z}{(z-1)^2}$의 로랑급수를 구하고, 정확한 수렴영역을 결정하라.

268. $z=0$이 주어진 함수의 없앨 수 있는 특이점임을 보여라.

(1) $\dfrac{\sin z}{z}$

(2) $f(z)=\dfrac{e^{2z}-1}{z}$

(3) $f(z)=\dfrac{\sin 4z-4z}{z^2}$

269. $z=0$에서 진성특이점을 갖는 함수임을 보이시오.

(1) $e^{\frac{1}{z}}$

(2) $f(z)=\sin\left(\dfrac{1}{z}\right)$

270. 주어진 함수의 영점과 위수를 구하시오.

(1) $f(z)=1+z^2$

(2) $f(z)=(1-z^4)^2$

(3) $f(z)=(z+1-i)^2$

(4) $f(z)=e^z$

(5) $f(z)=\sin z$

(6) $f(z)=\sin^2 z$

(7) $f(z)=1-\cos z$

(8) $f(z)=(1-\cos z)^2$

271. 주어진 함수의 극, 위수(차수)를 결정하여라.

(1) $f(z)=\dfrac{1}{z(z-2)^5}+\dfrac{3}{(z-2)^3}$

(2) $f(z)=\dfrac{2z+5}{(z-1)(z+5)(z-2)^4}$

(3) $f(z)=\dfrac{1+4i}{(z+2)(z+i)^4}$

(4) $f(z)=\dfrac{1-\cosh z}{z^4}$

4 코시 유수정리

1 유수(residue)

로랑 급수 전개는 z_0의 제거된 근방 또는 $0 < |z-z_0| < R$에서 f로 수렴한다.

$$f(z) = \cdots + \frac{a_{-2}}{(z-z_0)^2} + \frac{a_{-1}}{z-z_0} + a_0 + a_1(z-z_0) + a_2(z-z_0)^2 + \cdots$$

급수에서 $\frac{1}{z-z_0}$의 계수 a_{-1}을 고립특이점 z_0에서 함수 f의 유수(residue)라고 한다.

$$a_{-1} = Res(f(z), z_0)$$

(1) 단순극 $z = z_0$에서 유수 : $a_{-1} = Res(f(z), z_0) = \lim_{z \to z_0}(z-z_0)f(z)$

단순극을 갖는 함수 $f(z) = \frac{p(z)}{q(z)}$ $(p(z_0) \neq 0,\ q(z_0) = 0)$에 대해 유수는 다음과 같다.

$$Res(f(z), z_0) = \lim_{z \to z_0}(z-z_0)f(z) = \lim_{z \to z_0}(z-z_0)\frac{p(z)}{q(z)} = \frac{p(z_0)}{q'(z_0)}$$

(2) n차극 $z = z_0$에서 유수 : $a_{-1} = Res(f(z), z_0) = \frac{1}{(n-1)!}\lim_{z \to z_0}\frac{d^{n-1}}{dz^{n-1}}\{(z-z_0)^n f(z)\}$

2 유수정리

D는 단순 연결영역이고 C는 D 내에 놓여 있는 단순 폐곡선이라 하자.
함수 f가 C 상과 C 내의 유한개의 특이점
$z_1, z_2, \cdots, z_n$을 제외한 C 내부에서 해석적이면

$$\oint_C f(z)\,dz = 2\pi i \sum_{k=1}^{n} Res(f(z), z_k)$$

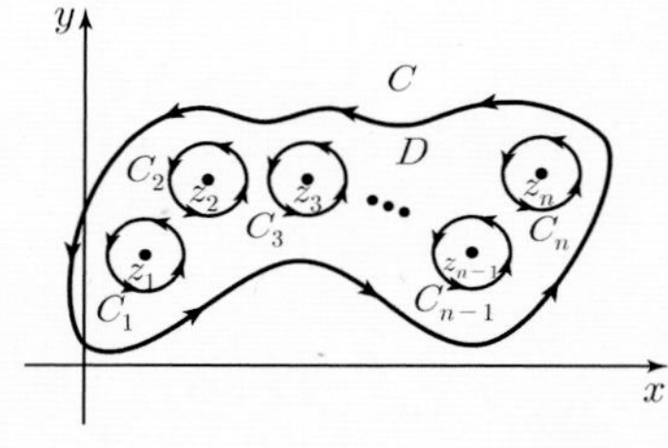

Areum Math Tip

[증명]

1. 단순극에서 유수

$z=z_0$에서 단순극이므로 로랑 급수 $\Rightarrow f(z) = \dfrac{a_{-1}}{z-z_0} + a_0 + a_1(z-z_0) + a_2(z-z_0)^2 + \cdots$

양변에 $z-z_0$를 곱하면 $(z-z_0)f(z) = a_{-1} + a_0(z-z_0) + a_1(z-z_0)^2 + a_2(z-z_0)^3 + \cdots$

$z \to z_0$에 대한 극한을 취하면 $a_{-1} = Res(f(z),\ z_0) = \lim\limits_{z\to z_0}(z-z_0)f(z)$

2. n 차극에서 유수

$z=z_0$에서 n차극이므로 로랑 급수는

$$f(z) = \frac{a_{-n}}{(z-z_0)^n} + \cdots + \frac{a_{-2}}{(z-z_0)^2} + \frac{a_{-1}}{z-z_0} + a_0 + a_1(z-z_0) + a_2(z-z_0)^2 + \cdots$$

양변에 $(z-z_0)^n$를 곱하면

$$(z-z_0)^n f(z) = a_{-n} + \cdots + a_{-1}(z-z_0)^{n-1} + a_0(z-z_0)^n + a_1(z-z_0)^{n+1} + \cdots$$

양변을 $(n-1)$ 번 미분을 하고, $z \to z_0$에 대한 극한을 취하면

$$\lim_{z\to z_0}\frac{d^{n-1}}{dz^{n-1}}(z-z_0)^n f(z) = \lim_{z\to z_0} a_{-1}(n-1)! + a_0 n!(z-z_0) + \cdots$$

$$\therefore\ a_{-1} = Res(f(z),\ z_0) = \frac{1}{(n-1)!}\lim_{z\to z_0}\frac{d^{n-1}}{dz^{n-1}}\{(z-z_0)^n f(z)\}$$

08 | 로랑 급수와 유수정리

필수 예제 84

경로 C는 원 $|z|=2$일 때, $\oint_C \tan z\,dz$의 값을 구하시오.

풀이 $\tan z=\dfrac{\sin z}{\cos z}$이고 $\cos z$는 $z=\dfrac{(2n+1)\pi}{2}$에서 단순극을 갖는다. 즉 $z=\pm\dfrac{\pi}{2},\ \pm\dfrac{3}{2}\pi,\ \cdots$

C: $|z|=2$일 때, $z=\pm\dfrac{\pi}{2}\in C$이므로

$$Res\left(f(z),\ \frac{\pi}{2}\right)=\lim_{z\to\frac{\pi}{2}}\sin z\cdot\lim_{z\to\frac{\pi}{2}}\frac{z-\frac{\pi}{2}}{\cos z}=\lim_{z\to\frac{\pi}{2}}\frac{1}{-\sin z}=-1$$

$$Res\left(f(z),\ -\frac{\pi}{2}\right)=\lim_{z\to-\frac{\pi}{2}}\sin z\cdot\lim_{z\to-\frac{\pi}{2}}\frac{z+\frac{\pi}{2}}{\cos z}=(-1)\cdot\lim_{z\to-\frac{\pi}{2}}\frac{1}{-\sin z}=(-1)\cdot 1=-1$$

$$\therefore\ \int_{|z|=2}\tan z\,dz=2\pi i\left\{Res\left(\frac{\pi}{2}\right)+Res\left(-\frac{\pi}{2}\right)\right\}=2\pi i\{-1+(-1)\}=-4\pi i$$

272. 반시계 방향으로 단위원 C를 따라 주어진 함수를 적분하시오.

(1) $f(z)=\dfrac{\sin z}{z^4}$

(2) $f(z)=\dfrac{\cos z}{z^2(z-\pi)^2}$

(3) $f(z)=\dfrac{z+1}{z^4+4z^3}$

273. 다음을 적분하시오.

(1) 경로 C는 원 $|z-i|=2$일 때, $\int_C \frac{2z+6}{z^2+4}\,dz$

(2) C는 $x=0,\ x=4,\ y=-1,\ y=1$에 의해 정의된 직사각형일 때, $\int_C \frac{1}{(z-1)^2(z-3)}\,dz$

(3) 시계 방향으로 $|z|=\frac{1}{2}$인 원 C를 따라서 함수 $F(z)=\frac{1}{z^3-z^4}$을 적분하시오.

(4) 경로 C는 원 $|z|=2$일 때, $\oint_C \frac{e^z}{z^4+5z^3}\,dz$

(5) 경로 C는 원 $|z|=1$일 때, $\oint_C e^{\frac{3}{z}}\,dz$

(6) 곡선 $C\ :\ |z-0.2|=0.2$일 때, $\oint_C \tan 2\pi z\,dz$ 의 값은?

(7) 원 $C\ :\ |z|=\frac{3}{2}$을 따라 반시계 방향으로 $\int_C \frac{\tan z}{z^2-1}\,dz$의 값은?

(8) C가 반시계 방향의 타원 $9x^2+y^2=9$일 때, $\oint_C \left(\frac{z e^{\pi z}}{z^4-16}+z e^{\frac{\pi}{z}}\right) dz$

필수 예제 85

복소평면에서 다음과 같은 폐곡선 C를 따라 복소적분 $\oint \frac{8z-3}{z^3-z^2}dz$을 계산하면?

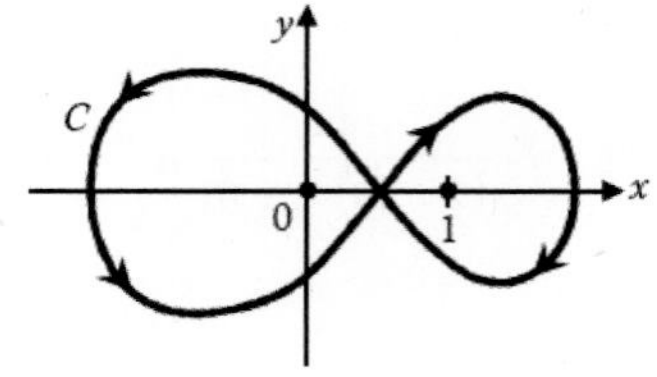

풀이 C_1 : 반시계방향, C_2 : 시계방향, $C_1+C_2=C$이다.

$f(z)=\frac{8z-3}{z^3-z^2}=\frac{8z-3}{z^2(z-1)}=\frac{5}{z-1}+\frac{-5}{z}+\frac{3}{z^2}$

$\int_C f(z)\,dz=\int_{C_1} f(z)dz+\int_{C_2} f(z)dz=2\pi i\{Res(0)\}-2\pi i\{Res(1)\}=-10\pi i-10\pi i=-20\pi i$

274. 복소함수 $g(z)=\frac{z^3+z^2+1}{(z+1)^2(z-1)}$ 을 아래 그림의 네 개의 원을 따라 각각 시계 반대 방향으로 적분하시오.

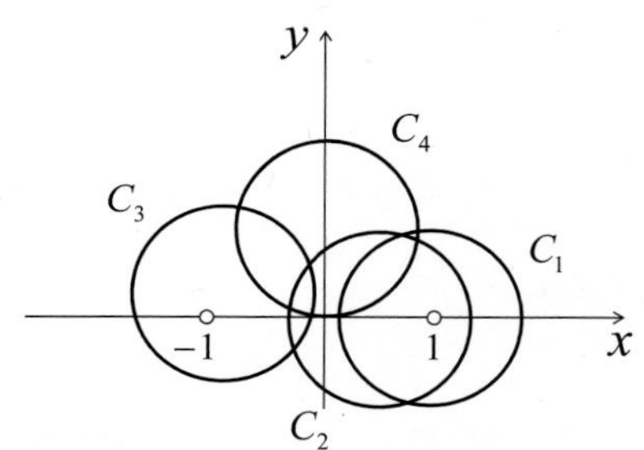

275. 복소평면에서 $|z|=2$인 원을 C라 할 때, 복소적분 $\oint_C \left\{\frac{5}{(z+1)^2}-\frac{e^z}{z}+4\bar{z}-\cos z\right\}dz$를 구하면?

Areum Math Tip

1. 로랑 정리

$f(z)$가 중심이 z_0인 두 동심원 C_1, C_2와 동심원 사이의 환형을 포함하는 영역 D에서 해석적이면 $f(z)$는 로랑 급수로 표현 가능하고,
수렴환형 안에서 로랑 급수는 유일하다.
f가 $r < |z-z_0| < R$로 정의된 환형 영역 D 내에서 해석적이라 하자.

그러면 f는 $r < |z-z_0| < R$에서 급수 $f(z) = \sum_{-\infty}^{\infty} a_n (z-z_0)^n$를 갖는다.

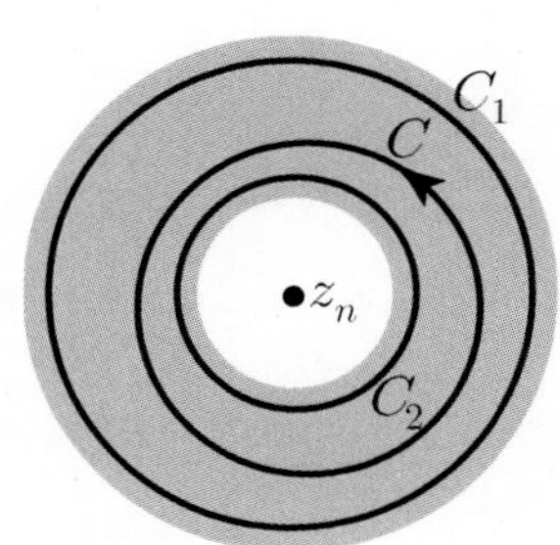

C는 D에 완전히 포함되어 있고, 그 내부에 z_0을 갖는 단순 폐곡선일 때,

(1) $\oint_C f(z)\,dz = a_{-1} 2\pi i \Leftrightarrow a_{-1} = \frac{1}{2\pi i}\oint_C f(z)\,dz$

$$\int_C f(z)\,dz = \cdots + \int_C \frac{a_{-2}}{(z-z_0)^2}dz + \int_C \frac{a_{-1}}{z-z_0}dz + \int_C a_0\,dz + \int_C a_1(z-z_0)dz + \int_C a_2(z-z_0)^2\,dz + \cdots$$

$$= \cdots + 0 + a_{-1}2\pi i + 0 + 0 + \cdots$$

$$\therefore \int_C f(z)\,dz = a_{-1}2\pi i \Leftrightarrow a_{-1} = \frac{1}{2\pi i}\int_C f(z)\,dz$$

(2) $\oint_C \frac{f(z)}{(z-z_0)^n}dz = a_{n-1}2\pi i \Leftrightarrow a_{n-1} = \frac{1}{2\pi i}\oint_C \frac{f(z)}{(z-z_0)^n}dz$

$$\int_C f(z)\,dz = \cdots + \int_C \frac{a_{-1}}{z-z_0}dz + \int_C a_0\,dz + \int_C a_1(z-z_0)dz + \cdots + \int_C a_{n-1}(z-z_0)^{n-1}dz + \int_C a_n(z-z_0)^n dz + \cdots$$

$$\int_C \frac{f(z)}{(z-z_0)^n}dz = \cdots + \int_C \frac{a_{-1}}{(z-z_0)^{1+n}}dz + \int_C \frac{a_0}{(z-z_0)^n}dz + \int_C \frac{a_1}{(z-z_0)^{n-1}}dz + \cdots + \int_C \frac{a_{n-1}}{z-z_0}dz + \int_C a_n\,dz + \cdots$$

$$\int_C \frac{f(z)}{(z-z_0)^n}dz = \cdots + 0 + 0 + \cdots + a_{n-1}2\pi i + 0 + \cdots$$

$$\int_C \frac{f(z)}{(z-z_0)^n}dz = a_{n-1}2\pi i \Leftrightarrow a_{n-1} = \frac{1}{2\pi i}\int_C \frac{f(z)}{(z-z_0)^n}dz$$

2. 코시의 적분공식 – 로랑 정리 (2)에 의해서

$$a_{n-1} = \frac{f^{(n-1)}(z_0)}{(n-1)!} = \frac{1}{2\pi i}\int_C \frac{f(z)}{(z-z_0)^n}dz \Leftrightarrow f^{(n-1)}(z_0) = \frac{(n-1)!}{2\pi i}\int_C \frac{f(z)}{(z-z_0)^n}dz$$

$$\Leftrightarrow \oint_C \frac{f(z)}{(z-z_0)^n}dz = \frac{2\pi i}{(n-1)!}f^{(n-1)}(z_0)$$

5 실적분의 유수정리

1 $\int_0^{2\pi} F(\cos\theta,\ \sin\theta)\,d\theta$ 형의 적분

경로 C는 원점을 중심으로 한 단위원이고, 복소 선적분으로 바꾸어 적분한다.

C는 $z = \cos\theta + i\sin\theta = e^{i\theta},\ 0 \le \theta \le 2\pi$로 매개변수화 될 수 있다.

$$dz = ie^{i\theta}d\theta,\ \cos\theta = \frac{e^{i\theta}+e^{-i\theta}}{2} = \frac{1}{2}\left(z+\frac{1}{z}\right),\ \sin\theta = \frac{e^{i\theta}-e^{-i\theta}}{2i} = \frac{1}{2i}\left(z-\frac{1}{z}\right)$$

$$\int_0^{2\pi} F(\cos\theta,\ \sin\theta)\,d\theta = \oint_C F\left(\frac{1}{2}\left(z+\frac{1}{z}\right),\ \frac{1}{2i}\left(z-\frac{1}{z}\right)\right)\frac{dz}{iz}$$

2 $\int_{-\infty}^{\infty} f(x)\,dx$ 형의 적분

(1) $\int_{-\infty}^{\infty} f(x)\,dx = \lim_{r\to\infty}\int_{-r}^{0} f(x)dx + \lim_{R\to\infty}\int_0^R f(x)dx$ ⇒ 극한값이 존재하면 수렴한다.

(2) $f(z) = \dfrac{P(z)}{Q(z)}$라 하자. $P(z)$의 차수는 n이고, $Q(z)$의 차수가 $m \ge n+2$일 때,

C_R이 $z = Re^{i\theta},\ 0 \le \theta \le \pi$인 반원이면 $\lim_{R\to\infty}\int_{C_R} f(z)\,dz = 0$이다.

(3) 반지름이 $R\to\infty$인 상반원을 C라고 할 때,

$$\oint_C f(z)\,dz = \int_{C_R} f(z)\,dz + \int_{-R}^{R} f(x)\,dx = 2\pi i\sum Res\,f(z)$$

$$\Rightarrow \lim_{R\to\infty}\int_{-R}^{R} f(x)\,dx = 2\pi i\sum Res\,f(z)$$

3 $\int_{-\infty}^{\infty} f(x)\cos ax\,dx,\ \int_{-\infty}^{\infty} f(x)\sin ax\,dx$ 형의 적분

$$\int_{-\infty}^{\infty} f(x)\cos ax\,dx = \oint_C f(z)\,e^{iaz}\,dz = Re\left[2\pi i\,Res\left(f(z)e^{iaz},\ z_0\right)\right]$$

$$\int_{-\infty}^{\infty} f(x)\sin ax\,dx = \oint_C f(z)\,e^{iaz}\,dz = Im\left[2\pi i\,Res\left(f(z)e^{iaz},\ z_0\right)\right]$$

4 실수축 상의 극이 존재

(1) 만약 함수 $f(z)$가 실수축 상의 점 $z=a$에서 단순극을 갖는다면

$$\lim_{r\to 0}\int_{C_2} f(z)\,dz = \pi i\,Res\,(f(z),\ a)$$

(2) 반지름이 $R\to\infty$인 상반원을 C라고 할 때, 반원 안과 실수축에도 극이 존재하면

$$\int_{-\infty}^{\infty} f(x)\,dx = \oint_C f(z)\,dz = 2\pi i\sum Res\,f(z) + \pi i\sum Res\,f(z)$$

Areum Math Tip

(1) $\int_{-\infty}^{\infty}\frac{x\sin x}{x^2+1}\,dx = \frac{\pi}{e}$

(2) $\int_{-\infty}^{\infty}\frac{\cos x}{x^2+1}\,dx = \frac{\pi}{e}$

(3) $\int_{-\infty}^{\infty}\frac{x\sin x}{x^2+9}\,dx = \frac{\pi}{e^3}$

(4) $\int_{-\infty}^{\infty}\frac{\cos x}{x^2+9}\,dx = \frac{\pi}{3e^3}$

(5) $\int_0^{\infty}\frac{\sin x}{x}\,dx = \frac{\pi}{2}$

(6) $\int_0^{\infty}\frac{\cos x\sin x}{x}\,dx = \frac{\pi}{4}$

(7) $\int_{-\infty}^{\infty}\frac{1}{x^4+1}\,dx = \frac{\pi}{\sqrt{2}}$

(8) $\int_{-\infty}^{\infty}\frac{1}{x^4-1}\,dx = -\frac{\pi}{2}$

(9) $\int_0^{2\pi}\frac{1}{a+b\cos\theta}\,d\theta = \frac{2\pi}{\sqrt{a^2-b^2}}$

(10) $\int_0^{\infty} e^{-x^2}\cos 2bx\,dx = \frac{\sqrt{\pi}}{2}e^{-b^2}$

필수 예제 86

적분 $\int_0^{2\pi} \frac{\sin^2\theta}{5-4\cos\theta}d\theta$을 계산하시오.

풀이 $|z|=1$일 때 $z=e^{i\theta}$이고, $dz=ie^{i\theta}d\theta \quad \Leftrightarrow \quad d\theta=\frac{1}{iz}dz$이다.

$\cos\theta=\frac{1}{2}\left(z+\frac{1}{z}\right)$, $\sin\theta=\frac{1}{2i}\left(z-\frac{1}{z}\right)$, $\sin^2\theta=-\frac{1}{4}\left(z^2+\frac{1}{z^2}-2\right)$이므로

$$\int_0^{2\pi}\frac{\sin^2\theta}{5-4\cos\theta}d\theta=\int_{|z|=1}\frac{-\frac{1}{4}\left(z-\frac{1}{z}\right)^2}{5-4\times\frac{1}{2}\left(z+\frac{1}{z}\right)}\times\frac{1}{iz}dz$$

$$=-\frac{1}{4i}\int_{|z|=1}\frac{z^2-2+\frac{1}{z^2}}{5z-2z^2-2}dz$$

$$=\frac{1}{4i}\int_{|z|=1}\frac{z^4-2z^2+1}{2z^4-5z^3+2z^2}dz$$

$$=\frac{1}{8i}\int_{|z|=1}\frac{z^4-2z^2+1}{z^2\left(z^2-\frac{5}{2}z+1\right)}dz$$

$$=\frac{1}{8i}\int_{|z|=1}\frac{(z^2-1)^2}{z^2(z-2)\left(z-\frac{1}{2}\right)}dz$$

$$=\frac{1}{8i}\times2\pi i\left\{Res(f(z),\,0)+Res\left(f(x),\,\frac{1}{2}\right)\right\}$$

$$=\frac{1}{8i}\times2\pi i\left(\frac{5}{2}-\frac{3}{2}\right)=\frac{\pi}{4}$$

(i) $z=0$에서 2차극

$$Res(f(z),0)=\lim_{z\to0}\left(\frac{(z^2-1)^2}{(z-2)\left(z-\frac{1}{2}\right)}\right)'=\lim_{x\to0}\left(\frac{z^4-2z^2+1}{z^2-\frac{5}{2}z+1}\right)'$$

$$=\lim_{x\to0}\frac{(4z^3-4z)\left(z^2-\frac{5}{2}z+1\right)-(z^4-2z^2+1)\left(2z-\frac{5}{2}\right)}{\left(z^2-\frac{5}{2}z+1\right)^2}=\frac{5}{2}$$

(ii) $z=\frac{1}{2}$에서 단순극을 가지므로 $Res\left(f(z),\,\frac{1}{2}\right)=\lim_{z\to\frac{1}{2}}\left(z-\frac{1}{2}\right)f(z)=\lim_{z\to\frac{1}{2}}\frac{(z^2-1)^2}{z^2(z-2)}=\frac{\frac{3}{4}\times\frac{3}{4}}{\frac{1}{4}\left(-\frac{3}{2}\right)}=-\frac{3}{2}$

276. 다음 주어진 식 $\int_0^{2\pi}\frac{d\theta}{\sqrt{2}-\cos\theta}$ 을 계산하여라.

Areum Math Tip

$\int_0^{2\pi} \frac{1}{a+b\cos\theta}\,d\theta = \frac{2\pi}{\sqrt{a^2-b^2}}$ 임을 확인해보자.

$C:\ r=1$ 인 원, $|z|=1$ 이면

$C:\ z=x+iy=1\cdot cos\,\theta+i\sin\theta=e^{i\theta}$

$dz=ie^{i\theta}d\theta=iz\,d\theta \ \Leftrightarrow\ d\theta=\frac{1}{iz}dz$

$\cos\theta=\frac{e^{i\theta}+e^{-i\theta}}{2}=\frac{1}{2}\left(z+\frac{1}{z}\right)$

$$\int_0^{2\pi}\frac{1}{a+b\cos\theta}d\theta=\int_{|z|=1}\frac{1}{a+b\cdot\frac{z+\frac{1}{z}}{2}}\times\frac{1}{iz}dz$$

$$=\frac{1}{i}\int\frac{2}{2az+bz^2+b}dz$$

$$=\frac{2}{i}\int_{|z|=1}\frac{1}{bz^2+2az+b}dz$$

$$=\frac{2}{ib}\int_{|z|=1}\frac{1}{z^2+\frac{2a}{b}z+1}dz$$

$$=\frac{2}{ib}\int_{|z|=1}\frac{1}{(z-\alpha)(z-\beta)}dz$$

$=\frac{2}{ib}\times 2\pi i Res(f(z),\,\alpha)$ ($\because z=\alpha$ 에서 단순극)

$$=\frac{2}{ib}\times 2\pi i\times\frac{b}{2\sqrt{z^2-b^2}}$$

$$=\frac{2\pi}{\sqrt{a^2-b^2}}$$

$\Big[\because\ z^2+\frac{2a}{b}z+1=(z-\alpha)(z-\beta)=0,\quad z=-\frac{a}{b}\pm\sqrt{\frac{a}{b^2}-1}=\begin{cases}\frac{-a+\sqrt{a^2-b^2}}{b}=\alpha\\ \frac{-a-\sqrt{a^2-b^2}}{b}=\beta\end{cases}$

$Res(f(z),\,\alpha)=\lim_{z\to\alpha}(z-\alpha)f(z)=\lim_{z\to\alpha}\frac{1}{z-\beta}=\frac{1}{\alpha-\beta}$

$\alpha-\beta=\frac{-a+\sqrt{a^2-b^2}}{b}-\frac{-a-\sqrt{a^2-b^2}}{b}=\frac{2\sqrt{a^2-b^2}}{b}$

$\therefore\ Res(f(z),\,\alpha)=\frac{b}{2\sqrt{a^2-b^2}}\Big]$

필수 예제 87

$\int_{-\infty}^{\infty} \frac{1}{x^4+1} dx$ 의 코시주치를 구하시오.

풀이 C는 반지름 R이 무한대인 상반원이라고 할 때, $\int_{-\infty}^{\infty} \frac{1}{x^4+1}dx = \int_C \frac{1}{z^4+1}dz$이 성립한다.

$z^4 = -1 = e^{\pi i + 2n\pi i} \Leftrightarrow z = e^{i\left(\frac{\pi}{4}+\frac{2n\pi}{4}\right)}$이므로 $z_0 = e^{\frac{\pi}{4}i}$, $z_1 = e^{i\left(\frac{\pi}{4}+\frac{\pi}{2}\right)}$는 C 내부에 속한다.

$Res(z_0) = \lim_{z \to z_0} \frac{(z-z_0)}{z^4+1} = \lim_{z \to z_0} \frac{1}{4z^3}$ ($\because$ 로피탈 정리)$= \frac{1}{4z_0^3} = \frac{1}{4} \times \frac{1}{e^{\frac{3}{4}\pi i}} = \frac{1}{4}\left(e^{-\frac{3}{4}\pi i}\right) = \frac{1}{4}\left(\cos\frac{3}{4}\pi - i\sin\frac{3}{4}\pi\right)$

$Res(z_1) = \lim_{z \to z_1} \frac{z-z_1}{z^4+1} = \lim_{z \to z_1} \frac{1}{4z^3} = \frac{1}{4z_1^3} = \frac{1}{4}\left(\frac{1}{e^{i\left(\frac{3}{4}\pi+\frac{3}{2}\pi\right)}}\right) = \frac{1}{4}\left(\frac{1}{e^{i\left(2\pi+\frac{\pi}{4}\right)}}\right) = \frac{1}{4}e^{-\frac{\pi}{4}i} = \frac{1}{4}\left(\cos\frac{\pi}{4} - i\sin\frac{\pi}{4}\right)$

$Res(z_0) + Res(z_1) = \frac{1}{4}\left(-\frac{\sqrt{2}}{2} - i\frac{\sqrt{2}}{2} + \frac{\sqrt{2}}{2} - i\frac{\sqrt{2}}{2}\right) = \frac{1}{4}(-i\sqrt{2})$

$\therefore \int_{-\infty}^{\infty} \frac{1}{x^4+1}dx = \int \frac{1}{z^4+1}dz = 2\pi i\{Res(z_0) + Res(z_1)\} = 2\pi i\left(\frac{-i\sqrt{2}}{4}\right) = \frac{\sqrt{2}}{2}\pi = \frac{\pi}{\sqrt{2}}$

277. 다음 주어진 적분 $\int_{-\infty}^{\infty} \frac{1}{(x^2+1)(x^2+9)} dx$ 의 코시주치를 구하시오.

278. 다음 주어진 적분 $\int_0^{\infty} \frac{1}{x^6+1} dx$ 의 코시주치를 구하시오.

필수 예제 88

$\int_{-\infty}^{\infty}\frac{x\sin x}{x^2+9}dx$의 코시주치를 구하시오.

풀이 C는 반지름 R이 무한대인 상반원이라고 할 때, $\int_{-\infty}^{\infty}\frac{x\sin x}{x^2+9}dx = Im\int_C\frac{z\,e^{iz}}{z^2+9}dz$이 성립한다.

$f(z)\,e^{iz} = \frac{z\,e^{iz}}{(z+3i)(z-3i)}$ 이고, $z=3i$는 C내부에 속한다.

$Res\{f(z)e^{iz},\,3i\} = \lim_{z\to 3i}\frac{ze^{iz}}{z+3i} = \frac{3ie^{i\times 3i}}{6i} = \frac{1}{2}e^{-3}$

$\int_{-\infty}^{\infty}\frac{x\sin x}{x^2+9}dx = Im\int_C\frac{z\,e^{iz}}{z^2+9}dz = Im\left[2\pi i\{Res(f(z)\,e^{iz},\,3i)\}\right] = Im\left(2\pi i\cdot\frac{1}{2e^3}\right) = \frac{\pi}{e^3}$

279. $\int_{-\infty}^{\infty}\frac{x\sin x}{x^2+a^2}dx$의 코시주치를 구하시오.

280. $\int_{-\infty}^{\infty}\frac{\cos x}{x^2+a^2}dx$의 코시주치를 구하시오.

281. 다음 주어진 식 $\int_{-\infty}^{\infty}\frac{\sin x+\cos x}{x^2-2x+2}dx$ 을 계산하여라.

① $\pi e^{-1}(\cos 1-\sin 1)$ ② $\pi e^{-1}(\cos 1+\sin 1)$ ③ $\pi e(\cos 1-\sin 1)$ ④ $\pi e(\cos 1+\sin 1)$

필수 예제 89

$\int_{-\infty}^{\infty} \frac{\sin x}{x(x^2-2x+2)}\,dx$ 의 코시주치를 구하시오.

풀이 C는 반지름 R이 무한대인 상반원이라고 할 때, $\int_{-\infty}^{\infty} \frac{\sin x}{x(x^2-2x+2)}\,dx = Im\int_C \frac{e^{iz}}{z(z^2-2z+2)}\,dz$이 성립한다.

$f(z)\,e^{iz} = \frac{e^{iz}}{z(z^2-2z+2)} = \frac{e^{iz}}{z(z-a)(z-b)}$ 이고, $z=0$과 $z=1+i$는 C내부에 속한다.

여기서 $a=1+i,\ b=1-i$라고 하자.

$$Res\{f(z)e^{iz},\,0\} = \lim_{z\to 0}\frac{e^{iz}}{z^2-2z+2} = \frac{1}{2}$$

$$Res\{f(z)e^{iz},\,1+i\} = Res\{f(z)e^{iz},\,a\} = \lim_{z\to a}\frac{e^{iz}}{z(z-b)} = \frac{e^{ia}}{a(a-b)} = \frac{e^{i(1+i)}}{2i(1+i)} = \frac{e^{i-1}(1-i)}{4i} = \frac{e^{-1}(\cos 1 + i\sin 1)(1-i)}{4i}$$

$$\begin{aligned}\int_{-\infty}^{\infty} \frac{\sin x}{x(x^2-2x+2)}\,dx &= Im\int_C \frac{e^{iz}}{z(z^2-2z+2)}\,dz \\ &= Im\left[\pi i\{Res(f(z)\,e^{iz},\,0)\} + 2\pi i\{Res(f(z)\,e^{iz},\,1+i)\}\right] \\ &= Im\left[\frac{\pi i}{2} + \frac{\pi}{2}e^{-1}(\cos 1 + i\sin 1)(1-i)\right] \\ &= \frac{\pi}{2}\left(1+e^{-1}(\sin 1 - \cos 1)\right)\end{aligned}$$

282. 다음 $\int_{-\infty}^{\infty} \frac{dx}{(x^2-3x+2)(x^2+1)}$ 의 주값을 구하시오.

283. $\int_{-\infty}^{\infty} \frac{\cos x}{x(x^2-2x+2)}\,dx$ 의 코시주치를 구하시오.

284. $\int_{0}^{\infty} \frac{1-\cos x}{x^2}\,dx$ 의 코시주치를 구하시오.

MEMO

MEMO

늦었다고 생각했을 때가 가장 빠르다! 2개월 준비해서 중앙대 합격!!

고등학교 때부터 공부에는 흥미를 못 느꼈고, 성적에 맞춰 대학에 입학했습니다. 군대 전역 후, 노력하지 않고 들어와 생긴 대학에 대한 미련과 적성에 대해 다시 고민하게 되었고 편입을 준비하게 되었습니다. 단기간 내에 영어와 수학을 다 잡기는 힘들다고 생각해서 수학만 집중적으로 공부했습니다. 하루에 최대한 많은 양을 목표로 하루하루를 소중하게 생각하며 꾸준하게 공부했어요. 공부량이 적더라도 헛되이 보내는 날은 없었습니다. 아프면 공부에 지장이 생길 것 같아 하루 6~7시간씩은 규칙적으로 자고 깨어있는 동안 낭비하는 시간을 줄이고 집중해서 효율을 높였습니다.

많은 문제를 풀기보단 기본서 위주로 공부하고 비슷한 유형의 문제가 나오면 놓치지 않도록 반복해서 풀어봤습니다. 그리고 진도를 다 나갔을 때는 일주일에 2번 정도 자체적으로 시험을 봤습니다. 매일 그 시험을 위해 단거리 달리기를 하는 느낌으로 공부했어요. 시험을 보고 나서는 부족한 부분을 복습해서 다음 시험을 보는 식으로 개념 완성도를 높였습니다.

마법 같은 아름쌤 강의, 합격을 향한 지름길입니다

아름쌤은 강의에서 수업 중에 공부하면서 도움이 될 만한 조언도 많이 해주시는데 그 중에 '이해했다고 아는 것이 아니야, 자기 것으로 만들어야 해'라는 말씀이 공부할 때 가장 와 닿는 말이었어요. '한 번 이해하고 넘어가면 암기하는 데 도움이 될 거야.'라고 하시며 중요한 부분은 증명을 해서 이해시켜주셨습니다. 처음에 어렵게만 생각되던 내용도 증명을 보고 나니까 기억에도 오래 남았고, 꼬아서 출제된 문제에도 쉽게 접근할 수 있었습니다. 특정 상황에만 사용할 수 있는 스킬이 아닌 이론적으로 증명이 가능한 스킬만 가르쳐주셔서 실전에서 처음 보는 문제가 나와도 자신 있게 사용할 수 있었습니다. 무작정 외우거나 편법을 사용하는 것보다 더 탄탄한 요령이 생겨 더 빨리 문제를 풀 수 있었습니다.

12월에는 아름쌤 파이널 현장 강의를 들었는데 시험을 보고 해설해주시는 식으로 진행되어서 모의고사 경험이 적은 저에게는 실전감각을 익힐 수 있는 기회가 됐습니다. 혼자 기출문제를 풀 때와는 다르게, 파이널 모의고사를 볼 때는 OMR카드를 작성하니까 모르거나 애매한 문제들도 다 답을 써내야 하니 어떤 식으로 찍을지까지도 생각하게 됐습니다. 해설을 들을 때도 어려운 문제보다는 선생님께서 '이런 문제는 틀리면 손해보는거야!' 라고 말씀하신 문제에 조금 더 집중했습니다.

늦은 시기에 편입을 고민하는 분이 있다면 지금 바로 시작하라고 말씀드리고 싶습니다. 저도 편입을 고민하면서 시작하기도 전에 늦었다고 생각해서, 주변에서 불가능하다고해서 시도하지 않았다면 아무런 결과도 얻지 못했을 테니까요. 마법 같은 아름쌤 강의를 듣고 복습을 통해 자기 것으로 만든다면 분명 합격을 향한 지름길이 될 거라고 생각합니다. 마지막까지 포기하지 않고 완주하셔서 원하시는 결과 얻어가셨으면 좋겠습니다.

- 장재용(중앙대학교 컴퓨터공학과)

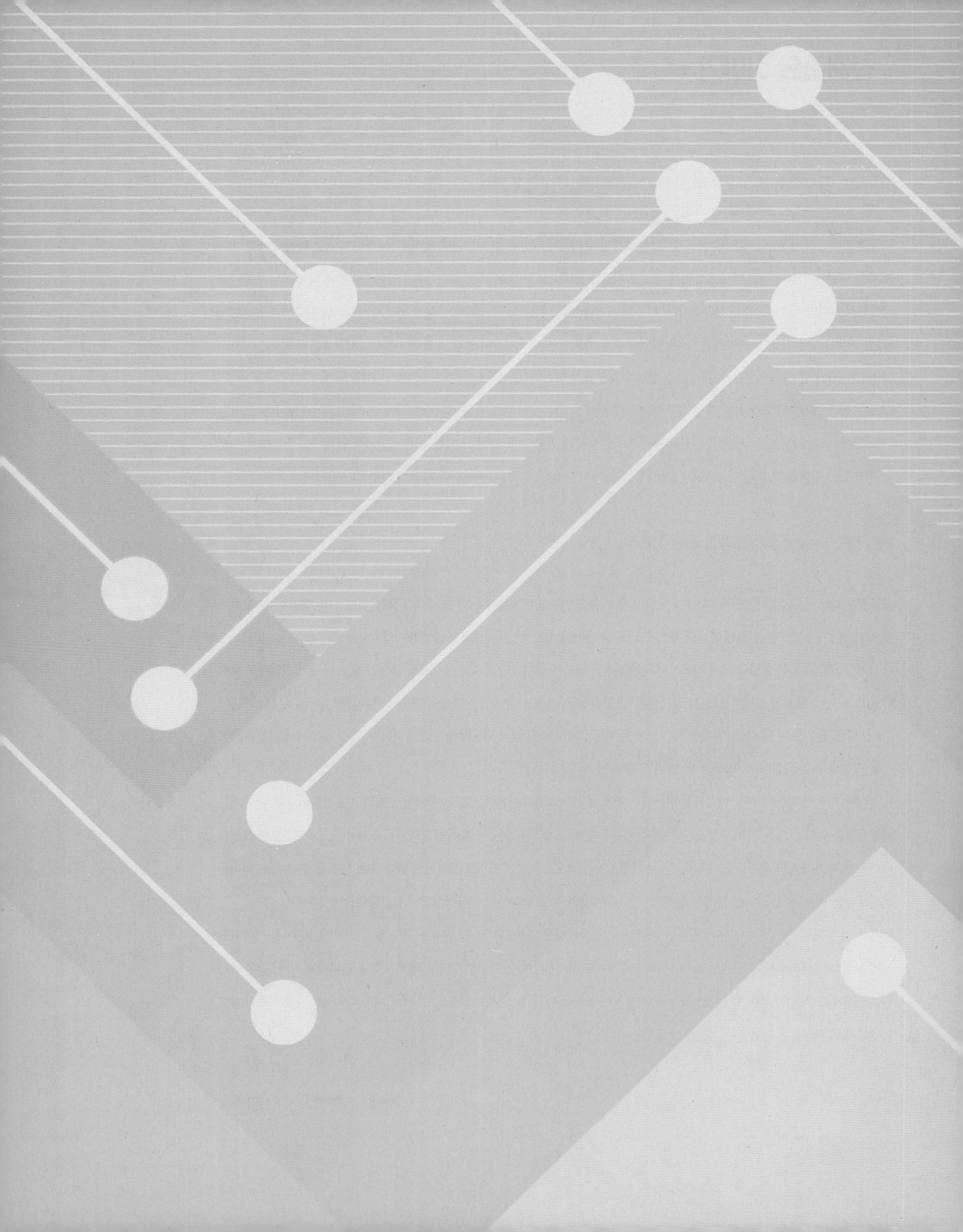

CHAPTER 09

퓨리에 급수

1. 퓨리에 급수
2. 퓨리에 – 코사인 급수와 사인 급수
3. 복소 퓨리에 급수
4. 퓨리에 적분과 변환

09 퓨리에 급수

1 퓨리에 급수

1 퓨리에 급수

퓨리에(Fourier) 급수는 주기함수를 코사인과 사인 항으로 표현하는 무한급수이다.

퓨리에 급수를 정의하기 위해서 먼저 배경 자료들이 필요하다. 함수 $f(x)$ 가 몇 개의 점을 제외하고 모든 실수 x 에서 정의되고, 모든 x 에 대하여 $f(x+p)=f(x)$ 를 만족하는 양수 p 가 존재하면, 함수 $f(x)$ 를 주기함수(periodic function)라 하고 p를 $f(x)$ 의 주기라 한다. 가장 작은 양의 주기를 기본주기(fundamental period)라고 한다.

(1) 구간 $[-\pi,\ \pi]$ 에서 정의된 함수 f의 퓨리에 급수

$$f(x)=\frac{a_0}{2}+\sum_{n=1}^{\infty}a_n\cos nx+\sum_{n=1}^{\infty}b_n\sin nx$$

$$a_0=\frac{1}{\pi}\int_{-\pi}^{\pi}f(x)\,dx\ ,\ a_n=\frac{1}{\pi}\int_{-\pi}^{\pi}f(x)\cos nx\ dx,\ b_n=\frac{1}{\pi}\int_{-\pi}^{\pi}f(x)\sin nx\ dx$$

(2) 구간 $[-p,\ p]$ 에서 정의된 함수 f의 퓨리에 급수

$$f(x)=\frac{a_0}{2}+\sum_{n=1}^{\infty}a_n\cos\frac{n\pi}{p}x+\sum_{n=1}^{\infty}b_n\sin\frac{n\pi}{p}x$$

$$a_0=\frac{1}{p}\int_{-p}^{p}f(x)\,dx\ ,\ a_n=\frac{1}{p}\int_{-p}^{p}f(x)\cos\frac{n\pi}{p}x\ dx,\ b_n=\frac{1}{p}\int_{-p}^{p}f(x)\sin\frac{n\pi}{p}x\ dx$$

2 퓨리에 급수의 수렴성

f와 f' 이 구간 $(-p,\ p)$ 에서 구간별 연속이라 하자. 이 구간 내에서 함수 f에 대한 퓨리에 급수의 수렴성은 다음과 같다.

(1) 연속인 점에서는 함수 f에 수렴하고,

(2) 불연속인 점에서는 평균값 $\dfrac{f(x_+)+f(x_-)}{2}$ 에 수렴한다.

$f(x_+)$: $f(x)$ 의 우극한값, $f(x_-)$: $f(x)$ 의 좌극한값이다.

3 꼭 외울 것!!

(1) $1+\frac{1}{2^2}+\frac{1}{3^2}+\frac{1}{4^2}+\cdots=\frac{\pi^2}{6}$

(2) $1-\frac{1}{2^2}+\frac{1}{3^2}-\frac{1}{4^2}+\cdots=\frac{\pi^2}{12}$

(3) $1+\frac{1}{2^4}+\frac{1}{3^4}+\frac{1}{4^4}+\cdots=\frac{\pi^4}{90}$

(4) $1+\frac{1}{3^2}+\frac{1}{5^2}+\frac{1}{7^2}+\cdots=\frac{\pi^2}{8}$

(5) $1+\frac{1}{3^4}+\frac{1}{5^4}+\frac{1}{7^4}+\cdots=\frac{\pi^4}{96}$

(6) $1+\frac{1}{3^6}+\frac{1}{5^6}+\frac{1}{7^6}+\cdots=\frac{\pi^6}{960}$

(7) $1-\frac{1}{3}+\frac{1}{5}-\frac{1}{7}+\frac{1}{9}+\cdots=\frac{\pi}{4}$

필수 예제 90

다음 함수 $f(x)=\begin{cases} 0 & (-\pi < x < 0) \\ \pi - x & (0 \le x < \pi) \end{cases}$ 를 퓨리에 급수로 전개하라.

풀이 $a_0 = \frac{1}{\pi}\int_{-\pi}^{\pi} f(x)\,dx = \frac{1}{\pi}\left[\int_{-\pi}^{0} dx + \int_{0}^{\pi} \pi - x\,dx\right] = \frac{1}{\pi}\left[\pi^2 - \frac{1}{2}\pi^2\right] = \frac{\pi}{2}$

$a_n = \frac{1}{\pi}\int_{-\pi}^{\pi} f(x)\cos nx\,dx$

$= \frac{1}{\pi}\left[\int_{-\pi}^{0} dx + \int_{0}^{\pi} (\pi - x)\cos nx\,dx\right]$

$= \frac{1}{\pi}\left[\frac{\pi - x}{n}\sin nx - \frac{1}{n^2}\cos nx\right]_0^{\pi}$

$= \frac{1}{\pi}\left[\frac{1-(-1)^n}{n^2}\right]$

$b_n = \frac{1}{\pi}\int_{-\pi}^{\pi} f(x)\sin nx\,dx$

$= \frac{1}{\pi}\left[\int_{-\pi}^{0} dx + \int_{0}^{\pi} (\pi - x)\sin nx\,dx\right]$

$= \frac{1}{\pi}\left[-\frac{\pi - x}{n}\cos nx - \frac{1}{n^2}\sin nx\right]_0^{\pi}$

$= \frac{1}{\pi}\left[\frac{\pi}{n}\right] = \frac{1}{n}$

$\therefore f(x) = \frac{\pi}{4} + \sum_{n=1}^{\infty}\left\{\frac{1-(-1)^n}{n^2\pi}\cos nx + \frac{1}{n}\sin nx\right\}$

285. 다음 함수를 퓨리에 급수로 전개하여라.

$$f(x) = \begin{cases} -k & (-\pi < x < 0) \\ k & (0 \le x < \pi) \end{cases}$$

286. 주기가 2π인 함수 $f(x) = \begin{cases} 0 & (-\pi < x < 0) \\ 1 & (0 < x < \pi) \end{cases}$ 의 퓨리에 급수 전개식에서 $\sin 5x$의 계수는?

① 0 ② $\frac{1}{\pi}$ ③ $\frac{1}{5\pi}$ ④ $\frac{2}{5\pi}$

09 | 퓨리에 급수

287. 다음과 같이 정의된 주기가 2π인 주기함수 $f(x)=\begin{cases}0\ , & -\pi \le x < 0 \\ 2\ , & 0 \le x < \pi\end{cases}$의 퓨리에 급수

$f(x)=a_0+\sum_{n=1}^{\infty}(a_n\cos nx+b_n\sin nx)$에서 a_3+b_3의 값을 구하시오.

① $\frac{1}{3\pi}$ ② $\frac{2}{3\pi}$ ③ $\frac{1}{\pi}$ ④ $\frac{4}{3\pi}$

288. 주기가 2π인 함수 $f(x)$가 다음과 같이 주어질 때, f의 퓨리에 급수

$f(x)=\frac{1}{2}a_0+\sum_{n=1}^{\infty}(a_n\cos nx+b_n\sin nx)$에서 $a_n(n\ge 1)$을 올바르게 나타낸 것은?

$$f(x)=\begin{cases}0 & (-\pi < x < 0) \\ x & (0 < x < \pi)\end{cases}$$

① $\frac{(-1)^n}{n^2\pi}$ ② $\frac{(-1)^{n+1}}{n^2\pi}$ ③ $\frac{(-1)^n+1}{n^2\pi}$ ④ $\frac{(-1)^n-1}{n^2\pi}$

289. 주기가 2인 주기함수 f가 구간 $[-1,\ 1)$에서 $f(x)=\begin{cases}1, & -1 \le x < 0 \\ x, & 0 \le x < 1\end{cases}$로 정의될 때, 다음을 구하시오.

(1) 퓨리에 급수로 전개하여라.

(2) $x=0$에서 함수 f의 수렴값을 구하여라.

(3) 문제 (2)의 수렴값을 이용하여 무한급수 $1+\frac{1}{3^2}+\frac{1}{5^2}+\frac{1}{7^2}+\cdots$의 합을 구하여라.

MEMO

2 퓨리에 - 코사인 급수와 사인 급수

1 퓨리에 코사인 급수

구간 $[-p,\ p]$에서 $f(x)$가 우함수 즉, $f(-x)=f(x)$이면 퓨리에 급수는 퓨리에 코사인 급수로 축소된다.

$$f(x)=\frac{a_0}{2}+\sum_{n=1}^{\infty}a_n\cos\frac{n\pi}{p}x$$

$$a_0=\frac{2}{p}\int_0^p f(x)\,dx\ ,\ a_n=\frac{2}{p}\int_0^p f(x)\cos\frac{n\pi}{p}x\ dx$$

2 퓨리에 사인 급수

구간 $[-p,\ p]$에서 $f(x)$가 기함수 즉, $f(-x)=-f(x)$이면 퓨리에 급수는 퓨리에 사인 급수로 축소된다.

$$f(x)=\sum_{n=1}^{\infty}b_n\sin\frac{n\pi}{p}x,\ b_n=\frac{2}{p}\int_0^p f(x)\sin\frac{n\pi}{p}x\ dx$$

290. $f(x)=x\ (-\pi<x<\pi)$의 퓨리에 급수는?

① $f(x)=-\sum_{n=1}^{\infty}\frac{2}{n}(-1)^n\sin nx$

② $f(x)=-\sum_{n=1}^{\infty}\frac{2}{n}(-1)^n\cos nx$

③ $f(x)=-\sum_{n=1}^{\infty}\frac{2}{n}\sin nx$

④ $f(x)=-\sum_{n=1}^{\infty}\frac{2}{n}\cos nx$

291. 주기가 2π인 함수 $f(x)=\begin{cases}\pi e^{-x} & (-\pi<x<0)\\ \pi e^{x} & (0<x<\pi)\end{cases}$로 주어져 있을 때, 함수 $f(x)$의 퓨리에 급수 전개식에서 $\sin 3x$의 계수를 구하면?

① 0

② $-\frac{1}{5}$

③ $-\frac{1}{5}(e^{\pi}+1)$

④ $\frac{1}{5}(e^{\pi}-1)$

필수 예제 91

$f(x)=x^2,\ (0<x<L)$을 (a) 코사인 급수, (b) 사인 급수, (c) 퓨리에 급수로 전개하시오.

풀이 (a) 코사인 급수라는 것은 $f(x)$가 우함수라는 가정하에 퓨리에 급수를 하는 것이다.

$$a_0=\frac{2}{L}\int_0^L f(x)\,dx=\frac{2}{L}\int_0^L x^2dx=\frac{2}{L}\cdot\frac{1}{3}L^3=\frac{2}{3}L^2$$

$$a_n=\frac{2}{L}\int_0^L x^2\cos\frac{n\pi}{L}x\ dx$$

$$=\frac{2}{L}\left[\frac{L}{n\pi}x^2\sin\frac{n\pi x}{L}+2\left(\frac{L}{n\pi}\right)^2x\cos\frac{n\pi x}{L}-2\left(\frac{L}{n\pi}\right)^3\sin\frac{n\pi x}{L}\right]_0^L$$

$$=\frac{2}{L}\left[2L(-1)^n\left(\frac{L}{n\pi}\right)^2\right]=\frac{4(-1)^nL^2}{(n\pi)^2}$$

$$f(x)=\frac{a_0}{2}+\sum_{n=1}^{\infty}a_n\cos\frac{n\pi}{p}x=\frac{L^2}{3}+\frac{4L^2}{\pi^2}\sum_{n=1}^{\infty}\frac{(-1)^n}{n^2}\cos\frac{n\pi x}{L}$$

(b) 사인 급수라는 것은 $f(x)$가 기함수라는 가정하에 퓨리에 급수를 하는 것이다.

$$b_n=\frac{2}{L}\int_0^L x^2\sin\frac{n\pi}{p}x\,dx$$

$$=\frac{2}{L}\left[-\frac{L}{n\pi}x^2\cos\frac{n\pi x}{L}+2\left(\frac{L}{n\pi}\right)^2x\sin\frac{n\pi x}{L}+2\left(\frac{L}{n\pi}\right)^3\cos\frac{n\pi x}{L}\right]_0^L$$

$$=\frac{2}{L}\left[-\frac{L^3(-1)^n}{n\pi}-2\left(\frac{L}{n\pi}\right)^3\{(-1)^n-1\}\right]$$

$$=\frac{2L^2(-1)^{n+1}}{n\pi}+\frac{4L^2}{n^3\pi^3}\{(-1)^n-1\}$$

$$f(x)=\sum_{n=1}^{\infty}b_n\sin\frac{n\pi}{p}x=\frac{2L^2}{\pi}\sum_{n=1}^{\infty}\frac{(-1)^{n+1}}{n\pi}\sin\frac{n\pi x}{L}+\frac{4L^2}{\pi^3}\sum_{n=1}^{\infty}\frac{\{(-1)^n-1\}}{n^3}\sin\frac{n\pi x}{L}$$

(c) 전체 주기가 L이므로 $\frac{L}{2}$가 주기의 절반이다.

$$a_0=\frac{2}{L}\int_0^L x^2\,dx=\frac{2}{3}L^2$$

$$a_n=\frac{2}{L}\int_0^L x^2\cos\frac{2n\pi}{L}x\ dx=\frac{2}{L}\left[\frac{L}{2n\pi}x^2\sin\frac{2n\pi x}{L}+2\left(\frac{L}{2n\pi}\right)^2x\cos\frac{2n\pi x}{L}-2\left(\frac{L}{2n\pi}\right)^3\sin\frac{2n\pi x}{L}\right]_0^L=\frac{L^2}{n^2\pi^2}$$

$$b_n=\frac{2}{L}\int_0^L x^2\sin\frac{2n\pi}{L}x\,dx=\frac{2}{L}\left[-\frac{L}{2n\pi}x^2\cos\frac{2n\pi x}{L}+2\left(\frac{L}{2n\pi}\right)^2x\sin\frac{2n\pi x}{L}+2\left(\frac{L}{2n\pi}\right)^3\cos\frac{2n\pi x}{L}\right]_0^L=-\frac{L^2}{n\pi}$$

$$f(x)=\frac{1}{3}L^2+\frac{L^2}{\pi^2}\sum_{n=1}^{\infty}\frac{1}{n^2}\cos\frac{2n\pi}{L}x-\frac{L^2}{\pi}\sum_{n=1}^{\infty}\frac{1}{n^2}\sin\frac{2n\pi}{L}x$$

292. 주기가 2π 인 주기함수 $f(x)=\begin{cases} -1 & (-\pi < x < 0) \\ 1 & (\ 0 \le x < \pi) \end{cases}$ 에 대하여 다음을 구하시오.

(1) 퓨리에 급수 $f(x)= a_0 + \sum_{n=1}^{\infty}(a_n \cos nx + b_n \sin nx)$ 에서 b_3을 고르시오.

① 0 ② $\frac{4}{\pi}$ ③ $-\frac{4}{3\pi}$ ④ $\frac{4}{3\pi}$

(2) $f(x)$ 의 퓨리에 급수로 옳은 것을 고르시오.

① $\frac{2}{\pi}\sum_{n=1}^{\infty}\frac{[1-(-1)^n]}{n}\sin nx$ ② $\frac{2}{\pi}\sum_{n=1}^{\infty}\frac{[1-(-1)^n]}{n}\cos nx$

③ $\frac{2}{\pi}\sum_{n=1}^{\infty}\frac{[1-(-1)^n]}{n}(\sin nx + \cos nx)$ ④ $\frac{2}{\pi}\sum_{n=1}^{\infty}\frac{[1-(-1)^n]}{n}e^{nx}$

293. 구간 $-1 < x < 1$에서 정의된 함수 $f(x) = -x$가 $f(x+2) = f(x)$를 만족할 때, 함수 $f(x)$를 퓨리에 급수로 표현한 것은?

① $f(x) = \frac{1}{2\pi}\sum_{n=1}^{\infty}\frac{(-1)^n}{n}\sin n\pi x$ ② $f(x) = \frac{1}{\pi}\sum_{n=1}^{\infty}\frac{1}{n}\cos n\pi x$

③ $f(x) = \frac{1}{2\pi}\sum_{n=1}^{\infty}\frac{(-1)^n}{n}\cos n\pi x$ ④ $f(x) = \frac{2}{\pi}\sum_{n=1}^{\infty}\frac{(-1)^n}{n}\sin n\pi x$

294. 주기가 2π 인 함수 $f(x) = \begin{cases} \pi + x, & -\pi < x < 0 \\ \pi - x, & 0 < x < \pi \end{cases}$의 퓨리에 급수는?

① $\frac{\pi}{2} + \sum_{n=1}^{\infty}\left[\frac{2\{1-(-1)^n\}}{n^2\pi}\right]\cos nx$ ② $\pi + \sum_{n=1}^{\infty}\left[\frac{2\{1-(-1)^n\}}{n^2\pi}\right]\sin nx$

③ $\frac{\pi}{2} + \sum_{n=1}^{\infty}\left\{\frac{2(-1)^{n+1}}{n^2\pi}\right\}\cos nx$ ④ $\frac{\pi}{2} + \sum_{n=1}^{\infty}\left\{\frac{2(-1)^{n+1}}{n^2\pi}\right\}\sin nx$

295. 주기가 2π인 함수 $f(x)=\begin{cases}0, & -\pi<x<0,\\ \sin x, & 0\le x<\pi\end{cases}$ 의 퓨리에 급수를 이용하여, 아래 식의 값을 구하면?

$$1+2\sum_{n=1}^{\infty}\frac{(-1)^{n+1}}{(2n+1)(2n-1)}$$

① $\frac{\pi}{2}$ ② $\frac{\pi}{4}$ ③ $\frac{\pi}{8}$ ④ $\frac{\pi}{16}$

296. 주기가 4인 함수 $f(x)$를 다음과 같이 정의하자.

$$f(x)=\begin{cases}0, & -2<x<0\\ x, & 0\le x<1\\ 1, & 1\le x<2\end{cases}$$

이때, $f(x)$를 아래와 같이 퓨리에 급수로 나타낼 때 $b_n(n\ge 1)$을 바르게 나타낸 것은?

$$f(x)=\frac{1}{2}a_0+\sum_{n=1}^{\infty}\left(a_n\cos\frac{n\pi}{2}x+b_n\sin\frac{n\pi}{2}x\right)$$

① $\frac{2}{n^2\pi^2}\left(\sin\frac{n\pi}{2}+\frac{n\pi}{2}(-1)^n\right)$ ② $\frac{2}{n^2\pi^2}\left(\cos\frac{n\pi}{2}+\frac{n\pi}{2}(-1)^n\right)$

③ $\frac{2}{n^2\pi^2}\left(\sin\frac{n\pi}{2}+\frac{n\pi}{2}(-1)^{n+1}\right)$ ④ $\frac{2}{n^2\pi^2}\left(\cos\frac{n\pi}{2}+\frac{n\pi}{2}(-1)^{n+1}\right)$

필수 예제 92

함수 $f(x) = x + \pi,\ (-\pi < x < \pi)$의 퓨리에 급수를 구하시오.

풀이 $f_1 = \pi,\ f_2 = x$라고 하자.

(i) $f_1(x) = \pi$는 우함수 이므로 코사인전개를 할 수 있다.

$$a_0 = \frac{2}{\pi}\int_0^{\pi} \pi\, dx = 2\pi$$

$$a_n = \frac{2}{\pi}\int_0^{\pi} \pi \cos nx\, dx = \frac{2}{\pi}\cdot \pi \frac{1}{n}\sin nx \Big]_0^{\pi} = 0$$

$$f_1(x) = \frac{a_0}{2} + \sum_{n=1}^{\infty} a_n \cos\frac{n\pi}{p}x = \pi$$

(ii) $f_2(x) = x$는 기함수 이므로 사인전개를 할 수 있다.

$$b_n = \frac{2}{\pi}\int_0^{\pi} x \sin nx\, dx = \frac{2}{\pi}\left[-\frac{1}{n}x\cos nx + \frac{1}{n^2}\sin nx\right]_0^{\pi} = \frac{2}{\pi}\left[\frac{\pi}{n}(-1)^{n+1}\right] = \frac{2(-1)^{n+1}}{n}$$

$$f_2(x) = 2\sum_{n=1}^{\infty}\frac{(-1)^{n+1}}{n}\sin nx$$

따라서 $f(x) = f_1(x) + f_2(x) = \pi + 2\sum_{n=1}^{\infty}\frac{(-1)^{n+1}}{n}\sin nx$이다.

TIP 함수의 합 $f_1 + f_2$의 퓨리에 급수의 계수는 f_1과 f_2 각각의 퓨리에 급수 계수의 합과 같다.
함수 cf의 퓨리에 급수의 계수는 f의 퓨리에 급수에 c를 곱한 것과 같다.

MEMO

3 복소 퓨리에 급수

(1) 구간 $[-p,\ p]$ 에서 정의된 함수 f의 복소 퓨리에 급수

$$f(x)=\sum_{n=-\infty}^{\infty} c_n e^{i\frac{n\pi x}{p}},\ c_n=\frac{1}{2p}\int_{-p}^{p} f(x)\,e^{-i\frac{n\pi x}{p}}\,dx$$

(2) 구간 $[-\pi,\ \pi]$ 에서 정의된 함수 f의 복소 퓨리에 급수

$$f(x)=\sum_{n=-\infty}^{\infty} c_n e^{inx},\ c_n=\frac{1}{2\pi}\int_{-\pi}^{\pi} f(x)\,e^{-inx}\,dx$$

Areum Math Tip

오일러 공식 $e^{ix}=\cos x+i\sin x,\ e^{-ix}=\cos x-i\sin x$이다.

$\Rightarrow \cos x=\dfrac{e^{ix}+e^{-ix}}{2},\ \sin x=\dfrac{e^{ix}-e^{-ix}}{2i}$

$\Rightarrow \cos\dfrac{n\pi x}{p}=\dfrac{e^{i\frac{n\pi x}{p}}+e^{-i\frac{n\pi x}{p}}}{2},\ \sin\dfrac{n\pi x}{p}=\dfrac{e^{i\frac{n\pi x}{p}}-e^{-i\frac{n\pi x}{p}}}{2i}$

$$f(x)=\frac{a_0}{2}+\sum_{n=1}^{\infty} a_n\cos\frac{n\pi}{p}x+\sum_{n=1}^{\infty} b_n\sin\frac{n\pi}{p}x$$

$$=\frac{a_0}{2}+\sum_{n=1}^{\infty} a_n\left(\frac{e^{i\frac{n\pi x}{p}}+e^{-i\frac{n\pi x}{p}}}{2}\right)+\sum_{n=1}^{\infty} b_n\left(\frac{e^{i\frac{n\pi x}{p}}-e^{-i\frac{n\pi x}{p}}}{2i}\right)$$

$$=\frac{a_0}{2}+\frac{1}{2}\sum_{n=1}^{\infty}(a_n-ib_n)e^{i\frac{n\pi x}{p}}+(a_n+ib_n)e^{-i\frac{n\pi x}{p}}=c_0+\sum_{n=1}^{\infty} c_n e^{i\frac{n\pi x}{p}}+c_{-n}e^{-i\frac{n\pi x}{p}}$$

$$c_0=\frac{1}{2p}\int_{-p}^{p} f(x)\,dx$$

$$c_n=\frac{a_n-ib_n}{2}=\frac{1}{2}\left(\frac{1}{p}\int_{-p}^{p} f(x)\cos\frac{n\pi}{p}x\,dx-i\frac{1}{p}\int_{-p}^{p} f(x)\sin\frac{n\pi}{p}x\,dx\right)$$

$$=\frac{1}{2}\left(\frac{1}{p}\int_{-p}^{p} f(x)\left(\cos\frac{n\pi}{p}x-i\sin\frac{n\pi}{p}x\right)dx\right)=\frac{1}{2p}\int_{-p}^{p} f(x)\,e^{-i\frac{n\pi x}{p}}\,dx$$

$$c_{-n}=\frac{a_n+ib_n}{2}=\frac{1}{2}\left(\frac{1}{p}\int_{-p}^{p} f(x)\cos\frac{n\pi}{p}x\,dx+i\frac{1}{p}\int_{-p}^{p} f(x)\sin\frac{n\pi}{p}x\,dx\right)$$

$$=\frac{1}{2}\left(\frac{1}{p}\int_{-p}^{p} f(x)\left(\cos\frac{n\pi}{p}x+i\sin\frac{n\pi}{p}x\right)dx\right)=\frac{1}{2p}\int_{-p}^{p} f(x)\,e^{i\frac{n\pi x}{p}}\,dx$$

모든 정수에 대하여 c_0, c_n, c_{-n}을 한꺼번에 $c_n=\dfrac{1}{2p}\displaystyle\int_{-p}^{p} f(x)\,e^{-i\frac{n\pi x}{p}}\,dx$ 으로 정의할 수 있다.

따라서 복소 퓨리에 급수 $f(x)=c_0+\displaystyle\sum_{n=1}^{\infty} c_n e^{i\frac{n\pi x}{p}}+c_{-n}e^{-i\frac{n\pi x}{p}}=\sum_{n=-\infty}^{\infty} c_n e^{i\frac{n\pi x}{p}}$ 이 성립한다.

필수 예제 93

함수 $f(x)=e^{-x},\ -\pi<x<\pi$를 복소 퓨리에 급수로 전개하시오.

풀이

$$c_n=\frac{1}{2\pi}\int_{-\pi}^{\pi}f(x)e^{-inx}\,dx=\frac{1}{2\pi}\int_{-\pi}^{\pi}e^{-x}e^{-inx}\,dx=\frac{1}{2\pi}\int_{-\pi}^{\pi}e^{-(in+1)x}\,dx$$

$$=\frac{-1}{2\pi(in+1)}\left[e^{-(in+1)x}\right]_{-\pi}^{\pi}$$

$$=\frac{-1}{2\pi(in+1)}\left[e^{-(in+1)\pi}-e^{(in+1)\pi}\right]$$

$$=\frac{1}{2\pi(in+1)}\left[e^{in\pi+\pi}-e^{-in\pi-\pi}\right]$$

$$=\frac{1}{2\pi(in+1)}\left[e^{\pi}(\cos n\pi+i\sin n\pi)-e^{-\pi}(\cos n\pi-i\sin n\pi)\right]$$

$$=\frac{(-1)^n}{2\pi(in+1)}\left[e^{\pi}-e^{-\pi}\right]=\frac{\sinh\pi}{\pi}\cdot\frac{(-1)^n}{in+1}=\frac{\sinh\pi}{\pi}\cdot\frac{(-1)^n(1-in)}{1+n^2}$$

$$\therefore f(x)=\sum_{n=-\infty}^{\infty}c_n e^{inx}=\frac{\sinh\pi}{\pi}\sum_{n=\infty}^{\infty}\frac{(-1)^n(1-in)}{1+n^2}e^{inx}$$

297. **주기적인 네모파 $f(x)$를 복소 퓨리에 급수로 전개하시오.**

$$f(x)=\begin{cases}0 & \left(-\frac{1}{2}<x<-\frac{1}{4}\right)\\ 1 & \left(-\frac{1}{4}<x<\frac{1}{4}\right)\\ 0 & \left(\frac{1}{4}<x<\frac{1}{2}\right)\end{cases}$$

4 퓨리에 적분과 변환

1 퓨리에 적분에 의한 $f(x)$ 의 표현

퓨리에 급수는 주기함수에만 연관 지을 수 있었다면 퓨리에 적분은 비주기함수를 나타내는 방법이다.

실수에서 정의된 함수 $f(x)$ 를 퓨리에 적분으로 표현할 때, 다음과 같이 정의한다.

$$f(x) = \frac{1}{\pi}\int_0^{\infty} [A(\alpha)\cos(\alpha x) + B(\alpha)\sin(\alpha x)]d\alpha$$

$$A(\alpha) = \int_{-\infty}^{\infty} f(x)\cos(\alpha x)dx\ ,\quad B(\alpha) = \int_{-\infty}^{\infty} f(x)\sin(\alpha x)dx$$

2 퓨리에 코사인 적분과 사인 적분

$f(x)$ 가 퓨리에 적분표현식을 가지며, 우함수식이면 $B(w)=0$ 이고, 기함수이면 $A(w)=0$ 이다.

(1) 퓨리에 코사인 적분

$$f(x) = \frac{2}{\pi}\int_0^{\infty} A(\alpha)\cos(\alpha x)d\alpha\ ,\quad A(\alpha) = \int_0^{\infty} f(x)\cos(\alpha x)dx$$

(2) 퓨리에 사인 적분

$$f(x) = \frac{2}{\pi}\int_0^{\infty} B(\alpha)\sin(\alpha x)d\alpha\ ,\quad B(\alpha) = \int_0^{\infty} f(x)\sin(\alpha x)dx$$

MEMO

필수 예제 94

실수에서 정의된 함수 $f(x)=\begin{cases}0, x<-\pi, \\ 1, -\pi \le x<0 \\ 2, 0 \le x \le \pi \\ 0, x>\pi\end{cases}$를 이와 같이 정의하자. 이때, $f(x)$를 아래와 같이 퓨리에 적분으로 나타낼 때 $A(\alpha)$와 $B(\alpha)$가 바르게 짝지어진 것은?

$$f(x)=\frac{1}{\pi}\int_0^{\infty}[A(\alpha)\cos\alpha x+B(\alpha)\sin\alpha x]d\alpha,$$
$$A(\alpha)=\int_{-\infty}^{\infty}f(x)\cos\alpha x\,dx,\ B(\alpha)=\int_{-\infty}^{\infty}f(x)\sin\alpha x\,dx$$

풀이 $A(\alpha)=\int_{-\infty}^{\infty}f(x)\cos\alpha x\,dx=\int_{-\pi}^{0}\cos\alpha x\,dx+\int_0^{\pi}2\cos\alpha x\,dx=\left[\frac{\sin\alpha x}{\alpha}\right]_{-\pi}^{0}+\left[\frac{2\sin\alpha x}{\alpha}\right]_0^{\pi}=\frac{3\sin\alpha\pi}{\alpha}$

$B(\alpha)=\int_{-\infty}^{\infty}f(x)\sin\alpha x\,dx=\int_{-\pi}^{0}\sin\alpha x\,dx+\int_0^{\pi}2\sin\alpha x\,dx$

$=\left[-\frac{\cos\alpha x}{\alpha}\right]_{-\pi}^{0}+\left[-\frac{2\cos\alpha x}{\alpha}\right]_0^{\pi}=\frac{1-\cos\alpha\pi}{\alpha}$

09 | 퓨리에 급수

298. 다음 함수 $f(x)=\begin{cases}1 & (|x|<1) \\ 0 & (|x|>1)\end{cases}$의 퓨리에 적분 표현을 구하시오.

299. 함수 $f(x)=\begin{cases}\frac{\pi}{2}\sin x, & -\pi \le x \le \pi \\ 0 \quad, & x<-\pi \text{ 또는 } x>\pi\end{cases}$ 의 퓨리에 적분을 구하시오.

필수 예제 95

실수에서 정의된 함수 $f(x)$의 퓨리에 변환을 $\hat{f}(\omega)=\dfrac{1}{\sqrt{2\pi}}\displaystyle\int_{-\infty}^{\infty} f(x)e^{-i\omega x}dx$와 같이 정의한다.

이 때, 주어진 함수 $f(x)=\begin{cases} e^{-ax} & (x>0) \\ 0 & (x<0) \end{cases}$ (단, $a>0$)의 퓨리에 변환을 구하시오.

풀이

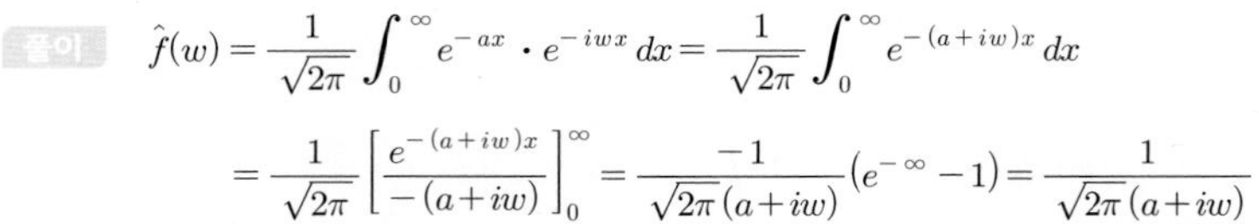

$$\hat{f}(w)=\frac{1}{\sqrt{2\pi}}\int_0^{\infty} e^{-ax}\cdot e^{-iwx}\,dx=\frac{1}{\sqrt{2\pi}}\int_0^{\infty} e^{-(a+iw)x}\,dx$$

$$=\frac{1}{\sqrt{2\pi}}\left[\frac{e^{-(a+iw)x}}{-(a+iw)}\right]_0^{\infty}=\frac{-1}{\sqrt{2\pi}(a+iw)}(e^{-\infty}-1)=\frac{1}{\sqrt{2\pi}(a+iw)}$$

300. 실수에서 정의된 함수 $f(x)$의 퓨리에 변환을 아래와 같이 정의한다. 이 때, 주어진 함수의 퓨리에 변환을 구하시오.

$$\hat{f}(\omega)=\frac{1}{\sqrt{2\pi}}\int_{-\infty}^{\infty} f(x)e^{-i\omega x}dx$$

(1) $f(x)=e^{-|x|}\ (-\infty<x<\infty)$

(2) $f(x)=\begin{cases} |x| & (-1<x<1) \\ 0 & (\text{그 외}) \end{cases}$

MEMO

선배들의 이야기 ++

어렵다고 생각하면 어려울 거예요
하지만 생각보다 해볼 만한 도전입니다

저는 고등학교 때까진 제가 당연히 인서울을 할 줄 알았습니다. 그런데 지방대를 가게 되면서 충격을 받고 반수를 했습니다. 하지만 또 한 번 실패를 했습니다. 결국 복학하여 편입을 시작하게 되었습니다.

저는 고등학교 때도 수학을 잘하는 편이 아니어서, 편입수학을 처음 접했을 때 매우 겁을 먹었습니다. 하지만 한아름 선생님은 어려운 개념도 이해하기 쉽게 설명해주셔서 잘 따라갈 수 있었습니다.

인강을 수강할 땐 대부분 학생들이 빠르기를 2로 해서 한 번에 많은 양을 듣습니다. 저 또한 한번에 5개씩 들었습니다. 그런데 다음날 복습을 하려고 하면 생각이 안 나는 부분이 생겼고 필기할 것을 놓치기도 했습니다. 하나의 인강을 듣고 바로 복습한 후 다음 인강을 듣는 게 누적 복습이 되어서 도움이 될 것입니다.

저는 현장 강의도 들었는데 인강보다 더 집중이 잘 되었습니다. 또한 저는 주말반을 들었는데 평일에 꼭 3번 이상 누적 복습을 했습니다. 편입수학은 양이 많기 때문에 아무리 보고 또 봐도 계속 까먹기 때문에 여러 번 반복하는 것이 중요합니다.

편입을 준비하시는 분들을 보면 모두 개인마다 각자의 사정이 있습니다. 절박함을 느껴서 준비하시는 분들이 많을 것입니다. 합격과 불합격을 떠나서 현재에 안주하지 않고 끊임없이 도전하시는 분들이기 때문에 모두가 정말 멋지고 대단합니다.

편입은 어렵다고 생각하면 어려울 것입니다. 그러나 제가 해본 결과, 생각보다 해볼 만한 도전입니다, 모두들 열심히 하셔서 새로운 학교에서 새 삶을 시작하는 기분을 꼭 느끼셨으면 좋겠습니다.

저는 중간에 포기하고 싶은 순간도 많았고 많이 울기도 했습니다. 그때마다 합격수기를 쓰는 상상을 하면서 버텼어요. 여러분들도 꼭 합격수기를 쓰는 주인공이 되셨으면 좋겠습니다. 파이팅!

- 황현주(서울시립대학교 전자전기컴퓨터공학과)

★★★★★
편입수학
전국 1타 강사
10년 결정체

Areum Math series 04

한아름 편저

편입수학은 한아름

④ 공학수학

★★★ 고득점 합격 핵심전략 노하우 완전 공개
★★★ 편입에 성공한 선배들의 합격수기 수록

정답 및 해설

미다스북스

정답 및 해설

1. 미분방정식의 소개

1. 풀이 참조

풀이 (1) $y=\frac{x^4}{16} \Rightarrow \frac{dy}{dx}=\frac{1}{4}x^3$ 이고

$xy^{1/2}=x\left(\frac{x^4}{16}\right)^{\frac{1}{2}}=x\left(\frac{x^2}{4}\right)=\frac{1}{4}x^3$ 이므로

$\frac{dy}{dx}=xy^{1/2}$ 를 만족한다.

따라서 $y=\frac{x^4}{16}$ 은 주어진 미분방정식 $\frac{dy}{dx}=xy^{\frac{1}{2}}$ 의 해이다.

(2) $y=xe^x$ 에서 $y'=e^x+xe^x$, $y''=2e^x+xe^x$ 이므로
이를 주어진 미분방정식 $y''-2y'+y=0$에 대입하면
$y''-2y'+y=2e^x+xe^x-2(e^x+xe^x)+xe^x=0$을
만족한다. 따라서 $y=xe^x$ 은 주어진 미분방정식
$y''-2y'+y=0$의 해이다.

2. 변수분리 미분방정식

2. $y=\frac{e^x}{x+2+Ce^x}$

풀이 $\frac{dy}{dx}=(x+1)e^{-x}y^2$ 이므로 $\frac{1}{y^2}dy=(x+1)e^{-x}dx$

$$\int \frac{1}{y^2}dy=\int (x+1)e^{-x}dx$$

$$-\frac{1}{y}=-(x+1)e^{-x}-e^{-x}+C_1$$

$$\frac{1}{y}=(x+1)e^{-x}+e^{-x}-C_1=(x+2)e^{-x}+C$$

$$\therefore y=\frac{1}{(x+2)e^{-x}+C}=\frac{e^x}{x+2+Ce^x}$$

3. $y=5.7e^{3x}$

풀이 $\frac{dy}{dx}=3y \Leftrightarrow dy=3ydx$

$$\frac{1}{y}dy=3dx$$

$$\int \frac{1}{y}dy=\int 3dx \Leftrightarrow \ln y=3x+C$$

$y=e^{3x+C}=Ae^{3x}$; $e^C=A$

초깃값 $y(0)=5.7$을 대입하면 $y=5.7e^{3x}$

4. $\sqrt[4]{2e-1}$

풀이 $y^3\frac{dy}{dx}=\frac{y^4+1}{4}$ 이므로 $\frac{y^3}{y^4+1}dy=\frac{1}{4}dx$

$$\int \frac{y^3}{y^4+1}dy=\int \frac{1}{4}dx$$

$$\Rightarrow \frac{1}{4}\ln(y^4+1)=\frac{1}{4}x+C$$

$$\Rightarrow \ln(y^4+1)=x+C_1$$

$\Rightarrow y^4+1=e^{x+C_1}$ $(e^{C_1}=A)$

$\Rightarrow y^4=Ae^x-1$ (초깃값 $f(0)=1$을 대입하면 $A=2$)

$\Rightarrow y^4=2e^x-1$

($y=\pm\sqrt[4]{2e^x-1}$ 이지만 초기조건을 통해 $y=\sqrt[4]{2e^x-1}$)

$\therefore f(1)=\sqrt[4]{2e-1}$

TIP 초깃값이 없으면 둘 다 일반해이다. $\begin{cases} y=(Ae^x-1)^{\frac{1}{4}} \\ y=-(Ae^x-1)^{\frac{1}{4}} \end{cases}$

5. $\frac{1}{e}$

풀이 주어진 식을 통해서 $f'(x) = -f(x)$, $f(0) = 1$

$y' = ky$일 때, $y = Ae^{kx}$ 이므로

$y = Ae^{-x} \Rightarrow y = e^{-x}\ (\because f(0) = 1)$

$\therefore f(1) = \frac{1}{e}$

6. $-\frac{1}{3}$

풀이 $(1+x^2)dy = -(1+y^2)dx$

$\frac{1}{1+y^2}dy = -\frac{1}{1+x^2}dx$

$\int \frac{1}{1+y^2}dy = \int -\frac{1}{1+x^2}dx$

$\tan^{-1}y = -\tan^{-1}x + C$

$y = \tan(-\tan^{-1}x + C)$

$= \tan\left(-\tan^{-1}x + \frac{\pi}{4}\right)(\because y(0) = 1)$

$= \tan\left(\frac{\pi}{4} - \tan^{-1}x\right)$

삼각함수의 덧셈정리를 이용하면

$= \dfrac{\tan\left(\frac{\pi}{4}\right) - \tan(\tan^{-1}x)}{1 + \tan\left(\frac{\pi}{4}\right)\cdot\tan(\tan^{-1}x)} = \frac{1-x}{1+x}$

$\therefore y(2) = -\frac{1}{3}$

7. $y = \sqrt[3]{3x^2+61}$

풀이 $\frac{dy}{dx} = \frac{2x}{y^2} \Rightarrow y^2dy = 2xdx$

$\int y^2dy = \int 2xdx$

$\frac{1}{3}y^3 = x^2 + C \Rightarrow y^3 = 3x^2 + C_1$

$y^3 = 3x^2 + 61(\because f(1) = 4)$

$\therefore y = \sqrt[3]{3x^2+61}$

TIP $3x^2 - y^3 = 61$, $3x^2 - y^3 + 61 = 0$도 보기에 제시될 수 있다.

8. $\frac{e^3}{2}$

풀이 $xdy + ydx = 2x^2ydx$

$xdy = y(2x^2-1)dx$

$\frac{1}{y}dy = \frac{2x^2-1}{x}dx$

$\int \frac{1}{y}dy = \int \frac{2x^2-1}{x}dx$

$\ln y = x^2 - \ln x + C$

$\ln y = x^2 - \ln x - 1\ (\because y(1) = 1)$

$e^{\ln y} = y = e^{x^2 - \ln x - 1}$

$y(2) = e^{4 - \ln 2 - 1} = e^{3 - \ln 2} = \frac{e^3}{2}$

9. $e^y + ye^{-y} + e^{-y} = -2\cos x + 4$

풀이 $\cos x(e^{2y} - y)\frac{dy}{dx} = e^y \sin 2x$

$\Rightarrow \frac{e^{2y} - y}{e^y}dy = \frac{\sin 2x}{\cos x}dx$

$\Rightarrow (e^y - ye^{-y})dy = 2\sin x dx$

$\Rightarrow \int (e^y - ye^{-y})dy = \int 2\sin x dx$

$\Rightarrow e^y + ye^{-y} + e^{-y} = -2\cos x + C$

초기값 $y(0) = 0$을 대입하면 $2 = -2 + C \Rightarrow C = 4$이므로

주어진 미분방정식의 해는 $e^y + ye^{-y} + e^{-y} = -2\cos x + 4$

10. (1) $x^2 + y^2 = c$　　(2) $\frac{x-y}{xy} = c$

(3) $y = -\frac{1}{x+c}$　　(4) $2x^3 + \frac{3}{y^2} = c$

풀이 (1) 주어진 식을 변형하면 $ydy + xdx = 0$ 이므로 변수분리형 미분방정식이다. 따라서 일반해는

$\int ydy + \int xdx = \int 0dx$

$\Leftrightarrow \frac{1}{2}y^2 + \frac{1}{2}x^2 = c'$($c'$은 임의의 상수)

$\therefore x^2 + y^2 = c$

(2) 주어진 식을 변형하면 $\frac{dy}{y^2} = \frac{dx}{x^2} \Leftrightarrow \frac{dx}{x^2} - \frac{dy}{y^2} = 0$

이므로 일반해는 $\int \frac{1}{x^2}dx - \int \frac{1}{y^2}dy = \int 0dx$

즉, $-\frac{1}{x} + \frac{1}{y} = c'$($c'$은 임의의 상수)

$\therefore \dfrac{x-y}{xy}=c$

(3) $\dfrac{1}{y^2}dy=dx \Leftrightarrow dx-\dfrac{1}{y^2}dy=0$

이므로 변수분리형 미분방정식이다. 따라서 일반해는

$\int dx-\int \dfrac{1}{y^2}dy=\int 0dx$

$\Leftrightarrow x+\dfrac{1}{y}=c'$($c'$은 임의의 상수)

$\Leftrightarrow \dfrac{xy+1}{y}=c'$

$\Leftrightarrow xy+1=c'y$

$\Leftrightarrow xy+cy=-1$

$\therefore y=-\dfrac{1}{x+c}$

(4) $\dfrac{dy}{dx}=x^2y^3 \Leftrightarrow x^2dx-\dfrac{1}{y^3}dy=0$

이므로 변수분리형 미분방정식이다. 따라서 일반해는

$\int x^2dx-\int \dfrac{1}{y^3}dy=c'$

$\Leftrightarrow \dfrac{1}{3}x^3+\dfrac{1}{2y^2}=c'$($c'$은 임의의 상수)

$\therefore 2x^3+\dfrac{3}{y^2}=c$

11. ①

풀이 주어진 $f(y)$의 그래프를 통해 y는 $1, 3, 5$에서 임계점을 갖는다.
$f'(1)<0$이므로 $y=1$에서 안정이고,
$f'(3)>0$이므로 $y=3$에서 불안정, $f'(5)<0$이므로 안정이다.
따라서 $y=3$만 불안정이다.

12. 풀이 참조

풀이 (1) $\dfrac{dy}{dx}=f(y)=y^2-3y$의 임계점은 $y=0, 3$이다.

$f'(y)=2y-3$이고, $f'(0)<0$, $f'(3)>0$이므로
$y=0$에서 안정, $y=3$에서 불안정이다.

(2) $\dfrac{dy}{dx}=f(y)=(y-2)^4$의 임계점은 $y=2$이다.

$f'(y)=4(y-2)^3$이고 $f'(2)=0$이므로
$y=2$에서 준안정적이다.

(3) $\dfrac{dy}{dx}=f(y)=y^2(4-y^2)=4y^2-y^4$의 임계점은

$y=-2, 0, 2$이다.
$f'(y)=8y-4y^3$, $f'(-2)>0$, $f'(0)=0$, $f'(2)<0$이므로
$y=-2$는 불안정, $y=0$은 준안정적, $y=2$는 안정이다.

(4) $\dfrac{dy}{dx}=f(y)=y\ln(y+2)$의 임계점은 $y=-1, 0$이다.

$f'(y)=\ln(y+2)+\dfrac{y}{y+2}$이고, $f'(-1)<0$, $f'(0)>0$
이므로 $y=-1$에서 안정, $y=0$에서 불안정이다.

3. 동차형 미분방정식

13. $y^3=3x^3\ln|x|+Cx^3$

풀이 $y'=\dfrac{x^3}{xy^2}+\dfrac{y^3}{xy^2}=\left(\dfrac{x}{y}\right)^2+\dfrac{y}{x}$

$\dfrac{y}{x}=u$로 치환하면 $y=xu,\ y'=u+xu'$

식에 대입하면,

$u+xu'=\dfrac{1}{u^2}+u \Leftrightarrow x\dfrac{du}{dx}=\dfrac{1}{u^2}$

$\Rightarrow u^2du=\dfrac{1}{x}dx \Leftrightarrow \int u^2du=\int \dfrac{1}{x}dx$

$\dfrac{1}{3}u^3=\ln|x|+C_1$

$u^3=3\ln|x|+C$

$\dfrac{y^3}{x^3}=3\ln|x|+C$

$\therefore y^3=3x^3\ln|x|+Cx^3$

14. $y^2=5x^3-x^2$

풀이 $y'=\dfrac{3y^2+x^2}{2xy}=\dfrac{3y}{2x}+\dfrac{x}{2y}$

$\dfrac{y}{x}=u$로 치환하면 $y=xu,\ y'=u+xu'$

$\Rightarrow u+xu'=\dfrac{3}{2}u+\dfrac{1}{2u}$

$\Rightarrow u+x\dfrac{du}{dx}=\dfrac{3}{2}u+\dfrac{1}{2u}$

$\Rightarrow xdu=\left(\dfrac{1}{2}u+\dfrac{1}{2u}\right)dx$

$\Rightarrow \dfrac{2u}{u^2+1}du=\dfrac{1}{x}dx$

$\Rightarrow \ln(u^2+1)=\ln|x|+C$

$\Rightarrow u^2+1=e^{\ln|x|+C}$

$\Rightarrow \dfrac{y^2}{x^2}=e^{\ln|x|+C}-1$

$\Rightarrow y^2=x^2e^{\ln|x|+C}-x^2$

x의 범위가 $(0,\infty)$이므로 $e^{\ln|x|}=x$이다.

$4=e^c-1(\because f(1)=2) \Rightarrow e^c=5$

$\therefore y^2=5x^3-x^2$

15. $x^2-y^2=Cx$

풀이 $y'=\dfrac{x^2+y^2}{2xy}=\dfrac{x}{2y}+\dfrac{y}{2x}$

$\dfrac{y}{x}=u$로 치환하면 $y=xu$이고 $y'=u+xu'$이다.

$\Rightarrow u+xu'=\dfrac{1}{2u}+\dfrac{1}{2}u$

$\Rightarrow u+x\dfrac{du}{dx}=\dfrac{1}{2u}+\dfrac{1}{2}u$

$\Rightarrow xdu=\left(-\dfrac{1}{2}u+\dfrac{1}{2u}\right)dx$

$\Rightarrow xdu=\dfrac{1-u^2}{2u}dx$

$\Rightarrow \dfrac{2u}{1-u^2}du=\dfrac{1}{x}dx$

$\Rightarrow -\ln|1-u^2|=\ln|x|+C_1$

$\Rightarrow \ln|x|+\ln|1-u^2|=C_2$

$\Rightarrow \ln|x(1-u^2)|=C_2=\ln C$

$\Rightarrow x(1-u^2)=C$

$\Rightarrow x\left(1-\dfrac{y^2}{x^2}\right)=C$

$\Rightarrow x^2-y^2=Cx$

16. 풀이 참조

풀이 $-2x+y=u \Rightarrow -2+y'=u' \Rightarrow y'=u'+2$

$\dfrac{dy}{dx}=(-2x+y)^2-7$에 대입하면 $u'+2=u^2-7$

$u'=u^2-9 \Leftrightarrow \dfrac{du}{dx}=u^2-9 \Leftrightarrow \dfrac{1}{u^2-9}du=dx$

$\dfrac{1}{6}\left(\dfrac{1}{u-3}-\dfrac{1}{u+3}\right)du=dx$

$\int \dfrac{1}{6}\left(\dfrac{1}{u-3}-\dfrac{1}{u+3}\right)du=\int dx$

$\dfrac{1}{6}(\ln|u-3|-\ln|u+3|)=x+C$

$\ln\left|\dfrac{u-3}{u+3}\right|=6x+C_1$

$\left|\dfrac{u-3}{u+3}\right|=e^{6x+C_1} \Rightarrow \dfrac{u-3}{u+3}=Be^{6x}$

$y(0)=0(x=0, y=0$일 때, $u=0)$을 대입하면 $B=-1$

$\dfrac{u-3}{u+3}=-e^{6x} \Rightarrow 1-\dfrac{6}{u+3}=-e^{6x}$

$u+3=\dfrac{6}{1+e^{6x}} \Rightarrow -2x+y+3=\dfrac{6}{1+e^{6x}}$

$$\therefore y = \frac{6}{1+e^{6x}} + 2x - 3$$

17. 풀이 참조

풀이 (1) $u = x - y$라 하고 양변을 x에 관하여 미분하면

$1 - y' = u'$ 즉, $y' = 1 - u'$이 된다.

이 식을 주어진 미분방정식에 대입하면

$$1 - u' = u^2 \Leftrightarrow \frac{du}{1-u^2} = dx \Leftrightarrow dx - \frac{1}{1-u^2}du = 0$$

변수분리형 미분방정식이 되므로

일반해는 $x + \frac{1}{2}\ln\frac{1-u}{u+1} = c'$이다.

즉, $\frac{1}{2}\ln\frac{1-u}{u+1} = -x + c' \Leftrightarrow \ln\frac{1-u}{u+1} = -2x + c''$

$$\Leftrightarrow \frac{1-u}{u+1} = ce^{-2x}$$

$u = x - y$를 대입하면 $\frac{1-x+y}{x-y+1} = ce^{-2x}$

(2) $u = x + y + 3$이라 하고 양변을 x에 관하여 미분하면

$u' = 1 + y'$ 즉, $y' = u' - 1$이 된다.

이 식을 주어진 미분방정식에 대입하면 $u' - 1 = u^2$이다.

따라서 $\frac{du}{dx} = u^2 + 1 \Leftrightarrow du = (u^2+1)dx$

$$\Leftrightarrow dx - \frac{1}{u^2+1}du = 0$$ 이다.

양변을 적분하면 $x - \tan^{-1}u = c'$이므로

$u = \tan(x+c)$ 즉,

$x + y + 3 = \tan(x+c) \Leftrightarrow y = -x + \tan(x+c) - 3$

(3) $(x-y+3)dx - (2x-2y+5)dy = 0$

$$\Leftrightarrow (2x-2y+5)\frac{dy}{dx} = x - y + 3$$

$x - y + 3 = u$로 치환하면

$1 - y' = u' \Rightarrow y' = 1 - u'$이므로

$$(2x-2y+5)\frac{dy}{dx} = x - y + 3 \Rightarrow (2u-1)(1-u') = u$$

$$\Rightarrow (2u-1)u' = u - 1$$

$$\Rightarrow \left(\frac{2u-1}{u-1}\right)du = dx$$

변수분리형 미분방정식이 되었다. 양변을 적분하면

$$\int\left(2 + \frac{1}{u-1}\right)du = \int dx \Rightarrow 2u + \ln(u-1) = x + c_1$$

$x - y + 3 = u$를 대입하면

$2(x-y+3) + \ln(x-y+2) = x + c_1$

$\Rightarrow 2(x-y) + \ln(x-y+2) = x + c$

4. 완전미분방정식 & 적분인자

18. ㄱ, ㄴ, ㄹ (3개)

풀이 ㄱ. $M_y = N_x = 1$이므로 완전미분방정식이다.

미분방정식의 해는 $e^x + xy + ye^y - e^y = C$이다.

ㄴ. $M_y = N_x = 6xe^{3y}$이므로 완전미분방정식이다.

미분방정식의 해는 $x^2e^{3y} + e^x - \frac{1}{3}y^3 = C$이다.

ㄷ. $M_y = 2x\sinh y$, $N_x = -2x\sinh y$

$M_y \neq N_x$이므로 완전미분방정식이 아니다.

ㄹ. $M_y = N_x = 2e^{2y} + xy\sin(xy)$이므로

완전미분방정식이다.

미분방정식의 해는 $xe^{2y} - \sin xy = C$이다.

19. $xe^{2y} - \sin(xy) + y^2 = C$

풀이 $M_y = N_x$가 성립하므로 주어진 식은 완전미분방정식이다.

$$f(x, y) = \int e^{2y} - y\cos(xy)dx$$
$$= \int 2xe^{2y} - x\cos(xy) + 2ydy$$
$$= xe^{2y} - \sin(xy) + A(y)$$
$$= xe^{2y} - \sin(xy) + y^2 + B(x)$$
$$\therefore xe^{2y} - \sin(xy) + y^2 = C$$

20. ①

풀이 $P_y = Q_x = -\sin(x+y)$

$f(x, y) = \sin(x+y) + 2y + C = 0$

$f(1) = -1$ 이므로 $C = 2$

$$f\left(-\frac{\pi}{6} + \frac{3}{4}\right) = \sin\left(-\frac{\pi}{6} + \frac{3}{4} + y\right) + 2y + 2 = 0$$

①, ②, ③, ④를 대입하여 답을 찾는다. 답은 ① $-\frac{3}{4}$이다.

21. x

풀이 $P_y = 4y$, $Q_x = 2y$이므로 $\frac{P_y - Q_x}{Q} = \frac{4y-2y}{2xy} = \frac{1}{x}$

$\therefore e^{\ln x} = x$

미분방정식에 적분인자를 곱하면
$(2xy^2+3x^2)dx+(2x^2y)dy=0$인 완전미분방정식이 된다.
미분방정식의 해는 $x^2y^2+x^3=C$이다.

22. $\frac{1}{2}x^2y^4+\frac{1}{2}y^6-5y^4=C$

풀이 $P_y=x,\ Q_x=4x \Rightarrow \dfrac{Q_x-P_y}{P}=\dfrac{3x}{xy}=\dfrac{3}{y}$

$e^{\int \frac{3}{y}dy}=e^{3\ln y}=y^3$
양변에 적분인자를 곱한 완전미분방정식
$(xy^4)dx+(2x^2y^3+3y^5-20y^3)dy=0$의 해는
$\frac{1}{2}x^2y^4+\frac{1}{2}y^6-5y^4=C$이다.

23. $\frac{1}{2}e^xy^2+ye^{2x}=C$

풀이 주어진 식에서 양변에 dx를 곱해서 식을 정리하자.
$\left(\dfrac{y^2}{2}+2ye^x\right)dx+(y+e^x)dy=0$
여기서 $P=\dfrac{y^2}{2}+2ye^x,\ Q=y+e^x$로 둔다.
그러면 $P_y=y+2e^x,\ Q_x=e^x$이다. 적분인자를 구한다.
$\dfrac{P_y-Q_x}{Q}=1$이므로 적분인자는 $e^{\int 1dx}=e^x$이다.
적분인자를 곱하면 완전미분방정식이 되고
$(\frac{1}{2}y^2e^x+2ye^{2x})dx+(e^xy+e^{2x})dy=0$의 해를 구하면
$\frac{1}{2}e^xy^2+ye^{2x}=C$이다.

24. $\sqrt[3]{2}$

풀이 $P_y=2x,\ Q_x=4x \Rightarrow \dfrac{Q_x-P_y}{P}=\dfrac{2x}{2xy}=\dfrac{1}{y}$

$e^{\int \frac{1}{y}dy}=y$이므로 주어진 미분방정식에 적분인자 y를 곱한다.
$P=2xy$에서 적분인자 y를 곱하면 $2x^2y$가 되고
$Q=2x^2+3y$에서 적분인자 y를 곱하면
완전미분방정식 $2xy^2dx+(2x^2y+3y^2)dy=0$이 된다.
해를 구하면 $x^2y^2+y^3=C$이고,
$x=1,\ y=1$를 대입하면 $C=2$이다.

해 $x^2y^2+y^3=2$에 대하여 $x=0$이면 $y=\sqrt[3]{2}$이다.

25. ③

풀이 $xydx+(2x^2+3y^2-20)dy=0$은

$$\frac{\frac{\partial}{\partial x}(2x^2+3y^2-20)-\frac{\partial}{\partial y}(xy)}{xy}=\frac{4x-x}{xy}=\frac{3}{y}$$ 이므로

적분인자가 $\lambda(y)=e^{\int \frac{3}{y}dy}=e^{3\ln y}=y^3$이다.
따라서 양변에 y^3을 곱하면
$xy^4dx+(2x^2y^3+3y^5-20y^3)dy=0$
완전미분방정식이 되므로
미분방정식 $xy^4dx+(2x^2y^3+3y^5-20y^3)dy=0$의 일반해는
$\frac{1}{2}x^2y^4+\frac{1}{2}y^6-5y^4=C \Leftrightarrow x^2y^4+y^6-10y^4=C$이다.

5. 1계 선형미분방정식

26. ③

풀이 $y'+\frac{3}{x}y=-\frac{5}{x}$

$p(x)=\frac{3}{x},\ q(x)=-\frac{5}{x}$로 둔다.

$$y=e^{-\int\frac{3}{x}dx}\left[\int-\frac{5}{x}e^{\int\frac{3}{x}dx}dx+C\right]$$
$$=e^{-3\ln x}\left[\int-\frac{5}{x}e^{3\ln x}dx+C\right]$$
$$=\frac{1}{x^3}\left[\int-5x^2dx+C\right]$$
$$=\frac{1}{x^3}\left[-\frac{5}{3}x^3+C\right]$$
$$=-\frac{5}{3}+\frac{C}{x^3}$$

27. $\frac{1}{2}(x+1)^5-\frac{1}{2}(x+1)^3$

풀이 $p(x)=-\frac{3}{x+1},\ q(x)=(x+1)^4$

$$y=e^{-\int p(x)dx}\left[\int q(x)e^{\int p(x)dx}dx+C\right]$$
$$=(x+1)^3\left[\int(x+1)^4\frac{1}{(x+1)^3}dx+C\right]$$
$$=\frac{1}{2}(x+1)^5+C(x+1)^3$$

$y(0)=0$이므로 $C=-\frac{1}{2}$

$\therefore\frac{1}{2}(x+1)^5-\frac{1}{2}(x+1)^3$

28. e^2-e

풀이 $p(x)=-2,\ q(x)=e^x$로 둔다.

$$y=e^{\int 2dx}\left[\int e^xe^{-\int 2dx}dx+C\right]$$
$$=e^{2x}\left[\int e^{-x}dx+C\right]$$
$$=e^{2x}(-e^{-x}+C)$$
$$=-e^x+Ce^{2x}$$

$y(0)=0$를 대입하면 $C=1$

$y=-e^x+e^{2x}$

$\therefore y(1)=-e+e^2$

29. 14

풀이 $xy'-y=2x^2,\ y'-\frac{1}{x}y=2x$

$p(x)=-\frac{1}{x},\ q(x)=2x$로 둔다.

$$y=e^{\int\frac{1}{x}dx}\left[\int 2xe^{-\int\frac{1}{x}dx}dx+C\right]$$
$$=x\left[\int 2x\frac{1}{x}dx+C\right]$$
$$=x(2x+C)$$
$$=2x^2+Cx$$

$y(1)=5$이므로 $C=3$

$\therefore y=2x^2+3x,\ y(2)=14$

30. (1) $y=x-1+ce^{-x}$ (2) $y=\frac{1}{2}x^2e^{-x}+ce^{-x}$

(3) $y=x+c\sqrt{1+x^2}$ (4) $y=\frac{1}{2}x^3+cx$

풀이 (1) $P(x)=1,\ Q(x)=x$이므로

$$y=e^{-\int dx}\left[\int xe^{\int dx}dx+c\right]$$
$$=e^{-x}\left(\int xe^xdx+c\right)$$
$$=e^{-x}(xe^x-e^x+c)$$

$\therefore y=x-1+ce^{-x}$

(2) $P(x)=1,\ Q(x)=xe^{-x}$이므로

$$y=e^{-\int dx}\left[\int xe^{-x}e^{\int dx}dx+c\right]$$
$$=e^{-x}\left[\int xe^{-x}e^xdx+c\right]$$
$$=e^{-x}\left[\int xdx+c\right]$$
$$=e^{-x}\left[\frac{1}{2}x^2+c\right]$$

$\therefore y=\frac{1}{2}x^2e^{-x}+ce^{-x}$

(3) $P(x)=-\frac{x}{1+x^2},\ Q(x)=\frac{1}{1+x^2}$이므로

$$y=e^{\int\frac{x}{1+x^2}dx}\left[\int\frac{1}{1+x^2}e^{\int-\frac{x}{1+x^2}dx}dx+c\right]$$
$$=\sqrt{1+x^2}\left[\int\frac{dx}{(1+x^2)\sqrt{1+x^2}}+c\right]$$
$$=\sqrt{1+x^2}\left[\frac{x}{\sqrt{1+x^2}}+C\right]$$
$$=x+C\sqrt{1+x^2}$$

TIP $\int \frac{dx}{(1+x^2)\sqrt{1+x^2}}$ 계산

$1+x^2$꼴이 들어 있으므로 $x=\tan\theta$, $dx=\sec^2\theta d\theta$

$$\int \frac{\sec^2\theta}{(1+\tan^2\theta)^{\frac{3}{2}}}d\theta$$

$$=\int \frac{1}{\sec\theta}d\theta=\int \cos\theta d\theta=\sin\theta=\frac{x}{\sqrt{1+x^2}}$$

(4) 1계 선형미분방정식이므로 공식에 의해 일반해는

$$y=e^{\int \frac{1}{x}dx}\left[\int x^2e^{-\int \frac{1}{x}dx}dx+c\right]$$
$$=e^{\ln x}\left[\int x^2e^{-\ln x}dx+c\right]$$
$$=x\left[\int x^2\cdot\frac{1}{x}dx+c\right]$$
$$=x\left[\frac{1}{2}x^2+c\right]$$
$$=\frac{1}{2}x^3+cx$$

31. $3e^2$

풀이 $f(x)=2\int_0^x f(t)dt+e^{2x}$를 통해서

$f(0)=1$이고, $f'(x)=2f(x)+2e^{2x}$이므로

1계 선형미분방정식 $f'(x)-2f(x)=2e^{2x}$이다.

해는 $f(x)=e^{-\int -2dx}\left[\int 2e^{2x}\cdot e^{\int -2dx}dx+C\right]$

$$=e^{2x}\left[\int 2e^{2x}e^{-2x}dx+C\right]$$
$$=e^{2x}[2x+C]$$
$$=2xe^{2x}+Ce^{2x}$$

$f(0)=C=1$이므로 $f(x)=2xe^{2x}+e^{2x}$이고, $f(1)=3e^2$이다.

32. 2

풀이 $\frac{dy}{dx}-2xy=2$는 1계 선형미분방정식이므로

$$y=e^{-\int(-2x)dx}\left[\int 2e^{\int(-2x)dx}dx+c\right]$$
$$=e^{x^2}\left[\int 2e^{-x^2}dx+c\right]$$
$$=e^{x^2}\left[\int_0^x 2e^{-t^2}dt+c\right]$$

$$\therefore f(x)=\frac{d}{dx}\left(\frac{y(x)}{e^{x^2}}\right)$$
$$=\frac{d}{dx}\left(\frac{e^{x^2}\left[\int_0^x 2e^{-t^2}dt+c\right]}{e^{x^2}}\right)$$
$$=\frac{d}{dx}\int_0^x 2e^{-t^2}dt$$
$$=2e^{-x^2}$$

$\therefore f(0)=2$

33. -5

풀이 $y'+\frac{1}{5}y-9=0$

$$y=45+Ce^{-\frac{1}{5}x}$$
$$y'=-\frac{1}{5}Ce^{-\frac{1}{5}x}$$
$$y''=\frac{1}{25}Ce^{-\frac{1}{5}x}$$
$$\lim_{x\to\infty}\frac{f'(x)}{f''(x)}=\frac{-\frac{1}{5}Ce^{-\frac{1}{5}x}}{\frac{1}{25}Ce^{-\frac{1}{5}x}}=-5$$

[다른 풀이]

$$y'=-\frac{1}{5}y+9$$
$$y''=-\frac{1}{5}y'$$
$$\frac{y'}{y''}=\frac{y'}{-\frac{1}{5}y'}=-5$$

6. 베르누이 미분방정식

34. $y(x) = \dfrac{1}{-2\cos^2 x + 3\cos x}$

풀이 $y' - \tan x \cdot y = -\sin 2x \cdot y^2$

양변에 y^{-2}를 곱하면 $y^{-2}y' - \tan x \cdot y^{-1} = -\sin 2x$

$y^{-1} = u$로 치환하면 $-y^{-2}y' = u'$

위의 식에 대입하면 $u' + \tan x \cdot u = \sin 2x$

$u = e^{-\int \tan x dx}\left[\int 2\sin x \cos x e^{\int \tan x dx} dx + C\right]$

$u = \cos x[-2\cos x + C]$

$= -2\cos^2 x + C\cos x$

$u = \dfrac{1}{y}$, $y(0) = 1$이므로 $C = 3$

$y = \dfrac{1}{-2\cos^2 x + 3\cos x}$

35. $\dfrac{e}{2}$

풀이 $y' - y = -xy^2$

양변에 y^{-2}를 곱하면 $y^{-2} \cdot y' - y^{-1} = -x$

$y^{-1} = u$로 치환하면 $-y^{-2}y' = u'$

위의 식에 대입하면 $u' + u = x$

$u = e^{-\int 1dx}\left[\int x \cdot e^{\int 1dx} + C\right]$

$= e^{-x}[xe^x dx + C]$

$= e^{-x}[xe^x - e^x + C]$

$= x - 1 + Ce^{-x}$

$y(0) = 1$이므로 $C = 2$

$y = \dfrac{1}{x - 1 + 2e^{-x}}$

$\therefore y(1) = \dfrac{1}{2}e$

36. 910

풀이 $xy' + y = x^2y^2$

$y' + \dfrac{1}{x}y = xy^2$의 양변에 y^{-2}를 곱한다.

$y'y^{-2} + \dfrac{1}{x}y^{-1} = x$이다.

$y^{-1} = u$로 치환하면 $-y^{-2}y' = u'$

위의 식에 대입하면 $-u' + \dfrac{1}{x}u = x$

$u' - \dfrac{1}{x}u = -x$, $p(x) = -\dfrac{1}{x}$, $q(x) = -x$로 둔다.

$u = x\left[\int -x\dfrac{1}{x}dx + C\right] = x(-x + C) = -x^2 + Cx$

$y = \dfrac{1}{-x^2 + Cx}$, $y(1) = \dfrac{1}{100}$이므로 $y = \dfrac{1}{-x^2 + 101x}$

$\dfrac{1}{y(10)} = -100 + 1010 = 910$

37. $\dfrac{1}{2}$

풀이 $xy' = y^2\ln x - y \Leftrightarrow y' + \dfrac{1}{x}y = \dfrac{\ln x}{x}y^2$

따라서 베르누이 방정식이다.

$y^{-1} = u$로 치환하면 $u' = -y^{-2}y' \Leftrightarrow y' = -u^{-2}u'$이므로

$-u^{-2}u' + \dfrac{1}{x}u^{-1} = \dfrac{\ln x}{x}u^{-2} \Leftrightarrow u' - \dfrac{1}{x}u = -\dfrac{\ln x}{x}$

1계 선형미분방정식의 해법에 의해

$y^{-1} = u = e^{-\int -\frac{1}{x}dx}\left[\int \dfrac{\ln x}{x} \cdot e^{\int -\frac{1}{x}dx} dx + C\right]$

$= x\left[\int -\dfrac{\ln x}{x^2}dx + c\right]$

$= x\left[\dfrac{\ln x}{x} + \dfrac{1}{x} + c\right]$

$= \ln x + 1 + cx$

초기조건 $y(1) = 1$에 의해 $c = 0$이

$\therefore y = \dfrac{1}{\ln x + 1}$, $y(e) = \dfrac{1}{2}$

38. (1) $-2x^3y^2 + cx^2y^2 = 1$ (2) $y^2 = 1 + ce^{-x^2}$

(3) $y = \dfrac{1}{1 + ce^{-\cos x}}$ (4) $y^{-3} = x + \dfrac{1}{3} + Ae^{3x}$

풀이 (1) y^3으로 양변을 나누면 $y^{-3}y' + \dfrac{1}{x}y^{-2} = x^2$

$y^{-2} = v$라 하면 $-2y^{-3}\dfrac{dy}{dx} = \dfrac{dv}{dx}$

위의 식에 대입하여 정리하면 $\dfrac{dv}{dx} - \dfrac{2}{x}v = -2x^2$

따라서 v에 관한 1계 선형미분방정식이다.

$v = e^{\int \frac{2}{x}dx}\left[\int -2x^2\left(e^{-\int \frac{2}{x}dx}\right)dx + c\right]$

$= e^{2\ln x}\left[-2\int x^2e^{-2\ln x}dx + c\right]$

$= x^2\left[-2\int x^2 \cdot \dfrac{1}{x^2}dx + c\right]$

$= -2x^3 + cx^2$

$v = y^{-2}$ 이므로 일반해는 $-2x^3y^2 + cx^2y^2 = 1$

(2) $n = -1$이므로 $u = y^{1-n} = y^2$으로 놓고 양변을 미분하면,

$u' = 2yy' = 2y(xy^{-1} - xy) = 2x - 2xy^2 = 2x - 2xu$

변수 u에 대해서 정리하면, $u' + 2xu = 2x$

즉 1계 선형미분방정식이다.

$$u = e^{-\int 2x\,dx}\left[\int 2xe^{\int 2x\,dx}dx + c\right]$$
$$= e^{-x^2}\left[\int 2xe^{x^2}dx + c\right]$$
$$= e^{-x^2}(e^{x^2} + c)$$
$$= 1 + ce^{-x^2}$$
$$\therefore u = y^2 = 1 + ce^{-x^2}$$
$$\therefore y^2 = 1 + ce^{-x^2}$$

(3) 베르누이 미분방정식이므로

양변을 y^2 으로 나누면 $y^{-2}\dfrac{dy}{dx} + y^{-1}\sin x = \sin x$

$v = y^{-1}$ 이라 하면

$\dfrac{dv}{dx} = -y^{-2}\dfrac{dy}{dx}$ 이므로 $\dfrac{dv}{dx} - (\sin x)v = -\sin x$

v에 관한 1계 선형미분방정식이다.

$$v = e^{\int \sin x\,dx}\left[\int(-\sin x)\left(e^{-\int \sin x\,dx}\right)dx + c\right]$$
$$= e^{-\cos x}\left[-\int \sin x e^{\cos x}dx + c\right]$$
$$= e^{-\cos x}\left[e^{\cos x} + c\right]$$
$$= 1 + ce^{-\cos x}$$

$v = y^{-1}$이므로 일반해는

$$\frac{1}{y} = 1 + ce^{-\cos x} \Leftrightarrow y = \frac{1}{1 + ce^{-\cos x}}$$

39. ②

풀이 주어진 식을 1계 선형미분방정식의 형태로 정리하자.

$$\frac{dy}{dx} + \frac{1}{\sqrt{x}}y = \frac{1}{\sqrt{x}}e^{-2\sqrt{x}}$$
$$\Rightarrow y = e^{-\int x^{-\frac{1}{2}}dx}\left[\int \frac{1}{\sqrt{x}}e^{-2\sqrt{x}}e^{\int x^{-\frac{1}{2}}dx}dx + C\right]$$
$$= e^{-2\sqrt{x}}\left(\int \frac{1}{\sqrt{x}}dx + C\right)$$
$$= e^{-2\sqrt{x}}(2\sqrt{x} + C)$$

$y(1) = 1$이므로 $C = e^2 - 2$

$\therefore y = (2\sqrt{x} + e^2 - 2)e^{-2\sqrt{x}}$

40. ①

풀이 (주어진 식) $\Leftrightarrow \dfrac{4y^3}{y^4+1}dy = dx$

변수분리형 미분방정식 해법에 의해 $\displaystyle\int \frac{4y^3}{y^4+1}dy = \int dx$

$\ln(y^4+1) = x + c \Rightarrow y^4 + 1 = Ae^x$

$x = 0$일 때 $y = 1$이므로 $A = 2$

$f(x) = y = (2e^x - 1)^{\frac{1}{4}}$

$\therefore f(1) = y = \sqrt[4]{2e-1}$

41. ①

풀이 1계 선형미분방정식이므로

$$y(x) = e^{-\int -\frac{3}{x+1}dx}\left\{\int (x+1)^4 e^{\int -\frac{3}{x+1}dx}dx\right\}$$
$$= e^{3\ln(x+1)}\left\{\int (x+1)^4 e^{-3\ln(x+1)}dx + C\right\}$$
$$= (x+1)^3\left\{\int (x+1)^4\frac{1}{(x+1)^3}dx + C\right\}$$
$$= (x+1)^3\left\{\int (x+1)dx + C\right\}$$
$$= (x+1)^3\left(\frac{1}{2}x^2 + x + C\right)$$

$y(0) = 0$이므로 $C = 0$

$\therefore y(x) = (x+1)^3\left(\dfrac{x^2}{2} + x\right)$

42. ②

풀이 (주어진 식) $\Leftrightarrow (xy + y^2)dx + (2x^2 + 5xy)dy = 0$이라고 할 때

$P = xy + y^2$, $Q = 2x^2 + 5xy$라고 하자.

$P_y = x + 2y$, $Q_x = 4x + 5y$,

$Q_x - P_y = 3x + 3y$, $\dfrac{Q_x - P_y}{P} = \dfrac{3(x+y)}{y(x+y)} = \dfrac{3}{y}$ 이므로

$e^{\int \frac{3}{y}dy} = e^{3\ln y} = y^3$이라는 적분인자를 구할 수 있다.

정리한 미분방정식의 양변에 y^3을 곱하면

$(xy^4 + y^5)dx + (2x^2y^3 + 5xy^4)dy = 0$인

완전미분방정식이 되고,

$\dfrac{1}{2}x^2y^4 + xy^5 = C$, $x = 1$, $y = 1$을 대입하면 $C = \dfrac{3}{2}$이다.

따라서 미분방정식의 해는 $x^2y^4 + 2xy^5 = 3$이다.

② $(-3, 1)$을 대입하면 해 방정식을 만족하므로

해곡선 위의 점이다.

[다른 풀이]

$\frac{dy}{dx}=\frac{-xy-y^2}{2x^2+5xy} \Leftrightarrow \frac{dy}{dx}=\frac{-1-\frac{y}{x}}{2\frac{x}{y}+5}$은

동차형미분방정식이다.

$\frac{y}{x}=u \Leftrightarrow y=ux$로 치환하면 $\frac{dy}{dx}=u+x\frac{du}{dx}$

$u+xu'=\frac{-1-u}{\frac{2}{u}+5} \Leftrightarrow u+xu'=\frac{-u-u^2}{2+5u}$

$\Leftrightarrow -xu'=\frac{6u^2+3u}{2+5u}$

$\Leftrightarrow \frac{5u+2}{u(2u+1)}du=-\frac{3}{x}dx$

$\int \frac{2}{u}+\frac{1}{2u+1}du=-\int \frac{3}{x}dx$

$2\ln|u|+\frac{1}{2}\ln|2u+1|=-3\ln|x|+C$; $x=1$, $y=1$

$\Rightarrow u=1$를 대입하면 $C=\frac{1}{2}\ln3$

$2\ln\left|\frac{y}{x}\right|+\frac{1}{2}\ln\left|\frac{2y}{x}+1\right|+3\ln|x|=\frac{1}{2}\ln3$에

② $(-3,1)$을 대입하면 방정식을 만족하므로

해곡선 위의 점이다.

43. ①

풀이 $\frac{dy}{dx}=(y-1)^2 \Leftrightarrow \frac{1}{(y-1)^2}dy=dx$는

변수분리형 미분방정식이므로

$-\frac{1}{y-1}=x+C_1 \Leftrightarrow y-1=\frac{1}{-x+C_2}$

$\Leftrightarrow y=1+\frac{1}{-x+C_2}$

초기조건 $y(0)=-2$를 대입하면 $C_2=-\frac{1}{3}$

$y(x)=1+\frac{1}{-x-\frac{1}{3}}=1-\frac{3}{3x+1}=\frac{3x-2}{3x+1}$

$y'(x)=\frac{9}{(3x+1)^2}$

$y(2)=\frac{4}{7}$, $y(1)=\frac{1}{4}$, $y'(2)=\frac{9}{49}$, $y'(1)=\frac{9}{16}$이므로

가장 큰 값은 $y(2)=\frac{4}{7}$이다.

44. ②

풀이 $M(x,y)=2xy$, $N(x,y)=2x^2+3y$라 하면

$M_y=2x$, $N_x=4x$이므로 완전미분방정식은 아니다.

$\frac{N_x-M_y}{M}=\frac{4x-2x}{2xy}=\frac{1}{y}$이므로

적분인자는 $F(x,y)=e^{\int \frac{1}{y}dy}=e^{\ln y}=y$이다.

이 적분인자를 주어진 미분방정식에 곱하면

완전미분방정식 $2xy^2dx+(2x^2y+3y^2)dy=0$을 얻는다.

이 미분방정식의 일반해는 $x^2y^2+y^3=C$이다.

$y(1)=1$이므로 $C=2$

해 $x^2y^2+y^3=2$에 $x=0$을 대입하면 $y^3-2=0$이므로

$y(0)=\sqrt[3]{2}$이다.

45. ②

풀이 $y'+y=-y^2$는 베르누이 미분방정식이다.

양변에 y^{-2}을 곱하면 $y^{-2}y'+y^{-1}=-1$

$y^{-1}=u$로 치환하면 $-y^{-2}y'=u'$

미분방정식을 정리하면 $u'-u=1$

1계 선형미분방정식의 해 공식을 이용하면

$u=e^x\left(\int e^{-x}dx+C\right)$

$y^{-1}=Ce^x-1$이고 $y(0)=1$이므로 $C=2$

$\frac{1}{y}=2e^x-1 \Leftrightarrow y=\frac{1}{2e^x-1}$이므로 $y(\ln3)=\frac{1}{5}$

[다른 풀이]

변수분리형 미분방정식의 해법으로 풀 수 있다.

$\frac{1}{y(y+1)}dy=-dx \Leftrightarrow \left(\frac{1}{y}-\frac{1}{y+1}\right)dy=-dx$는

변수분리형 미분방정식이므로 양변을 각각의 변수로 적분하자.

$\int\left(\frac{1}{y}-\frac{1}{y+1}\right)dy=\int -dx$

$\Rightarrow \ln|y|-\ln|y+1|=-x+C$

$\Rightarrow \ln\left|\frac{y}{y+1}\right|=-x+C$

$\Rightarrow \left|\frac{y}{y+1}\right|=e^{-x+C}=Ae^{-x}$

$\Rightarrow \frac{y}{y+1}=\pm Ae^{-x}=Be^{-x}$

초깃값 $y(0)=1$를 대입하면 $B=\frac{1}{2}$

$\Rightarrow \frac{y}{y+1}=\frac{1}{2}e^{-x}$

$\Rightarrow 1-\frac{1}{y+1}=\frac{1}{2e^x}$

$\Rightarrow \frac{1}{y+1}=1-\frac{1}{2e^x}=\frac{2e^x-1}{2e^x}$

$\Rightarrow y=\frac{2e^x}{2e^x-1}-1$

$\Rightarrow y(\ln 3)=\frac{6}{5}-1=\frac{1}{5}$

46. ④

풀이 $xy'+2y=4x^2 \Rightarrow y'+2x^{-1}y=4x$는
1계 선형미분방정식이므로

$y=e^{-\int 2x^{-1}dx}\left[\int 4xe^{\int 2x^{-1}dx}dx+c\right]$

$=e^{-2\ln x}\left[\int 4xe^{2\ln x}dx+c\right]$

$=\frac{1}{x^2}\left[\int 4x\cdot x^2dx+c\right]$

$=\frac{1}{x^2}(x^4+c)=x^2+cx^{-2}$

$y(1)=1+c=2$이므로 $c=1$

$\therefore y(x)=x^2+x^{-2}$

$\therefore y(2)=2^2+2^{-2}=4+\frac{1}{4}=\frac{17}{4}$

47. ①

풀이 가. $(1+x)dy-ydx=0 \Leftrightarrow \frac{1}{y}dy-\frac{1}{1+x}dx=0$

이므로 변수분리형 미분방정식이다.

$\ln y-\ln(1+x)=c$

$\Leftrightarrow \ln\left(\frac{y}{1+x}\right)=c \Leftrightarrow \frac{y}{1+x}=c' \Leftrightarrow y=c'(1+x)$

초기 조건 $y(1)=1$을 대입하면 $c'=\frac{1}{2}$

$\therefore y=\frac{1}{2}(1+x), y(2)=\frac{3}{2}$

나. $\frac{dy}{dx}=-\frac{x}{y} \Leftrightarrow ydy=-xdx$

이므로 변수분리형 미분방정식이다.

$\frac{1}{2}y^2=-\frac{1}{2}x^2+C \Leftrightarrow y^2=-x^2+C_1$

초기 조건 $y(4)=-3$을 대입하면 $C_1=25$

$\therefore y=-\sqrt{-x^2+25}\,(\because y(4)=-3),\ y(2)=-\sqrt{21}$

다. $\frac{dy}{dx}=y^2-4 \Leftrightarrow \frac{1}{y^2-4}dy=dx$

이므로 변수분리형 미분방정식이다.

$\frac{1}{(y+2)(y-2)}dy=dx$

$\Leftrightarrow \frac{1}{4}\left(\frac{1}{y-2}-\frac{1}{y+2}\right)dy=dx$

$\Leftrightarrow \ln|y-2|-\ln|y+2|=4x+C$

$\Leftrightarrow \ln\left|\frac{y-2}{y+2}\right|=4x+C$

$\Leftrightarrow \frac{y-2}{y+2}=Ae^{4x}$

$\Leftrightarrow y-2=Ae^{4x}(y+2)$

$\Leftrightarrow y-2=Ae^{4x}y+2Ae^{4x}$

$\Leftrightarrow y(1-Ae^{4x})=2+2Ae^{4x}$

$\Leftrightarrow y=\frac{2+2Ae^{4x}}{1-Ae^{4x}}$

초기조건 $y(0)=-1$을 대입하면 $A=-3$

$\therefore y=\frac{2-6e^{4x}}{1+3e^{4x}},\ y(2)=\frac{2-6e^8}{1+3e^8}$

라. $x\frac{dy}{dx}+y=x \Leftrightarrow y'+\frac{1}{x}y=1$

이므로 1계 선형미분방정식이다.

$y=e^{-\int\frac{1}{x}dx}\left[\int 1e^{\int\frac{1}{x}dx}dx+c\right]$

$=e^{-\ln x}\left[\int e^{\ln x}dx+c\right]$

$=\frac{1}{x}\left[\int xdx+c\right]$

$=\frac{1}{x}\left[\frac{1}{2}x^2+c\right]=\frac{1}{2}x+\frac{c}{x}$

초기 조건 $y(1)=1$을 대입하면 $c=\frac{1}{2}$

$\therefore y(x)=\frac{1}{2}x+\frac{1}{2x},\ y(2)=1+\frac{1}{4}=\frac{5}{4}$

48. ①

풀이 $\frac{dy}{dt}=\frac{1}{y^3+1} \Leftrightarrow (y^3+1)dy=dt$

즉, 변수분리형 미분방정식이므로 양변을 적분하면

$\frac{1}{4}y^4+y=t+C$

$y(0)=1$이므로 $\frac{1}{4}+1=0+C,\ C=\frac{5}{4}$

$\therefore t=\frac{1}{4}y^4+y-\frac{5}{4}$

$y(T)=2$이므로 $T=\frac{1}{4}\cdot 2^4+2-\frac{5}{4}=\frac{19}{4}$

49. ②

풀이 주어진 미분방정식을 정리하면

$y'-y=e^xy^2$인 베르누이 미분방정식이다.

양변에 y^{-2}을 곱하면 $y^{-2}y'-y^{-1}=e^x$

$y^{-1}=u$으로 치환하면 $-y^{-2}y'=u'$

이를 주어진 미분방정식에 대입하면

$-u'-u=e^x \Leftrightarrow u'+u=-e^x$인 1계 선형미분방정식이다.

$$u=e^{-\int dx}\left[\int(-e^x)e^{\int dx}dx+C\right]$$
$$=e^{-x}\left[\int(-e^x)e^xdx+C\right]$$
$$=e^{-x}\left[\int(-e^{2x})dx+C\right]$$
$$=e^{-x}\left[-\frac{1}{2}e^{2x}+C\right]$$
$$=-\frac{1}{2}e^x+Ce^{-x}$$
$$\therefore y=\frac{1}{-\frac{1}{2}e^x+Ce^{-x}}$$

$y(0)=\dfrac{1}{-\frac{1}{2}+C}=-2$이므로 $C=0$

$\therefore y=\dfrac{1}{-\frac{1}{2}e^x}=-2e^{-x}\quad \therefore y(1)=-\dfrac{2}{e}$

50. ③

풀이 $y'=\dfrac{-x+2}{y-2}\Leftrightarrow\dfrac{dy}{dx}=\dfrac{-x+2}{y-2}\Leftrightarrow(y-2)dy=(-x+2)dx$

즉, 변수분리형 미분방정식이므로

$\int(y-2)dy=\int(-x+2)dx+c$

$\frac{1}{2}y^2-2y=-\frac{1}{2}x^2+2x+c$

$y^2-4y=-x^2+4x+2c$

$(y-2)^2+(x-2)^2=C$

$x=-1$일 때, $y=-2$이므로 $C=16+9=25$

$\therefore(x-2)^2+(y-2)^2=5^2$

따라서 이 함수의 그래프 위의 점 중

원점 O에서 가장 가까운 점 P까지의 거리

$\overline{OP}$=(반지름)−(원의 중심에서 원점까지의 거리)$=5-2\sqrt{2}$

7. 1계 미분방정식의 모델링

51. $y(2)=4y_0$

풀이 시간 t일 때 존재하는 박테리아 개체수를 $y(t)$라고 하자.

박테리아 개체수의 증가율이 개체수와 비례관계에 있음을

식으로 나타내면 $\frac{dy}{dt}=ky$이다.

$y(0)=y_0$라고 할 때 $y(1)=2y_0$가 된다면 $y(2)$를 구한다.

$\frac{dy}{dt}=ky\Leftrightarrow y=Ce^{kt}\Rightarrow y(0)=C=y_0$이므로

$y=y_0e^{kt}$이고, $y(1)=y_0e^k=2y_0\Rightarrow e^k=2$

따라서 시간에 따른 박테리아 개체수는 $y(t)=y_02^t$이고,

2주 후의 박테리아 개체수는 $y(2)=4y_0$이다.

52. $pV=A$(상수)

풀이 미분방정식 $\dfrac{dV}{dp}=-\dfrac{V}{p}$를 풀어보면,

$\frac{1}{V}dV=-\frac{1}{p}dp\Rightarrow \ln V=-\ln p+C$

$\Rightarrow \ln V=\ln\frac{e^C}{p}=\ln\frac{A}{p}\ (A=e^C)$

$V=\frac{A}{p}\Leftrightarrow pV=A$(상수)

53. ④

풀이 $y(0)=100,\ y(1)=500$

$y(t)=2500$인 t의 값을 찾는다.

$y'=ky$이므로 $y=Ae^{kt}$

$y(0)=A=100$

$y(1)=Ae^k=100e^k=500$이므로 $e^k=5$

이것을 $y=Ae^{kt}$에 대입하면 $y=100\cdot5^t$

$y=100\cdot5^t=2500$

$y(t)=2500$을 만족하는 $t=2$(시간)이므로 답은 120분이다.

54. ④

풀이 $y(t)$를 모르핀 양, $y'(t)$를 모르핀의 변화율이라고 할 때,

$y'=ky$이므로 $y=Ae^{kt}$

혈류에 처음 $0.5mg$의 모르핀이 있다고 했으므로

$y(0)=\frac{1}{2}=Ae^{0t}=A$

$y = Ae^{kt}$에 대입하면, $y = \frac{1}{2}e^{kt}$

3시간일 때 반감기라고 했으므로

$y(3) = \frac{1}{2}A = \frac{1}{4} = \frac{1}{2}e^{3k} = \frac{1}{4}$

$e^{3k} = \frac{1}{2}$ 이므로 $k = \frac{-\ln 2}{3}$

$y = \frac{1}{2}e^{kt} = \frac{1}{2}e^{-\frac{\ln 2}{3}t}$

y의 값이 $\frac{1}{100}$ 이하가 되는 t의 값을 찾는다.

$\frac{1}{2}e^{-\frac{\ln 2}{3}t} \le \frac{1}{100}$

$e^{-\frac{\ln 2}{3}t} \le \frac{1}{50} \Leftrightarrow -\frac{\ln 2}{3}t \le -\ln 50$

$t \ge \frac{3\ln 50}{\ln 2}$

55. ②

풀이 $S'(t) = rS(t)(r = 0.05) = \frac{1}{20}S(t)$는

1계 선형미분방정식이다.

$S(t) = Ce^{\frac{1}{20}t}$

원금일 때, 즉 $t = 0$일 때, $S(0) = C$

원금의 2배가 될 때, 즉 $t = t_1$일 때,

$S(t_1) = Ce^{\frac{1}{20}t_1} = 2C$

$\Rightarrow e^{\frac{1}{20}t_1} = 2 \Rightarrow \frac{1}{20}t_1 = \ln 2 \Rightarrow t_1 = 20\ln 2$

$t_1 = 20 \times 0.7 = 14$

56. $y(t) = 22 - 17\left(\frac{10}{17}\right)^t$

풀이 주변온도 $T_m = 22$, 온도계의 온도를 $y(t)$라고 할 때,

$y(0) = 5$, $y(1) = 12$

$y(t) = 22 + Ce^{kt} \Rightarrow y(0) = 22 + C = 5$이므로 $C = -17$

$\Rightarrow y(t) = 22 - 17e^{kt}$이고, $y(1) = 22 - 17e^{k} = 12$이므로

$e^k = \frac{10}{17}$, $k = \ln\left(\frac{10}{17}\right) = -\ln\left(\frac{17}{10}\right)$

$\Rightarrow y(t) = 22 - 17\left(\frac{10}{17}\right)^t$

57. 143.5°F

풀이 케이크의 온도 $T(t)$에 대하여 $T(0) = 300$, $T(3) = 200$이고

주변온도 $T_m = 70$임을 알 수 있다.

$T' = k(T - 70) \Rightarrow T - 70 = Ce^{kt} \Rightarrow T = 70 + Ce^{kt}$

$T(0) = 70 + C = 300$이므로 $C = 230$

$T(3) = 70 + 230e^{3k} = 200$이므로

$e^{3k} = \frac{130}{230} = \frac{13}{23} \Rightarrow k = \frac{1}{3}\ln\left(\frac{13}{23}\right)$

$T = 70 + 230e^{\left(\frac{1}{3}\ln\frac{13}{23}\right)t}$

$T(6) = 70 + \frac{1690}{23} \approx 143.5$

따라서 6분 후 케이크의 온도는 143.5°F이다.

58. ②

풀이 $y(t)$를 커피온도, T를 실내온도 23℃라고 할 때,

$y(0) = 95$ $y(5) = 85$이므로

$y' = k(y - T) = k(y - 23)$

$y - 23 = Ae^{kx} \Rightarrow y = Ae^{kx} + 23$

$y(0) = A + 23 = 95$이므로 $A = 72$

이 커피의 5분 후의 온도가 85℃라고 했으므로

$y(5) = 72e^{5k} + 23 = 85$

$e^{5k} = \frac{62}{72} = \frac{31}{36}$, $k = \frac{1}{5}\ln\frac{31}{36} = \frac{1}{5}(\ln 31 - \ln 36)$

$y(t) = Ae^{kt} + 23 = 59$가 되는 t의 값을 찾는다.

$e^{kt} = \frac{36}{72} = \frac{1}{2} \Rightarrow kt = -\ln 2$

$t = -\frac{\ln 2}{k} = -\frac{5\ln 2}{\ln 31 - \ln 36} = \frac{5\ln 2}{\ln 36 - \ln 31}$

59. $t = \frac{3\ln 2}{2\ln 2 - \ln 3}$

풀이 $y(t)$를 금속막대의 온도, T를 끓는 물의 온도 100℃라고 할 때,

$y(0) = 20$ $y(1) = 40$이므로

뉴턴의 냉각법칙에 의해 $y' = k(y - 100)$

$y - 100 = Ae^{kx} \Rightarrow y = Ae^{kx} + 100$

$y(0) = A + 100 = 20 \Rightarrow A = -80$

$y = 100 - 80e^{kt}$, $y(1) = 100 - 80e^{k} = 40 \Rightarrow e^k = \frac{3}{4}$

$\therefore y = 100 - 80\left(\frac{3}{4}\right)^t$

$y(t) = 90$가 되는 t의 값을 찾는다.

$$80\left(\frac{3}{4}\right)^t = 10 \Leftrightarrow t = \frac{3\ln 2}{2\ln 2 - \ln 3}$$

60. ①

풀이 y를 소금의 양, y'를 소금의 변화율이라고 할 때,

y' = (유입량) - (유출량)

$$y' = \frac{1}{2} - \frac{1}{20}y = -\frac{1}{20}(y-10)$$

$$y = Ae^{-\frac{1}{20}t} + 10$$

$y(0) = 20$이므로 $A + 10 = 20$이고 $A = 10$이다.

$$\therefore y = 10e^{-\frac{1}{20}t} + 10$$

61. 500

풀이 y를 소금의 양, y'를 소금의 변화율이라고 할 때,

y' = (유입량) - (유출량)

$y' = k(y-B)$이면 $y = Ae^{kt} + B$를 만족한다.

$$y' = 5 - 0.01 \times y = -\frac{1}{100}(y-500)$$

$y = Ae^{-\frac{1}{100}t} + 500$이므로 $y(0) = 250$

$A + 500 = 250$이므로 $A = -250$

$$\therefore y = -250e^{-\frac{1}{100}t} + 500$$

$$\lim_{t\to\infty} y = -250e^{-\frac{1}{100}t} + 500 = 0 + 500 = 500$$

[다른 풀이]

$y' = 5 - 0.01 \times y = -\frac{1}{100}(y-500)$는 자율방정식이다.

$y = 500$이 평형하므로 $\lim_{t\to\infty} y(t) = 500$

62. ③

풀이 y를 소금의 양, y'를 소금의 변화율이라고 할 때,

y' = (유입량) - (유출량)

$$y' = 6 - \frac{3}{200+3k}y$$

$y' + \frac{3}{200+3k}y = 6$이므로,

$$y = e^{-\int \frac{3}{200+3t}dt}\left[\int 6 \cdot e^{\int \frac{3}{200+3t}dt} dt + C\right]$$

$$= e^{-\ln(200+3t)}\left[\int 6 \cdot e^{\ln(200+3t)} dt + C\right]$$

$$= (200+3t)^{-1}\left[\int 6(200+3t)dt + C\right]$$

$$= (200+3t)^{-1}\left[(200+3t)^2 + C\right]$$

$$= 200 + 3t + C(200+3t)^{-1}$$

$y(0) = 100 = 200 + \frac{C}{200}$이므로 $C = -20000$

$$\therefore y(100) = 500 + \frac{C}{500} = 500 - 40 = 460$$

8. 직교절선

63. $\frac{x^2}{2}+y^2=C$

풀이 양변을 미분하면 $y'=2cx$이므로 $c=\frac{y'}{2x}$을 얻는다.

이것을 곡선족에 대입하여 y'에 대해 정리하면 $y'=\frac{2y}{x}$이다.

다음으로 직교곡선의 미분방정식은

$y'=-\frac{1}{\frac{2y}{x}}=-\frac{x}{2y}$이고 변수분리형 미분방정식이 된다.

이것을 풀면 일반해(직교절선)는 $\frac{x^2}{2}+y^2=C$이다.

64. $x^2+y^2=c$

풀이 $y=mx$를 x에 대하여 미분하여 $y'=m$을 주어진 식에

대입하면 미분방정식 $y=y'x \Rightarrow y'=\frac{y}{x}$를 얻는다.

따라서 직교곡선의 미분방정식은 $y'=-\frac{x}{y}$이고,

변수를 분리하면 $xdx+ydy=0$

이것을 적분하면 직교절선은 $x^2+y^2=c$(c는 상수)

65. $3x-y^3=k$

풀이 곡선의 접선의 기울기가

$y'=-(x+C)^{-2}=-\left[(x+C)^{-1}\right]^2=-y^2$이므로

직교절선은 $y'=\frac{1}{y^2}$

$y^2dy=1dx \Rightarrow \frac{1}{3}y^3=x+C_1 \Rightarrow y^3=3x+C_2$

$\therefore y=(3x+k)^{\frac{1}{3}}$ 또는 $3x-y^3=k$

66. ④

풀이 $y=(x+C)^{-2} \Rightarrow y'=-2(x+C)^{-3}=-2y^{\frac{3}{2}}$

직교절선의 기울기는 $y'=\frac{1}{2}y^{-\frac{3}{2}}$이다.

$y^{\frac{3}{2}}dy=\frac{1}{2}dx \Leftrightarrow \frac{2}{5}y^{\frac{5}{2}}=\frac{1}{2}x+C_1$

$y^{\frac{5}{2}}=\frac{5}{4}x+C_2 \Leftrightarrow y=\left(\frac{5}{4}x+C_2\right)^{\frac{2}{5}}$이므로 $a=\frac{5}{4}$

2. 상수계수를 갖는 제차 선형미분방정식

67. 5

풀이 $r^2-5r+6=0 \therefore r=2, 3$

68. -8

풀이 $y''-3y'+2y=0$의 특성방정식 $t^2-3t+2=0$에서
$t=1, 2$이므로 $y(x)=ae^x+be^{2x}$이다.
$y'(x)=ae^x+2be^{2x}$이므로 $y(0)=a+b=1$,
$y'(0)=a+2b=0$에서 $a=2$, $b=-1$이다.
$\therefore y(x)=2e^x-e^{2x}$
$\therefore y(\ln4)=2e^{\ln4}-e^{2\ln4}=2\cdot4-4^2=-8$

69. $y'(1)=\frac{1}{3}e+\frac{8}{3}e^{-2}$

풀이 미분방정식 $y''+y'-2y=0$은 동차선형미분방정식이다.
특성방정식은 $t^2+t-2=0 \Leftrightarrow t=1, -2$이다.
따라서 일반해는 $y=Ae^x+Be^{-2x}$ 이다.
여기에 초깃값 $y(0)=1$, $y'(0)=-1$을 대입하면 $A+B=1$,
$A-2B=-1 \Rightarrow A=\frac{1}{3}$, $B=\frac{2}{3}$ 이다.
해는 $y=\frac{1}{3}e^x+\frac{2}{3}e^{-2x}$ 이고 $y''=\frac{1}{3}e^x+\frac{8}{3}e^{-2x}$이다.
$\therefore y''(1)=\frac{1}{3}e+\frac{8}{3}e^{-2}$

70. $-2e^{-2}-2e^{-3}$

풀이 $\frac{d}{dx}=D$라 하면,
$y''+5y'+6y=0 \Leftrightarrow (D^2+5D+6)y=0$의 특성방정식
$D^2+5D+6=0$에서 $D=-2, -3$의 근을 갖는다.
이 때, 주어진 미분방정식의 일반해는
$y=C_1e^{-2x}+C_2e^{-3x}$이다.(C_1, C_2는 상수)
초기값 $y(0)=3$ 일 때, $C_1+C_2=3 \cdots$ ①
$y'(0)=-7$일 때, $-2C_1-3C_2=-7 \cdots$ ②이므로
①, ②의 연립방정식을 풀면,
$\begin{cases} C_1+C_2=3 \\ 2C_1+3C_2=7 \end{cases} \Leftrightarrow C_1=2,\ C_2=1$이다.
$\therefore y=2e^{-2x}+e^{-3x}$.

$$y(1)+y'(1)=(2e^{-2}+e^{-3})+(-4e^{-2}-3e^{-3})$$
$$=-2e^{-2}-2e^{-3}$$

71. 풀이 참조

풀이 특성방정식이 $t^2+t+\frac{1}{4}=0$이므로 $t=-\frac{1}{2}, -\frac{1}{2}$이다.
$\therefore y=Ae^{-\frac{1}{2}x}+Bxe^{-\frac{1}{2}x}$
$y(0)=3=A$이다.
$y'=-\frac{1}{2}Ae^{-\frac{1}{2}x}+Bxe^{-\frac{1}{2}x}-\frac{1}{2}Bxe^{-\frac{1}{2}x}$
$y'(0)=-3.5=-\frac{1}{2}A+B$
$A=3$이므로 $B=-2$
$\therefore y=3e^{-\frac{1}{2}x}-2xe^{-\frac{1}{2}x}$

72. $-e^2$

풀이 주어진 미분방정식의 특정방정식
$t^2-4t+4=0 \Leftrightarrow (t-2)^2=0$에서 $t=2$이므로
$y=e^{2x}(c_1+c_2x)=c_1e^{2x}+c_2xe^{2x}$
$y(0)=c_1=2$
$\therefore y=2e^{2x}+c_2xe^{2x}$
$y'=4e^{2x}+c_2(e^{2x}+2xe^{2x})$
$y'(0)=4+c_2=1$, $c_2=-3$
$\therefore y(x)=2e^{2x}-3xe^{2x}$
$\therefore y(1)=2e^2-3e^2=-e^2$

73. $y(5)=26e^{25}$

풀이 보조방정식 $m^2-10m+25=0$에서 $m=5$(중근)
그러므로 $y=c_1e^{5x}+c_2xe^{5x}$,
$y'=5c_1e^{5x}+c_2e^{5x}+5c_2xe^{5x}$
$y(0)=1$이므로 $c_1=1$이고 $y'(0)=10$이므로 $c_2=5$
따라서 $y=e^{5x}+5xe^{5x}$
$\therefore y(5)=26e^{25}$

74. ③

풀이 $t^3+3t^2+3t+1=0$이므로 $(t+1)^3=0$

따라서 $t=-1,\ -1,\ -1$이다.

$\therefore y=Ae^{-x}+Bxe^{-x}+Cx^2e^{-x}$

문제에서 주어진 $y(0), y'(0), y''(0)$를 각각 대입한다.

$y(0)=A=0$

$y'=Ae^{-x}+Be^{-x}-Bxe^{-x}+2cxe^{-x}-cx^2e^{-x}$

$y'(0)=0$이고, $A=0$이므로 $B=0$이다.

$y''=2ce^{x}-2cxe^{-x}-2cxe^{-x}+cx^2e^{-x}$

$y''(0)=2=2c \Rightarrow c=1$

$\therefore y=x^2e^{-x}$

75. $y=e^{-x}(A\cos\sqrt{3}x+B\sin\sqrt{3}x)$

풀이 특성방정식이 $t^2+2t+4=0$이므로 $t=-1\pm\sqrt{3}i$이다.

$\therefore y=e^{-x}(A\cos\sqrt{3}x+B\sin\sqrt{3}x)$

76. 13

풀이 특성방정식의 해는 $t=2\pm3i$라는 것을 알 수 있다.

$\alpha=2+3i, \beta=2-3i$이고 $\alpha+\beta=4, \alpha\beta=13$이다.

$t^2-4t+13=0$이므로 답은 13이다.

77. ④

풀이 주어진 미분방정식의 특성방정식은 $t^2+at+b=0$이고

일반해가 $y=c_1e^{(2+i)x}+c_2e^{(2-i)x}$이므로

특성방정식의 근은 $2\pm i$이다.

$a=-$(두 근의 합)$=-4$이고 $b=$(두 근의 곱)$=5$이므로

$a+b=1$이다.

78. -3

풀이 $y''-2y'+2y=0$의 특성방정식은 $t^2-2t+2=0$이고

서로 다른 두 허근 $1\pm i$를 갖는다.

따라서 주어진 미분방정식의 일반해는 $y=e^{x}(c_1\cos x+c_2\sin x)$

이다.

$y(0)=-3 \Rightarrow c_1=-3$

$y\left(\frac{\pi}{2}\right)=0 \Rightarrow c_2=0$

$\therefore y=-3e^{x}\cos x$

$\therefore y'=-3(e^{x}\cos x-e^{x}\sin x) \Rightarrow y'(0)=-3$

79. $2e^{-\frac{\pi}{2}}$

풀이 특성방정식 $t^2+2t+2=0$이므로 $t=-1\pm i$

따라서 주어진 미분방정식의 일반해는

$y=e^{-x}(c_1\cos x+c_2\sin x)$

$y(0)=1$이므로 $c_1=1$

$y'=-e^{-x}(\cos x+c_2\sin x)+e^{-x}(-\sin x+c_2\cos x)$

$y'(0)=1$이므로 $c_2=2$

$\therefore y\left(\frac{\pi}{2}\right)=2e^{-\frac{\pi}{2}}$

80. 풀이 참조

풀이 특성방정식이

$t^4+2t^2+1=0$에서 $t^2=u$로 치환하면 $u^2+2u+1=0$이다.

$u=-1,\ -1$ 중근을 갖는다.

$(u+1)^2=(t^2+1)^2=0$이므로 $t=-i, i, -i, i$이다.

$y=A\cos x+B\sin x+x(C\cos x+D\sin x)$

81. ④

풀이 ① $t^2-2t+2=0$이므로 $t=1\pm i$이다.

$\therefore y=e^{x}(A\cos x+B\sin x)$

② $t^2-4t+3=0$이므로$t=1, 3$ 이다.

$\therefore y=Ae^{x}+Be^{3x}$

③ $t^2+3t-4=0$이므로 $t=-4, 1$이다.

$\therefore y=Ae^{x}+Be^{-4x}$

④ $t^2+4t+3=0$이므로 $t=-1, -3$이다.

$\therefore y=Ae^{-x}+Be^{-3x}$

$x\to\infty$일 때, 0으로 수렴하는 경우는 ④이다.

■ 3. 상수계수를 갖는 비제차 선형미분방정식

82. 풀이 참조

풀이 (1) (i) $y''-3y+2y=0$이고,

특성방정식은 $t^2-3t+2=0$이므로 $t=1, 2$이다.

그러므로 $y_c=Ae^x+Be^{2x}$

(ii) $R(x)=e^{3x}$ $\therefore t=3$

(iii) $y_p=Ce^{3x}$

(iv) $y_p'=3Ce^{3x}, y_p''=9Ce^{3x}$

$y''-3y'+2y=e^{3x}$에 위의 값을 대입하면

$2Ce^{3x}=e^{3x}$이므로 $C=\frac{1}{2}$

$\therefore y_p=\frac{1}{2}e^{3x}$

(2) (i) $y''-y=0$이므로 $t^2-1=0$이고, $t=\pm1$이다.

$y_c=Ae^{-x}+Be^x$

(ii) $R(x)=e^{-x}$이므로, $t=-1$(전체 두 번째 -1)

(iii) $y_p=Cxe^{-x}$

(iv) $y_p'=Ce^{-x}-Cxe^{-x}$,

$y_p''=-Ce^{-x}-C(1-x)e^{-x}$

$y''-y=e^{-x}$이므로,

$-2Ce^{-x}+Cxe^{-x}-Cxe^{-x}=e^{-x}$이다.

$C=-\frac{1}{2}$이므로 $y_p=-\frac{1}{2}xe^{-x}$

(3) (i) $t^2-2t-2=0$이므로 $t=-1, 2$, $y_c=Ae^{-x}+Be^{2x}$

(ii) $R(x)=\sin x$이므로 $t=\pm i$

(iii) $y_p=C\cos x+D\sin x$

(iv) $y_p'=-C\sin x+D\cos x$

$y_p''=-C\cos x-D\sin x$

$y''-y'-2y=(-3C-D)\cos x+(C-3D)\sin x=\sin x$

이므로 $-3C-D=0, C-3D=1$

$\Rightarrow C=\frac{1}{10}, D=-\frac{3}{10}$

$\therefore y_p=\frac{1}{10}\cos x-\frac{3}{10}\sin x$

(4) (i) $t^2+1=0$이므로 $t=\pm i$, $y_c=A\cos x+B\sin x$

(ii) $R(x)=\sin x$이므로 $t=\pm i$

(iii) $y_p=Cx\cos x+Dx\sin x=x(C\cos x+D\sin x)$

(iv) $y_p'=(C\cos x+D\sin x)+x(-C\sin x+D\cos x)$

$y_p''=(-C\sin x+D\cos x)$

$+(-C\sin x+D\cos x)$

$+x(-C\cos x-D\sin x)$

$y''+y=\sin x$이므로 $C=-\frac{1}{2}, D=0$

$\therefore y_p=-\frac{1}{2}x\cos x$

83. 풀이 참조

풀이 (1) (i) $t^2-t+1=0$이므로 $t=\frac{1+\sqrt{3}i}{2}$

$y_c=e^{\frac{1}{2}x}(A\cos\frac{\sqrt{3}}{2}x+B\sin\frac{\sqrt{3}}{2}x)$

(ii) $R(x)=1+x+x^2$, $t=0, 0, 0$

(iii) $y_p=Ce^{0x}+Dxe^{0x}+Ex^2e^{0x}=C+Dx+Ex^2$

(2) (i) $t^2-4t+3=0$이므로 $t=1, 3 \Rightarrow y_c=c_1e^x+c_2e^{3x}$

(ii) $R(x)=x^2e^{3x}=0\cdot e^{3x}+0\cdot xe^{3x}+x^2e^{3x}$

이므로 $t=3, 3, 3$이다.

(iii) $y_p=Axe^{3x}+Bx^2e^{3x}+Cx^3e^{3x}$

84. ③

풀이 $y''-6y'+9y=6x^2+2-12e^{3x}$

(i) $y''-6y'+9=0$이므로

$t^2-6t+9=0$이고, $t=3, 3$이다. $y_c=c_1e^{3x}+c_2xe^{3x}$

(ii) $R(x)=6x^2+2-12e^{3x}$ 이므로 $t=0, 0, 0, 3$

$y_p=Ax^2e^{0x}+Bxe^{0x}+Ce^{0x}+Dx^2e^{3x}$

따라서 답은 ③이다.

85. 2

풀이 (i) $y''+ay'+by=0$이므로 $t^2+at+b=0$인데

t를 아직 모르니 $t=\alpha, \beta$로 둔다.

(ii) $R(x)=\cos x$이므로 이것의 해의 형태는 $t=\pm i$

(iii) 문제에서 주어진 특수해의 형태는

$y_p=Ax\cos x+Bx\sin x$이므로 (i)에서의 α, β는 $\pm i$이다. $\alpha+\beta=0, \alpha\beta=1$이므로 $a=0, b=1$이다.

$\therefore a+2b=2$

86. $4e^{-3}-4e^{-6}+e^3$

풀이 $f(D)=D^2+3D+2$

$$y_p=\frac{1}{D^3+D+2}\{6e^x\}=\frac{1}{f(D)}\{6e^x\}=\frac{6e^x}{f(1)}=e^x$$

$y_p{}'=y_p{}''=e^x$

$e^x+3e^x+2e^x=6e^x$

$y_c=Ae^{-x}+Be^{-2x}$

$\therefore y=Ae^{-x}+Be^{-2x}+e^x$

$y(0)=1,\ y(\ln 2)=3$을 만족한다고 했으므로,

$y(0)=A+B+1=1,\ A+B=0$

$y(\ln2)=3=\frac{1}{2}A+\frac{1}{4}B+2$

위 두 식을 연립하면 $A=4,\ B=-4$이다.

$\therefore y=Ae^{-x}+Be^{-2x}+e^x=4e^{-x}-4e^{-2x}+e^x$

$y(3)=4e^{-3}-4e^{-6}+e^3$

87. $y=e^{-x}-1$

풀이 미분방정식 $y''-y=1$의 특수해를 구하자.

(ⅰ) $t^2-1=0$이므로 $t=\pm1 \Rightarrow y_c=Ae^{-x}+Be^x$

(ⅱ) $y_p=\frac{1}{D^2-1}\{1\}=\frac{1}{D^2-1}\{e^{0x}\}=\frac{e^{0x}}{-1}=-1$

$\therefore y=Ae^{-x}+Be^x-1$

$y(0)=A+B-1=0 \Rightarrow A+B=1$

$\lim_{x\to\infty}\{Ae^{-x}+Be^x-1\}=-1$이라는 값이 나왔으므로

$B=0$이다. 따라서 $A=1$이다.

$\therefore y=e^{-x}-1$

88. ③

풀이 (ⅰ) 특성방정식 $t^2-7t+10=0$에서 $(t-2)(t-5)=0$

즉, $t=2$ 또는 $t=5$ $\therefore y_c=ae^{2x}+be^{5x}$

(ⅱ) 특수해 구하기

역연산자법 $y_p=\frac{1}{D^2-7D+10}\{e^{4x}\}=-\frac{e^{4x}}{2}$

미정계수법에 의하여 $y_p=ce^{4x}$이라 두면

$y_p{}'=4ce^{4x},\ y_p{}''=16ce^{4x}$이므로

이를 $y''-7y'+10y=e^{4x}$에 대입하면

$16ce^{4x}-28ce^{4x}+10ce^{4x}=e^{4x}$

$\therefore c=-\frac{1}{2}$ $\therefore y_p=-\frac{1}{2}e^{4x}$

(ⅰ), (ⅱ)에 의하여 $y=y_c+y_p=ae^{2x}+be^{5x}-\frac{1}{2}e^{4x}$이다.

따라서 미분방정식 $y''-7y'+10y=e^{4x}$의

해가 될 수 없는 것은 ③ $y=-\frac{3}{2}e^{2x}+\frac{1}{2}e^{4x}-\frac{1}{2}e^{5x}$이다.

89. e^2

풀이 $f(D)=D^2-4D+4$

$$y_p=\frac{1}{(D-2)^2}\{2e^{2x}\}=\frac{1}{f(D)}\{2e^{2x}\}$$

$f(2)=0$이므로, $y_p=\frac{x^2}{2!}2e^{2x}$

$y_c=Ae^{2x}+Bxe^{2x}$

$y=Ae^{2x}+Bxe^{2x}+x^2e^{2x}$

$y(0)=0$이므로 $A=0$

$y=Bxe^{2x}+x^2e^{2x}$

$y'=2Bxe^{2x}+Be^{2x}+2xe^{2x}+2x^2e^{2x}$에

$y'(0)=0$을 대입하면, $B=0$임을 알 수 있다.

따라서 $y=x^2e^{2x}$이고, $y=f(x)$일 때 $f(1)=e^2$이다.

90. $e+e^{-2}$

풀이 $f(D)=D^2+D-2=(D+2)(D-1)$

$$y_p=\frac{1}{(D+2)(D-1)}\{6e^x\}=\frac{x}{3}6e^x=2xe^x$$

$y_c=Ae^{-2x}+Be^x$

$y=y_p+y_c=Ae^{-2x}+Be^x+2xe^x$

$y(0)=A+B=0$

$y'=-2Ae^{-2x}+Be^x+2e^x+2xe^x$

$y'(0)=-2A+B+2=-1$이므로

두 식을 연립하면 $A=1,\ B=-1$이다.

$y=e^{-2x}-e^x+2xe^{2x}$이고, $y(1)=e^{-2}-e+2e=e+e^{-2}$

91. $y=2\cosh x+12\sinh x+\frac{1}{2}x\sinh x$

풀이 (ⅰ) $t^2-1=0$이므로 $t=\pm1 \Rightarrow y_c=Ae^x+Be^{-x}$

(ⅱ) $y_p=\frac{1}{f(D)}\left(\frac{e^x+e^{-x}}{2}\right)$

$$=\frac{1}{(D+1)(D-1)}\left\{\frac{e^x}{2}\right\}+\frac{1}{(D+1)(D-1)}\left\{\frac{e^{-x}}{2}\right\}$$

$$=\frac{x}{2}\cdot\frac{e^x}{2}-\frac{x}{2}\cdot\frac{e^{-x}}{2}=\frac{x(e^x-e^{-x})}{4}=\frac{1}{2}x\sinh x$$

$$\therefore y = Ae^x + Be^{-x} + \frac{1}{2}x\sinh x$$

$$y' = Ae^x - Be^{-x} + \frac{1}{2}\sinh x + \frac{1}{2}x\cosh x$$

$y'(0) = A - B = 12,\ y(0) = A + B = 2$를 연립하면 $A = 7,\ B = -5$이다.

$$\therefore y = 7e^x - 5e^{-x} + \frac{1}{2}x\sinh x$$
$$= 2\left(\frac{e^x + e^{-x}}{2}\right) + 12\left(\frac{e^x - e^{-x}}{2}\right) + \frac{1}{2}x\sinh x$$
$$= 2\cosh x + 12\sinh x + \frac{1}{2}x\sinh x$$

92.

$3e^{-5}$

풀이 특성방정식 : $D^3 + 3D^2 + 3D + 1 = (D+1)^3 = 0$

따라서 $D = -1$(삼중근)

$y_c = (a + bx + cx^2)e^{-x}$

$$y_p = \frac{1}{(D+1)^3}\{30e^{-x}\} = \frac{30x^3e^{-x}}{3!} = 5x^3e^{-x}$$

일반해 $y = y_c + y_p = (a + bx + cx^2)e^{-x} + 5x^3e^{-x}$

초기조건들 $y(0) = 3,\ y'(0) = -3,\ y''(0) = -47$을 적용하면 $a = 3,\ b = 0,\ c = -25$이다. 따라서

$y = (3 - 25x^2 + 5x^3)e^{-x} \Rightarrow y(5) = 3e^{-5}$

93.

(1) $x^2e^{2x} + xe^{-3x}$ (2) $\frac{e^{-x}}{10}$

풀이 (1) $f(D) = D^3 - D^2 - 8D + 12$이고,

일반해의 힌트를 통해서 $= (D-2)^2(D+3)$

$$y_p = \frac{10}{(D-2)^2(D+3)}\{e^{2x}\} + \frac{25}{(D-2)^2(D+3)}\{e^{-3x}\}$$
$$= \frac{10x^2e^{2x}}{2!5} + \frac{25xe^{-3x}}{25 \cdot 1!}$$
$$= x^2e^{2x} + xe^{-3x}$$

(2) $f(D) = D^4 + 5D^2 + 4$이고

$$y_p = \frac{1}{D^4 + 5D^2 + 4}\{e^{-x}\} = \frac{e^{-x}}{10}$$

94.

(1) $\frac{1}{2}x^2 + x + \frac{1}{2}$ (2) $\frac{3}{4}x^2 + \frac{13}{8}x + \frac{53}{32}$

(3) $-5\left(x^2 + \frac{6}{5}x + \frac{28}{25}\right) + 2xe^x$

풀이 (1) $y_p = \frac{1}{D^2 - D + 2}\{x^2 + x + 1\}$

$$= \frac{1}{2} \cdot \frac{1}{\left(1 - \left(\frac{D}{2} - \frac{D^2}{2}\right)\right)}\{x^2 + x + 1\}$$
$$= \frac{1}{2}\left[1 + \left(\frac{D}{2} - \frac{D^2}{2}\right) + \left(\frac{D}{2} - \frac{D^2}{2}\right)^2 + \cdots\right]\{x^2 + x + 1\}$$
$$= \frac{1}{2}\left[1 + \frac{D}{2} - \frac{D^2}{2} + \frac{D^2}{4} + \cdots\right](x^2 + x + 1)$$
$$= \frac{1}{2}\left(x^2 + x + 1 + \frac{1}{2}(2x + 1) - \frac{1}{4} \cdot 2\right)$$
$$= \frac{1}{2}x^2 + x + \frac{1}{2}$$

[다른 풀이]

특수해는 $y_p = ax^2 + bx + c$ 형태를 유추할 수 있다.

미분방정식에 대입해서 a, b, c를 찾을 때,

$2y_p$가 2차항을 결정하므로 $a = \frac{1}{2}$이다.

따라서 $y_p = \frac{1}{2}x^2 + bx + c$를 식에 대입한다.

좌변 : $y'' - y' + 2y = 1 - (x + b) + x^2 + 2bx + 2c$
$= x^2 + (2b - 1)x + 1 - b + 2c$

우변 : $x^2 + x + 1$

좌변과 우변이 같아야 하므로

$x^2 + (2b - 1)x + 1 - b + 2c = x^2 + x + 1 \Rightarrow b = 1,\ c = \frac{1}{2}$

이다. 따라서 $y_p = \frac{1}{2}x^2 + x + \frac{1}{2}$이다.

(2) $\frac{1}{D^2 - 5D + 4} = \frac{1}{4} \cdot \frac{1}{1 - \frac{5}{4}D + \frac{D^2}{4}}$

$= \frac{1}{4}\left(1 + \frac{5}{4}D + \frac{21}{16}D^2 + \cdots\right)$이므로

$$y_p = \frac{1}{D^2 - 5D + 4}(3x^2 - x)$$
$$= \frac{1}{4}\left(1 + \frac{5}{4}D + \frac{21}{16}D^2 + \cdots\right)(3x^2 - x)$$
$$= \frac{1}{4}\left(1 + \frac{5}{4}D + \frac{21}{16}D^2\right)(3x^2 - x)$$
$$= \frac{1}{4}\left(3x^2 + \frac{13}{2}x + \frac{53}{8}\right) = \frac{3}{4}x^2 + \frac{13}{8}x + \frac{53}{32}$$

[다른 풀이]
미정계수법에 의해서
$y_p = Ax^2 + Bx + C$로 유추할 수 있다.
대입해서 정리하면 $4Ax^2 + \cdots = 3x^2 - x$가 되어야 하므로
$A = \frac{3}{4}$임을 알 수 있다. 따라서 $y_p = \frac{3}{4}x^2 + ax + b$라고
유추해서 미분방정식에 대입한다.

좌변 : $y'' - 5y' + 4y = \frac{3}{2} - 5\left(\frac{3}{2}x + a\right) + 4\left(\frac{3}{4}x^2 + ax + b\right)$

$= 3x^2 + \left(4a - \frac{15}{2}\right)x + \frac{3}{2} - 5a + 4b$

우변 : $3x^2 - x$

좌변과 우변이 같아야 하므로

$4a - \frac{15}{2} = -1 \Leftrightarrow 8a - 15 = -2 \Leftrightarrow a = \frac{13}{8}$

$\frac{3}{2} - 5a + 4b = 0 \Leftrightarrow \frac{3}{2} - \frac{5 \cdot 13}{8} + 4b = 0$

$\Leftrightarrow 12 - 65 + 32b = 0$

$\Leftrightarrow b = \frac{53}{32}$

따라서 $y_p = \frac{3}{4}x^2 + \frac{13}{8}x + \frac{53}{32}$이다.

(3) $(D^3 + D^2 + 3D - 5)y = 25x^2 + 16e^x$에서

$$y_p = \frac{1}{D^3 + D^2 + 3D - 5}\{25x^2 + 16e^x\}$$
$$= \frac{1}{D^3 + D^2 + 3D - 5}\{25x^2\} + \frac{1}{D^3 + D^2 + 3D - 5}\{16e^x\}$$
$$= \frac{25}{D^3 + D^2 + 3D - 5}\{x^2\} + \frac{16}{D^3 + D^2 + 3D - 5}\{e^x\}$$

$$\frac{1}{D^3 + D^2 + 3D - 5}\{x^2\}$$
$$= -\frac{1}{5} \cdot \frac{1}{-D^3/5 - D^2/5 - 3D/5 + 1}\{x^2\}$$
$$= -\frac{1}{5}\left(1 + \frac{3}{5}D + \frac{14}{25}D^2\right)\{x^2\}$$
$$= -\frac{1}{5}\left(x^2 + \frac{6}{5}x + \frac{28}{25}\right),$$

$$\frac{1}{D^3 + D^2 + 3D - 5}\{e^x\}$$
$$= \frac{1}{(D-1)(D^2 + 2D + 5)}\{e^x\}$$
$$= e^x \cdot \frac{x^1}{1! \cdot (1^2 + 2 \cdot 1 + 5)} = \frac{1}{8}xe^x$$

$$\therefore y_p = -5\left(x^2 + \frac{6}{5}x + \frac{28}{25}\right) + 2xe^x$$

95. (1) $\frac{5}{17}\cos 3x + \frac{3}{17}\sin 3x$ (2) $-\frac{x}{2}\cos x$

풀이 (1) $y_p = \frac{1}{D^2 - D + 4}\{-2\cos 3x\}\ Re(e^{3ix})$

$$= Re\left\{\frac{-2}{D^2 - D + 4}\{e^{3ix}\}\right\}$$
$$= Re\left\{\frac{-2}{-9 - 3i + 4}(\cos 3x + i\sin 3x)\right\}$$
$$= Re\left\{\left(\frac{5}{17} - \frac{3i}{17}\right)(\cos 3x + i\sin 3x)\right\}$$
$$= \frac{5}{17}\cos 3x + \frac{3}{17}\sin 3x$$

(2) $y_p = \frac{1}{D^2 + 1}\{Im(e^{ix})\}$

$$= Im\left\{\frac{1}{(D+i)(D-i)}e^{ix}\right\}$$
$$= Im\left\{\frac{x}{2i}(\cos x + i\sin x)\right\}$$
$$= -\frac{x}{2}\cos x$$

96. $\frac{1}{3}$

풀이 (ⅰ) $t^2 + 4 = 0,\ t = \pm 2i \Rightarrow y_c = A\cos 2x + B\sin 2x$

(ⅱ) $y_p = Re\left\{\frac{1}{D^2 + 4}\{e^{ix}\}\right\}$

$$= Re\left\{\frac{1}{3}(\cos x + i\sin x)\right\} = \frac{1}{3}\cos x$$

$\therefore y = A\cos 2x + B\sin 2x + \frac{1}{3}\cos x$

$y(0) = 0$이라고 했으므로, $A + \frac{1}{3} = 0$, $A = -\frac{1}{3}$

$y' = -2A\sin 2x + 2B\cos 2x - \frac{1}{3}\sin 2x$

$y'(0) = 2B = 0$이므로, $B = 0$

$\therefore y = -\frac{1}{3}\cos 2x + \frac{1}{3}\cos x \quad \therefore y\left(\frac{\pi}{2}\right) = \frac{1}{3}$

97. 3

풀이 $y'' - 2y' = 3\cos x$

(ⅰ) $t^2-2t=0$이므로 $t=0,2 \Rightarrow y_c=A+Be^{2x}$

(ⅱ) $y_p=Re\left\{\frac{1}{D^2-2D}\{3e^{ix}\}\right\}$

$=Re\left\{\frac{1}{-1-2i}\{3e^{ix}\}\right\}$

$=Re\left\{\frac{2i-1}{5}\{3e^{ix}\}\right\}$

$=Re\left\{\frac{2i-1}{5}(3\cos x+3i\sin x)\right\}$

$=-\frac{6}{5}\sin x-\frac{3}{5}\cos x$

$\therefore y=A+Be^{2x}-\frac{6}{5}\sin x-\frac{3}{5}\cos x$

$y'=2Be^{2x}-\frac{6}{5}\cos x+\frac{3}{5}\sin x$이고

$y'(0)=2B-\frac{6}{5}=0$ 이므로, $B=\frac{3}{5}$

$y''=4Be^{2x}+\frac{6}{5}\sin x+\frac{3}{5}\cos x \quad \therefore y''(0)=3$

[다른 풀이]

$y''-2y'=3\cos x$, $y'(0)=0$의 조건을 제시한 것이므로

$x=0$을 미분방정식에 대입하면

$y''(0)-2y'(0)=3$이므로 $y''(0)=3$이다.

98. 0

풀이 미분방정식 $y''+4y=\frac{1-\cos 4x}{2}$에 대하여

(ⅰ) $t^2+4=0$이므로 $t=\pm 2i$, $y_c=A\cos 2x+B\sin 2x$

(ⅱ) $y_p=\frac{1}{D^2+4}\left\{\frac{1}{2}\right\}-Re\left(\frac{1}{D^2+4}\left\{\frac{1}{2}e^{4ix}\right\}\right)$

$=\frac{1}{8}-\frac{1}{2}Re\left(-\frac{1}{12}(\cos 4x+i\sin 4x)\right)$

$=\frac{1}{8}+\frac{1}{24}\cos 4x$

$\therefore y=A\cos 2x+B\sin 2x+\frac{1}{8}+\frac{1}{24}\cos 4x$

$y(0)=A+\frac{1}{8}+\frac{1}{24}=0$이므로 $A=-\frac{1}{6}$

$y'=-2A\sin 2x+2B\cos 2x-\frac{1}{6}\sin 4x$

$y'(0)=B=0$

$\therefore y=-\frac{1}{6}\cos 2x+\frac{1}{24}\cos 4x+\frac{1}{8}$

$\therefore y(\pi)=-\frac{1}{6}+\frac{1}{24}+\frac{1}{8}=0$

99. (1) $\frac{e^{3x}}{4}\left(x^2-2x+\frac{3}{2}\right)$ (2) $\frac{e^x}{2}(x+1)$

풀이 (1) $f(D)=(D-1)^2$

$f(D+3)=(D+2)^2=D^2+4D+4=4\left(1+D+\frac{D^2}{4}\right)$

$y_p=\frac{1}{D^2-2D+1}\{e^{3x}x^2\}$

$=\frac{e^{3x}}{4(1+D+\frac{D^2}{4})}\{x^2\}$

$=\frac{e^{3x}}{4}\left(1-\left(D+\frac{D^2}{4}\right)+\left(D+\frac{D^2}{4}\right)^2-\cdots\right)\{x^2\}$

$=\frac{e^{3x}}{4}\left(1-D+\frac{3}{4}D^2\right)\{x^2\}$

$=\frac{e^{3x}}{4}\left(x^2-2x+\frac{3}{2}\right)$

(2) $f(D)=D^2-2D+3$

$f(D+1)=D^2+2D+1-2D-2+3=D^2+2$

$y_p=\frac{1}{D^2-2D+3}\{e^x(x+1)\}$

$=\frac{e^x}{D^2+2}\{x+1\}$

$=\frac{e^x}{2}\cdot\frac{1}{1+\frac{D^2}{2}}\{x+1\}$

$=\frac{e^x}{2}(x+1)$

100. -6

풀이 $t^3+t=0$이므로, $t=0, \pm i$

$y_c=A+B\cos x+C\sin x$

$y_p=Dx+Ex^2+Fx^3$

$y_p=\frac{1}{D^3+D}\{3x^2\}=\frac{1}{(D^2+1)D}\{3x^2\}$

$=\frac{1}{D}(1-D^2+D^4-\cdots)\{3x^2\}$

$=\int 3x^2-6\,dx=x^3-6x$

x항의 계수는 -6이다. 연습을 위해 y를 구해보면,

$y=A+B\cos x+C\sin x-6x+x^3$

$A=2, B=-1, C=7$이다.

101. $y=\left(a+bx-\frac{3}{25}\cos2x+\frac{4}{25}\sin2x\right)e^{-x}$

풀이 (ⅰ) 동차(제차)미분방정식의 일반해 y_c

특성(보조)방정식 $D^2+4D+4=0$에서

$D=-2$(중근)이므로 $y_c=(a+bx)e^{-2x}$

(ⅱ) 비제차 미분방정식의 특수해 y_p

$$y_p=\frac{1}{(D+2)^2}\{e^{-x}\cos2x\}$$
$$=Re\frac{1}{(D+2)^2}\{e^{(-1+2i)x}\}$$
$$=Re\left\{\frac{e^{-x}(\cos2x+i\sin2x)}{(1+2i)^2}\right\}$$
$$=Re\left\{\frac{e^{-x}(\cos2x+i\sin2x)}{-3+4i}\right\}$$
$$=Re\left\{\frac{e^{-x}(-3-4i)(\cos2x+i\sin2x)}{25}\right\}$$
$$=\frac{e^{-x}(-3\cos2x+4\sin2x)}{25}$$

(ⅰ), (ⅱ)에 의하여

$y=y_c+y_p=\left(a+bx-\frac{3}{25}\cos2x+\frac{4}{25}\sin2x\right)e^{-x}$이다.

102. $y_p(x)=\frac{e^{-x}}{50}(-4\sin2x+3\cos2x)$

풀이
$$y_p=\frac{1}{(D+2)(D-3)}\{e^{-x}\sin2x\}$$
$$y_p=Im\left[\frac{e^{-x}}{(D+1)(D-4)}\{e^{i2x}\}\right]$$
$$=Im\left[\frac{e^{-x}}{D^2-3D-4}\{e^{i2x}\}\right]$$
$$=Im\left[\frac{e^{-x}}{-8-6i}\{\cos2x+i\sin2x\}\right]$$
$$=Im\left[\frac{e^{-x}(-8+6i)}{100}\{\cos2x+i\sin2x\}\right]$$
$$=\frac{e^{-x}}{100}(-8\sin2x+6\cos2x)$$
$$=\frac{e^{-x}}{50}(-4\sin2x+3\cos2x)$$

103. $y_p(x)=\frac{8\cos3x-6\sin3x}{25}$

풀이
$$y_p=\frac{1}{(D+1)(D-3)}\{6e^{-x}\sin3x\}$$
$$y_p=Im\left[\frac{6e^{-x}}{D(D-4)}\{e^{i3x}\}\right]$$
$$=Im\left[\frac{6e^{-x}}{3i(3i-4)}\{\cos3x+i\sin3x\}\right]$$
$$=Im\left[\frac{2e^{-x}}{i(3i-4)}\{\cos3x+i\sin3x\}\right]$$
$$=Im\left[\frac{2(-4-3i)e^{-x}}{25i}\{\cos3x+i\sin3x\}\right]$$
$$=Im\left[\frac{2(4i-3)e^{-x}}{25}\{\cos3x+i\sin3x\}\right]$$
$$=\frac{8\cos3x-6\sin3x}{25}$$

104. ①

풀이 (ⅰ) 동차(제차)미분방정식의 일반해 y_c

특성(보조)방정식 $D^2+6D+9=0$에서

$D=-3$(중근)이므로

$y_c=(a+bx)e^{-3x}$

(ⅱ) 비동차(비제차)미분방정식의 특수해 y_p

$$y_p=\frac{1}{(D+3)^2}\{e^{-3x}\cos2x\}$$
$$=\frac{e^{-3x}}{D^2}\{\cos2x\}$$
$$=e^{-3x}\iint\cos2x\,dx\,dx$$
$$=-\frac{1}{4}e^{-3x}\cos2x$$

(ⅰ), (ⅱ)에 의해 $y=y_c+y_p=\left(a+bx-\frac{1}{4}\cos2x\right)e^{-3x}$이다.

또한, $y'=\left(b+\frac{1}{2}\sin2x\right)e^{-3x}-3\left(a+bx-\frac{1}{4}\cos2x\right)e^{-3x}$

$=\left(b-3a-3bx+\frac{1}{2}\sin2x+\frac{3}{4}\cos2x\right)e^{-3x}$이므로

$y(0)=0,\ y'(0)=-1$에서 $a=0,\ b=\frac{1}{4}$이다.

$\therefore y=\frac{1}{4}e^{-3x}(x-\cos2x)$

105. $\frac{x^2}{2}e^{2x}+\frac{4}{25}\cos x+\frac{3}{25}\sin x$

풀이 $y_p=\frac{1}{(D-2)^2}(e^{2x}+\sin x)$

$=\frac{1}{(D-2)^2}e^{2x}+\frac{1}{(D-2)^2}\sin x$

$f(2)=0$이므로,

$y_p=\frac{x^2}{2!}e^{2x}+Im\left(\frac{1}{(D-2)^2}(e^{ix})\right)$

$=\frac{x^2}{2!}e^{2x}+\frac{1}{D^2-4D+4}\{e^{ix}\}$

$=\frac{x^2}{2!}e^{2x}+\frac{1}{3-4i}\{e^{ix}\}$

$=\frac{x^2}{2!}e^{2x}+\frac{3+4i}{25}(\cos x+i\sin x)$

$=\frac{x^2}{2!}e^{2x}+\frac{4}{25}\cos x+\frac{3}{25}\sin x$

106. $e^{-\frac{\pi}{2}}+2e^{\frac{\pi}{2}}-\frac{\pi}{2}-\frac{1}{2}$

풀이 (i) $t^2-1=0,\ \therefore t=\pm1 \Rightarrow y_c=Ae^{-x}+Be^{x}$

(ii) $y_p=\frac{1}{D^2-1}(x+\sin x)$

$=\frac{1}{D^2-1}\{x\}+\frac{1}{D^2-1}\{\sin x\}$

$=\frac{-1}{1-D^2}\{x\}+Im\left(\frac{1}{D^2-1}(e^{ix})\right)$

$=-(1+D^2+\cdots)-\frac{1}{2}(i\sin x+\cos x)$

$=-x-\frac{1}{2}\sin x$

$\therefore y=Ae^{-x}+Be^{x}-x-\frac{1}{2}\sin x$

$y(0)=3,\ y'(0)=-\frac{1}{2}$이므로, $A=1,\ B=2$이다.

$y=e^{-x}+2e^{x}-x-\frac{1}{2}\sin x$

$y\left(\frac{\pi}{2}\right)=e^{-\frac{\pi}{2}}+2e^{\frac{\pi}{2}}-\frac{\pi}{2}-\frac{1}{2}$

107. $-\pi$

풀이 (i) $t^2+1=0$이므로 $t=\pm i$

$\Rightarrow y_c=A\cos x+B\sin x$

(ii) $y_p=\frac{1}{D^2+1}\{2x+8\cos x\}$

$=\frac{1}{D^2+1}\{2x\}+\frac{8}{D^2+1}\{\cos x\}$

$=2x+Re\left\{\frac{8}{D^2+1}\{e^{ix}\}\right\}$

$=2x+Re\left\{\frac{8}{(D+i)(D-i)}\{e^{ix}\}\right\}$

$=2x+Re\left\{\frac{8x}{2i}(\cos x+i\sin x)\right\}$

$=2x+4x\sin x$

$\therefore y=A\cos x+B\sin x+2x+4x\sin x$

$y(\pi)=0,\ y'(\pi)=2$이므로 $A=2\pi,\ B=-4\pi$

$\therefore y=2\pi\cos x-4\pi\sin x+2x+4x\sin x,\ y\left(\frac{\pi}{2}\right)=-\pi$

4. 코시-오일러 미분방정식

108. $\frac{1}{4}$

풀이 $r(r-1)-6=0$이므로 $r=-2, 3$

$\therefore y=Ax^{-2}+Bx^3$

$y=f(x)$일 때, $f(1)=1, f(-1)=1$이므로 $A=1, B=0$

$\therefore y=x^{-2}$, $y(2)=\frac{1}{4}$

109. 3

풀이 $r(r-1)-4r+6=0$이므로 $r=2, 3$

$\therefore y=Ax^2+Bx^3$

$y(1)=-1, y'(1)=-4$이므로 $A=1, B=-2$

$\therefore y=x^2-2x^3$, $y(-1)=3$

110. $y=x^2-x^{-3}$

풀이 $y=x^r$이라 하면 $x\neq 0$

주어진 미분방정식은 $x(x^2y''+2xy'-6y)=0$이고

$x\neq 0$이므로, $x^2y''+2xy'-6y=0$이다.

특성방정식은 $r(r-1)+2r-6=0 \Leftrightarrow r^2+r-6=0$

$\therefore r=2, -3$

따라서 일반해는 $y=c_1x^2+c_2x^{-3}$이다.

여기서 $y'=2c_1x-3c_2x^{-4}$, $y(1)=0, y'(1)=5$이므로

$0=c_1+c_2$, $5=2c_1-3c_2$

$\therefore c_1=1$, $c_2=-1$

$\therefore y=x^2-x^{-3}$

111. 9

풀이 주어진 코시-오일러 방정식의 특성방정식은

$r(r-1)(r-2)-6r(r-1)+18r-24=0$

$\Leftrightarrow r^3-9r^2+26r-24=0$

$\Leftrightarrow (r-2)(r^2-7r+12)=0$

$\Leftrightarrow (r-2)(r-3)(r-4)=0$이고, 해는 $r=2, 3, 4$이다.

따라서 구하는 미분방정식의 일반해는

$y=c_1x^2+c_2x^3+c_3x^4$(단, c_1, c_2, c_3는 임의의 상수)

$\therefore a+b+c=2+3+4=9$

112. $-9e^4$

풀이 $r(r-1)-3r+4=0$이므로 $r=2, 2$

$\therefore y=Ax^2+B\ln x\cdot x^2$

$y(1)=5, y'(1)=3$이므로 $A=5, B=-7$

$y=5x^2-7\ln x\cdot x^2$

$y(e^2)=5e^4-14e^4=-9e^4$

113. 8

풀이 $4r(r-1)+ar+1=0$

$4r^2+(a-4)r+1=0$

$y=c_1x^{-\frac{1}{2}}+c_2\ln x\cdot x^{-\frac{1}{2}}$

$r=-\frac{1}{2}, -\frac{1}{2}$

근과 계수의 관계를 이용하면 $-\frac{a-4}{4}=-1$, $a=8$

114. $a+b=0$

풀이 $x^2\frac{d^2y}{dx^2}+ax\frac{dy}{dx}+by=0$은 코시-오일러 미분방정식이다.

일반해가 $y=c_1x+c_2x\ln x$이므로 주어진 미분방정식의

특성방정식의 해는 중근 $r=1$을 갖는다.

$r(r-1)+ar+b=0 \Leftrightarrow r^2+(a-1)r+b=0$

$\Leftrightarrow r=1$(중근)

$a=-1, b=1$이므로 $a+b=0$

115. ③

풀이 코시-오일러 미분방정식 $x^2y''+5xy'+5y=0$의 특성방정식

$t(t-1)+5t+5=0$의 두 근이 $t=-2\pm i$이므로

일반해는 $y=\frac{1}{x^2}(C_1\cos\ln x+C_2\sin\ln x)$

이 때, 초기값 $y(1)=1$일 때, $1=C_1$

$y'=-\frac{2}{x^3}(C_1\cos\ln x+C_2\sin\ln x)$

$+\frac{1}{x^3}(-C_1\sin\ln x+C_2\cos\ln x)$

$y'(1)=-5$일 때, $-5=-2C_1+C_2$, $C_2=-3$

$\therefore y=\frac{1}{x^2}(\cos\ln x-3\sin\ln x)$,

$y(e)=\frac{1}{e^2}(\cos\ln e-3\sin\ln e)=e^{-2}(\cos 1-3\sin 1)$

116. $y=c_1\cos(\ln(x+2))+c_2\sin(\ln(x+2))$

풀이 $x+2=t$라 하면 $y=f(t)$의 해를 갖게 된다.

매개함수 미분법에 의해서

$$\Rightarrow \frac{dy}{dx}=\frac{y'(t)}{x'(t)}=\frac{f'(t)}{1}$$

$$\Rightarrow \frac{d^2y}{dx^2}=\frac{x'(t)y''(t)-x''(t)y'(y)}{(x')^3}=y''(t)=f''(t)$$

기존의 미분방정식 $(x+2)^2\frac{d^2y}{dx^2}+(x+2)\frac{dy}{dx}+y=0$는

$t^2f''(t)+tf'(t)+f(t)=0 \Leftrightarrow t^2\frac{d^2y}{dt^2}+t\frac{dy}{dt}+y=0$

코시-오일러 미분방정식이 된다.

$y=t^r$이라 하면 특성방정식은

$r(r-1)+r+1=0 \Leftrightarrow r^2+1=0$이므로 $r=\pm i$

일반해는 $y=c_1\cos(\ln t)+c_2\sin(\ln t)$($c_1, c_2$는 임의의 상수)

여기에 $t=x+2$를 역대입하면

$y=c_1\cos(\ln(x+2))+c_2\sin(\ln(x+2))$

117. 14

풀이 $(x+1)^2y''-4(x+1)y'+4y=0$

$x+1=t$라 하면 $y=f(t)$의 해를 갖게 된다.

매개함수 미분법에 의해서

$$\Rightarrow \frac{dy}{dx}=\frac{y'(t)}{x'(t)}=\frac{f'(t)}{1}$$

$$\Rightarrow \frac{d^2y}{dx^2}=\frac{x'(t)y''(t)-x''(t)y'(y)}{(x')^3}=y''(t)=f''(t)$$

기존의 미분방정식 $(x+1)^2y''-4(x+1)y'+4y=0$은

$t^2f''(t)-4tf'(t)+4f(t)=0 \Leftrightarrow t^2y''-4ty'+4y=0$

$r(r-1)-4r+4=0$이므로 $r=1, 4$

$y=At+Bt^4=A(x+1)+B(x+1)^4$

문제에서 주어진 조건 $y(0)=0, y'(0)=3$에 의해

$A=-1, B=1$임을 알 수 있다.

$y=-(x+1)+(x+1)^4$, $y(1)=14$

118. 52

풀이 $(x+1)^2y''-3(x+1)y'+4y=0$에서 $x+1=t$로 치환하면

$t^2y''-3ty'+4y=0$이므로 코시-오일러 미분방정식이다.

특성 방정식이 $t(t-1)-3t+4=0 \Leftrightarrow t^2-4t+4=0$이므로

$t=2$(중근)이다. 그러므로 일반해는 $y=c_1t^2+c_2t^2\ln t$,

미분방정식의 해는 $y(x)=c_1(x+1)^2+c_2(x+1)^2\ln(x+1)$

$y'(x)=2c_1(x+1)+2c_2(x+1)\ln(x+1)+c_2(x+1)$이므로

초기 조건 $y(0)=-1$, $y'(0)=0$을 대입하면

$c_1=-1$, $c_2=2$이므로

$y(x)=-(x+1)^2+2(x+1)^2\ln(x+1)$

$y(1)+y(3)=(-4+8\ln 2)+(-16+32\ln 4)$

$=-4+8\ln 2-16+64\ln 2$

$=-20+72\ln 2$

$\therefore a+b=-20+72=52$

119. ①

풀이 $\begin{cases}x=\sin t\\ y=f(t)\end{cases}$이므로 $1-x^2=\cos^2 t$

$$\frac{dy}{dx}=\frac{\frac{dy}{dt}}{\cos t},\ \frac{d^2y}{dx^2}=\frac{\cos t\frac{d^2y}{dt^2}+\sin t\frac{dy}{dt}}{\cos^3 t}$$

이므로 주어진 미분방정식에 대입하자.

$$\Rightarrow (1-x^2)\frac{d^2y}{dx^2}=\frac{\cos t\frac{d^2y}{dt^2}+\sin t\frac{dy}{dt}}{\cos t}$$

$$\Rightarrow x\frac{dy}{dx}=\frac{\sin t\frac{dy}{dt}}{\cos t}$$

$$\Rightarrow (1-x^2)\frac{d^2y}{dx^2}-x\frac{dy}{dx}=0$$

$\Rightarrow \frac{d^2y}{dt^2}=0$이다.

5. 매개변수 변환법

120. $y_p(x) = -e^x\ln(1+x^2)+2xe^x\tan^{-1}x$

풀이 (i) $t^2-2t+1=0$이므로 $t=1,1$이다. $y_c = Ae^x+Bxe^x$

(ii) $W=\begin{vmatrix} e^x & xe^x \\ e^x & e^x+xe^x \end{vmatrix} = e^{2x}$

$$W_1R(x) = \begin{vmatrix} 0 & xe^x \\ \dfrac{2e^x}{1+x^2} & e^x+xe^x \end{vmatrix} = -\frac{2xe^{2x}}{1+x^2}$$

$$W_2R(x) = \begin{vmatrix} e^x & 0 \\ e^x & \dfrac{2e^x}{1+x^2} \end{vmatrix} = \frac{2e^{2x}}{1+x^2}$$

(iii) $y_p = e^x\displaystyle\int \frac{-2x}{1+x^2}dx + xe^x\int\frac{2}{1+x^2}dx$

$= -e^x\ln(1+x^2)+2xe^x\tan^{-1}x$

121. $y=e^{2x}(2+2x+x\ln x)$

풀이 (i) $t^2-4t+4=0$이므로 $t=2,2$이다. $y_c=Ae^{2x}+Bxe^{2x}$

(ii) $W=\begin{vmatrix} e^{2x} & xe^{2x} \\ 2e^{2x} & e^{2x}+2xe^{2x} \end{vmatrix} = e^{4x}$

$$W_1R(x) = \begin{vmatrix} 0 & xe^{2x} \\ \dfrac{e^{2x}}{x} & e^{2x}+2xe^{2x} \end{vmatrix} = -e^{4x}$$

$$W_2R(x) = \begin{vmatrix} e^{2x} & 0 \\ 2e^{2x} & \dfrac{e^{2x}}{x} \end{vmatrix} = \frac{e^{4x}}{x}$$

(iii) $y_p = e^{2x}\displaystyle\int(-1)dx + xe^{2x}\int\frac{1}{x}dx$

$= -xe^{2x}+xe^{2x}\ln|x|$

(iv) $y=Ae^{2x}+Bxe^{2x}-xe^{2x}+xe^{2x}\ln|x|$

$y(1)=4e^2,\ y(-1)=0$이므로 $A=2,\ B=3$이다.

$\therefore y=e^{2x}(2+2x+x\ln x)$

122. $y_p = -\dfrac{1}{3}x\cos3x+\dfrac{1}{9}\sin3x\ln|\sin3x|$

풀이 론스키안 해법을 이용하자.

특성방정식인 $D^2+9=0$이므로 $y_c=\{\cos3x,\ \sin3x\}$이다.

$W=\begin{vmatrix} \cos3x & \sin3x \\ -3\sin3x & 3\cos3x \end{vmatrix} = 3$

$W_1R=\begin{vmatrix} 0 & \sin3x \\ \csc3x & 3\cos3x \end{vmatrix} = -1$

$W_2R=\begin{vmatrix} \cos3x & 0 \\ -3\sin3x & \csc3x \end{vmatrix} = \cot3x$

$$y_p = \cos3x\int -\frac{1}{3}dx + \sin3x\int\frac{\cot3x}{3}dx$$

$$= -\frac{1}{3}x\cos3x+\frac{1}{9}\sin3x ln|\sin3x|$$

123. ④

풀이 제차 미분방정식 $x^2y''-xy'+y=0$의 해를 구하자.

특성방정식은 $r(r-1)-r+1=0$이므로 $r=1$(중근)이다.

따라서 두 해가 $y_1=x,\ y_2=x\ln x$이고,

$x^2y''-xy'+y=2x$에서 $r(x)=2x$이므로

특성방정식의 근이 $r=1$임을 유추할 수 있다.

또한 이 근은 전체 3번째 1임을 알 수 있다.

따라서 특수해의 형태는 $y_p=x(\ln x)^2$이다.

124. $y_p=-x^2\ln x$

풀이 론스키안 해법을 이용한다.

$y''-\dfrac{4}{x}y'+\dfrac{6}{x^2}y=1$이고, $R(x)=1$이다.

(i) $x^2y''-4xy'+6y=0$

$r(r-1)-4r+6=0$이므로, $r=2,3$

$\therefore y_c=Ax^2+Bx^3=span\{x^2,x^3\}$

(ii) $W=\begin{vmatrix} x^2 & x^3 \\ 2x & 3x^2 \end{vmatrix} = x^4$

$W_1R(x)=\begin{vmatrix} 0 & x^3 \\ 1 & 3x^2 \end{vmatrix} = -x^3$

$W_2R(x)=\begin{vmatrix} x^2 & 0 \\ 2x & 1 \end{vmatrix} = x^2$

(iii) $y_p = x^2\displaystyle\int\frac{-x^3}{x^4}dx + x^3\int\frac{x^2}{x^4}dx = -x^2\ln x - x^2$

$\therefore y=Ax^2+Bx^3-x^2\ln x-x^2$

$=(A-1)x^2+Bx^3-x^2\ln x$

따라서 특수해 $y_p(x)=-x^2\ln x$이다.

[다른 풀이]

미정계수법을 이용한다.

(i) $x^2y''-4xy'+6y=0$

$r(r-1)-4r+6=0$이므로, $r=2,3$

(ii) $r(x)=x^2,\ r=2$

(iii) $y_p=Ax^2\ln x$

$y_p'=2Ax\ln x+Ax$

$y_p''=2A\ln x+2A+A=2A\ln x+3A$

$\therefore x^2 y_p'' - 4xy_p' + 6y_p = x^2$

$A = -1$이고, $y_p = -x^2 \ln x$

[다른 풀이]

상수계수 미분방정식으로 변환한다.

(i) 특성방정식이 $r(r-1)-4r+6=0$이므로, $r=2, 3$이다.

$y_c = ax^2 + bx^3$

(ii) $r(x)=x^2$, $r=2$이므로 $D=2$를 대입하고

중복된 근이므로 $\ln x$가 곱해진다.

$$y_p = \frac{1}{(D-2)(D-3)}\{x^2\} = \frac{x^2 \ln x}{1!(2-3)} = -x^2 \ln x$$

$\therefore y_p = -x^2 \ln x$

125. $\frac{6}{5}$

풀이 론스키안 해법을 이용한다.

$$y'' - \frac{1}{2x}y' + \frac{1}{2x^2}y = x$$

즉, $2x^2y'' - xy' + y = 2x^3$

(i) 특성방정식은 $2D(D-1)-D+1=0$

$\Rightarrow 2D^2-3D+1=0 \Rightarrow (D-1)(2D-1)=0$

$D=1, \frac{1}{2}$이므로 $y_c = ax + b\sqrt{x}$이다.

(ii) 비제차 $y'' - \frac{1}{2x}y' + \frac{1}{2x^2}y = x$의 특수해 y_p

$$W = \begin{vmatrix} x & \sqrt{x} \\ 1 & \frac{1}{2\sqrt{x}} \end{vmatrix} = -\frac{\sqrt{x}}{2},$$

$$W_1R = \begin{vmatrix} 0 & \sqrt{x} \\ x & \frac{1}{2\sqrt{x}} \end{vmatrix} = -x^{\frac{3}{2}}$$

$$W_2R = \begin{vmatrix} x & 0 \\ 1 & x \end{vmatrix} = x^2$$

$$y_p = y_1\int \frac{W_1R}{W}dx + y_2\int \frac{W_2R}{W}dx$$

$$= x\int 2x\,dx + \sqrt{x}\int -2x^{\frac{3}{2}}dx = \frac{1}{5}x^3$$

(iii) $y(x) = y_h + y_p = ax + b\sqrt{x} + \frac{1}{5}x^3$

$$y'(x) = a + \frac{b}{2\sqrt{x}} + \frac{3}{5}x^2$$

$y(1)=0$이므로 $a+b = -\frac{1}{5}$

$y'(1) = \frac{2}{5}$이므로 $a + \frac{b}{2} = -\frac{1}{5}$

$a = -\frac{1}{5}, b=0$

$y(x) = -\frac{1}{5}x + \frac{1}{5}x^3$이므로 $y(2) = \frac{6}{5}$이다.

[다른 풀이]

상수계수 미분방정식으로 변환한다.

$2x^2y'' - xy' + y = 2x^3$의 특성방정식을 구하자.

$2D(D-1)-D+1=0$

$\Rightarrow 2D^2-3D+1=0$

$\Rightarrow (D-1)(2D-1)=0$

$\Rightarrow D=1, \frac{1}{2}$

$y_c = ax + b\sqrt{x}$이다.

$r(x)=2x^3$을 통해서 특성방정식의 근이 3임을 알 수 있고,

일반해의 근과 중복되지 않으므로 $y_p = \frac{1}{(D-1)(2D-1)}\{2x^3\}$

$= \frac{2x^3}{(3-1)(2\cdot 3-1)} = \frac{x^3}{5}$에

특성방정식의 근을 대입한다.

$y = ax + b\sqrt{x} + \frac{x^3}{5}$이고

초깃값을 대입하면 $y(1)=0$이므로 $a+b = -\frac{1}{5}$

$y'(1) = \frac{2}{5}$이므로 $a + \frac{b}{2} = -\frac{1}{5}$

$a = -\frac{1}{5}, b=0$

$y(x) = -\frac{1}{5}x + \frac{1}{5}x^3$이므로 $y(2) = \frac{6}{5}$이다.

126. e

풀이 상수계수 미분방정식으로 변환한다.

$e^t = x, t = \ln x$로 치환해서 상수계수 미분방정식을 생각하자.

(i) 특성방정식이 $t(t-1)-t+1=0 \Leftrightarrow (t-1)^2=0$

이므로 $t=1$(중근)이다.

주어진 미분방정식 $y(t)$를 해로 갖는

상수계수 비제차 미분방정식 $y''-2y'+y'=t$이 되었다.

$y_c(t) = ae^t + bte^t$이고, $y_c(x) = ax + bx\ln x$이다.

(ii) $y_p = \frac{1}{1-2D+D^2}\{t\} = (1+2D)\{t\} = t+2$이므로

$y_p(t) = 2+t$이고, $y_p(x) = 2 + \ln x$이다.

따라서 $y(x) = ax + bx\ln x + 2 + \ln x$이다.

(iii) 초기조건을 대입하면 $y(1) = a+2 = 1 \Rightarrow a = -1$

$y(e) = -e + be + 2 + 1 = 3 \Rightarrow b = 1$

$y(x) = -x + x\ln x + \ln x + 2$이고 $y'(x) = \ln x + \dfrac{1}{x}$이다.

$\therefore y'(1) + y'(e^{-1}) = 1 + (-1+e) = e$

127. $\dfrac{74}{3}$

풀이 상수계수 미분방정식으로 변환한다.

특성방정식이 $m^2 - 2m - 3 = 0,\ m = -1, 3$이므로

$y_c(x) = c_1 x^{-1} + c_2 x^3,\ r(x) = x^2$

특성방정식의 근은 2이고, 일반해와 중복된 근이 아니므로

$y_p = \dfrac{1}{(D+1)(D-3)}\{x^2\} = -\dfrac{1}{3}x^2$

$y(x) = y_c + y_p = c_1 x^{-1} + c_2 x^3 - \dfrac{1}{3}x^2$

$y(1) = \dfrac{8}{3},\ y'(1) = \dfrac{1}{3}$에서 $c_1 = 2,\ c_2 = 1$

$\therefore y = 2x^{-1} + x^3 - \dfrac{1}{3}x^2$

$\therefore y(3) = \dfrac{74}{3}$

6. 급수해법

128. ②

풀이 $x = 0$에서 해석적인지 확인해본다.

① $\dfrac{\sin x}{x} = 1 - \dfrac{1}{3!}x^2 + \dfrac{1}{5!}x^4 - \cdots$

② $\dfrac{\cos x}{x} = \dfrac{1}{x} - \dfrac{1}{2!}x + \cdots$

③ $\sin x = x - \dfrac{1}{3!}x^3 + \dfrac{1}{5!}x^5 - \cdots$

④ $\cos x = 1 - \dfrac{1}{2!}x^2 + \dfrac{1}{4!}x^4 - \cdots$

②는 $x = 0$에서 해석적이지 않으므로

문제에서 주어진 멱급수 형태의 해가 존재하지 않는다.

129. 250

풀이 $y = \sum_{n=0}^{\infty} c_n x^n = c_0 + c_1 x + c_2 x^2 + c_3 x^3 + c_4 x^4 + c_5 x^5 + \cdots$

이므로 미분방정식 $y'' + (\cos x)y = 0$에 대입하면

$y'' + (\cos x)y = 0$

$\Leftrightarrow (2c_2 + 6c_3 x + 12c_4 x^2 + 20c_5 x^3 + \cdots)$

$+\left(1 - \dfrac{1}{2}x^2 + \dfrac{1}{24}x^4 - \cdots\right)$

$(c_0 + c_1 x + c_2 x^2 + c_3 x^3 + \cdots) = 0$

$\Leftrightarrow (2c_2 + c_0) + x(6c_3 + c_1) + x^2\left(12c_4 + c_2 - \dfrac{1}{2}c_0\right)$

$+ x^3\left(20c_5 + c_3 - \dfrac{1}{2}c_1\right) + \cdots = 0$

$6c_3 + c_1 = 0$이므로 $c_1 = -6c_3$

$c_3 = -20c_5 + \dfrac{1}{2}c_1 = -20c_5 - 3c_3$이므로 $c_3 = -5c_5$

$\therefore c_3 = 250$

130. 0

풀이 매클로린 급수에서 $\sin x = x - \dfrac{1}{3!}x^3 + \dfrac{1}{5!}x^5 - \cdots$이다.

$y = \sum_{n=0}^{\infty} a_n x^n = a_0 + a_1 x + a_2 x^2 + a_3 x^3 + \cdots$

라고 하여 a_2를 구하면 된다.

$\dfrac{dy}{dx} = a_1 + 2a_2 x + 3a_3 x^2 + \cdots,$

$\dfrac{d^2y}{dx^2} = 2a_2 + 6a_3 x + \cdots$이므로

$$\frac{d^2y}{dx^2}+(\sin x)y=0$$

$$\Leftrightarrow 2a_2+6a_3x+\cdots$$

$$+\left(x-\frac{1}{3\,!}x^3+\frac{1}{5\,!}x^5-\cdots\right)(a_0+a_1x+a_2x^2+\cdots)=0$$

각 계수를 비교하면 $2a_2=0$

$\therefore a_2=0$

131. $\frac{1}{6}(a_1-a_0)$

풀이 매클로린 급수에서 $e^x=1+x+\frac{1}{2\,!}x^2+\frac{1}{3\,!}x^3+\cdots$이다.

$y=\sum_{n=0}^{\infty}a_nx^n=a_0+a_1x+a_2x^2+a_3x^3+\cdots$에서

$y'=a_1+2a_2x+3a_3x^2+\cdots$,

$y''=2a_2+6a_3x+\cdots$이므로

$y''+e^xy'-y=0$

$$\Leftrightarrow 2a_2+6a_3x+\cdots$$

$$+\left(1+x+\frac{1}{2\,!}x^2+\frac{1}{3\,!}x^3+\cdots\right)(a_1+2a_2x+3a_3x^2+\cdots)$$

$$-(a_0+a_1x+a_2x^2+a_3x^3+\cdots)=0$$

좌변을 오름차순으로 정리하면

$(2a_2+a_1-a_0)+(6a_3+2a_2)x+\cdots=0$이다.

각 계수를 비교하면 $2a_2+a_1-a_0=0,\ 6a_3+2a_2=0$이므로

$a_3=\frac{1}{6}(a_1-a_0)$를 얻는다.

132. $\frac{17}{12}$

풀이 $y=a_0+a_1x+a_2x^2+a_3x^3+\cdots$

$y'=a_1+2a_2x+3a_3x^2+\cdots$

$y''=2a_2+6a_3x+12a_4x^2+\cdots$

$y(0)=1,\ y'(0)=1$이므로, $a_0=1,\ a_1=1$

$$(x-6)y=(x-6)(a_0+a_1x+a_2x^2+a_3x^3+\cdots$$

$$=(x-6)(1+x+a_2x^2+a_3x^3+\cdots$$

$$=-6-5x+(1-6a_2)x^2+\cdots$$

$y''+(x-6)y=0$을 만족하므로, $2a_2-6=0$, $a_2=3$

$12a_4+1-6a_2=0$이므로 $a_4=\frac{17}{12}$

133. ①

풀이 $y=a_0+a_1x+a_2x^2+a_3x^3+a_4x^4+\cdots$

$y'=a_1+2a_2x+3a_3x^2+4a_4x^3+\cdots$

$y''=2a_2+6a_3x+12a_4x^2+\cdots$

$e^x=\sum_{n=0}^{\infty}\frac{x^n}{n!}=1+x+\frac{x^2}{2!}+\cdots$

$\Rightarrow y''-e^xy'=(2a_2-a_1)+(6a_3-a_1-2a_2)x+\cdots=0$

$\therefore\ a_2=\frac{a_1}{2}$

134. ②

풀이 $y=\sum_{n=0}^{\infty}a_nx^n=a_0+a_1x+a_2x^2+a_3x^3+a_4x^4+\ldots$을

해라고 가정하여 a_3의 값을 구하여 보자.

$y''-y'+xy=0$

$$\Leftrightarrow (2a_2+6a_3x+\ \cdots)-(a_1+2a_2x+3a_3x^2+\ \cdots)$$

$$+x(a_0+a_1x+a_2x^2+a_3x^3+\ \cdots)=0$$

$$\Leftrightarrow (2a_2-a_1)+(6a_3-2a_2+a_0)x+\ \cdots=0$$

이므로 $2a_2=a_1$과 $a_3=\frac{1}{6}(2a_2-a_0)$을 동시에 만족한다.

초기 조건 $y(0)=1$, $y'(0)=0$을 대입하면

$a_0=1$, $a_1=0$이므로 $a_2=0$, $a_3=\frac{1}{6}(0-1)=-\frac{1}{6}$

135. ③

풀이 주어진 미분방정식 $(1-x^2)y''-2y'+3y=0$을

두 번 더 미분하면 $-2y''+(1-x^2)y^{(4)}-2y'''+3y''=0$,

$x=0$을 대입하면 $y^{(4)}(0)=2y^{(3)}(0)-y^{(2)}(0)$으로 정리된다.

$\frac{y^{(4)}(0)}{4!}=\frac{2y^{(3)}(0)}{4!}-\frac{y^{(2)}(0)}{4!}$이므로

$a_4=\frac{1}{2}a_3-\frac{1}{12}a_2$의 관계식이 성립한다.

$n=2$를 대입했을 때 관계식이 성립하는 것은 ③이다.

7. 계수 감소법

136. ①

풀이 $y' = u$로 치환하면, $xu' = u + 6xu^2 \Leftrightarrow u' - \frac{1}{x}u = 6u^2$

베르누이 미분방정식으로 풀이하자.

$u^{-2}u' - \frac{1}{x}u^{-1} = 6$

$u^{-1} = v$로 치환하면 $-u^{-2}u' = v'$이다.

$\Rightarrow -v' - \frac{1}{x}v = 6$

$\Leftrightarrow v' + \frac{1}{x}v = -6$

$v(x) = e^{-\int \frac{1}{x}dx}\left[\int -6e^{-\int \frac{1}{x}dx}dx + C_1\right]$

$= \frac{1}{x}\left[\int -6xdx + C_1\right]$

$\frac{1}{u(x)} = v(x) = \frac{1}{x}(-3x^2 + C_1) = -3x + \frac{C_1}{x}$

$\Leftrightarrow u(x) = \frac{x}{C_1 - 3x^2} = y'(x)$

$\therefore y(x) = -\frac{1}{6}\ln|C_1 - 3x^2| + C_2$

137. $\frac{\pi}{6}$

풀이 $y' = u$로 치환하면 $u' = 2xu^2$

$\int \frac{1}{u^2}du = 2\int xdx$

$-\frac{1}{u} = x^2 + C_1 \Leftrightarrow \frac{1}{u} = -x^2 + C$

$u = -\frac{1}{x^2 - C} = y'$

$y'(0) = -1$이므로 $C = -1 \Leftrightarrow y' = \frac{-1}{1+x^2}$

$y = -\tan^{-1}x + C$, $y(1) = \frac{\pi}{4}$이므로, $C = \frac{\pi}{2}$

$y = -\tan^{-1}x + \frac{\pi}{2}$

$\therefore y(\sqrt{3}) = -\frac{\pi}{3} + \frac{\pi}{2} = \frac{\pi}{6}$

138. $y = -\frac{1}{2} + \frac{1}{2}e^{2x}$

풀이 이 곡선은 $y(0) = 0, y'(0) = 1$을 만족한다.

$t^2 - 2t = 0$이므로 $t = 0, 2$이다.

$y = A + Be^{2x}$, $y' = 2Be^{2x}$

$y(0) = 0, y'(0) = 1$을 만족하므로 $A = -\frac{1}{2}, B = \frac{1}{2}$

$\therefore y = -\frac{1}{2} + \frac{1}{2}e^{2x}$

[다른 풀이]

$u' - 2u = 0(y' = u, y'' = u')$

$u' = 2u$는 $\frac{1}{u}du = 2dx$로 나타낼 수 있다.

$\ln u = 2x + C$

$y' = u = Ae^{2x}$, $y'(0) = 1$이므로, $A = 1$

$y = \frac{1}{2}e^{2x} + C$, $y(0) = 0$이므로, $C = -\frac{1}{2}$

$\therefore y = \frac{1}{2}e^{2x} - \frac{1}{2}$

139. $y = -1 - \ln x + x$

풀이 $y' = u$로 치환하면 $xu' + u = 1$

$u' = \frac{1}{x}(1-u)$를 변수분리형 미분방정식으로 풀이하면

$\int \frac{1}{1-u}du = \int \frac{1}{x}dx$

$-\ln(1-u) = \ln x + C_1$

$\ln(1-u) = -\ln x + C$

$1 - u = e^{-\ln x + C} = \frac{1}{x} \cdot e^c = \frac{A}{x}$

$u = y' = 1 - \frac{A}{x}$이고, $y'(1) = 0$이므로 $A = 1$

$y' = 1 - \frac{1}{x}$를 적분하면 $y = x - \ln x + C_2$

$y(1) = 0$이므로 $C_2 = -1$

$\therefore y = x - \ln x - 1$

140. $y = Ce^{Ax}$

풀이 $\frac{dy}{dx} = y' = u$로 치환하면

$\frac{d^2y}{dx^2} = y'' = \frac{du}{dx} = \frac{du}{dy}\frac{dy}{dx} = \frac{du}{dy} \cdot u$

미분방정식에 대입하면

$y \cdot u\frac{du}{dy} = u^2 \Leftrightarrow \frac{1}{u}du = \frac{1}{y}dy$

변수분리형 미분방정식으로 정리된다.

$\ln|u| = \ln|y| + c_1$

$\Leftrightarrow u = e^{\ln|y| + c_1}$

$\Leftrightarrow \frac{dy}{dx} = Ay$

$\Leftrightarrow \frac{1}{y}dy = Adx$

$\Leftrightarrow \ln|y| = Ax + c_2$

$\therefore y = Ce^{Ax}$

141. ①

풀이 공식에 대입해서 풀이한다.

$y'' + p(x)y' + q(x)y = 0$의 해 $y_1(x)$를 알 때,

$y_2(x) = y_1(x)\int \frac{e^{-\int p(x)dx}}{(y_1(x))^2}dx$이다.

$y'' - \frac{x}{x^2 - x}y' + \frac{1}{x^2 - x}y = 0$

$y_1 = x$일 때, $y_2(x) = x\int \frac{e^{-\int \frac{-x}{x^2 - x}dx}}{x^2}dx$

$\int \frac{x}{x^2 - x}dx = \int \frac{1}{x - 1}dx = \ln(x - 1)$

$y_2(x) = x\int \frac{e^{\ln(x-1)}}{x^2}dx$

$= x\int \frac{x - 1}{x^2}dx$

$= x\int \frac{1}{x} - \frac{1}{x^2}dx$

$= x\left(\ln x + \frac{1}{x}\right)$

$= x\ln x + 1$

$\therefore y = c_1x + c_2(x\ln x + 1)$, $y_2(e^2) = 2e^2 + 1$

CHAPTER 03 라플라스 변환

1. 라플라스 변환의 정의와 공식

142. $\frac{3}{13}$

풀이 라플라스 변환공식을 이용하면

$$\int_0^\infty e^{-3t}\cos 2t\,dt = \mathcal{L}\{\cos 2t\}_{s=3} = \left.\frac{s}{s^2+2^2}\right|_{s=3} = \frac{3}{3^2+2^2} = \frac{3}{13}$$

143. ②

풀이 라플라스 변환의 극한값은 항상 0이라는 정리를 통해서 구할 수 있다. ② $\lim_{s\to\infty}\frac{s}{s+1}=1\neq 0$이므로 라플라스 변환이 아니다.

144. $\ln\frac{3}{4}$

풀이 $F(s) = \mathcal{L}\{f(t)\} = \mathcal{L}\{e^{-2t}-e^{-t}\} = \frac{1}{s+2}-\frac{1}{s+1}$

$$\int_0^1 F(s)ds = \int_0^1 \frac{1}{s+2}-\frac{1}{s+1}\,ds = \ln\left.\left(\frac{s+2}{s+1}\right)\right|_0^1 = \ln\frac{3}{2}-\ln 2 = \ln\frac{3}{4}$$

145. 풀이 참조

풀이 (1) $\mathcal{L}^{-1}\left\{\frac{1}{s^2+4}+\frac{4s+1}{s^2+9}\right\}$

$$= \mathcal{L}^{-1}\left\{\frac{1}{s^2+4}+\frac{4s}{s^2+9}+\frac{1}{s^2+9}\right\}$$

$$= \mathcal{L}^{-1}\left\{\frac{1}{2}\mathcal{L}\{\sin 2t\}+4\mathcal{L}\{\cos 3t\}+\frac{1}{3}\mathcal{L}\{\sin 3t\}\right\}$$

$$= \frac{1}{2}\sin 2t + 4\cos 3t + \frac{1}{3}\sin 3t$$

(2) $\mathcal{L}^{-1}\left\{\frac{s+3}{(s-2)(s+1)}\right\} = \mathcal{L}^{-1}\left\{\frac{\frac{5}{3}}{s-2}+\frac{-\frac{2}{3}}{s+1}\right\}$

$$= \mathcal{L}^{-1}\left\{\frac{5}{3}\mathcal{L}\{e^{2t}\}-\frac{2}{3}\mathcal{L}\{e^{-t}\}\right\} = \frac{5}{3}e^{2t}-\frac{2}{3}e^{-t}$$

(3) $\mathcal{L}^{-1}\left\{\frac{2s}{4s^2-9}\right\} = \mathcal{L}^{-1}\left\{\frac{2}{4}\frac{s}{s^2-\left(\frac{3}{2}\right)^2}\right\}$

$$= \mathcal{L}^{-1}\left\{\frac{1}{2}\mathcal{L}\left\{\cosh\frac{3}{2}t\right\}\right\} = \frac{1}{2}\cosh\frac{3}{2}t$$

(4) $\mathcal{L}^{-1}\left\{\frac{1}{s(s^2+a^2)}\right\} = \mathcal{L}^{-1}\left\{\frac{1}{a^2}\cdot\frac{1}{s}-\frac{1}{a^2}\cdot\frac{s}{s^2+a^2}\right\}$

$$= \frac{1}{a^2}\mathcal{L}^{-1}\left\{\frac{1}{s}\right\}-\frac{1}{a^2}\mathcal{L}^{-1}\left\{\frac{s}{s^2+a^2}\right\} = \frac{1}{a^2}(1-\cos at)$$

146. $\frac{1}{a^2}t-\frac{1}{a^3}\sin at$

풀이 $f(t) = \mathcal{L}^{-1}\left\{\frac{1}{a^2}\left(\frac{1}{s^2}-\frac{1}{s^2+a^2}\right)\right\}$

$$= \frac{1}{a^2}\mathcal{L}^{-1}\left\{\frac{1}{s^2}\right\}-\frac{1}{a^2}\mathcal{L}^{-1}\left\{\frac{1}{s^2+a^2}\right\} = \frac{1}{a^2}t-\frac{1}{a^3}\sin at$$

147. 2

풀이 $\mathcal{L}^{-1}\{\mathcal{L}\{f(t)\}\} = f(t)$

$\mathcal{L}^{-1}\left\{\frac{2}{s-1}-\frac{1}{s^2+1}\right\} = \mathcal{L}^{-1}\{2\mathcal{L}\{e^t\}-\mathcal{L}\{\sin t\}\}$

$f(t) = 2e^t-\sin t$

$f(0) = 2$

2. 라플라스 변환의 이동

148. 풀이 참조

풀이 (1) $\mathcal{L}\{te^{2t}\}=\mathcal{L}\{t\}_{s\to s-2}=\left.\frac{1}{s^2}\right|_{s\to s-2}=\frac{1}{(s-2)^2}$

(2) $\mathcal{L}\{t^3e^{5t}\}=\mathcal{L}\{t^3\}_{s\to s-5}=\left.\frac{3!}{s^4}\right|_{s\to s-5}=\frac{6}{(s-5)^4}$

(3) $\mathcal{L}\{e^{-4t}\cos 2t\}=\mathcal{L}\{\cos 2t\}_{s\to s+4}$

$=\left.\frac{s}{s^2+4}\right|_{s\to s+4}=\frac{s+4}{(s+4)^2+4}$

(4) $\mathcal{L}\{e^{-2t}\cos 4t\}=\mathcal{L}\{\cos 4t\}_{s\to s+2}$

$=\left.\frac{s}{s^2+16}\right|_{s\to s+2}=\frac{s+2}{(s+2)^2+16}$

149. 풀이 참조

풀이 (1) $\mathcal{L}^{-1}\left\{\frac{2s+5}{(s-3)^2}\right\}=\mathcal{L}^{-1}\left\{\frac{2(s-3)+11}{(s-3)^2}\right\}$

$=\mathcal{L}^{-1}\left\{\frac{2}{s-3}+\frac{11}{(s-3)^2}\right\}_{s-3\to s}$

$=e^{3t}\mathcal{L}^{-1}\left\{\frac{2}{s}+\frac{11}{s^2}\right\}$

$=e^{3t}\mathcal{L}^{-1}\{2\mathcal{L}\{1\}+11\mathcal{L}\{t\}\}$

$=e^{3t}(2+11t)$

(2) $\mathcal{L}^{-1}\left\{\frac{s}{s^2+2s+2}\right\}$

$=\mathcal{L}^{-1}\left\{\frac{s+1-1}{(s+1)^2+1}\right\}$

$=\mathcal{L}^{-1}\left\{\frac{s+1}{(s+1)^2+1}-\frac{1}{(s+1)^2+1}\right\}_{s+1\to s}$

$=e^{-t}\mathcal{L}^{-1}\left\{\frac{s}{s^2+1}-\frac{1}{s^2+1}\right\}$

$=e^{-t}\mathcal{L}^{-1}\{\mathcal{L}\{\cos t\}-\mathcal{L}\{\sin t\}\}$

$=e^{-t}(\cos t-\sin t)$

(3) $\mathcal{L}^{-1}\left\{\frac{s-1}{(s+1)(s+2)^2}\right\}$

$=\mathcal{L}^{-1}\left\{\frac{-2}{s+1}+\frac{2}{s+2}+\frac{3}{(s+2)^2}\right\}$

$=-2\mathcal{L}^{-1}\left\{\frac{1}{s+1}\right\}+2\mathcal{L}^{-1}\left\{\frac{1}{s+2}\right\}$

$+3\mathcal{L}^{-1}\left\{\frac{1}{(s+2)^2}\right\}_{s+2\to s}$

$=-2\mathcal{L}^{-1}\{\mathcal{L}\{e^{-t}\}\}+2\mathcal{L}^{-1}\{\mathcal{L}\{e^{-2t}\}\}$

$+3e^{-2t}\mathcal{L}^{-1}\left\{\frac{1}{s^2}\right\}$

$=-2\mathcal{L}^{-1}\{\mathcal{L}\{e^{-t}\}\}+2\mathcal{L}^{-1}\{\mathcal{L}\{e^{-2t}\}\}$

$+3e^{-2t}\mathcal{L}^{-1}\left\{\frac{1}{s^2}\right\}$

$=-2e^{-t}+2e^{-2t}+3te^{-2t}$

(4) $\mathcal{L}^{-1}\left\{\frac{8s+20}{s^2-4s+8}\right\}=\mathcal{L}^{-1}\left\{\frac{8(s-2)+36}{(s-2)^2+4}\right\}_{s-2\to s}$

$=e^{2t}\mathcal{L}^{-1}\left\{\frac{8s+36}{s^2+4}\right\}$

$=e^{2t}\mathcal{L}^{-1}\left\{\frac{8s}{s^2+4}+\frac{18\cdot 2}{s^2+4}\right\}$

$=e^{2t}\mathcal{L}^{-1}\{\mathcal{L}\{8\cos 2t\}+\mathcal{L}\{18\sin 2t\}\}$

$=e^{2t}(8\cos 2t+18\sin 2t)$

150. $\frac{3}{2}e^{-2t}\sin t$

풀이 $F(s)=\frac{3}{2s^2+8s+10}=\frac{3}{2(s+2)^2+2}$

$\mathcal{L}^{-1}\{F(s)\}=\mathcal{L}^{-1}\left\{\frac{3}{2(s+2)^2+2}\right\}_{s+2\to s}$

$=\frac{3}{2}e^{-2t}\mathcal{L}^{-1}\left\{\frac{1}{s^2+1}\right\}$

$=\frac{3}{2}e^{-2t}\sin t$

151. $\frac{25}{12}e^3$

풀이 $Y(s)=\frac{2}{s-3}+\frac{2}{(s-3)^5}$ 양변에 라플라스 역변환을 취하면

$y(t)=\mathcal{L}^{-1}\left\{\frac{2}{s-3}\right\}_{s-3\to s}+\mathcal{L}^{-1}\left\{\frac{2}{(s-3)^5}\right\}_{s-3\to s}$

$=2e^{3t}\mathcal{L}^{-1}\left\{\frac{1}{s}\right\}+2e^{3t}\mathcal{L}^{-1}\left\{\frac{1}{s^5}\right\}$

$=2e^{3t}+2e^{3t}\cdot\frac{1}{4!}t^4$

$=2e^{3t}\left(1+\frac{1}{24}t^4\right)$

$\therefore\ y(1)=2e^3\left(1+\frac{1}{24}\right)=\frac{25}{12}e^3$

3. 라플라스 변환의 미분과 적분

152. (1) $\dfrac{1}{(s-2)^2}$ (2) $\dfrac{2}{(s-2)^3}$

(3) $\dfrac{4s}{(s^2+4)^2}$ (4) $\dfrac{12(s-2)}{(s^2-4s+40)^2}$

(5) $\dfrac{1}{6}t\sinh 3t$ (6) $te^{-2t}\sin t$

풀이 (1) $\mathcal{L}\{te^{2t}\}=-(\mathcal{L}\{e^{2t}\})'$
$$=-\left(\frac{1}{s-2}\right)'$$
$$=\frac{1}{(s-2)^2}$$

(2) $\mathcal{L}\{t^2e^{2t}\}=(\mathcal{L}\{e^{2t}\})''$
$$=\left(\frac{1}{s-2}\right)''$$
$$=\left(\frac{-1}{(s-2)^2}\right)'$$
$$=(-(s-2)^{-2})'$$
$$=2(s-2)^{-3}$$
$$=\frac{2}{(s-2)^3}$$

(3) $\mathcal{L}\{t\sin 2t\}=-(\mathcal{L}\{\sin 2t\})'$
$$=-\left(\frac{2}{s^2+4}\right)'$$
$$=\frac{4s}{(s^2+4)^2}$$

(4) $\mathcal{L}\{t\sin 6t\}=-(\mathcal{L}\{\sin 6t\})'$
$$=-\left(\frac{6}{s^2+36}\right)'$$
$$=\frac{12s}{(s^2+36)^2}$$

$\mathcal{L}\{te^{2t}\sin 6t\}=\mathcal{L}\{t\sin 6t\}_{s\to s-2}$
$$=\left.\frac{12s}{(s^2+36)^2}\right|_{s\to s-2}$$
$$=\frac{12(s-2)}{((s-2)^2+36)^2}$$
$$=\frac{12(s-2)}{(s^2-4s+40)^2}$$

[다른 풀이]

$\mathcal{L}\{e^{2t}\sin 6t\}=\mathcal{L}\{\sin 6t\}_{s\to s-2}$
$$=\left.\frac{6}{s^2+36}\right|_{s\to s-2}$$
$$=\frac{6}{(s-2)^2+36}$$

$\mathcal{L}\{te^{2t}\sin 6t\}=-(\mathcal{L}\{e^{2t}\sin 6t\})'$
$$=-\left(\frac{6}{(s-2)^2+36}\right)'$$
$$=\frac{6\cdot 2(s-2)}{((s-2)^2+36)^2}$$
$$=\frac{12(s-2)}{(s^2-4s+40)^2}$$

(5) $\mathcal{L}^{-1}\left\{\dfrac{s}{(s^2-9)^2}\right\}=-t\mathcal{L}^{-1}\left\{\displaystyle\int\frac{s}{(s^2-9)^2}ds\right\}$
$$=-t\mathcal{L}^{-1}\left\{-\frac{1}{2}\cdot\frac{1}{s^2-9}\right\}$$
$$=\frac{t}{2}\mathcal{L}^{-1}\left\{\frac{1}{3}\cdot\frac{3}{s^2-9}\right\}$$
$$=\frac{1}{6}t\sinh 3t$$

(6) $\mathcal{L}^{-1}\left\{\dfrac{2s+4}{(s^2+4s+5)^2}\right\}=\mathcal{L}^{-1}\left\{\dfrac{2(s+2)}{\{(s+2)^2+1\}^2}\right\}$
$$=e^{-2t}\mathcal{L}^{-1}\left\{\frac{2s}{(s^2+1)^2}\right\}$$
$$=-te^{-2t}\mathcal{L}^{-1}\left\{\int\frac{2s}{(s^2+1)^2}ds\right\}$$
$$=-te^{-2t}\mathcal{L}^{-1}\left\{-\frac{1}{s^2+1}\right\}$$
$$=te^{-2t}\sin t$$

153. $\dfrac{5}{338}$

풀이 이상적분을 라플라스 변환으로 바꿀 수 있다.
$$\int_0^\infty te^{-5t}\sin t\,dt=[\mathcal{L}\{t\sin t\}]_{s=5}$$
$$=[(-1)(\mathcal{L}\{\sin t\})']_{s=5}$$
$$=\left[-\left(\frac{1}{s^2+1}\right)'\right]_{s=5}$$
$$=\left[\frac{2s}{(s^2+1)^2}\right]_{s=5}$$
$$=\frac{5}{338}$$

154. (1) $\frac{1}{2}\ln\left(\frac{s+a}{s-a}\right)$

(2) $\ln\left(\frac{s+b}{s+a}\right)$

(3) $\ln\left(\frac{s^2+a^2}{s^2}\right)$

(4) $\frac{1}{t}(e^{-t}-e^{-2t})$

풀이 (1) $\mathcal{L}\left\{\frac{\sinh at}{t}\right\}=\int_s^\infty \mathcal{L}\{\sinh at\}du$

$$=\int_s^\infty \frac{a}{u^2-a^2}du$$

$$=\frac{1}{2}\ln\left(\frac{u-a}{u+a}\right)\Big]_s^\infty$$

$$=-\frac{1}{2}\ln\left(\frac{s-a}{s+a}\right)$$

$$=\frac{1}{2}\ln\left(\frac{s+a}{s-a}\right)$$

(2) $\mathcal{L}\left\{\frac{e^{-at}-e^{-bt}}{t}\right\}=\int_s^\infty \mathcal{L}\{e^{-at}-e^{-bt}\}du$

$$=\int_s^\infty \frac{1}{u+a}-\frac{1}{u+b}du$$

$$=\ln\left(\frac{u+a}{u+b}\right)\Big]_s^\infty$$

$$=-\ln\left(\frac{s+a}{s+b}\right)$$

$$=\ln\left(\frac{s+b}{s+a}\right)$$

(3) $\mathcal{L}\left\{\frac{2(1-\cos at)}{t}\right\}=2\int_s^\infty \mathcal{L}\{1-\cos at\}du$

$$=2\int_s^\infty \frac{1}{u}-\frac{u}{u^2+a^2}du$$

$$=2\ln u-\ln(u^2+a^2)]_s^\infty$$

$$=\ln\left(\frac{u^2}{u^2+a^2}\right)\Big]_s^\infty$$

$$=-\ln\left(\frac{s^2}{s^2+a^2}\right)$$

$$=\ln\left(\frac{s^2+a^2}{s^2}\right)$$

(4) $\mathcal{L}^{-1}\left\{\ln\left(\frac{s+2}{s+1}\right)\right\}=\mathcal{L}^{-1}\{\ln(s+2)-\ln(s+1)\}$

$$=-\frac{1}{t}\mathcal{L}^{-1}\{(\ln(s+2)-\ln(s+1))'\}$$

$$=-\frac{1}{t}\mathcal{L}^{-1}\left\{\frac{1}{s+2}-\frac{1}{s+1}\right\}$$

$$=-\frac{1}{t}(e^{-2t}-e^{-t})$$

$$=\frac{1}{t}(e^{-t}-e^{-2t})$$

155. (1) $\frac{\pi}{4}$ (2) $\frac{\pi}{2}$ (3) $-\ln 3$ (4) $\frac{1}{2}\ln\left(\frac{17}{16}\right)$

풀이 (1) $\int_0^\infty \frac{e^{-t}\sin t}{t}dt=\mathcal{L}\left\{\frac{\sin t}{t}\right\}_{s=1}$

$$=\frac{\pi}{2}-\tan^{-1}s\Big]_{s=1}$$

$$=\frac{\pi}{4}$$

(2) $\int_0^\infty \frac{\sin t}{t}dt=\mathcal{L}\left\{\frac{\sin t}{t}\right\}_{s=0}=\frac{\pi}{2}-\tan^{-1}s\Big]_{s=0}=\frac{\pi}{2}$

(3) $\mathcal{L}\left\{\frac{e^{-at}-e^{-bt}}{t}\right\}=\ln\left(\frac{s+b}{s+a}\right)$,

$$\int_0^\infty \frac{e^{-3t}-e^{-t}}{t}dt=\mathcal{L}\left\{\frac{e^{-3t}-e^{-t}}{t}\right\}_{s=0}$$

$$=\ln\left(\frac{s+1}{s+3}\right)_{s=0}$$

$$=\ln\frac{1}{3}=-\ln 3$$

(4) $\mathcal{L}\left\{\frac{1-\cos at}{t}\right\}=\frac{1}{2}\mathcal{L}\left\{\frac{2(1-\cos at)}{t}\right\}$

$$=\frac{1}{2}\ln\left(\frac{s^2+a^2}{s^2}\right)$$

$$\int_0^\infty \frac{e^{-4t}(1-\cos t)}{t}dt=\mathcal{L}\left\{\frac{1-\cos t}{t}\right\}_{s=4}$$

$$=\frac{1}{2}\ln\left(\frac{17}{16}\right)$$

4. 도함수와 적분의 라플라스 변환

156. (1) $\frac{6s^2+50}{(s^2+4)(s+3)}$ (2) $\frac{s^2+6s+9}{(s-1)(s-2)(s+4)}$

(3) $\frac{2s+5}{(s-3)^2}+\frac{2}{(s-3)^5}$

풀이 (1) $\mathcal{L}\{y'+3y\}=\mathcal{L}\{13\sin 2x\}$

$s\mathcal{L}\{y\}-y(0)+3\mathcal{L}\{y\}=13\mathcal{L}\{\sin 2x\}$

$\mathcal{L}\{y\}(s+3)=6+\frac{26}{s^2+4}=\frac{6s^2+50}{s^2+4}$

$\mathcal{L}\{y\}=\frac{6s^2+50}{(s^2+4)(s+3)}=\frac{8}{s+3}+\frac{-2s+6}{s^2+4}$

역변환을 통해서 해를 구하면

$y=3\sin 2x-2\cos 2x+8e^{-3x}$

(2) $\mathcal{L}\{y''-3y'+2y\}=\mathcal{L}\{e^{-4t}\}$

$(s^2-3s+2)\mathcal{L}\{y\}=(s-3)y(0)+y'(0)+\frac{1}{s+4}$

$=\frac{(s+2)(s+4)+1}{s+4}$

$\mathcal{L}\{y\}=\frac{s^2+6s+9}{(s-1)(s-2)(s+4)}$

$=\frac{-\frac{16}{5}}{s-1}+\frac{\frac{25}{6}}{s-2}+\frac{\frac{1}{30}}{s+4}$

역변환을 통해서 해를 구하면

$y=-\frac{16}{5}e^t+\frac{25}{6}e^{2t}+\frac{1}{30}e^{-4t}$

(3) $(s^2-6s+9)\mathcal{L}\{y\}=(s-6)y(0)+y'(0)+\frac{2}{(s-3)^3}$

$=2s+5+\frac{2}{(s-3)^3}$

$\mathcal{L}\{y\}=\left(2s+5+\frac{2}{(s-3)^3}\right)\frac{1}{(s-3)^2}$

$=\frac{2s+5}{(s-3)^2}+\frac{2}{(s-3)^5}$

역변환을 통해서 해를 구하면

$y=\mathcal{L}^{-1}\left\{\frac{2(s-3)+11}{(s-3)^2}+\frac{2}{(s-3)^5}\right\}$

$=\left(\frac{2s+11}{s^2}+\frac{2}{s^5}\right)e^{3t}$

$=\left(\frac{2}{s}+\frac{11}{s^2}+\frac{2}{s^5}\right)e^{3t}$

$\therefore y(t)=e^{3t}\left(2+11t+\frac{t^4}{12}\right)$

157. $\frac{1}{s^2(s^2-1)}=\frac{1}{s^2-1}-\frac{1}{s^2}$

풀이 $\mathcal{L}\{y''-y\}=\mathcal{L}\{t\},\ y(0)=0,\ y'(0)=0$

$\therefore (s^2-1)\mathcal{L}\{y\}=\frac{1}{s^2}$

$\mathcal{L}\{y\}=\frac{1}{s^2(s^2-1)}=\frac{1}{s^2-1}-\frac{1}{s^2}$

역변환을 통해서 해를 구하면 $y(t)=-t+\sinh t$

158. $\frac{-4s}{s^2+4}$

풀이 $\mathcal{L}\{f''(t)\}=s^2\mathcal{L}\{f(t)\}-sf(0)-f'(0)$

$=\frac{s^3}{s^2+4}-s=\frac{-4s}{s^2+4}$

159. $s^2Y''+4sY'+2Y$

풀이 $\mathcal{L}\{y\}=Y$라고 하자.

$\mathcal{L}\{t^2y''\}=(-1)^2\frac{d^2}{ds^2}\mathcal{L}\{y''\}$

$=\frac{d^2}{ds^2}\{s^2Y-sy(0)-y'(0)\}$

$=(s^2)''Y+2(s^2)'Y'+s^2Y''$

$=2Y+4sY'+s^2Y''$

160. $\frac{s+3}{s^2+4s+2}$

풀이 양변에 라플라스 변환을 하자.

$(s^2+4s+2)\mathcal{L}\{y\}=(s+4)y(0)+y'(0)=s+3$

$\therefore \mathcal{L}(y)=\frac{s+3}{s^2+4s+2}$

161. $Y(s)=\frac{s^2+s+4}{(s+2)(s^2+4)}$

풀이 $\mathcal{L}\{y'+2y\}=\mathcal{L}\{\cos 2t\}$

$\Leftrightarrow (s+2)\mathcal{L}\{y\}=y(0)+\frac{s}{s^2+4}=\frac{s^2+s+4}{s^2+4}$

$\Leftrightarrow Y(s)=\frac{s^2+s+4}{(s+2)(s^2+4)}$

162. $\frac{1}{s(s-1)^2}$

풀이 $f(t)=\int_0^t xe^x\,dx$의 양변에 라플라스 변환을 하자.

$$\mathcal{L}\{f(t)\}=\frac{1}{s}\mathcal{L}\{te^t\}$$
$$=\frac{1}{s}\mathcal{L}\{t\}_{s\to s-1}$$
$$=\frac{1}{s}\cdot\frac{1}{(s-1)^2}$$
$$=\frac{1}{s(s-1)^2}$$

[다른 풀이]

$$f(t)=\int_0^t xe^x\,dx=xe^x-x]_0^t$$
$$f(t)=te^t-e^t+1$$
$$\mathcal{L}\{f(t)\}=\frac{1}{s}-\frac{1}{s-1}+\frac{1}{s^2}\Big|_{s\to s-1}$$
$$=\frac{1}{s}-\frac{1}{s-1}+\frac{1}{(s-1)^2}$$
$$=\frac{1}{s(s-1)^2}$$

[다른 풀이]

$$f(0)=0,\ f'(t)=te^t$$
$$s\mathcal{L}\{f(t)\}-f(0)=\frac{1}{(s-1)^2}$$
$$\therefore\ \mathcal{L}\{f(t)\}=\frac{1}{s(s-1)^2}$$

163. $\frac{\pi}{3}e^{-\pi}$

풀이 $\mathcal{L}\{y'(t)\}+6\mathcal{L}\{y(t)\}+9\mathcal{L}\left\{\int_0^t y(\tau)d\tau\right\}=\mathcal{L}\{1\}$

$$\Rightarrow sY(s)-y(0)+6Y(s)+\frac{9}{s}Y(s)=\frac{1}{s}$$
$$\Rightarrow \frac{(s+3)^2}{s}Y(s)=\frac{1}{s}$$
$$\Rightarrow Y(s)=\frac{1}{(s+3)^2}$$

역변환은 $y(t)=\mathcal{L}^{-1}\left\{\frac{1}{(s+3)^2}\right\}=te^{-3t}$

$$\therefore y\left(\frac{\pi}{3}\right)=\frac{\pi}{3}e^{-\pi}$$

5. 합성곱

164. $6t$

풀이 $f(t)*f(t)=6t^3$

$$\mathcal{L}\{f(t)*f(t)\}=6\cdot\frac{3!}{s^4}=\frac{36}{s^4}$$
$$\mathcal{L}\{f(t)\}=\frac{6}{s^2}$$
$$\therefore f(t)=6t$$

165. (1) 1 (2) $\sinh t$

풀이 (1) $f(x)*\cos x=\sin x$

$$\mathcal{L}\{f(x)\}\cdot\mathcal{L}\{\cos x\}=\mathcal{L}\{\sin x\}$$
$$\mathcal{L}\{\cos x\}=\frac{s}{s^2+1},\ \mathcal{L}\{\sin x\}=\frac{1}{s^2+1}$$
$$\therefore\mathcal{L}\{f(t)\}=\frac{1}{s}$$
$$\therefore f(t)=1$$

(2) $y(t)=-2(y(t)*e^t)+te^t$

$$\mathcal{L}\{y(t)\}=-2\{\mathcal{L}\{y(t)\}\}\cdot\mathcal{L}\{e^t\}+\mathcal{L}\{te^t\}$$
$$=-2\mathcal{L}\{y(t)\}\cdot\frac{1}{s-1}+\frac{1}{(s-1)^2}$$
$$\left(\frac{2}{s-1}+1\right)\mathcal{L}\{y(t)\}=\frac{1}{(s-1)^2}$$
$$\mathcal{L}\{y(t)\}=\frac{1}{(s-1)(s+1)}=\frac{1}{2}\left(\frac{1}{s-1}-\frac{1}{s+1}\right)$$
$$\therefore y(t)=\frac{1}{2}e^t-\frac{1}{2}e^{-t}=\sinh t$$

166. 1

풀이 $f(x)=e^x-f(x)*e^x$

$$\mathcal{L}\{f(x)\}=\mathcal{L}\{e^x\}-\mathcal{L}\{f(x)\}\mathcal{L}\{e^x\}$$
$$\left(\frac{1}{s-1}+1\right)\mathcal{L}\{f(x)\}=\frac{1}{s-1}$$
$$\mathcal{L}\{f(x)\}=\frac{1}{s}$$
$$f(x)=1$$

167. $\cosh t$

풀이 $y(t)-\int_0^t (1+\tau)y(t-\tau)d\tau = 1-\sinh t$

$\Rightarrow y-(1+t)*y = 1-\sinh t$

양변에 라플라스를 취하고 $L(y)=Y(s)$라 하면

$Y(s)-\left[\frac{1}{s}+\frac{1}{s^2}\right]Y(s)=\frac{1}{s}-\frac{1}{s^2-1}$

$\Rightarrow Y(s)=\frac{s}{s^2-1} \Rightarrow y(t)=\cosh t$

168. ④

풀이 양변에 라플라스 변환을 취하여 정리한다.

$\mathcal{L}\{t*f(t)\}=\mathcal{L}\{t^2(1-e^{-t})\}$

$\Leftrightarrow \mathcal{L}\{t\}\mathcal{L}\{f(t)\}=\mathcal{L}\{t^2-t^2e^{-t}\}$

$\Leftrightarrow \frac{1}{s^2}\mathcal{L}\{f(t)\}=\frac{2!}{s^3}-\frac{2!}{(s+1)^3}$

$\Leftrightarrow \mathcal{L}\{f(t)\}=\frac{2}{s}-\frac{2s^2}{(s+1)^3}$

이제 역라플라스를 취하여 $f(t)$를 구하자.

$$\begin{aligned} f(t) &= \mathcal{L}^{-1}\left\{\frac{2}{s}\right\}-\mathcal{L}^{-1}\left\{\frac{2s^2}{(s+1)^3}\right\} \\ &= 2-\mathcal{L}^{-1}\left\{\frac{2(s+1-1)^2}{(s+1)^3}\right\}_{s+1\to s} \\ &= 2-2e^{-t}\mathcal{L}^{-1}\left\{\frac{(s-1)^2}{s^3}\right\} \\ &= 2-2e^{-t}\mathcal{L}^{-1}\left\{\frac{s^2-2s+1}{s^3}\right\} \\ &= 2-2e^{-t}\mathcal{L}^{-1}\left\{\frac{1}{s}-\frac{2}{s^2}+\frac{1}{s^3}\right\} \\ &= 2-2e^{-t}\left(1-2t+\frac{1}{2}t^2\right) \end{aligned}$$

$\therefore f(t)=2-e^{-t}(2-4t+t^2)$, $f(2)=2+2e^{-2}$

169. 3

풀이 (i) $\int_0^t 10e^{\tau}\sin(t-\tau)d\tau = 10e^t * \sin t$인

합성곱의 정의이다. 라플라스 변환을 하면

$$\begin{aligned} \mathcal{L}\{10e^t*\sin t\} &= 10\mathcal{L}\{e^t\}\mathcal{L}\{\sin t\} \\ &= 10\cdot\frac{1}{s-1}\cdot\frac{1}{s^2+1} \end{aligned}$$

$\therefore f(s)=\frac{10}{(s-1)(s^2+1)}$, $f(2)=\frac{10}{5}=2$

(ii) $\sin at * \sin at = \frac{1}{2a}(\sin at - at\cos at)$을 활용하자.

$$\begin{aligned} \mathcal{L}^{-1}\left(\frac{16}{(s^2+4)^2}\right) &= 4\mathcal{L}^{-1}\left(\frac{2}{s^2+4}\cdot\frac{2}{s^2+4}\right) \\ &= 4\mathcal{L}^{-1}(\mathcal{L}\{\sin 2t * \sin 2t\}) \\ &= 4\sin 2t * \sin 2t \\ &= 4\cdot\frac{1}{2\cdot 2}(\sin 2t - 2t\cos 2t) \\ &= \sin 2t - 2t\cos 2t \end{aligned}$$

$\therefore g(t)=\sin 2t - 2t\cos 2t$, $g\left(\frac{\pi}{4}\right)=1$

$\therefore f(2)+g\left(\frac{\pi}{4}\right)=3$

6. 단위계단함수

170. (1) $\frac{5}{s}-\frac{5e^{-s}}{s}$ (2) $2\cdot\frac{e^{-\pi s}}{s}-2\cdot\frac{e^{-2\pi s}}{s}$

(3) $\frac{2}{s}-\frac{2e^{-\pi s}}{s}+\frac{3e^{-2\pi s}}{s}$ (4) $\frac{3}{s}(1-e^{-s})$

풀이 (1) $\mathcal{L}\{f(t)\}=\mathcal{L}\{5-5u(t-1)\}$
$=5\mathcal{L}\{1\}-5\mathcal{L}u(t-1)$
$=\frac{5}{s}-\frac{5e^{-s}}{s}$

(2) $f(t)=\begin{cases}0(t<\pi)\\2(\pi<t<2\pi)\\0(t>2\pi)\end{cases}$
$=2u(t-\pi)-2u(t-2\pi)$
$\mathcal{L}\{f(t)\}=\mathcal{L}\{2u(t-\pi)-2u(t-2\pi)\}$
$=2\cdot\frac{e^{-\pi s}}{s}-2\cdot\frac{e^{-2\pi s}}{s}$

(3) $f(t)=2-2u(t-\pi)+3u(t-2\pi)$
$\mathcal{L}\{f(t)\}=\frac{2}{s}-\frac{2e^{-\pi s}}{s}+\frac{3e^{-2\pi s}}{s}$

(4) $f(t)=3-3u(t-1)$
$\therefore\mathcal{L}\{f(t)\}=3[1-\mathcal{L}\{u(t-1)\}]=\frac{3}{s}(1-e^{-s})$

171. (1) $\frac{3}{s}-\frac{3}{s}e^{-\pi s}+2e^{-\pi s}\frac{1}{s^2+1}$

(2) $e^{-4s}\left(\frac{2}{s^3}+\frac{8}{s^2}+\frac{16}{s}\right)$

풀이 (1) $f(t)=3-3u(t-\pi)+\sin t\cdot u(t-2\pi)$
$=3-3u(t-\pi)+\sin(t-2\pi+2\pi)u(t-2\pi)$
$\mathcal{L}\{f(t)\}=\frac{3}{s}-\frac{3}{s}e^{-\pi s}+e^{-2\pi s}\mathcal{L}\{\sin(t+2\pi)\}$
$=\frac{3}{s}-\frac{3}{s}e^{-\pi s}+e^{-2\pi s}\mathcal{L}\{\sin t\}$
$=\frac{3}{s}-\frac{3}{s}e^{-\pi s}+\frac{e^{-2\pi s}}{s^2+1}$

(2) $\mathcal{L}\{t^2u(t-4)\}=\mathcal{L}\{(t-4+4)^2u(t-4)\}$
$=e^{-4s}\mathcal{L}\{(t+4)^2\}$
$=e^{-4s}\mathcal{L}\{t^2+8t+16\}$
$=e^{-4s}\left(\frac{2}{s^3}+\frac{8}{s^2}+\frac{16}{s}\right)$

172. $\frac{e^{-3s}\cdot s}{s^2+16}$

풀이 $f(t)=\cos4(t-3)u(t-3)=e^{-3s}\cdot\mathcal{L}\{\cos4t\}=\frac{e^{-3s}\cdot s}{s^2+16}$

173. (1) $4u(t-3)\sinh2(t-3)$

(2) $2u(t-\pi)\sin2t$

풀이 (1) $\mathcal{L}^{-1}\left\{\frac{8e^{-3s}}{s^2-4}\right\}=4u(t-3)\mathcal{L}^{-1}\left\{\frac{2}{s^2-4}\right\}$
$=4u(t-3)\sinh2(t-3)$

(2) $\mathcal{L}^{-1}\left\{\frac{4e^{-\pi s}}{s^2+4}\right\}=2u(t-\pi)\mathcal{L}^{-1}\left\{\frac{2}{s^2+4}\right\}$
$=2u(t-\pi)\sin2(t-\pi)$
$=2u(t-\pi)\sin2t$

174. $\frac{e}{6}$

풀이 $f(t)=\mathcal{L}^{-1}\left\{\frac{e^{-2s}}{(s-1)^4}\right\}$
$=\mathcal{L}^{-1}\left\{e^{-2s}\cdot\mathcal{L}\left\{\frac{1}{6}t^3e^t\right\}\right\}$
$=u(t-2)\frac{1}{6}e^{t-2}(t-2)^3$

$f(t)=\begin{cases}0 & (t<2)\\ \frac{1}{6}e^{t-2}(t-2)^3 & (t>2)\end{cases}$

$\therefore f(3)=\frac{e}{6}$

175. ⑤

풀이 $f(t)=4u(t-1)$
미분방정식의 양변에 라플라스 변환을 하자.
$(s^2-4s-12)\mathcal{L}\{y\}=(s-4)y(0)+y'(0)+\mathcal{L}\{4u(t-1)\}$
$(s^2-4s-12)\mathcal{L}\{y\}=3s-12+\frac{4e^{-s}}{s}$
$\mathcal{L}\{y\}=\frac{3s-12}{s^2-4s-12}+\frac{4e^{-s}}{s(s^2-4s-12)}$

176. ③

풀이 $y'+y=u(t-1)$의 양변에 라플라스 변환을 하자.

$\Rightarrow (s+1)\mathcal{L}\{y(t)\}=y(0)+\mathcal{L}\{u(t-1)\}=\frac{e^{-s}}{s}$

$\Rightarrow \mathcal{L}\{y(t)\}=\frac{e^{-s}}{s(s+1)}=e^{-s}\left(\frac{1}{s}-\frac{1}{s+1}\right)$

역변환을 통해서 $y(t)$를 구하자.

$\therefore\ y(t)=\{1-e^{-(t-1)}\}u(t-1)$

177. ②

풀이 $f(t)=\begin{cases}1\ (t<1)\\0\ (t\geq 1)\end{cases}=1-u(t-1)$

$g(t)=\begin{cases}1\ (t<2)\\0\ (t\geq 2)\end{cases}=1-u(t-2)$

$h(t)=f(t)*g(t)$

$\mathcal{L}\{h(t)\}=\mathcal{L}\{f(t)\}\mathcal{L}\{g(t)\}$

$=\left(\frac{1}{s}-\frac{e^{-s}}{s}\right)\left(\frac{1}{s}-\frac{e^{-2s}}{s}\right)$

$=\frac{1}{s^2}-\frac{e^{-s}}{s^2}-\frac{e^{-2s}}{s^2}+\frac{e^{-3s}}{s^2}$

$h(t)=t-u(t-1)(t-1)-u(t-2)(t-2)+u(t-3)(t-3)$

$=\begin{cases}t & (t<1)\\ t-(t-1)=1 & (1\leq t<2)\\ 1-(t-2)=3-t & (2\leq t<3)\\ 0 & (t>3)\end{cases}$

178. $\mathcal{L}\{f(t)\}=\frac{1-e^{-as}}{s(1+e^{-as})}$

풀이 주어진 함수는 주기가 $2a$인 주기함수이다. 즉, $T=2a$

$f(t)=\begin{cases}1\ ,0<x<a\\-1\ \ ,a<x<2a\end{cases},\ f(t+2a)=f(t)$

$\therefore \mathcal{L}\{f(t)\}=\frac{\int_0^{2a}e^{-st}f(t)dt}{1-e^{-2as}}$

$=\frac{1}{1-e^{-2as}}\left[\int_0^a e^{-st}dt-\int_a^{2a}e^{-st}dt\right]$

$=\frac{(1-e^{-as})^2}{s(1-e^{-2as})}$

$=\frac{1-e^{-as}}{s(1+e^{-as})}$

7. 델타함수

179. $\begin{cases}2e^{-3t} & (t<1)\\(2+e^3)e^{-3t} & (t>1)\end{cases}$

풀이 양변에 라플라스 변환을 하자.

$(s+3)\mathcal{L}\{y\}=y(0)+e^{-s},\ y(0)=2$

$\therefore \mathcal{L}\{y\}=\frac{2}{s+3}+\frac{e^{-s}}{s+3}$

$\therefore y(t)=\mathcal{L}^{-1}\left\{\frac{2}{s+3}+\frac{e^{-s}}{s+3}\right\}$

$=2e^{-3t}+u(t-1)e^{-3(t-1)}$

$=\begin{cases}2e^{-3t} & (t<1)\\(2+e^3)e^{-3t} & (t>1)\end{cases}$

180. e^{-1}

풀이 $s\mathcal{L}\{y\}-y(0)+\mathcal{L}\{y\}=e^{-s}$

$\mathcal{L}\{y\}(s+1)=e^{-s}$

$\mathcal{L}\{y\}=\frac{e^{-s}}{s+1}=e^{-s}\mathcal{L}\{e^{-t}\}$

$\therefore y=u(t-1)e^{-(t-1)}=\begin{cases}0 & (t<1)\\e^{1-t} & (t>1)\end{cases}$

$\therefore y(2)=e^{-1}$

181. 풀이 참조

풀이 (1) $(s^2+1)\mathcal{L}\{y\}=4e^{-2\pi s}$

$\mathcal{L}\{y\}=\frac{4e^{-2\pi s}}{s^2+1}=e^{-2\pi s}\mathcal{L}\{4\sin t\}$

$\therefore y=4u(t-2\pi)\cdot \sin(t-2\pi)$

$=4u(t-2\pi)\sin t$

$=\begin{cases}0 & (t<2\pi)\\4\sin t & (t>2\pi)\end{cases}$

(2) $(s^2+1)\mathcal{L}\{y\}-s=4e^{-2\pi s}$

$\mathcal{L}\{y\}=\frac{s+4e^{-2\pi s}}{s^2+1}=\mathcal{L}\{\cos t\}+4u(t-2\pi)\mathcal{L}\{\sin t\}$

$\therefore y=\cos t+4u(t-2\pi)\sin(t-2\pi)$

$=\cos t+4u(t-2\pi)\sin t$

$=\begin{cases}\cos t & (t<2\pi)\\\cos t+4\sin t & (t>2\pi)\end{cases}$

(3) $(s^2+3s+2)\mathcal{L}\{y\}=e^{-s}$

$$\mathcal{L}\{y\}=\frac{e^{-s}}{s^2+s+2}$$
$$=e^{-s}\left(\frac{1}{s+1}-\frac{1}{s+2}\right)$$
$$=e^{-s}\left(\mathcal{L}\{e^{-t}\}-\mathcal{L}\{e^{-2t}\}\right)$$
$$\therefore y=u(t-1)(e^{-(t-1)}-e^{-2(t-1)})$$
$$=\begin{cases}0 & (t<1)\\ e^{-(t-1)}-e^{-2(t-1)} & (t>1)\end{cases}$$

(4) 양변에 라플라스 변환을 하자. $\mathcal{L}(y)=Y$라 하자.

$$(s^2+5s+6)Y=(s+5)y(0)+y'(0)+e^{-3s}$$
$$=s+5+e^{-3s}$$
$$Y=\frac{e^{-3s}}{s^2+5s+6}+\frac{s+5}{s^2+5s+6}$$
$$=\left(\frac{1}{s+2}-\frac{1}{s+3}\right)e^{-3s}+\left(\frac{3}{s+2}-\frac{2}{s+3}\right)$$

양변에 다시 라플라스 역변환을 취하면

$$y=\mathcal{L}^{-1}\left\{\left(\frac{1}{s+2}-\frac{1}{s+3}\right)e^{-3s}\right\}+\mathcal{L}^{-1}\left(\frac{3}{s+2}-\frac{2}{s+3}\right)$$
$$=\left[\mathcal{L}^{-1}\left(\frac{1}{s+2}-\frac{1}{s+3}\right)\right]_{t\to t-3}$$
$$u(t-3)+(3e^{-2t}-2e^{-3t})$$
$$y=\{e^{-2(t-3)}-e^{-3(t-3)}\}u(t-3)+3e^{-2t}-2e^{-3t}$$

더 정리해서 표현하면

$$y=\begin{cases}3e^{-2t}-2e^{-3t} & ,0<t<3\\ (3+e^6)e^{-2t}-(2+e^9)e^{-3t} & ,t>3\end{cases}$$ 이다.

CHAPTER 04 연립미분방정식

1. 제차 연립미분방정식

182. ①

풀이 미분방정식의 해 $y=f(x)$를 $y_1=y,\ y_1'=y'=y_2$라고 하면

주어진 미분방정식 $y_1''-xy_1'+3y_1=0$라고 할 수 있다.

$y_1''=y_2'=-3y_1+xy_1'=-3y_1+xy_2$

주어진 2계 미분방정식을 1계 연립미분방정식으로 나타내면

$y_1'=y_2,\ y_2'=-3y_1+xy_2$

행렬로 표현하면 $\begin{pmatrix}y_1'\\y_2'\end{pmatrix}=\begin{pmatrix}0&1\\-3&x\end{pmatrix}\begin{pmatrix}y_1\\y_2\end{pmatrix}$이 된다.

183. ②

풀이 y_1을 만족하는 미분방정식은 해 $y=y_1$이 되는 미분방정식이다.

$\begin{pmatrix}y'_1\\y'_2\end{pmatrix}=\begin{pmatrix}2&-1\\-1&x\end{pmatrix}\begin{pmatrix}y_1\\y_2\end{pmatrix}\Leftrightarrow\begin{cases}y_1'=2y_1-y_2 & \cdots①\\ y_2'=-y_1+xy_2 & \cdots②\end{cases}$

$\Rightarrow$ ①을 통해서 $y_2=2y_1-y_1'$로 정리한 뒤 미분한다.

$\Rightarrow y_2'=2y_1'-y_1''$

위 식을 ②에 대입한다.

$\Rightarrow 2y_1'-y_1''=-y_1+x(2y_1-y_1')$

$\Rightarrow y_1''-(x+2)y_1'+(2x-1)y_1=0$

184. ②

풀이 $a+b+c$는 고유치의 합과 같고, 고유치의 합은 $tr(A)=2$이다.

185. ①

풀이 $A=\begin{pmatrix}1&2\\3&2\end{pmatrix}$

$A-\lambda I=\begin{pmatrix}1-\lambda&2\\3&2-\lambda\end{pmatrix}$

(i) 고윳값 $\lambda=-1$에 대응하는 고유벡터 $V_1=\begin{pmatrix}1\\-1\end{pmatrix}$

$\because A+I=\begin{pmatrix}2&2\\3&3\end{pmatrix}\sim\begin{pmatrix}1&1\\0&0\end{pmatrix}$

(ii) 고윳값 $\lambda=4$에 대응하는 고유벡터 $V_2=\begin{pmatrix}2\\3\end{pmatrix}$

$\because A-4I=\begin{pmatrix}-3&2\\3&-2\end{pmatrix}\sim\begin{pmatrix}-3&2\\0&0\end{pmatrix}$

[다른 풀이]

소거법을 이용해서 x 또는 y를 구한 후에

주어진 식에 대입해서 다른 해를 구한다.

$x'=x+2y,\ y'=3x+2y\Rightarrow\begin{cases}(D-1)x-2y=0\\-3x+(D-2)y=0\end{cases}$

$\begin{pmatrix}D-1&-2\\-3&D-2\end{pmatrix}\begin{pmatrix}x\\y\end{pmatrix}=\begin{pmatrix}0\\0\end{pmatrix}$으로 나타낼 수 있다.

$(D-1)(D-2)-6=0\Rightarrow D=4,-1$

$x=ae^{-t}+be^{4t},\ 2y=x'-x=-2ae^{-t}+3be^{4t}$

$\begin{pmatrix}x\\y\end{pmatrix}=a\begin{pmatrix}1\\-1\end{pmatrix}e^{-t}+\frac{b}{2}\begin{pmatrix}2\\3\end{pmatrix}e^{4t}$

이 식에 $x(0)=0,\ y(0)=1$을 대입해서 답을 구한다.

TIP 객관식 문제이기 때문에

고윳값 λ로 보기의 답을 빠르게 판단할 수 있어야 한다. 판단이 불가하면, 고유벡터를 구해서 해를 찾아야 한다.

186. ①

풀이 주어진 미분방정식 $\begin{pmatrix}y_1'\\y_2'\end{pmatrix}=\begin{pmatrix}2&-1\\3&-2\end{pmatrix}\begin{pmatrix}y_1\\y_2\end{pmatrix}\Leftrightarrow X'=AX$의 해를 행렬 A의 고유치와 고유벡터를 이용해서 구하자.

$\det(A-\lambda I)=\det\begin{pmatrix}2-\lambda&-1\\3&-2-\lambda\end{pmatrix}=\lambda^2-1=(\lambda+1)(\lambda-1)=0$

A의 고유치는 $-1,1$이다.

(i) 고유치 -1에 대응하는 고유벡터 v_1구하기

$(A+I)v_1=\begin{pmatrix}3&-1\\3&-1\end{pmatrix}\begin{pmatrix}x\\y\end{pmatrix}=\begin{pmatrix}0\\0\end{pmatrix}\Leftrightarrow 3x-y=0$

$\Leftrightarrow v_1=\begin{pmatrix}x\\y\end{pmatrix}=\begin{pmatrix}1\\3\end{pmatrix}$

(ii) 고유치 1에 대응하는 고유벡터 v_2구하기

$(A-I)v_1=\begin{pmatrix}1&-1\\3&-3\end{pmatrix}\begin{pmatrix}x\\y\end{pmatrix}=\begin{pmatrix}0\\0\end{pmatrix}\Leftrightarrow x-y=0$

$\Leftrightarrow v_1=\begin{pmatrix}x\\y\end{pmatrix}=\begin{pmatrix}1\\1\end{pmatrix}$

(iii) 미분방정식의 해는 $\begin{pmatrix}y_1\\y_2\end{pmatrix}=c_1\begin{pmatrix}1\\3\end{pmatrix}e^{-t}+c_2\begin{pmatrix}1\\1\end{pmatrix}e^{t}$

주어진 초기 조건 $y_1(0)=1,\ y_2(0)=-3$에 대하여

$t=0$을 대입하면

$\begin{pmatrix}1\\-3\end{pmatrix}=c_1\begin{pmatrix}1\\3\end{pmatrix}+c_2\begin{pmatrix}1\\1\end{pmatrix}\Leftrightarrow\begin{cases}c_1+c_2=1\\3c_1+c_2=-3\end{cases}\Leftrightarrow\begin{cases}c_1=-2\\c_2=3\end{cases}$

$\therefore\begin{cases}y_1=-2e^{-t}+3e^t\\y_2=-6e^{-t}+3e^t\end{cases}\begin{cases}y_1(\ln2)=-2e^{-\ln2}+3e^{\ln2}=-1+6=5\\y_2(\ln3)=-6e^{-\ln3}+3e^{\ln3}=-2+9=7\end{cases}$

$\therefore y_1(\ln2)+y_2(\ln3)=12$

187. ①

풀이 $\begin{cases} x' = y - x \\ y' = x - y \end{cases} \Leftrightarrow \begin{pmatrix} x' \\ y' \end{pmatrix} = \begin{pmatrix} -1 & 1 \\ 1 & -1 \end{pmatrix}\begin{pmatrix} x \\ y \end{pmatrix}$

$A = \begin{pmatrix} -1 & 1 \\ 1 & -1 \end{pmatrix}$에서

$|A - \lambda I| = \begin{vmatrix} -1-\lambda & 1 \\ 1 & -1-\lambda \end{vmatrix} = (\lambda+1)^2 - 1 = \lambda(\lambda+2)$

따라서 행렬 A의 고유치 λ는 0, -2이다.

(i) $\lambda = 0$일 때, $\begin{pmatrix} -1 & 1 \\ 1 & -1 \end{pmatrix}\begin{pmatrix} x \\ y \end{pmatrix} = \begin{pmatrix} 0 \\ 0 \end{pmatrix}$에서 $v_1 = \begin{pmatrix} 1 \\ 1 \end{pmatrix}$

(ii) $\lambda = -2$일 때, $\begin{pmatrix} 1 & 1 \\ 1 & 1 \end{pmatrix}\begin{pmatrix} x \\ y \end{pmatrix} = \begin{pmatrix} 0 \\ 0 \end{pmatrix}$에서 $v_2 = \begin{pmatrix} 1 \\ -1 \end{pmatrix}$

$\therefore \begin{pmatrix} x \\ y \end{pmatrix} = c_1\begin{pmatrix} 1 \\ 1 \end{pmatrix}e^{0x} + c_2\begin{pmatrix} 1 \\ -1 \end{pmatrix}e^{-2x} = \begin{pmatrix} c_1 + c_2e^{-2x} \\ c_1 - c_2e^{-2x} \end{pmatrix}$

$\begin{pmatrix} x(0) \\ y(0) \end{pmatrix} = \begin{pmatrix} c_1 + c_2 \\ c_1 - c_2 \end{pmatrix} = \begin{pmatrix} 1 \\ 0 \end{pmatrix}$에서 $c_1 = c_2 = \frac{1}{2}$

$\therefore \begin{pmatrix} x \\ y \end{pmatrix} = \begin{pmatrix} c_1 + c_2e^{-2x} \\ c_1 - c_2e^{-2x} \end{pmatrix} = \frac{1}{2}\begin{pmatrix} 1 + e^{-2x} \\ 1 - e^{-2x} \end{pmatrix}$

$\therefore x(2016) + y(2016) = \frac{1}{2}(1 + e^{-4032}) + \frac{1}{2}(1 - e^{-4032}) = 1$

188. ①

풀이 $\begin{cases} y_1' = y_1 + y_2 & \cdots ① \\ y_2' = -2y_1 + 3y_2 \end{cases}$

$\Leftrightarrow \begin{cases} (D-1)y_1 - y_2 = 0 \\ 2y_1 + (D-3)y_2 = 0 \end{cases}$

$\Leftrightarrow \begin{cases} (D-1)(D-3)y_1 - (D-3)y_2 = 0 \cdots ② \\ 2y_1 + (D-3)y_2 = 0 \qquad \cdots ③ \end{cases}$

②+③ : $(D^2 - 4D + 5)y_1 = 0$

$\Rightarrow y_1 = e^{2t}(c_1 \cos t + c_2 \sin t)$

$y_1 = e^{2t}(c_1 \cos t + c_2 \sin t)$를 ①에 대입하여 정리하면

$y_2 = (c_1 + c_2)e^{2t}\cos t + (c_2 - c_1)e^{2t}\sin t$

$y_1(0) = 0$이므로 $c_1 = 0$이고 $y_2(0) = 1$이므로 $c_2 = 1$이다.

$\therefore y_1 = e^{2t}\sin t$, $y_2 = e^{2t}\cos t + e^{2t}\sin t$

$\therefore y_1 - y_2 = -e^{2t}\cos t$

189. ③

풀이 행렬 $\begin{pmatrix} -3 & 2 \\ -2 & 2 \end{pmatrix}$의 특성(고유)방정식

$\lambda^2 + \lambda - 2 = 0$에서 $\lambda = 1$, -2이다.

고유치 $\lambda = 1$에 대응하는 고유벡터는 $\begin{pmatrix} 1 \\ 2 \end{pmatrix}$이고

고유치 $\lambda = -2$에 대응하는 고유벡터는 $\begin{pmatrix} 2 \\ 1 \end{pmatrix}$이므로

주어진 연립미분방정식의 일반해는 $\begin{pmatrix} y_1 \\ y_2 \end{pmatrix} = a\begin{pmatrix} 1 \\ 2 \end{pmatrix}e^t + b\begin{pmatrix} 2 \\ 1 \end{pmatrix}e^{-2t}$

$y_1(0) = 0$, $y_2(0) = 1$에서 $a = \frac{2}{3}$, $b = -\frac{1}{3}$이므로

$y_1(1) + y_2(1) = 2e - e^{-2}$

190. ②

풀이 $X(t) = \begin{pmatrix} x(t) \\ y(t) \\ z(t) \end{pmatrix}$일 때 주어진 미분방정식을 정리하면

$\begin{cases} x'(t) = z(t) \\ y'(t) = y(t) \\ z'(t) = x(t) \end{cases}$

$y' = y$, $y(0) = 2$이므로 $y = 2e^t$

$\begin{cases} x'(t) = z(t) \\ z'(t) = x(t) \end{cases}$를 행렬 $A = \begin{pmatrix} 0 & 1 \\ 1 & 0 \end{pmatrix}$의 고유치와 고유벡터

$\lambda = 1$, $V = \begin{pmatrix} 1 \\ 1 \end{pmatrix}$, $\lambda = -1$, $W = \begin{pmatrix} 1 \\ -1 \end{pmatrix}$를 이용하여 정리하면

$\begin{cases} x(t) = c_1e^t + c_2e^{-t} \\ z(t) = c_1e^t - c_2e^{-t} \end{cases}$

$\begin{cases} x(0) = 1 \\ z(0) = 5 \end{cases}$를 정리하면 $\begin{cases} x(t) = 3e^t - 2e^{-t} \\ z(t) = 3e^t + 2e^{-t} \end{cases}$ 이다.

$X(1) = \begin{pmatrix} x(1) \\ y(1) \\ z(1) \end{pmatrix} = \begin{pmatrix} 3e - 2e^{-1} \\ 2e \\ 3e - 2e^{-1} \end{pmatrix}$

[다른 풀이]

고윳값과 고유벡터를 이용해서 구할 수도 있다.

191. ③

풀이 $\begin{pmatrix} y_1'' \\ y_2'' \end{pmatrix} = \begin{pmatrix} 2y_1 + y_2' \\ 2y_2 + y_1' \end{pmatrix}$에서 $\begin{cases} (D^2-2)y_1 - Dy_2 = 0 \cdots ① \\ -Dy_1 + (D^2-2)y_2 = 0 \cdots ② \end{cases}$

이므로 가감법을 이용한다.

①$\times D +$ ②$\times (D^2 - 2)$를 계산하면

$\{-D^2 + (D^2-2)^2\}y_2 = 0$ 즉, $(D^4 - 5D^2 + 4)y_2 = 0$

특성방정식은 $t^4 - 5t^2 + 4 = 0$이므로

$t^2 = 1, 4$, $t = \pm 1$, ± 2

따라서 $y_2 = C_1e^t + C_2e^{-t} + C_3e^{2t} + C_4e^{-2t}$이다.

②에 의해 $y_1' = y_2'' - 2y_2$이므로

$y_1' = (C_1e^t + C_2e^{-t} + 4C_3e^{2t} + 4C_4e^{-2t})$

$\qquad -2C_1e^t - 2C_2e^{-t} - 2C_3e^{2t} - 2C_4e^{-2t}$

$= -C_1e^t - C_2e^{-t} + 2C_3e^{2t} + 2C_4e^{-2t}$

양변을 적분하면 $y_1 = -C_1e^t + C_2e^{-t} + C_3e^{2t} - C_4e^{-2t}$,

$y_1 + y_2 = 2C_2e^{-t} + 2C_3e^{2t}$

그러므로 $y_1(t) + y_2(t)$의 일반해는 ③ $c_1e^{-t} + c_2e^{2t}$이다.

[다른 풀이]

$\begin{pmatrix} y_1'' \\ y_2'' \end{pmatrix} = \begin{pmatrix} 2y_1 + y_2' \\ 2y_2 + y_1' \end{pmatrix}$이므로

$y_1'' + y_2'' = 2(y_1 + y_2) + (y_1' + y_2')$

$y_1 + y_2 = Y$라 하면 $Y'' = Y' + 2Y$

특성방정식 $t^2 - t - 2 = 0$에서 $t = -1,\ 2$

$\therefore y_1 + y_2 = Y = c_1e^{-t} + c_2e^{2t}$

192. ①

풀이 $\begin{cases} x'' + y'' = t^2 \\ x'' - y'' = 4t \end{cases}$

$\Rightarrow x'' = \frac{1}{2}t^2 + 2t$이고 $y'' = \frac{t^2}{2} - 2t$

$\Rightarrow x(t) = c_1 + c_2t + \frac{t^3}{3} + \frac{t^4}{24}$,

$y(t) = c_3 + c_4t - \frac{t^3}{3} + \frac{t^4}{24}$

$x(0) = 8,\ x'(0) = 0$이므로 $c_1 = 8,\ c_2 = 0$

$y(0) = 0,\ y'(0) = 0$이므로 $c_3 = 0,\ c_4 = 0$

$$\therefore \begin{cases} x(t) = 8 + \frac{t^3}{3} + \frac{t^4}{24} \\ y(t) = -\frac{t^3}{3} + \frac{t^4}{24} \end{cases} \Rightarrow x(1) + y(1) = \frac{97}{12}$$

193. ②

풀이 $\begin{pmatrix} r'(t) \\ w'(t) \end{pmatrix} = \begin{pmatrix} 3 & -1 \\ 1 & \frac{1}{2} \end{pmatrix} \begin{pmatrix} r \\ w \end{pmatrix}$

$A = \begin{pmatrix} 3 & -1 \\ 1 & \frac{1}{2} \end{pmatrix}$이라 하면 A의 고윳값은 $1,\ \frac{5}{2}$이고

대응되는 고유벡터는 각각 $\begin{pmatrix} 1 \\ 2 \end{pmatrix}$, $\begin{pmatrix} 2 \\ 1 \end{pmatrix}$이다.

$\begin{pmatrix} r(t) \\ w(t) \end{pmatrix} = c_1\begin{pmatrix} 1 \\ 2 \end{pmatrix}e^t + c_2\begin{pmatrix} 2 \\ 1 \end{pmatrix}e^{\frac{5}{2}t}$, $r(0) = 70,\ w(0) = 20$

$\therefore c_1 = -10,\ c_2 = 40$

$\therefore \begin{pmatrix} r(t) \\ w(t) \end{pmatrix} = -10\begin{pmatrix} 1 \\ 2 \end{pmatrix}e^t + 40\begin{pmatrix} 2 \\ 1 \end{pmatrix}e^{\frac{5}{2}t}$, $\lim_{t\to\infty} \frac{r(t)}{w(t)} = 2$

194. ①

풀이 $y'' = x$에서 양변을 t에 대하여 2번 미분하면 $x'' = y^{(4)}$

이것을 앞의 식에 대입하면 $y^{(4)} = y$이 된다. 특성방정식이

$t^4 - 1 = (t^2+1)(t+1)(t-1) = 0$이므로 $t = \pm i,\ \pm 1$이다.

이 미분방정식의 일반해는 $y = a\cos t + b\sin t + ce^t + de^{-t}$다.

$\lim_{t\to\infty} y(t) = 0$이므로 $a = b = c = 0,\ y = de^{-t}$

연립미분방정식의 해를 구하기 위해

$y'' = x$에 대입해서 정리하면 $x = de^{-t}$

따라서 연립미분방정식의 해는 $x = de^{-t},\ y = de^{-t}$이다.

$\therefore x(0) - y(0) = 0$

195. ②

풀이 초기 조건에 상관없이 해의 극한값이 존재하는 경우는

고윳값 2개가 모두 음수를 갖는 경우,

고윳값 1개는 음수를 갖고 다른 고윳값은 0을 갖는 경우,

고윳값의 실수부가 음수인 허수인 경우의 세 가지이다.

$\Rightarrow \alpha + \beta = tr(A) < 0,\ \alpha\beta = \det(A) \ge 0$

$tr(A) = 2a - a < 0$이므로 $a < 0$

$\det(A) = -2a^2 + 2 \ge 0$이므로 $-1 \le a \le 1$

두 조건을 만족하는 a의 범위는 $-1 \le a < 0$

196. ②

풀이 $X' = AX$이고, $X'' = AX' = AAX = A^2X$

$\therefore \begin{pmatrix} x''(0) \\ y''(0) \end{pmatrix} = A^2\begin{pmatrix} x(0) \\ y(0) \end{pmatrix}$

$= \begin{pmatrix} 2 & 8 \\ -1 & -2 \end{pmatrix}\begin{pmatrix} 2 & 8 \\ -1 & -2 \end{pmatrix}\begin{pmatrix} 2 \\ -1 \end{pmatrix}$

$= \begin{pmatrix} 2 & 8 \\ -1 & -2 \end{pmatrix}\begin{pmatrix} -4 \\ 0 \end{pmatrix} = \begin{pmatrix} -8 \\ 4 \end{pmatrix}$

$\therefore x''(0) + y''(0) = -4$

197. ②

풀이 $X' = AX,\ X'' = AX' = AAX = A^2X$

$\therefore \begin{pmatrix} x''(0) \\ y''(0) \\ z''(0) \end{pmatrix} = A^2\begin{pmatrix} x(0) \\ y(0) \\ z(0) \end{pmatrix}$

$= \begin{pmatrix} 1 & -1 & 0 \\ -1 & 1 & 1 \\ 0 & 1 & 1 \end{pmatrix}\begin{pmatrix} 1 & -1 & 0 \\ -1 & 1 & 1 \\ 0 & 1 & 1 \end{pmatrix}\begin{pmatrix} -1 \\ 1 \\ 0 \end{pmatrix}$

$= \begin{pmatrix} 1 & -1 & 0 \\ -1 & 1 & 1 \\ 0 & 1 & 1 \end{pmatrix}\begin{pmatrix} -2 \\ 2 \\ 1 \end{pmatrix} = \begin{pmatrix} -4 \\ 5 \\ 3 \end{pmatrix}$

$\therefore x''(0) + y''(0) + z''(0) = 4$

2. 비제차 연립미분방정식

198. 풀이 참조

풀이 $Y=\begin{pmatrix}x(t)\\y(t)\end{pmatrix}$라고 할 때, 주어진 미분방정식을

$\begin{pmatrix}D-6 & -1\\-4 & D-3\end{pmatrix}\begin{pmatrix}x\\y\end{pmatrix}=\begin{pmatrix}6t\\-10t+4\end{pmatrix}$로 표현할 수 있다.

(ⅰ) 제차 연립미분방정식의 일반해를 찾아보자.

$\lambda^2-9\lambda+14=0$이므로 $\lambda=2, 7$

$\lambda=2$의 고유벡터 $V_1=\begin{pmatrix}1\\-4\end{pmatrix}$

$\lambda=7$의 고유벡터 $V_2=\begin{pmatrix}1\\1\end{pmatrix}$

$\therefore Y_c=c_1\begin{pmatrix}1\\-4\end{pmatrix}e^{2t}+c_2\begin{pmatrix}1\\1\end{pmatrix}e^{7t}$

(ⅱ) 특수해를 구해보자.

$$\begin{pmatrix}D-6 & -1\\-4 & D-3\end{pmatrix}\begin{pmatrix}x_p\\y_p\end{pmatrix}=\begin{pmatrix}6t\\-10t+4\end{pmatrix}$$

$$\begin{pmatrix}x_p\\y_p\end{pmatrix}=\frac{1}{D^2-9D+14}\begin{pmatrix}D-3 & 1\\4 & D-6\end{pmatrix}\begin{pmatrix}6t\\-10t+4\end{pmatrix}$$

$$=\frac{1}{D^2-9D+14}\begin{pmatrix}-28t+10\\84t-34\end{pmatrix}$$

$$=\frac{1}{14}\left[1+\frac{9}{14}D\right]\begin{pmatrix}-28t+10\\84t-34\end{pmatrix}$$

$$=\frac{1}{14}\begin{pmatrix}-28t+10+\frac{9}{14}(-28)\\84t-34+\frac{9}{14}(84)\end{pmatrix}$$

$$=\begin{pmatrix}-2t-\frac{4}{7}\\6t+\frac{10}{7}\end{pmatrix}$$

따라서 미분방정식의 해는 다음과 같다.

$$Y=\begin{pmatrix}x(t)\\y(t)\end{pmatrix}=c_1\begin{pmatrix}1\\-4\end{pmatrix}e^{2t}+c_2\begin{pmatrix}1\\1\end{pmatrix}e^{7t}+\begin{pmatrix}-2\\6\end{pmatrix}t+\frac{1}{7}\begin{pmatrix}-4\\10\end{pmatrix}$$

199. ①

풀이 주어진 미분방정식 $\begin{cases}x'-4x+y''=t^2\cdots ①\\x'+x+y'=0\quad\cdots ②\end{cases}$에서

②를 $y'=-x'-x \Rightarrow y''=-x''-x'$과 같이 정리해서 ①에 대입하자.

$x'-4x-x''-x'=t^2 \Rightarrow x''+4x=-t^2$

$x_c=c_1\cos2t+c_2\sin2t$,

$$x_p=\frac{-1}{D^2+4}\{t^2\}$$

$$x_p=\frac{-1}{4}\left(1-\frac{D^2}{4}\right)\{t^2\}=\frac{-1}{4}\left(t^2-\frac{1}{2}\right)$$

$$\therefore x(t)=c_1\cos2t+c_2\sin2t-\frac{1}{4}t^2+\frac{1}{8}$$

주어진 식에서 $y'=-x'-x$, $y(t)=-x(t)-\int x(t)dt+C$

이므로 $y(t)=c_1+c_2\cos2t+c_3\sin2t+\frac{1}{12}t^3+\frac{1}{4}t^2-\frac{1}{8}t$

TIP 객관식 문제이기 때문에 보기를 충분히 활용한다.
보기의 특수해가 모두 일치하기 때문에
일반해만 빠르게 확인하는 문제이다.

200. ④

풀이 보기를 확인해보면 특수해만 빠르게 구해서 답을 결정할 수 있음을 알 수 있다. 두 식을 다음과 같이 정리할 수 있다.

$$\begin{pmatrix}D+3 & -4\\1 & D-1\end{pmatrix}\begin{pmatrix}x\\y\end{pmatrix}=\begin{pmatrix}-e^{-t}\ln t\\0\end{pmatrix}$$

$$\begin{pmatrix}x_p\\y_p\end{pmatrix}=\frac{1}{D^2+2D+1}\begin{pmatrix}D-1 & 4\\-1 & D+3\end{pmatrix}\begin{pmatrix}-e^{-t}\ln t\\0\end{pmatrix}$$

$$=\frac{1}{D^2+2D+1}\begin{pmatrix}2e^{-t}\ln t-\frac{e^{-t}}{t}\\e^{-t}\ln t\end{pmatrix}$$

$$y_p=\frac{1}{f(D)}\{e^{-t}\ln t\}$$

$$=\frac{1}{(D+1)^2}\{e^{-t}\ln t\}$$

$$=\frac{e^{-t}}{D^2}\{\ln t\}$$

$$=e^{-t}\left[\int t\ln t-t dt\right]$$

$$=e^{-t}\left[\frac{1}{2}t^2\ln t-\frac{1}{4}t^2-\frac{1}{2}t^2\right]$$

$$=\frac{1}{2}t^2e^{-t}\ln t-\frac{3}{4}t^2e^{-t}$$

[다른 풀이]

y_p를 구하는 다른 방법

$$W=\begin{vmatrix}e^{-t} & te^{-t}\\-e^{-t} & e^{-t}-te^{-t}\end{vmatrix}=e^{-2t}$$

$$W_1R=\begin{vmatrix}0 & te^{-t}\\e^{-t}\ln t & e^{-t}-te^{-t}\end{vmatrix}=-e^{-2t}t\ln t$$

$$W_2R=\begin{vmatrix}e^{-t} & 0\\-e^{-t} & e^{-t}\ln t\end{vmatrix}=e^{-2t}\ln t$$

$$y_p=e^{-t}\int -t\ln t dt+te^{-t}\int \ln t dt$$

$$=-e^{-t}\left(\frac{1}{2}t^2\ln t-\frac{1}{4}t^2\right)+te^{-t}(t\ln t-t)$$

201. ①

풀이 $\begin{cases} x' = x-10y+e^t & \cdots ① \\ y' = -x+4y+\sin t \cdots ② \end{cases}$

$\Rightarrow \begin{cases} x+(D-4)y=\sin t \\ (D-1)x+10y=e^t \end{cases}$

$\Rightarrow \begin{cases} (D-1)x+(D-1)(D-4)y=(D-1)(\sin t) \\ \qquad\qquad\qquad\qquad = \cos t-\sin t & \cdots ③ \\ (D-1)x+10y=e^t & \cdots ④ \end{cases}$

③−④ : $(D^2-5D-6)y=\cos t-\sin t-e^t$

보조해는 $y_c=c_1e^{-t}+c_2e^{6t}$, 특수해는

$$y_p=\frac{1}{D^2-5D-6}\{\cos t-\sin t-e^t\}$$

$$=Re\frac{1}{D^2-5D-6}\{e^{it}\}$$

$$-Im\frac{1}{D^2-5D-6}\{e^{it}\}-\frac{1}{D^2-5D-6}\{e^t\}$$

$$=Re\left\{\frac{-7+5i}{74}(\cos t+i\sin t)\right\}$$

$$-Im\left\{\frac{-7+5i}{74}(\cos t+i\sin t)\right\}+\frac{1}{10}e^t$$

$$=-\frac{6}{37}\cos t+\frac{1}{37}\sin t+\frac{1}{10}e^t$$

$$\therefore y(t)=c_1e^{-t}+c_2e^{6t}+\frac{1}{10}e^t+\frac{1}{37}\sin t-\frac{6}{37}\cos t$$

이를 ②에 대입하여 정리하면

$$x(t)=5c_1e^{-t}-2c_2e^{6t}+\frac{3}{10}e^t+\frac{35}{37}\sin t-\frac{25}{37}\cos t$$

TIP 객관식 문제이기 때문에 보기를 충분히 활용한다.
보기의 일반해가 모두 일치하기 때문에
특수해만 빠르게 확인하는 문제이다.
또한 특수해의 경우도 $x(t)$, $y(t)$의 값이 중복되는 경우가 없으므로 정확하게 한 개를 구해서 시간을 절약해야 한다.

202. 풀이 참조

풀이 주어진 미분방정식을 다음과 같이 정리할 수 있다.

$$\begin{pmatrix} D+3 & -1 \\ -1 & D+3 \end{pmatrix}\begin{pmatrix} x \\ y \end{pmatrix}=\begin{pmatrix} -6e^{-2t} \\ 2e^{-2t} \end{pmatrix}$$

제차 미분방정식을 통해서 일반해를 찾으면

$D^2+6D+8=0$을 만족하는 D는 -4, -2이므로

$x_c(t)=ae^{-2t}+be^{-4t}$

특수해를 구하자.

$$\begin{pmatrix} x \\ y \end{pmatrix}=\frac{1}{D^2+6D+8}\begin{pmatrix} D+3 & 1 \\ 1 & D+3 \end{pmatrix}\begin{pmatrix} -6e^{-2t} \\ 2e^{-2t} \end{pmatrix}$$

$$=\frac{1}{D^2+6D+8}\begin{pmatrix} -4e^{-2t} \\ -4e^{-2t} \end{pmatrix}$$

$$x_p=\frac{-4}{(D+2)(D+4)}\{e^{-2t}\}=-2te^{-2t}$$

$x(t)=ae^{-2t}+be^{-4t}-2te^{-2t}$

주어진 식 $x'+3x-y=-6e^{-2t}$을 통해

$y=x'+3x+6e^{-2t}$를 구하자.

$x'(t)=-2ae^{-2t}-4be^{-4t}-2e^{-2t}+4te^{-2t}$를

$y=x'+3x+6e^{-2t}$에 대입하면

$y=(a+4)e^{-2t}-be^{-4t}-2te^{-2t}$이다.

$$\begin{pmatrix} x(t) \\ y(t) \end{pmatrix}=a\begin{pmatrix} 1 \\ 1 \end{pmatrix}e^{-2t}+b\begin{pmatrix} 1 \\ -1 \end{pmatrix}e^{-4t}+\begin{pmatrix} 0 \\ 4 \end{pmatrix}e^{-2t}+\begin{pmatrix} -2 \\ -2 \end{pmatrix}te^{-2t}$$

203. ①

풀이 $X(t)=\begin{pmatrix} x(t) \\ y(t) \end{pmatrix}$라 하면

$\begin{cases} x'=5x+9y+2 \\ y'=-x+11y+6 \end{cases}$에서 $\begin{cases} (D-5)x-9y=2 \cdots ① \\ x+(D-11)y=6 \cdots ② \end{cases}$이므로

②$\times(D-5)-$① : $(D^2-16D+64)y=-32$이다.

(i) 일반해 y_c는 특성(고유)방정식 $t^2-16t+64=0$에서 $t=8$ (중근)이므로 $y_c=(a+bt)=e^{8t}$

(ii) 특수해 y_p는 미정계수법에 의하여 $y_p=A$라 하면

$y_p{}'=y_p{}''=0$이므로 $(D^2-16D+64)y_p=64A=-32$

$\therefore y_p=A=-\frac{1}{2}$

(i), (ii)에 의하여 $y=y_c+y_p=(a+bt)e^{8t}-\frac{1}{2}$

②에 대입하면 $x=(3a-b+3bt)e^{8t}+\frac{1}{2}$

$x(0)=0$, $y(0)=1$에서 $a=\frac{3}{2}$, $b=5$이므로

$$X(t)=\begin{pmatrix} x(t) \\ y(t) \end{pmatrix}=\begin{pmatrix} \left(15t-\frac{1}{2}\right)e^{8t}+\frac{1}{2} \\ \left(\frac{3}{2}+5t\right)e^{8t}-\frac{1}{2} \end{pmatrix}$$

$$\therefore X(1)=\begin{pmatrix} x(1) \\ y(1) \end{pmatrix}=\begin{pmatrix} \frac{1}{2}+\frac{29}{2}e^8 \\ -\frac{1}{2}+\frac{13}{2}e^8 \end{pmatrix}=\frac{1}{2}\begin{pmatrix} 1+29e^8 \\ -1+13e^8 \end{pmatrix}$$

204. ②

풀이 T_1의 소금의 양 $=x$, $x(0)=0$

T_2의 소금의 양 $=y$, $y(0)=10$

T_1 : $x'=3+\frac{1}{10}y-\frac{4}{10}x$

$T_2 : y' = -\frac{1}{10}y + \frac{4}{10}x - \frac{3}{10}y$

양변에 10을 곱해서 식을 정하자.

$T_1 : 10x' = 30 + y - 4x$

$T_2 : 10y' = 4x - 4y$

$\begin{pmatrix} 10D+4 & -1 \\ -4 & 10D+4 \end{pmatrix}\begin{pmatrix} x \\ y \end{pmatrix} = \begin{pmatrix} 30 \\ 0 \end{pmatrix}$으로 표현할 수 있다.

(i) 제차 연립미분방정식의 일반해를 찾아보자.

$100\lambda^2 + 80\lambda + 12 = 0$이므로 $\lambda = -\frac{2}{10}, -\frac{6}{10}$

$\lambda = -\frac{2}{10}$의 고유벡터 $V_1 = \begin{pmatrix} 1 \\ 2 \end{pmatrix}$

$\lambda = -\frac{6}{10}$의 고유벡터 $V_2 = \begin{pmatrix} 1 \\ -2 \end{pmatrix}$

$\therefore Y_c = c_1\begin{pmatrix} 1 \\ 2 \end{pmatrix}e^{-\frac{2}{10}t} + c_2\begin{pmatrix} 1 \\ -2 \end{pmatrix}e^{-\frac{6}{10}t}$

(ii) 특수해를 구해보자.

$\begin{pmatrix} 10D+4 & -1 \\ -4 & 10D+4 \end{pmatrix}\begin{pmatrix} x_p \\ y_p \end{pmatrix} = \begin{pmatrix} 30 \\ 0 \end{pmatrix}$

$\begin{pmatrix} x_p \\ y_p \end{pmatrix} = \frac{1}{100D^2 + 80D + 12}\begin{pmatrix} 10D+4 & 1 \\ 4 & 10D+4 \end{pmatrix}\begin{pmatrix} 30 \\ 0 \end{pmatrix}$

$= \frac{1}{100D^2 + 80D + 12}\begin{pmatrix} 120 \\ 120 \end{pmatrix} = \begin{pmatrix} 10 \\ 10 \end{pmatrix}$

따라서 미분방정식의 해는 다음과 같다.

$\begin{pmatrix} x(t) \\ y(t) \end{pmatrix} = c_1\begin{pmatrix} 1 \\ 2 \end{pmatrix}e^{-\frac{2}{10}t} + c_2\begin{pmatrix} 1 \\ -2 \end{pmatrix}e^{-\frac{6}{10}t} + \begin{pmatrix} 10 \\ 10 \end{pmatrix}$

$\lim_{t \to \in g}\begin{pmatrix} x(t) \\ y(t) \end{pmatrix} = \begin{pmatrix} 10 \\ 10 \end{pmatrix}$

205. ①

풀이 $A' = 0.5 \cdot 5 - \frac{5A}{100},\ B' = \frac{5A}{100} - \frac{5B}{150},$

$A(0) = 20,\ B(0) = 90$

$\begin{pmatrix} A' \\ B' \end{pmatrix} = \begin{pmatrix} -\frac{1}{20} & 0 \\ \frac{1}{20} & -\frac{1}{30} \end{pmatrix}\begin{pmatrix} A \\ B \end{pmatrix} + \begin{pmatrix} \frac{5}{2} \\ 0 \end{pmatrix}$

$A' = 2.5 - \frac{A}{20}$

$\Rightarrow A' + \frac{1}{20}A = 2.5$

$\Rightarrow A = e^{-\int \frac{1}{20}dt}\left[\int 2.5e^{\int \frac{1}{20}dt}dt + C\right]$

$= e^{-\frac{t}{20}}\left(50e^{\frac{t}{20}} + C\right)$

$= 50 + ce^{-\frac{t}{20}}$

$A(0) = 20$이므로 $C = -30$

$\therefore A(t) = 50 - 30e^{-\frac{t}{20}}$

$B' + \frac{1}{30}B = 2.5 - 1.5e^{-\frac{t}{20}}$

$\Rightarrow B = e^{-\int \frac{1}{30}dt}\left[\int \left(2.5 - 1.5e^{-\frac{t}{20}}\right)e^{\int \frac{1}{30}dt}dt + C\right]$

$= e^{-\frac{t}{30}}\left[\int \left(2.5e^{\frac{t}{30}} - 1.5e^{-\frac{t}{60}}\right)dt + C\right]$

$= e^{-\frac{t}{30}}\left(75e^{\frac{t}{30}} + 90e^{-\frac{t}{60}} + C\right)$

$= 75 + 90e^{-\frac{t}{20}} + Ce^{-\frac{t}{30}}$

$B(0) = 90$이므로 $C = -75$

$\therefore B(t) = 75 + 90e^{-\frac{t}{20}} - 75e^{-\frac{t}{30}}$

3. 연립미분방정식의 임계점

206. ③

풀이 ① $\begin{pmatrix} y_1' \\ y_2' \end{pmatrix} = \begin{pmatrix} 1 & 2 \\ 2 & 1 \end{pmatrix}\begin{pmatrix} y_1 \\ y_2 \end{pmatrix}$, $\lambda_1 + \lambda_2 = 2$, $\lambda_1\lambda_2 = -3$이므로

$\lambda_1 = -1$이라고 하면 $\lambda_2 = 3$이다.

안장점이고, 안정성의 형태는 불안정이다.

② $\begin{pmatrix} y_1' \\ y_2' \end{pmatrix} = \begin{pmatrix} \frac{1}{3} & 0 \\ \frac{1}{3} & \frac{2}{3} \end{pmatrix}\begin{pmatrix} y_1 \\ y_2 \end{pmatrix}$,

$\lambda_1 + \lambda_2 = 1$, $\lambda_1\lambda_2 = \frac{2}{9}$이므로 $\lambda_1, \lambda_2 > 0$이다.

고유마디점이고 안정성의 형태는 불안정이다.

③ $\begin{pmatrix} y_1' \\ y_2' \end{pmatrix} = \begin{pmatrix} -1 & 3 \\ -1 & -5 \end{pmatrix}\begin{pmatrix} y_1 \\ y_2 \end{pmatrix}$.

$\lambda_1 + \lambda_2 = -6$, $\lambda_1\lambda_2 = 8$이므로 $\lambda_1 < 0$, $\lambda_2 < 0$이다.

비고유마디점이고, 안정성의 형태는 안정적&끌어당김이다.

④ $\begin{pmatrix} y_1' \\ y_2' \end{pmatrix} = \begin{pmatrix} 1 & -1 \\ 1 & 3 \end{pmatrix}\begin{pmatrix} y_1 \\ y_2 \end{pmatrix}$

$\lambda_1 + \lambda_2 = 4$, $\lambda_1\lambda_2 = 4$이므로

$\lambda_1 > 0$, $\lambda_2 > 0$이고, $\lambda_1 = 2$, $\lambda_2 = 2$이다.

$\lambda = 2$에 대응하는 고유벡터는 1개이므로

퇴화고유마디점이다.

207. ③

풀이 고유치의 합$=0$이고 고유치의 곱>0을 만족하는 경우는 순허근을 갖는 경우이다. 따라서 임계점에서 중심점의 형태의 그림을 갖는다.

208. ③

풀이 (i) 임계점 구하기

$$\begin{cases} y_1 - y_2^2 = 0 \\ y_1 y_2 - y_2 = 0 \end{cases} \Rightarrow (y_1, y_2) = (0,0),\ (1,1), (1,-1)$$

(ii) $\begin{cases} F(y_1, y_2) = y_1 - y_2^2 \\ G(y_1, y_2) = y_1 y_2 - y_2 \end{cases}$ 의 선형화

$F_{y_1}(y_1, y_2) = 1$, $F_{y_2}(y_1, y_2) = -2y_2$,

$G_{y_1}(y_1, y_2) = y_2$, $G_{y_2}(y_1, y_2) = y_1 - 1$

㉠ 임계점 : $(0,0)$

$$\begin{cases} y_1' = F(0,0) + F_{y_1}(0,0)y_1 + F_{y_2}(0,0)y_2 \\ y_2' = G(0,0) + G_{y_1}(0,0)y_1 + G_{y_2}(0,0)y_2 \end{cases}$$

$$\Rightarrow \begin{cases} y_1' = y_1 \\ y_2' = -y_2 \end{cases}$$

행렬 $\begin{pmatrix} 1 & 0 \\ 0 & -1 \end{pmatrix}$의 특성(고유)방정식 $\lambda^2 - 1 = 0$에서

$\lambda = 1, -1$이므로 임계점 $(0,0)$은 안장점이다.

㉡ 임계점 : $(1,1)$

$$\begin{cases} y_1' = F(1,1) + F_{y_1}(1,1)(y_1 - 1) + F_{y_2}(1,1)(y_2 - 1) \\ y_2' = G(1,1) + G_{y_1}(1,1)(y_1 - 1) + G_{y_2}(1,1)(y_2 - 1) \end{cases}$$

$$\Rightarrow \begin{cases} y_1' = (y_1 - 1) - 2(y_2 - 1) \\ y_2' = (y_1 - 1) \end{cases}$$

행렬 $\begin{pmatrix} 1 & -2 \\ 1 & 0 \end{pmatrix}$의 특성(고유)방정식 $\lambda^2 - \lambda + 2 = 0$에서

$\lambda = \frac{1 \pm \sqrt{7}i}{2}$이므로 임계점 $(1,1)$은 나선점이다.

㉢ 임계점 : $(1,-1)$

$$\begin{cases} y_1' = F(1,-1) + F_{y_1}(1,-1)(y_1 - 1) + F_{y_2}(1,-1)(y_2 + 1) \\ y_2' = G(1,-1) + G_{y_1}(1,-1)(y_1 - 1) + G_{y_2}(1,-1)(y_2 + 1) \end{cases}$$

$$\Rightarrow \begin{cases} y_1' = (y_1 - 1) + 2(y_2 + 1) \\ y_2' = -(y_1 - 1) \end{cases}$$

행렬 $\begin{pmatrix} 1 & 2 \\ -1 & 0 \end{pmatrix}$의 특성(고유)방정식 $\lambda^2 - \lambda + 2 = 0$에서

$\lambda = \frac{1 \pm \sqrt{7}i}{2}$이므로 임계점 $(1,-1)$은 나선점이다.

209. ④

풀이 (i) 임계점 구하기

$$\begin{cases} 2y_2 = 0 \\ -y_1 + \frac{1}{4}y_1^2 = 0 \end{cases} \Rightarrow (y_1, y_2) = (0,0),\ (4,0)$$

(ii) $\begin{cases} F(y_1, y_2) = 2y_2 \\ G(y_1, y_2) = -y_1 + \frac{1}{4}y_1^2 \end{cases}$의 선형화

$F_{y_1}(y_1, y_2) = 0$, $F_{y_2}(y_1, y_2) = 2$,

$G_{y_1}(y_1, y_2) = -1 + \frac{1}{2}y_1$, $G_{y_2}(y_1, y_2) = 0$

㉠ 임계점 : $(0,0)$

$$\begin{cases} y_1' = F(0,0) + F_{y_1}(0,0)y_1 + F_{y_2}(0,0)y_2 \\ y_2' = G(0,0) + G_{y_1}(0,0)y_1 + G_{y_2}(0,0)y_2 \end{cases}$$

$$\Rightarrow \begin{cases} y_1' = 2y_2 \\ y_2' = -y_1 \end{cases}$$

행렬 $\begin{pmatrix} 0 & 2 \\ -1 & 0 \end{pmatrix}$의 특성(고유)방정식 $\lambda^2 + 2 = 0$에서

$\lambda = \pm\sqrt{2}i$이므로 임계점 $(0,0)$은 중심점이다.

㉡ 임계점 : $(4,0)$

$\{y_1' = F(4,0) + F_{y_1}(4,0)(y_1 - 4) + F_{y_2}(4,0)y_2$

$\Rightarrow \begin{cases} y_1' = 2y_2 \\ y_2' = (y_1 - 4) \end{cases}$

행렬 $\begin{pmatrix} 0 & 2 \\ 1 & 0 \end{pmatrix}$의 특성(고유)방정식 $\lambda^2 - 2 = 0$에서

$\lambda = \pm\sqrt{2}$이므로 임계점 $(4,0)$은 안장점이다.

210. ④

풀이 $y_1 = y,\ y_2 = y_1' = y'$이라고 하면, $y_2' = y''$이다.

즉, $y_2'' = \sin y_1$이라고 할 수 있다.

$y'' - \sin y = 0 \Leftrightarrow \begin{cases} y_1' = y_2 \\ y_2' = \sin y_1 \end{cases}$ 이라고 하자.

임계점은 $(n\pi, 0)$이다.

(ⅰ) 임계점이 $(0,0), (\pm 2\pi, 0), (\pm 4\pi, 0), (\pm 6\pi, 0) \cdots$일 때

$f(y_1) = \sin y_1,\ f'(y_1) = \cos y_1$이고,

$f'(\pm 2\pi) = 1,\ f'(\pm 4\pi) = 1,\ \cdots$

$y'' - \sin y = 0 \Leftrightarrow \begin{cases} y_1' = y_2 \\ y_2' = y_1 \end{cases}$

행렬 $\begin{pmatrix} 0 & 1 \\ 1 & 0 \end{pmatrix}$의 특성(고유)방정식 $\lambda^2 - 1 = 0$에서 $\lambda = \pm 1$이므로 임계점에서 안장점을 갖고 안장점은 늘 불안정적이다.

(ⅱ) 임계점이 $(\pm\pi, 0), (\pm 3\pi, 0), (\pm 5\pi, 0) \cdots$일 때

$f(y_1) = \sin y_1,\ f'(y_1) = \cos y_1$이고,

$f'(\pm\pi) = -1,\ f'(\pm 3\pi) = -1,\ \cdots$

$y'' - \sin y = 0 \Leftrightarrow \begin{cases} y_1' = y_2 \\ y_2' = -y_1 \end{cases}$

행렬 $\begin{pmatrix} 0 & 1 \\ -1 & 0 \end{pmatrix}$의 특성(고유)방정식 $\lambda^2 + 1 = 0$에서 $\lambda = \pm i$이므로 임계점에서 중심점을 갖고 중심점은 안정적이다.

CHAPTER 05 복소수

1. 복소수 & 복소평면

211. 2

풀이 $\frac{1-2i}{1+2i}=\frac{(1-2i)^2}{(1+2i)(1-2i)}$

$=\frac{1-4i-4}{1+4}=\frac{-3-4i}{5}$

$=-\frac{3}{5}-\frac{4}{5}i=a+bi$

$\therefore a=-\frac{3}{5},\ b=-\frac{4}{5}$

$\therefore a^2+b^2+1=2$

212. 2

풀이 $\frac{1+i}{1-i}=\frac{(1+i)^2}{(1-i)(1+i)}=\frac{1+2i-1}{2}=i$

$\frac{1-i}{1+i}=\frac{(1-i)^2}{(1+i)(1-i)}=\frac{1-2i-1}{2}=-i$

$\therefore \left(\frac{1+i}{1-i}\right)^{2012}+\left(\frac{1-i}{1+i}\right)^{2012}=i^{2012}+(-i)^{2012}=1+1=2$

$(\because i^{2012}=(i^4)^{503}=1)$

213. 1

풀이 $z=x+iy$라 두면 $y\neq 0$, $\frac{1}{z}=\frac{1}{x+iy}=\frac{x-iy}{x^2+y^2}$

$z+\frac{1}{z}=x+iy+\frac{x}{x^2+y^2}-\frac{iy}{x^2+y^2}$

$=x+\frac{x}{x^2+y^2}+i\left(y-\frac{y}{x^2+y^2}\right)=$(실수)

$\Rightarrow y=\frac{y}{x^2+y^2} \Leftrightarrow y(x^2+y^2)=y$(단, $y\neq 0$)

$\Rightarrow x^2+y^2=1$

$\therefore z\cdot\bar{z}=(x+iy)(x-iy)=x^2+y^2=1$

214. 0

풀이 $z=x+iy$ (x, y는 실수)라 두면

$z^2=x^2-y^2+2xyi=8+6i$

$\Rightarrow \begin{cases} x^2-y^2=8 & \cdots ㉠ \\ xy=3 & \cdots ㉡ \end{cases}$

㉡에서 $y=\frac{3}{x}$ 이므로 ㉠에 대입하면

$x^2-\frac{9}{x^2}=8 \Rightarrow x^4-8x^2-9=0$

$\Rightarrow (x^2-9)(x^2+1)=0$

$\Rightarrow x=3$ 또는 $x=-3$

$\Rightarrow x=3$이면 $y=1$, $x=-3$이면 $y=-1$

$\therefore z_1=3+i,\ z_2=-3-i$

$\therefore z_1+z_2=0$

215. $1-i$

풀이 $z=x+iy$라 두면 $\bar{z}=x-iy$이므로

$(2-i)\bar{z}+4iz=7+5i$에 대입하면

$(2-i)(x-iy)+4i(x+iy)$

$=2x-y+i(-2y-x)-4y+i(4x)$

$=2x-5y+i(3x-2y)=7+5i$

$\Rightarrow \begin{cases} 2x-5y=7 \\ 3x-2y=5 \end{cases} \Rightarrow x=1,\ y=-1$

$\therefore z=1-i$

216. $\sqrt{13}$

풀이 $z=2-3i$이므로 $|z|=\sqrt{2^2+(-3)^2}=\sqrt{4+9}=\sqrt{13}$

217. $11-6i$

풀이 $z_1=10+8i \Rightarrow |z_1|=\sqrt{164}$

$z_2=11-6i \Rightarrow |z_2|=\sqrt{121+36}=\sqrt{157}$

따라서 z_2가 원점에 더 가깝다.

2. 복소수의 극형식 & 거듭제곱근

218. (1) $e^{\frac{\pi}{2}i}$ (2) $2e^{-\frac{\pi}{3}i}$

풀이 (1) $r=|i|=1,\ \theta=\frac{\pi}{2}$ 이므로

$$i=1\left(\cos\frac{\pi}{2}+i\sin\frac{\pi}{2}\right)=e^{\frac{\pi}{2}i}$$

$$\arg(i)=\frac{\pi}{2}+2n\pi\ (n\text{은 정수})$$

$$Arg(i)=\frac{\pi}{2}$$

(2) $r=|1-\sqrt{3}i|=\sqrt{1+3}=2$이고

$\tan\theta=\frac{-\sqrt{3}}{1}=-\sqrt{3}$ 이므로 $\theta=-\frac{\pi}{3}$

$$\therefore 1-\sqrt{3}i=2\left\{\cos\left(-\frac{\pi}{3}\right)+i\sin\left(-\frac{\pi}{3}\right)\right\}=2e^{-\frac{\pi}{3}i}$$

$$\arg(1-\sqrt{3}i)=-\frac{\pi}{3}+2n\pi\ (n\text{은 정수})$$

$$Arg(1-\sqrt{3}i)=-\frac{\pi}{3}$$

219. $z_1z_2=\sqrt{3}+i,\ Arg(z_1z_2)=\frac{\pi}{6}$,

$\frac{z_1}{z_2}=\frac{-\sqrt{3}+i}{4},\ Arg\left(\frac{z_1}{z_2}\right)=\frac{5\pi}{6}$

풀이 (i) $z_1\cdot z_2=e^{i\frac{\pi}{2}}\cdot 2e^{i\left(-\frac{\pi}{3}\right)}=2e^{i\frac{\pi}{6}}$

$$Arg(z_1z_2)=\frac{\pi}{6}$$

(ii) $\frac{z_1}{z_2}=\frac{e^{i\frac{\pi}{2}}}{2e^{-i\frac{\pi}{3}}}=\frac{1}{2}e^{i\left(\frac{5}{6}\pi\right)}$

$$Arg\left(\frac{z_1}{z_2}\right)=\frac{5\pi}{6}$$

[다른 풀이]

(i) $z_1\cdot z_2=i(1-\sqrt{3}i)$

$$=\sqrt{3}+i$$
$$=2\left(\frac{\sqrt{3}}{2}+\frac{1}{2}i\right)$$
$$=2\left(\cos\frac{\pi}{6}+i\sin\frac{\pi}{6}\right)$$
$$=2e^{i\frac{\pi}{6}}$$

(ii) $\frac{z_1}{z_2}=\frac{i}{1-\sqrt{3}i}$

$$=\frac{i(1+\sqrt{3}i)}{1+3}$$
$$=\frac{1}{4}(-\sqrt{3}+i)$$
$$=\frac{1}{2}\left(-\frac{\sqrt{3}}{2}+\frac{1}{2}i\right)$$
$$=\frac{1}{2}\left(\cos\frac{5\pi}{6}+i\sin\frac{5\pi}{6}\right)$$
$$=\frac{1}{2}e^{i\left(\frac{5}{6}\pi\right)}$$

220. -8

풀이 $z=1-\sqrt{3}i$

$$=2\left(\frac{1}{2}-\frac{\sqrt{3}}{2}i\right)$$
$$=2\left\{\cos\left(-\frac{\pi}{3}\right)+i\sin\left(-\frac{\pi}{3}\right)\right\}$$
$$=2e^{i\left(-\frac{\pi}{3}\right)}$$

$$\therefore z^3=8e^{i(-\pi)}=8\{\cos(-\pi)+i\sin(-\pi)\}=-8$$

[다른 풀이]

$z^3=(1-\sqrt{3}i)^3$

$$=1^3+3(-\sqrt{3}i)+3(-\sqrt{3}i)^2+(-\sqrt{3}i)^3$$
$$=1-3\sqrt{3}i-9+3\sqrt{3}i$$
$$=-8$$

221. 0

풀이 $z_1=\sqrt{3}+i,\ z_2=\sqrt{3}-i$라 두면

$$z_1=\sqrt{3}+i=2\left(\frac{\sqrt{3}}{2}+\frac{1}{2}i\right)=2\left(\cos\frac{\pi}{6}+i\sin\frac{\pi}{6}\right)=2e^{i\frac{\pi}{6}}$$

$z_2=\sqrt{3}-i$

$$=2\left(\frac{\sqrt{3}}{2}-\frac{1}{2}i\right)$$
$$=2\left\{\cos\left(-\frac{\pi}{6}\right)+i\sin\left(-\frac{\pi}{6}\right)\right\}$$
$$=2e^{i\left(-\frac{\pi}{6}\right)}$$

(ⅰ) $\dfrac{\sqrt{3}-i}{\sqrt{3}+i}=\dfrac{z_2}{z_1}=\dfrac{2e^{-i\frac{\pi}{6}}}{2e^{i\frac{\pi}{6}}}=e^{i\left(-\frac{\pi}{3}\right)}$

$$\begin{aligned}\therefore\left(\frac{\sqrt{3}-i}{\sqrt{3}+i}\right)^{27}&=\left\{e^{i\left(-\frac{\pi}{3}\right)}\right\}^{27}\\&=e^{i(-9\pi)}\\&=e^{i(-\pi)}\\&=\cos(-\pi)+i\sin(-\pi)\\&=-1\end{aligned}$$

(ⅱ) $\dfrac{\sqrt{3}+i}{\sqrt{3}-i}=\dfrac{z_1}{z_2}=\dfrac{2e^{i\frac{\pi}{6}}}{2e^{-i\frac{\pi}{6}}}=e^{i\frac{\pi}{3}}$

$$\begin{aligned}\therefore\left(\frac{\sqrt{3}-i}{\sqrt{3}+i}\right)^{54}&=\left(e^{i\frac{\pi}{3}}\right)^{54}\\&=e^{i(18\pi)}\\&=\cos(18\pi)+i\sin(18\pi)\\&=1\end{aligned}$$

$$\therefore\left(\frac{\sqrt{3}-i}{\sqrt{3}+i}\right)^{27}+\left(\frac{\sqrt{3}+i}{\sqrt{3}-i}\right)^{54}=(-1)+1=0$$

222. ①

풀이 $z=\dfrac{\sqrt{3}}{2}-\dfrac{1}{2}i=\cos\left(-\dfrac{\pi}{6}\right)+i\sin\left(-\dfrac{\pi}{6}\right)=e^{-\frac{\pi}{6}i}$ 이므로

$z^6=e^{-\pi i}=\cos(-\pi)+i\sin(-\pi)=-1,\ z^{12}=(z^6)^2=1,$

$$\begin{aligned}&1+z+z^2+z^3+z^4+\cdots+z^9+z^{10}+z^{11}\\&=1+z+z^2+\cdots+z^6-z-z^2-\cdots-z^5=0\end{aligned}$$

$$\begin{aligned}&\therefore 1+z+z^2+z^3+\cdots+z^{47}\\&=(1+z+\cdots+z^{11})+(z^{12}+\cdots+z^{23})\\&\quad+(z^{24}+\cdots+z^{35})+(z^{36}+\cdots+z^{47})=0\end{aligned}$$

[다른 풀이]

$z=\dfrac{\sqrt{3}}{2}-\dfrac{1}{2}i=\cos\left(-\dfrac{\pi}{6}\right)+i\sin\left(-\dfrac{\pi}{6}\right)=e^{-\frac{\pi}{6}i}$ 이므로

$z^6=e^{-\pi i}=\cos(-\pi)+i\sin(-\pi)=-1,\ z^{12}=(z^6)^2=1$이다.

$1+z+z^2+z^3+\cdots+z^{47}=★$이라고 할 때 양변에 $z-1$을 곱하자.

$(z-1)(1+z+z^2+z^3+\cdots+z^{47})=(z-1)★$이고

$z^{12}=(z^6)^2=1$을 이용하여 좌변을 정리하면

$(z-1)(1+z+z^2+z^3+\cdots+z^{47})=z^{48}-1=(z^{12})^4-1=0$

이다.

따라서 $(z-1)★=0$이므로 $★=0$이다.

$\therefore 1+z+z^2+z^3+\cdots+z^{47}=0$

223. $z_1=1,\ z_2=e^{i\left(\frac{2\pi}{3}\right)},\ z_3=e^{i\left(\frac{4\pi}{3}\right)}$

풀이 $z^3=1=e^{i(2n\pi)}$이므로 $z=e^{i\left(\frac{2n\pi}{3}\right)}(n=0,\ 1,\ 2)$

$z^3=1$의 세 근을 $z_1,\ z_2,\ z_3$라 하면

$z_1=e^{i(0)}=1$

$z_2=e^{i\left(\frac{2\pi}{3}\right)}=\cos\dfrac{2\pi}{3}+i\sin\dfrac{2\pi}{3}=-\dfrac{1}{2}+i\dfrac{\sqrt{3}}{2}$

$$\begin{aligned}z_3&=e^{i\left(\frac{4\pi}{3}\right)}\\&=\cos\frac{4\pi}{3}+i\sin\frac{4\pi}{3}\\&=\cos\left(\pi+\frac{\pi}{3}\right)+i\sin\left(\pi+\frac{\pi}{3}\right)\\&=-\cos\frac{\pi}{3}-i\sin\frac{\pi}{3}\\&=-\frac{1}{2}-i\frac{\sqrt{3}}{2}\end{aligned}$$

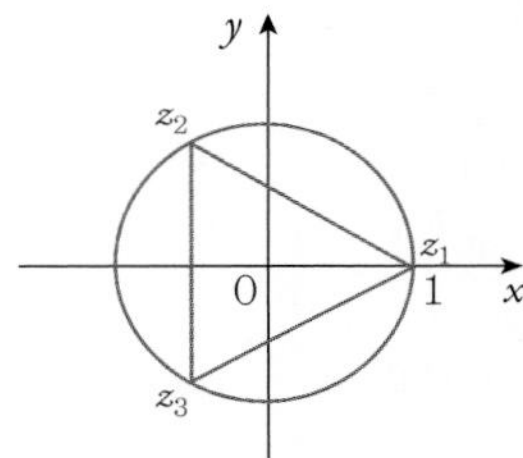

[다른 풀이]

$z^3-1=(z-1)(z^2+z+1)=0$이므로

$z=1,\ \dfrac{-1\pm\sqrt{3}i}{2}$

$\therefore z_1=1,\ z_2=-\dfrac{1}{2}+i\dfrac{\sqrt{3}}{2},\ z_3=-\dfrac{1}{2}-i\dfrac{\sqrt{3}}{2}$

224. $z_1=e^{i\left(\frac{\pi}{4}\right)},\ z_2=e^{i\left(\frac{3\pi}{4}\right)},\ z_3=e^{i\left(\frac{5\pi}{4}\right)},\ z_4=e^{i\left(\frac{7\pi}{4}\right)}$

풀이 $z^4=-1=\cos\pi+i\sin\pi=e^{i(\pi+2n\pi)}$이므로

$z=e^{i\left(\frac{\pi}{4}+\frac{2n\pi}{4}\right)}\ (n=0,\ 1,\ 2,\ 3)$

$z^4=-1$의 네 근을 $z_1,\ z_2,\ z_3,\ z_4$라 하면

$z_1=e^{i\left(\frac{\pi}{4}\right)}=\cos\dfrac{\pi}{4}+i\sin\dfrac{\pi}{4}$

$z_2 = e^{i\left(\frac{\pi}{4}+\frac{\pi}{2}\right)}$

$= \cos\left(\frac{\pi}{4}+\frac{\pi}{2}\right)+i\sin\left(\frac{\pi}{4}+\frac{\pi}{2}\right)$

$= \cos\frac{3\pi}{4}+i\sin\frac{3\pi}{4}$

$z_3 = e^{i\left(\frac{\pi}{4}+\pi\right)}$

$= \cos\left(\frac{\pi}{4}+\pi\right)+i\sin\left(\frac{\pi}{4}+\pi\right)$

$= \cos\frac{5\pi}{4}+i\sin\frac{5\pi}{4}$

$z_2 = e^{i\left(\frac{\pi}{4}+\frac{3\pi}{2}\right)}$

$= \cos\left(\frac{\pi}{4}+\frac{3\pi}{2}\right)+i\sin\left(\frac{\pi}{4}+\frac{3\pi}{2}\right)$

$= \cos\frac{7\pi}{4}+i\sin\frac{7\pi}{4}$

225. $2^{\frac{1}{8}}e^{i\left(\frac{\pi}{16}\right)}$, $2^{\frac{1}{8}}e^{i\left(\frac{\pi}{16}+\frac{\pi}{2}\right)}$, $2^{\frac{1}{8}}e^{i\left(\frac{\pi}{16}+\pi\right)}$, $2^{\frac{1}{8}}e^{i\left(\frac{\pi}{16}+\frac{3\pi}{2}\right)}$

풀이 $w^4 = z = 1+i$라 두면

$1+i = \sqrt{2}\left(\frac{1}{\sqrt{2}}+i\frac{1}{\sqrt{2}}\right)$

$= \sqrt{2}\left(\cos\frac{\pi}{4}+i\sin\frac{\pi}{4}\right)$

$= \sqrt{2}e^{i\left(\frac{\pi}{4}+2n\pi\right)}$ 이므로

$w = \sqrt[4]{z} = (1+i)^{\frac{1}{4}} = 2^{\frac{1}{8}}e^{i\left(\frac{\pi}{16}+\frac{2n\pi}{4}\right)} (n=0,\ 1,\ 2,\ 3)$

$w^4 = z = 1+i$의 네 근을 w_1, w_2, w_3, w_4라 하면

$w_1 = z^{\frac{1}{8}}e^{i\frac{\pi}{16}} = 2^{\frac{1}{8}}\left(\cos\frac{\pi}{16}+i\sin\frac{\pi}{16}\right)$

$w_2 = z^{\frac{1}{8}}e^{i\left(\frac{\pi}{16}+\frac{\pi}{2}\right)} = 2^{\frac{1}{8}}\left(\cos\frac{9\pi}{16}+i\sin\frac{9\pi}{16}\right)$

$w_3 = z^{\frac{1}{8}}e^{i\left(\frac{\pi}{16}+\pi\right)} = 2^{\frac{1}{8}}\left(\cos\frac{17\pi}{16}+i\sin\frac{17\pi}{16}\right)$

$w_4 = z^{\frac{1}{8}}e^{i\left(\frac{\pi}{16}+\frac{3\pi}{2}\right)} = 2^{\frac{1}{8}}\left(\cos\frac{25\pi}{16}+i\sin\frac{25\pi}{16}\right)$

226. ⑤

풀이

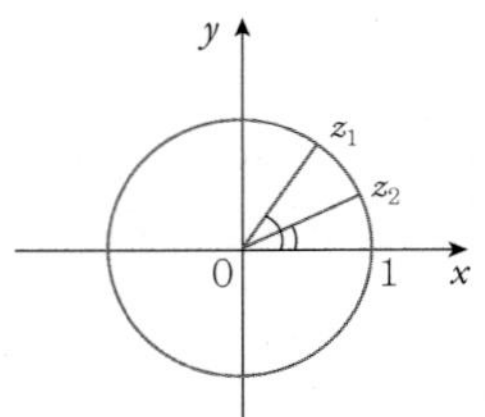

$z_1 = \cos\theta_1 + i\sin\theta_1 = e^{i\theta_1}$, $z_2 = \cos\theta_2 + i\sin\theta_2 = e^{i\theta_2}$

$\left(0<\theta_1<\frac{\pi}{2},\ 0<\theta_2<\frac{\pi}{2}\right)$라 두면

$z_1 \cdot z_2 = e^{i(\theta_1+\theta_2)} = \cos(\theta_1+\theta_2)+i\sin(\theta_1+\theta_2)$이므로

$Re(z_1)+Re(z_2)+Im(z_1 z_2) = \cos\theta_1+\cos\theta_2+\sin(\theta_1+\theta_2)$

$\theta_1 = x$, $\theta_2 = y$로 치환하면

$f(x, y) = \cos x+\cos y+\sin(x+y)$

$\left(0<x<\frac{\pi}{2},\ 0<y<\frac{\pi}{2}\right)$의 최댓값을 구하는 문제와 같다.

(i) 임계점 구하기

$\begin{cases} f_x(x, y) = -\sin x+\cos(x+y) = 0 \\ f_y(x, y) = -\sin y+\cos(x+y) = 0 \end{cases}$

$\Rightarrow \cos(x+y) = \sin x = \sin y \Rightarrow x = y$

즉, $\cos 2x = \sin x \Rightarrow \cos^2 x - \sin^2 x = \sin x$

$\Rightarrow 1-\sin^2 x-\sin^2 x = \sin x$

$\sin x = s$라 두면

$2s^2+s-1 = 0 \Rightarrow (2s-1)(s+1) = 0$

$\Rightarrow \sin x = s = \frac{1}{2}$ 또는 -1

$\Rightarrow x = \frac{\pi}{6}\ \left(\because 0<x<\frac{\pi}{2}\right)$

(ii) $\Delta(x, y) = \{-\cos x-\sin(x+y)\}$

$\times\{-\cos y-\sin(x+y)\}-\{\sin(x+y)\}^2$

$= \{\cos x+\sin(x+y)\}\{\cos y+\sin(x+y)\}$

$-\{\sin(x+y)\}^2>0$

$f_{xx}(x, y) = -\cos x-\sin(x+y)$

$\therefore \Delta\left(\frac{\pi}{6}, \frac{\pi}{6}\right)>0$, $f_{xx}\left(\frac{\pi}{6}, \frac{\pi}{6}\right)<0$

그러므로 점 $\left(\frac{\pi}{6}, \frac{\pi}{6}\right)$에서 극대이자 최댓값

$f\left(\frac{\pi}{6}, \frac{\pi}{6}\right) = \frac{3\sqrt{3}}{2}$을 갖는다.

CHAPTER 06 복소함수

1. 복소함수

227. 풀이 참조

(1)

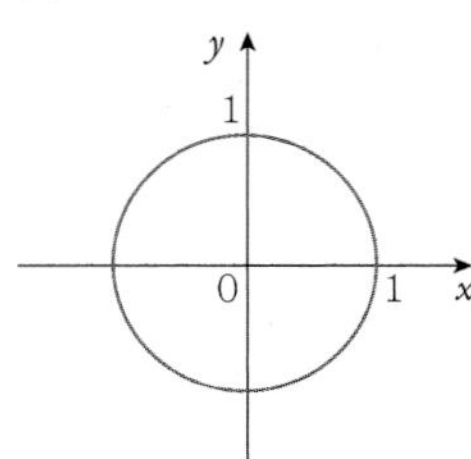

(2)

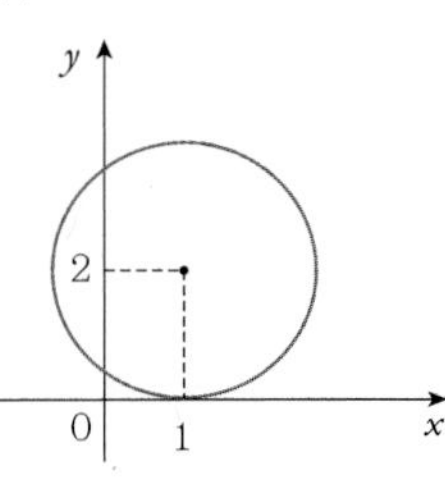

(3)

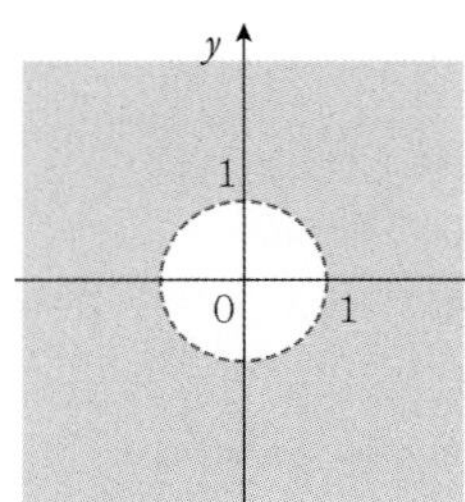

(4)

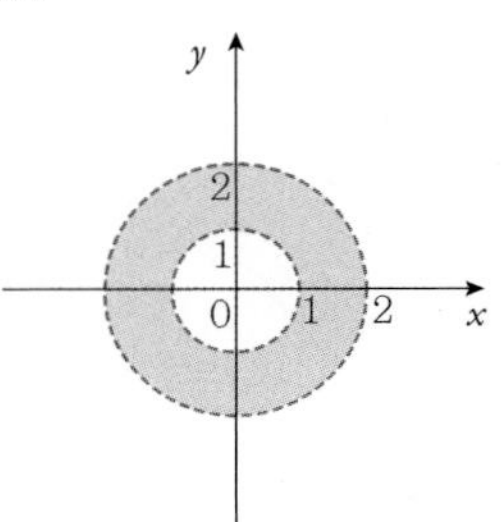

(5)

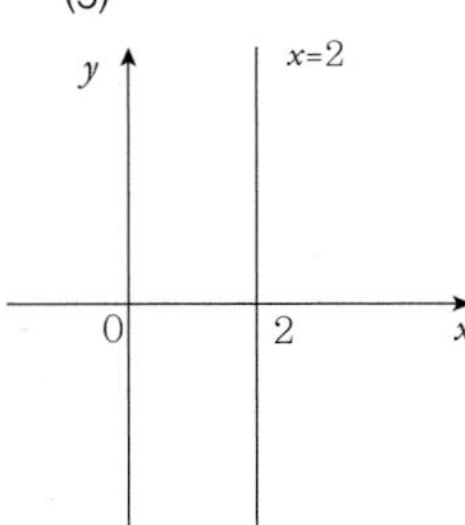

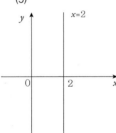

(6)

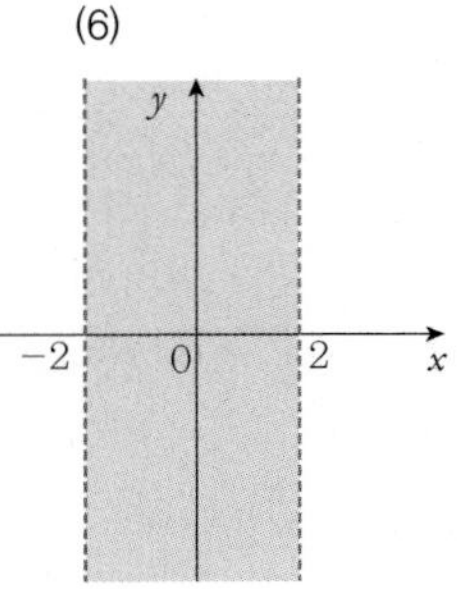

(7)

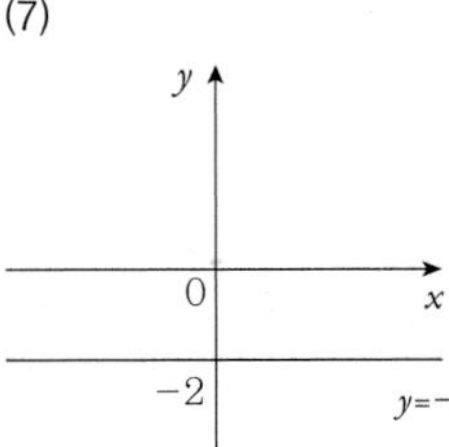

(8)

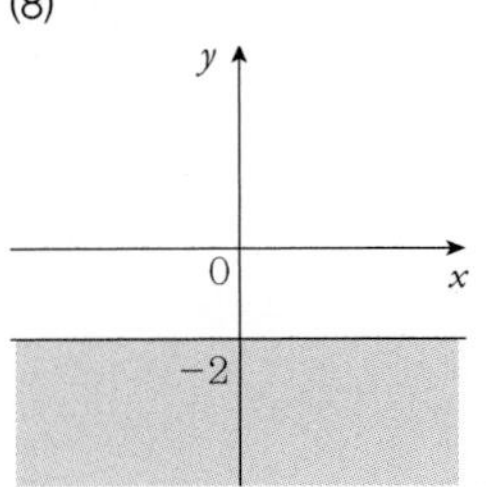

228. (1) $-2i$ (2) $\dfrac{1+i}{2}$

풀이 (1) $f(z)=z^2=u+iv$라 두면

$f(x+iy)=(x+iy)^2=(x^2-y^2)+i2xy$이므로

$f(1-i)=(1-i)^2=1-2i-1=-2i$

TIP ① $x=1$이면 $f(1+iy)=1-y^2+i2y$

즉, $u=1-y^2$, $v=2y$이므로 $u=1-\dfrac{v^2}{4}$

② $x=0$이면 $f(0+iy)=-y^2$이므로

$u=-y^2$, $v=0$

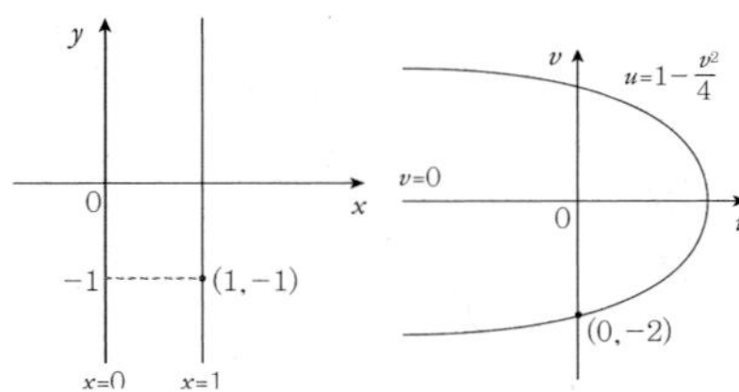

(2) $f(z)=\dfrac{1}{z}=u+iv$라 두면

$f(x+iy)=\dfrac{1}{x+iy}=\dfrac{x-iy}{x^2+y^2}$이므로

$f(1-i)=\dfrac{1+i}{2}$

TIP ① $y=x$이면

$f(x+ix)=\dfrac{x-ix}{2x^2}=\dfrac{1}{2x}-i\dfrac{1}{2x}$이므로

$v=-u$

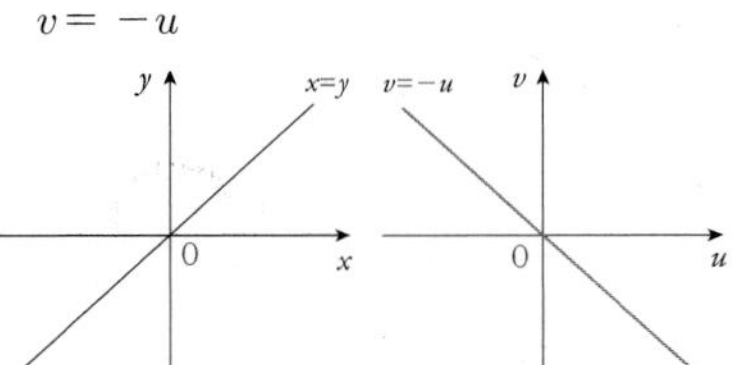

② $y=-x$이면

$f(x-ix)=\dfrac{x+ix}{2x^2}=\dfrac{1}{2x}+i\dfrac{1}{2x}$이므로 $u=v$

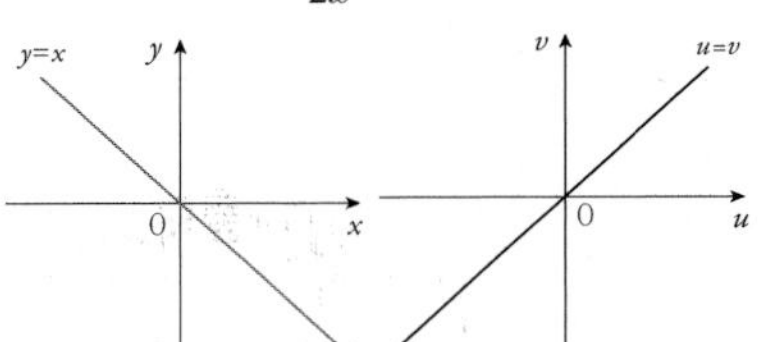

229. (1) $f'(z)=3(z-2i)^2$, $f'(5+2i)=75$

(2) $f'(z)=\dfrac{-3z^2 i}{(z-i)^4}$, $f'(-i)=\dfrac{3i}{16}$

풀이 (1) $f'(z)=3(z-2i)^2$이므로

$f'(5+2i)=3(5+2i-2i)^2=3\cdot 25=75$

(2) $f'(z)=3z^2(z-i)^{-3}-3z^3(z-i)^{-4}$이므로

$$f'(-i)=3(-i)^2(-2i)^{-3}-3(-i)^3(-2i)^{-4}$$
$$=-3\cdot\frac{1}{-8i^3}+3i^3\cdot\frac{1}{16i^4}$$
$$=\frac{3i}{8}+\frac{-3i}{16}=\frac{3i}{8}-\frac{3i}{16}=\frac{3i}{16}$$

2. 코시-리만 방정식

230. ④

풀이
$$f'(z)=u_x+iv_x$$
$$=\frac{1}{i}(u_y+iv_y)$$
$$=v_y-iu_y$$
$$=u_x+i(-u_y)$$
$$=u_x-iu_y$$
$$=v_u+i(-u_y)$$
$$=v_y-iu_y$$

231. -6

풀이 $u(x,y)=ax^2+bxy+y^2$, $v(x,y)=x^2+cxy+dy^2$라 두면

(i) $u_x=v_y \Leftrightarrow 2ax+by=cx+2dy \Leftrightarrow 2a=c,\ b=2d$

(ii) $u_y=-v_x \Leftrightarrow bx+2y=-(2x+cy)$

$\Leftrightarrow b=-2,\ c=-2$ 따라서 $a=-1,\ d=-1$

$\therefore a+b+c+d=(-1)+(-2)+(-2)+(-1)=-6$

232. (1), (7), (9), (10)

풀이 (1) $f(z)=f(x+iy)$
$$=(x+iy)^2+x+iy$$
$$=(x^2-y^2+x)+i(2xy+y)$$

$u(x,y)=x^2-y^2+x$, $v(x,y)=2xy+y$라 두면

$u_x=2x+1$, $v_y=2x+1 \Rightarrow u_x=v_y$

$u_y=-2y$, $-v_x=-2y \Rightarrow u_y=-v_x$

코시-리만 방정식을 만족하므로 $f(z)$는 해석함수이다.

[다른 풀이]

$f(z)=z^2+z$는 다항함수이므로

복소평면 전체에서 해석함수이다.

(2) $f(z)=\bar{z}=\overline{x+iy}=x-iy$이므로 $u(x,y)=x$

$v(x,y)=-y$라 두면 $u_x=1$, $v_y=-1 \Rightarrow u_x\neq v_y$

따라서 $f(z)=\bar{z}$는 해석함수가 아니다.

(3) $f(z)=(2x^2+y)+i(y^2-x)$이므로

$u(x,y)=2x^2+y$, $v(x,y)=y^2-x$라 두면

$u_x=4x$, $v_y=2y \Rightarrow u_x\neq v_y$

따라서 $f(z)=(2x^2+y)+i(y^2-x)$는 해석함수가 아니다.

(4) $f(z) = \dfrac{x}{x^2+y^2} - i\dfrac{y}{x^2+y^2}$ 에서

$u(x,y) = \dfrac{x}{x^2+y^2}$, $v(x,y) = -\dfrac{y}{x^2+y^2}$ 라 두면

$$u_x = \frac{x^2+y^2-2x^2}{(x^2+y^2)^2} = \frac{y^2-x^2}{(x^2+y^2)^2}$$

$$v_y = \frac{-x^2-y^2+2y^2}{(x^2+y^2)^2} = \frac{y^2-x^2}{(x^2+y^2)^2}$$

$$u_y = \frac{-2xy}{(x^2+y^2)^2},\ v_x = \frac{2xy}{(x^2+y^2)^2}$$

이므로 $u_x = v_y$, $u_y = -v_x$ 이므로

원점을 제외한 영역에서 $f(z)$는 해석적이다.

따라서 모든 복소평면에 대하여 해석적인 것은 아니다.

(5) $\bar{z}$는 해석적이지 않으므로 $f(z) = iz\bar{z}$는 해석적이지 않다.

[다른 풀이]

$f(z) = i(x+iy)(x-iy)$

$= i(x^2+y^2)$

$= 0 + i(x^2+y^2)$이므로 $u_x \neq v_y$, $u_y \neq -v_x$

따라서 $f(z) = iz\bar{z}$는 해석적이지 않다.

(6) $z^2 = (x+iy)^2 = x^2 - y^2 + i2xy$이므로

$f(z) = Re(z^2) - iIm(z^2) = (x^2-y^2) - i(2xy)$

$u_x = 2x$, $v_y = -2x \Rightarrow u_x \neq v_y$

$u_y = -2y$, $v_x = -2y \Rightarrow u_y \neq -v_x$

따라서 $f(z) = Re(z^2) - iIm(z^2)$은 해석적이지 않다.

(7) $f'(z) = e^z$이므로 모든 복소평면에서 해석적이다.

[다른 풀이]

$f(z) = e^z = e^x(\cos y + i\sin y)$이므로

$u(x,y) = e^x\cos y$, $v(x,y) = e^x\sin y$라 두면

$u_x = e^x\cos y = v_y$, $u_y = -e^x\sin y = -v_x$

따라서 $f(z) = e^z$는 해석적이다.

(8) $\bar{z}$는 해석적이지 않으므로 $f(z) = e^{\bar{z}}$도 해석적이지 않다.

[다른 풀이]

$f(z) = e^{\bar{z}} = e^{x-iy} = e^x(\cos y - i\sin y)$에서

$u(x,y) = e^x\cos y$, $v(x,y) = -e^x\sin y$라 두면

$u_x = e^x\cos y$, $v_y = -e^x\cos y \Rightarrow u_x \neq v_y$

$u_y = -e^x\sin y$, $v_x = -e^x\sin y \Rightarrow u_y \neq -v_x$

따라서 $f(z) = e^{\bar{z}}$는 해석적이지 않다.

(9) $f(z) = e^{-x}(\cos y - i\sin y)$

$= e^{-x}\{\cos(-y) + i\sin(-y)\}$

$= e^{-x-iy}$

$= e^{-z}$

$f(z) = e^{-z}$은 해석함수이다.

[다른 풀이]

$u(x,y) = e^{-x}\cos y$, $v(x,y) = -e^{-x}\sin y$라 두면

$u_x = -e^{-x}\cos y$, $v_y = -e^{-x}\cos y \Rightarrow u_x = v_y$

$u_y = -e^{-x}\sin y$, $v_x = e^{-x}\sin y \Rightarrow u_y = -v_x$

따라서 $f(z) = e^{-z}$은 해석적이다.

(10) $f(z) = e^{iz} = e^{i(x+iy)} = e^{-y+ix} = e^{-y}(\cos x + i\sin x)$

$f'(z) = ie^{iz}$이므로 $f(z) = e^{iz}$은 해석적이다.

[다른 풀이]

$u(x,y) = e^{-y}\cos x$, $v(x,y) = -e^{-y}\sin x$라 두면

$u_x = -e^{-y}\sin x$, $v_y = -e^{-y}\sin x \Rightarrow u_x = v_y$

$u_y = -e^{-y}\cos x$, $v_x = e^{-y}\cos x \Rightarrow u_y = -v_x$

따라서 $f(z) = e^{iz}$은 해석적이다.

3. 라플라스 방정식 & 조화함수

233. (1) $v(x,y)=2xy+x+c$, $f(z)=z^2+iz+ic$

(2) $v(x,y)=3x^2y-y^3+5x+c$, $f(z)=z^3+5iz+ic$

풀이 (1) $u_x=2x$, $u_y=-2y-1$, $u_{xx}=2$, $u_{yy}=-2$에서

$u_{xx}+u_{yy}=0$이므로 u는 조화함수이다.

$f'(z)=u_x+iv_x=v_y-iu_y$에서

$v_y=2x$, $v_x=2y+1$이므로 $v(x,y)=2xy+x+c$

$\therefore f(z)=u(x,y)+iv(x,y)$

$=x^2-y^2-y+i(2xy+x+c)$

$=(x+iy)^2+i(x+iy)+ic$

$\therefore f(z)=z^2+iz+ic$

(2) $u_x=3x^2-3y^2$, $u_y=-6xy-5$, $u_{xx}=6x$, $u_{yy}=-6x$

에서 $u_{xx}+u_{yy}=0$이므로 u는 조화함수이다.

$v_y=u_x=3x^2-3y^2$, $v_x=-u_y=6xy+5$이므로

$v(x,y)=3x^2y-y^3+5x+c$

$\therefore f(z)=(x^3-3xy^2-5y)+i(3x^2y-y^3+5x+c)$

$=(x+iy)^3+i5(x+iy)+ic$

$\therefore f(z)=z^3+5iz+ic$

234. (1) $a=\pm\pi$, $v(x,y)=-e^{-\pi x}\sin\pi y+c$

(2) $a=\pm2$, $v(x,y)=-\sin2x\sinh2y+c$

(3) $a=\pm1$, $v(x,y)=\sinh x\sin y+c$

풀이 (1) $u_x=-\pi e^{-\pi x}\cos ay$, $u_y=-ae^{-\pi x}\sin ay$,

$u_{xx}=\pi^2e^{-\pi x}\cos ay$, $u_{yy}=-a^2e^{-\pi x}\cos ay$이므로

$u_{xx}+u_{yy}=0 \Leftrightarrow \pi^2=a^2 \quad \therefore a=\pm\pi$

$a=\pi$ 또는 $a=-\pi$일 때

$u(x,y)=e^{-\pi x}\cos(\pi y)$이므로

$v_y=u_x=-\pi e^{-\pi x}\cos(\pi y)$,

$v_x=-u_y=\pi e^{-\pi x}\sin(\pi y)$

$\therefore v(x,y)=-e^{-\pi x}\sin(\pi y)+c$

$\Rightarrow f(x,y)=e^{-\pi x}\cos(\pi y)+i\{-e^{-\pi x}\sin(\pi y)+c\}$

$=e^{-\pi x}\{\cos(\pi y)-i\sin(\pi y)\}+ic$

$=e^{-\pi x-i\pi y}+ic$

$=e^{-\pi(x+iy)}+ic$

$=e^{-\pi z}+ic$

(2) $u_x=-a\sin ax\cosh2y$, $u_y=2\cos ax\sinh2y$,

$u_{xx}=-a^2\cos ax\cosh2y$, $u_{yy}=4\cos ax\cosh2y$이므로

$u_{xx}+u_{yy}=0 \Leftrightarrow a^2=4 \quad \therefore a=\pm2$

$v_y=u_x=-a\sin ax\cosh2y$,

$v_x=-u_y=-2\cos ax\sinh2y$

$\Rightarrow v(x,y)=-\frac{a}{2}\sin ax\sinh2y+c$

(i) $a=2$이면 $v(x,y)=-\sin2x\sinh2y+c$

$u(x,y)=\cos2x\cosh2y$

(ii) $a=-2$이면

$v(x,y)=\sin(-2x)\sinh2y+c=-\sin2x\sinh2y+c$

$u(x,y)=\cos(-2x)\cosh2y=\cos2x\cosh2y$

$\therefore v(x,y)=-\sin2x\sinh2y+c$,

$u(x,y)=\cos2x\cosh2y$

$\Rightarrow f(x,y)=\cos2x\cosh2y+i(-\sin2x\sinh2y+c)$

$=\cos(2x+i2y)=\cos(2z)$

(3) $u_x=a\sinh ax\cos y$, $u_y=-\cosh ax\sin y$,

$u_{xx}=-\cosh ax\sin y$, $u_{yy}=-\cosh ax\cos y$이므로

$u_{xx}+u_{yy}=0 \Leftrightarrow a^2=1 \quad \therefore a=\pm1$

(i) $a=1$이면 $v_y=u_x=\sinh x\cos y$,

$v_x=-u_y=\cosh x\sin y$이므로 $v=\sinh x\sin y+c$

(ii) $a=-1$이면

$v_y=u_x=-\sinh(-x)\cos y=\sinh x\cos y$,

$v_x=-u_y=\cosh(-x)\sin y=\cosh x\sin y$이므로

$v=\sinh x\sin y+c$

$\therefore v(x,y)=\sinh x\sin y+c$

$\Rightarrow f(x,y)=\cosh x\cos y+i(\sinh x\sin y+c)$

$=\cosh(x+iy)+ic=\cosh z+ic$

235. $f(z)=-iLnz+ic$

풀이 $u(x,y)=Arg(z)=Arg(x+iy)=\theta$라 두면

$\tan\theta=\frac{y}{x} \Rightarrow \theta=\tan^{-1}\left(\frac{y}{x}\right)$

$\therefore u(x,y)=\tan^{-1}\left(\frac{y}{x}\right)$

$v_y=u_x=\frac{1}{1+\frac{y^2}{x^2}}\cdot\frac{-y}{x^2}=\frac{-y}{x^2+y^2}$,

$v_x=-u_y=-\frac{1}{1+\frac{y^2}{x^2}}\cdot\frac{1}{x}=-\frac{x}{x^2+y^2}$

$\therefore v=-\frac{1}{2}\ln(x^2+y^2)+c$

$= -\ln\sqrt{x^2+y^2}+c = -\ln|z|+c$

$\therefore f(z) = \tan^{-1}\left(\frac{y}{x}\right) + i(-\ln|z|+c)$

$= -i(\ln|z|+i\theta) + ic\left(\because \theta = \tan^{-1}\left(\frac{y}{x}\right)\right)$

$= -iLnz + ic$

4. 지수함수

236. 풀이 참조

풀이 $f(z) = e^z = e^{x+iy} = e^x(\cos y + i\sin y) = e^x\cos y + ie^x\sin y$

$\therefore u(x, y) = e^x\cos y,\ v(x, y) = e^x\sin y$

$u_x = e^x\cos y = v_y,\ u_y = -e^x\sin y = -v_x$

$u_x = v_y,\ u_y = -v_x$ 이므로 코시-리만 방정식을 만족한다.

따라서 $f(z) = e^z$는 해석적이다.

237. (1) e^{-1} (2) e^{π}

풀이 $e^z = e^{x+iy} = e^x(\cos y + i\sin y)$ 이므로 $|e^z| = |e^x|$

(1) $e^{-1+i\frac{\pi}{4}} = e^{-1}\left(\cos\frac{\pi}{4} + i\sin\frac{\pi}{4}\right)$

$= \left(\frac{\sqrt{2}}{2} + i\frac{\sqrt{2}}{2}\right)e^{-1}$

$= \frac{\sqrt{2}}{2e} + i\frac{\sqrt{2}}{2e}$

$\therefore \left|e^{-1+i\frac{\pi}{4}}\right| = e^{-1} = \frac{1}{e}$

(2) $e^{\pi+i\pi} = e^{\pi}(\cos\pi + i\sin\pi) = -e^{\pi}$

$\therefore |e^{\pi+i\pi}| = e^{\pi}$

5. 로그함수

238. 풀이 참조

풀이 $z=x+iy$일 때,

$|z|=\sqrt{x^2+y^2}$, $\tan\theta=\dfrac{y}{x} \Leftrightarrow \theta=\tan^{-1}\left(\dfrac{y}{x}\right)$이므로

$\ln z=\ln|z|+i(Arg z+2n\pi)$($n$은 정수)

$$=\frac{1}{2}\ln(x^2+y^2)+i\left\{\tan^{-1}\left(\frac{y}{x}\right)+2n\pi\right\}$$

$u(x,y)=\dfrac{1}{2}\ln(x^2+y^2)$,

$v(x,y)=\tan^{-1}\left(\dfrac{y}{x}\right)+2n\pi$라 두면

$$u_x=\frac{1}{2}\cdot\frac{2x}{x^2+y^2}=\frac{x}{x^2+y^2},$$

$$v_y=\frac{1}{1+\frac{y^2}{x^2}}\cdot\frac{1}{x}=\frac{x}{x^2+y^2}$$

$$u_y=\frac{1}{2}\cdot\frac{2y}{x^2+y^2}=\frac{y}{x^2+y^2},$$

$$v_x=\frac{1}{1+\frac{y^2}{x^2}}\cdot\frac{-y}{x^2}=\frac{-y}{x^2+y^2}$$

$\therefore u_x=v_y$, $u_y=-v_x$

코시-리만 방정식을 만족하므로 $f(z)=\ln z$는 해석적이다.

239. (1) $\mathrm{Ln}z=0$

(2) $\mathrm{Ln}z=i\dfrac{\pi}{2}$

(3) $\mathrm{Ln}z=\ln2+i\pi$

(4) $\mathrm{Ln}z=\dfrac{1}{2}\ln2-i\dfrac{3\pi}{4}$

(5) $\mathrm{Ln}z=5\ln2-i\dfrac{\pi}{3}$

풀이 (1) $\mathrm{Ln}1=\ln1+i(0)=0$

(2) $\mathrm{Ln}i=\ln|i|+i\left(\dfrac{\pi}{2}\right)=\ln1+i\dfrac{\pi}{2}=i\dfrac{\pi}{2}$

(3) $\mathrm{Ln}(-2)=\ln|2|+i(\pi)=\ln2+i\pi$

(4) $\mathrm{Ln}(-1-i)=\ln|-1-i|+i\left(-\dfrac{3\pi}{4}\right)$

$$=\ln\sqrt{2}+i\left(-\frac{3\pi}{4}\right)=\frac{1}{2}\ln2-i\frac{3\pi}{4}$$

(5) $1+\sqrt{3}i=2\left(\dfrac{1}{2}+\dfrac{\sqrt{3}}{2}i\right)=2e^{i\frac{\pi}{3}}$이므로

$$(1+\sqrt{3}i)^5=2^5e^{i\left(\frac{5\pi}{3}\right)}=2^5e^{i\left(-\frac{\pi}{3}\right)}$$

$$\therefore \mathrm{Ln}(1+\sqrt{3}i)^5=\ln\left|(1+\sqrt{3}i)^5\right|+i\left(-\frac{\pi}{3}\right)$$

$$=5\ln2-i\frac{\pi}{3}$$

240. (1) $z=\ln2+i\left(\dfrac{\pi}{6}+2n\pi\right)$($n$은 정수)

(2) $z=3+i\left(-\dfrac{\pi}{2}+2n\pi\right)$($n$은 정수)

풀이 (1) $e^z=\sqrt{3}+i$

$$z=\ln(\sqrt{3}+i)=\ln2+i\left(\frac{\pi}{6}+2n\pi\right)$$

$\therefore z=\ln2+i\left(\dfrac{\pi}{6}+2n\pi\right)$($n$은 정수)

(2) $e^{z-1}=-ie^2$

$$z-1=\ln(-ie^2)=\ln e^2+i\left(-\frac{\pi}{2}+2n\pi\right)$$

$\therefore z=3+i\left(-\dfrac{\pi}{2}+2n\pi\right)$($n$은 정수)

6. 삼각함수 & 쌍곡선함수

241. (1) $i\sinh\frac{\pi}{2}$　　(2) $\cosh 1$

(3) $-i\sinh 1$　　(4) $i\sinh\frac{\pi}{4}$

풀이 (1) $\sin\frac{\pi}{2}i = \sin\left(0+\frac{\pi}{2}i\right)$

$= \sin 0 \cdot cosh\frac{\pi}{2} + i\cos 0 \cdot sinh\frac{\pi}{2}$

$= i\sinh\frac{\pi}{2}$

(2) $\cos(-i) = \cos\{0+i(-1)\}$

$= \cos 0 \cdot cosh(-1) - i\sin 0 \cdot sinh(-1)$

$= \cosh 1$

(3) $\sin(-i) = \sin\{0+i(-1)\}$

$= \sin 0 \cdot cosh(-1) + i\cos 0 \cdot sinh(-1)$

$= -i\sinh 1$

(4) $\cos\left(\frac{\pi}{2}-\frac{\pi}{4}i\right)$

$= \cos\frac{\pi}{2} \cdot \cosh\left(-\frac{\pi}{4}\right) - i\sin\frac{\pi}{2} \cdot \sinh\left(-\frac{\pi}{4}\right)$

$= \cos\frac{\pi}{2} \cdot \cosh\frac{\pi}{4} + i\sin\frac{\pi}{2} \cdot \sinh\frac{\pi}{4}$

$= i\sinh\frac{\pi}{4}$

242. (1) $z = \frac{(2n+1)\pi}{2}$(n은 정수)

(2) $z = n\pi$(n은 정수)

풀이 (1) $\cos z = \cos(x+iy) = \cos x\cosh y - i\sin x\sinh y = 0$

$\therefore y=0,\ x = \frac{\pi}{2}+2n\pi$ 또는 $x = -\frac{\pi}{2}+2n\pi$

$\therefore z = \frac{\pi}{2}+2n\pi$ 또는 $z = -\frac{\pi}{2}+2n\pi$(n은 정수)

$\therefore z = \frac{(2n+1)\pi}{2}$ (n은 정수)

(2) $\sin z = \sin(x+iy) = \sin x\cosh y + i\cos x\sinh y = 0$

$\therefore y=0,\ x=n\pi$

$\therefore z = n\pi$(n은 정수)

TIP ① $\tan z = \frac{\sin z}{\cos z}$, $\sec z = \frac{1}{\cos z}$

$\Rightarrow z = \pm\frac{\pi}{2}+2n\pi$를 제외하고 해석적이다.

② $\cot z = \frac{\cos z}{\sin z}$, $\csc z = \frac{1}{\sin z}$

$\Rightarrow z = n\pi$를 제외하고 해석적이다.

243. ①

풀이 $z = \frac{\pi}{2}+i$이면 $2z = \pi+i2$이므로

$\cos^2 z - \sin^2 z = \cos(2z)$

$= \cos\pi cosh2 - i\sin\pi sinh2$

$= -\cosh 2$

$= -\frac{e^2+e^{-2}}{2}$

244. (1) $-\cosh\frac{\pi}{2}$　　(2) $-i\cosh\frac{3\pi}{2}$

풀이 (1) $\cosh\left(\frac{\pi}{2}+i\pi\right) = \cosh\frac{\pi}{2}\cos\pi + i\sinh\frac{\pi}{2}\sin\pi$

$= -\cosh\frac{\pi}{2}$

(2) $\sinh\left(\frac{3\pi}{2}-i\frac{\pi}{2}\right) = \sinh\frac{3\pi}{2}\cos\frac{\pi}{2} - i\cosh\frac{3\pi}{2}\sin\frac{\pi}{2}$

$= -i\cosh\frac{3\pi}{2}$

245. $z = i\frac{(2n+1)\pi}{4}$(n은 정수)

풀이 $\cosh(2z) = \cosh(2x+i2y)$

$= \cosh(2x)\cos(2y) + i\sinh(2x)\sin(2y) = 0$에서

$\cos(2y) = 0 \Leftrightarrow 2y = \frac{(2n+1)\pi}{2}$

$\Leftrightarrow y = \frac{(2n+1)\pi}{4}$($n$은 정수)

$\sinh(2x) = 0 \Leftrightarrow x = 0$

$\therefore z = i\frac{(2n+1)\pi}{4}$($n$은 정수)

7. 등각사상

246. (1) $z=\frac{2n+1}{2}$ (n은 정수)

(2) $z=\frac{-1\pm\sqrt{3}}{2}$

(3) $z=i(\pi+2n\pi)$(n은 정수)

풀이 (1) $f'(z)=\pi\cos\pi z=0$

$\Rightarrow \pi z=\frac{(2n+1)\pi}{2}$ (n은 정수)

$\therefore z=\frac{2n+1}{2}$ (n은 정수)

(2) $f'(z)=\frac{4z^2+2-\left(z+\frac{1}{2}\right)\cdot 8z}{(4z^2+2)^2}$ 에서

(분자)$=4z^2+2-8z^2-4z=0$

$\Rightarrow 4z^2+4z-2=0 \Rightarrow 2z^2+2z-1=0$

$\therefore z=\frac{-1\pm\sqrt{3}}{2}$

(3) $f'(z)=e^z+1=0$

$\Rightarrow e^z=-1$

$\Rightarrow z=\ln(-1)=\ln|-1|+i(\pi+2n\pi)$

$\therefore z=i(\pi+2n\pi)$ (n은 정수)

CHAPTER 07 복소평면에서의 선적분

1. 복소평면에서의 선적분

247. (1) $\frac{2}{3}(-1+i)$ (2) $-1-2i$

(3) $-\frac{\pi^2}{2}$ (4) $\frac{-1-i}{\pi}$

(5) 0 (6) $i(e^{\pi}-e^{-\pi})$

(7) $i\pi$ (8) $\ln\frac{2}{3}+i\frac{\pi}{2}$

풀이 (1) $\int_0^{1+i} z^2\,dz=\left[\frac{1}{3}z^3\right]_0^{1+i}$

$=\frac{1}{3}(1+i)^3$

$=\frac{\sqrt{2}^3}{3}\left(\cos\frac{\pi}{4}+i\sin\frac{\pi}{4}\right)^3$

$=\frac{2\sqrt{2}}{3}e^{i\frac{3\pi}{4}}$

$=\frac{2\sqrt{2}}{3}\left(-\frac{1}{\sqrt{2}}+i\frac{1}{\sqrt{2}}\right)$

$=\frac{2}{3}(-1+i)$

(2) $\int_{-1}^{-1+i} 2z\,dz=\left[z^2\right]_{-1}^{-1+i}$

$=(-1+i)^2-(-1)^2$

$=1-2i-1-1$

$=-1-2i$

(3) $\int_0^{\pi i} z\,dz=\left[\frac{1}{2}z^2\right]_0^{\pi i}=\frac{1}{2}(\pi i)^2=-\frac{\pi}{2}$

(4) $\int_{\frac{1}{2}i}^{i} e^{\pi z}\,dz=\left[\frac{1}{\pi}e^{\pi z}\right]_{\frac{1}{2}i}^{i}$

$=\frac{1}{\pi}\left(e^{\pi i}-e^{\frac{\pi}{2}i}\right)$

$=\frac{1}{\pi}\left\{\cos\pi+i\sin\pi-\left(\cos\frac{\pi}{2}+i\sin\frac{\pi}{2}\right)\right\}$

$=\frac{1}{\pi}(-1-i)$

(5) $\int_{8+\pi i}^{8-3\pi i} e^{\frac{z}{2}}\,dz=\left[2e^{\frac{z}{2}}\right]_{8+\pi i}^{8-3\pi i}$

$=2\left(e^{4-\frac{3}{2}\pi i}-e^{4+\frac{\pi}{2}i}\right)$

$=2\left[e^4\left\{\cos\left(-\frac{3}{2}\pi\right)+i\sin\left(-\frac{3}{2}\pi\right)\right\}-e^4\left(\cos\frac{\pi}{2}+i\sin\frac{\pi}{2}\right)\right]$

$=2(ie^4-e^4i)=0$

(6) $\int_{-\pi i}^{\pi i}\cos z\,dz=\left[\sin z\right]_{-\pi i}^{\pi i}$

$=\sin\pi i-\sin(-\pi i)$

$=2\sin\pi i$

$=i2\sinh\pi$

$=i(e^{\pi}-e^{-\pi})$

$(\because \sin(0+\pi i)=\sin 0\cdot\cosh\pi+i\cos 0\cdot\sinh\pi$

$=i\sinh\pi)$

(7) $\int_{-i}^{i}\frac{1}{z}\,dz=\left[\mathrm{Ln}z\right]_{-i}^{i}=\mathrm{Ln}(i)-\mathrm{Ln}(-i)=i\pi$

여기서 D는 0과 $\mathrm{Ln}z$가 해석적이지 않은 음의 실수축을 제외한 복소평면이며 명백하게 단순연결된 열린 영역이다.

TIP ① $\ln i=\ln|i|+i\left(\frac{\pi}{2}+2n\pi\right)$

$\ln(-i)=\ln|-i|+i\left(-\frac{\pi}{2}+2n\pi\right)$

② $\mathrm{Ln}i=\ln|1|+i\frac{\pi}{2}=i\frac{\pi}{2}$

$\mathrm{Ln}(-i)=\ln|-i|+i\left(-\frac{\pi}{2}\right)=i\left(-\frac{\pi}{2}\right)$

(8) $\int_3^{2i}\frac{1}{z}\,dz=\left[\mathrm{Ln}z\right]_3^{2i}$

$=\mathrm{Ln}(2i)-\mathrm{Ln}(3)$

$=\left(\ln|2i|+i\frac{\pi}{2}\right)+(\ln|3|+i\cdot 0)$

$=\ln 2+i\frac{\pi}{2}-\ln 3$

$=\ln\frac{2}{3}+i\frac{\pi}{2}$

248. (1) $\frac{2}{3}(-1+i)$ (2) $\frac{i-1}{3}$ (3) $-1-i$

풀이 (1)

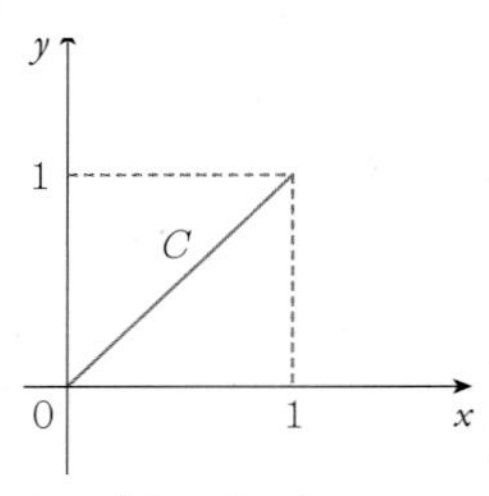

$C: r(t)=\langle t,t\rangle,\ 0\le t\le 1$

$z=x+iy=t+it$이므로

$z^2=(x+iy)^2=(t+it)^2=t^2(1+i)^2=t^2(2i)$,

$dz=\frac{dz}{dt}\cdot dt=(1+i)\,dt$

$$\therefore \int_C z^2\,dz=\int_0^1 t^2(2i)(1+i)\,dt$$
$$=(2i-2)\cdot\frac{1}{3}[t^3]_0^1$$
$$=\frac{2}{3}(-1+i)$$

[다른 풀이]

$$\int_0^{1+i} z^2\,dz=\left[\frac{1}{3}z^3\right]_0^{1+i}=\frac{1}{3}(1+i)^3$$

(2)

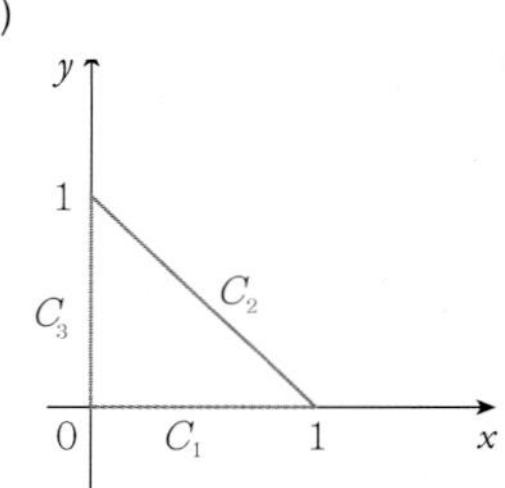

그림과 같이 $C=C_1+C_2+C_3$라 두면

$z=x+iy,\ z^2=x^2-y^2+i2xy,\ Im(z^2)=2xy$

(i) $C_1: x=t,\ y=0,\ 0\le t\le 1 \Rightarrow z=t$

$Im(z^2)=2xy=0$

$$\therefore \int_{C_1} Im(z^2)\,dz=0$$

(ii) $C_2: y=1-x \Rightarrow x=t,\ y=1-t,\ 1\le t\le 0$

$Im(z^2)=2xy=2t(1-t)=2(t-t^2)$,

$z=t+i(1-t),\ dz=(1-i)\,dt$

$$\therefore \int_{C_2} Im(z^2)\,dz=\int_1^0 2(t-t^2)(1-i)\,dt$$
$$=-2(1-i)\int_0^1(t-t^2)dt$$
$$=2(i-1)\left(\frac{1}{2}-\frac{1}{3}\right)$$
$$=\frac{-1+i}{3}$$

(iii) $C_3: x=0,\ y=t,\ 1\le t\le 0$

$Im(z^2)=2xy=0$

$$\therefore \int_{C_3} Im(z^2)\,dz=0$$

$$\therefore \int_C Im(z^2)dz$$
$$=\int_{C_1} Im(z^2)dz+\int_{C_2} Im(z^2)dz+\int_{C_3} Im(z^2)dz$$
$$=0+\frac{-1+i}{3}+0$$
$$=\frac{i-1}{3}$$

249. (1) $\frac{1}{2}+i$ (2) $\frac{1}{2}+2i$

풀이 (1) $C^*: y=2x \Rightarrow x=t,\ y=2t,\ 0\le t\le 1$

$z=x+iy=t+i(2t),\ dz=1+2i$

$$\therefore \int_{C^*} Re(z)\,dz=\int_0^1 t(1+2i)\,dt=\frac{1+2i}{2}=\frac{1}{2}+i$$

(2) (i) $C_1: x=t,\ y=0,\ 0\le t\le 1 \Rightarrow z=x+iy=t$

$Re(z)=x=t,\ dz=dt$

$$\therefore \int_{C_1} Re(z)\,dz=\int_0^1 t\,dt=\frac{1}{2}$$

(ii) $C_2: x=1,\ y=t,\ 0\le t\le 2 \Rightarrow z=1+it$

$Re(z)=x=1,\ dz=i\,dt$

$$\therefore \int_{C_2} Re(z)\,dz=\int_0^2 1\cdot i\,dt=2i$$

$$\therefore \int_{C_1+C_2} Re(z)\,dz=\frac{1}{2}+2i$$

250. (1) 1 (2) $1+\frac{i}{3}$

풀이 (1) $C_1 : y=x \Rightarrow x=t,\ y=t,\ 0 \le t \le 1$

$z=x+iy=t+it,\ dz=(1+i)\,dt$

$\bar{z}=x-iy=t-it=t(1-i)$

$\therefore \int_{C_1} \bar{z}\,dz = \int_0^1 t(1-i)(1+i)\,dt = 2 \cdot \frac{1}{2} = 1$

(2) $C_2 : y=x^2 \Rightarrow x=t,\ y=t^2,\ 0 \le t \le 1$

$z=x+iy=t+it^2,\ dz=\{1+i(2t)\}\,dt$

$\bar{z}=x-iy=t-it^2$

$$\therefore \int_{C_2} \bar{z}dz = \int_0^1 (t-it^2)(1+2it)dt$$
$$= \int_0^1 \{t+2t^3+i(2t^2-t^2)\}\,dt$$
$$= \left[\frac{1}{2}t^2+\frac{1}{2}t^4+i\frac{1}{3}t^3\right]_0^1$$
$$= \frac{1}{2}+\frac{1}{2}+i\frac{1}{3}$$
$$= 1+\frac{i}{3}$$

251. $2\sqrt{2}$

풀이 $C: x=t,\ y=t,\ 0 \le t \le 1$

$z=x+iy=t+it=(1+i)t$

$z^2=x^2-y^2+i2xy=2it^2$

C에서 $|z^2| \le |2i|=2$이고 C의 길이가 $\sqrt{2}$ 이므로

$M=2,\ L=\sqrt{2}$

$\therefore \left|\int_C z^2 dz\right| \le 2\sqrt{2}$

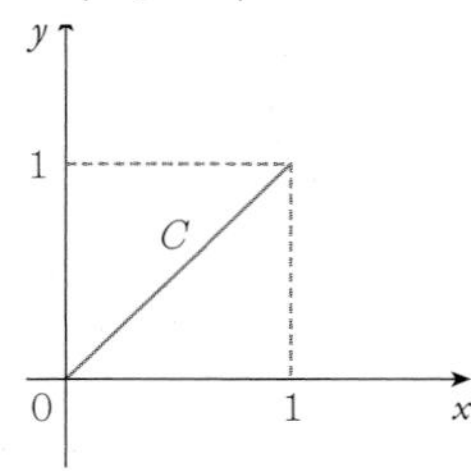

2. 코시 적분 정리

252. (1) 0 (2) 0 (3) 0 (4) 0 (5) 0 (6) 0

풀이

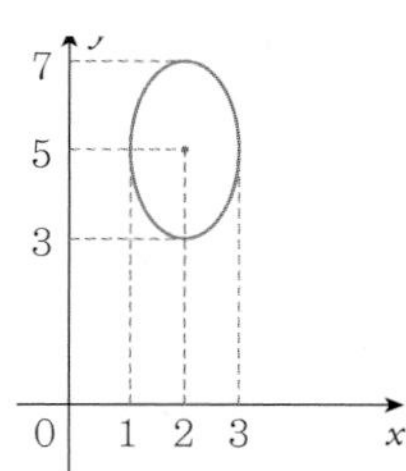

e^z, $\cos z$, z^n(다항식)은 완전함수이므로
모든 복소평면에서 해석적이다.

(1) $\oint_C e^z\,dz=0$

(2) $\oint_C \cos z\,dz=0$

(3) $\oint_C z^n\,dz=0$

(4) $f(z)=\frac{1}{z^2}$은 $z=0$을 제외한 영역에서 해석적이므로

$\oint_C \frac{1}{z^2}dz=0$

(5) $f(z)=\frac{1}{z^2+4}=\frac{1}{(z+2i)(z-2i)}$은

$z=\pm 2i$를 제외한 영역에서 해석적이므로 $\oint_C \frac{1}{z^2+4}dz=0$

(6) $f(z)=\sec z=\frac{1}{\cos z}$은

$z=\frac{(2n+1)\pi}{2}$를 제외한 영역에서 해석적이므로

$\oint_C \sec z dz=0$

253. (1) $2\pi i$ (2) 0 (3) $-2\pi i$ (4) 0

풀이

(1) $\oint_{C_1} \frac{1}{z}dz=2\pi i$ (4.2절 05번 참고)

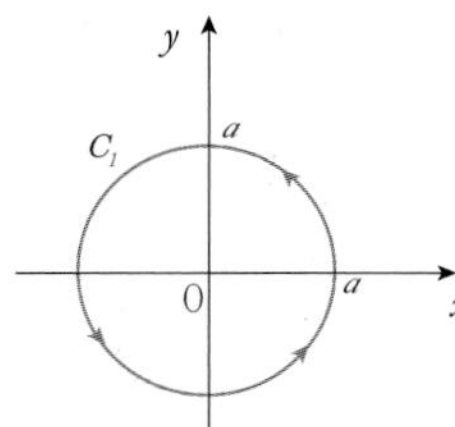

(2) $\oint_{C_1} \frac{1}{z^2} dz = 0$ (4.2절 05번 참고)

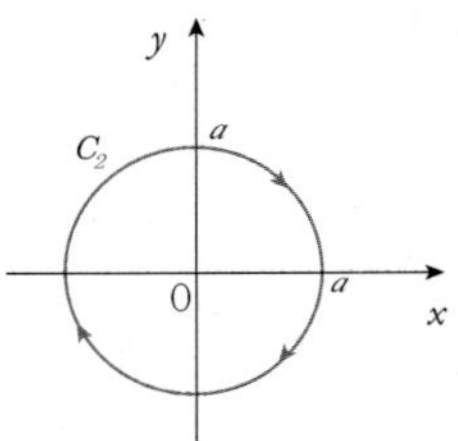

$t=0$이면 $(x, y)=(0, a)$

$t=\frac{\pi}{2}$이면 $(x, y)=(a, 0)$

$t=\pi$이면 $(x, y)=(0, -a)$

⋮

(3) $\oint_{C_2} \frac{1}{z} dz = -\oint_{C_1} \frac{1}{z} dz = -2\pi i$

(4) $\oint_{C_2} \frac{1}{z^2} dz = -\oint_{C_1} \frac{1}{z^2} dz = 0$

254. 0

풀이

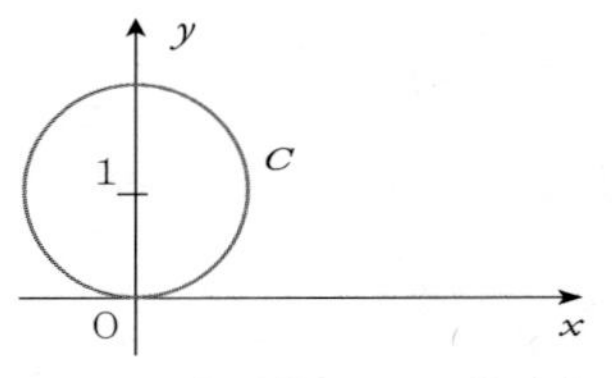

$f(z)=\frac{5z+7}{z^2+2z-3}=\frac{5z+7}{(z+3)(z-1)}=\frac{2}{z+3}+\frac{3}{z-1}$이고

$\frac{2}{z+3}$, $\frac{3}{z-1}$은 C의 내부에서 해석적이므로

$\oint_C f(z)\,dz = \int_C \frac{2}{z+3}\,dz + \int_C \frac{3}{z-1}\,dz = 0$

255. πi

풀이

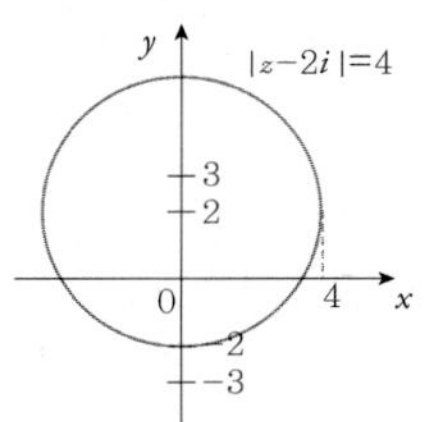

$f(z)=\frac{z}{z^2+9}=\frac{z}{(z+3i)(z-3i)}=\frac{\frac{1}{2}}{z+3i}+\frac{\frac{1}{2}}{z-3i}$ 이므로

$\oint_C f(z)\,dz = \frac{1}{2}\cdot 2\pi i = \pi i$

256. 3개

풀이 $f(z)=\frac{z+1}{z(z-2)}=\frac{-\frac{1}{2}}{z}+\frac{\frac{3}{2}}{z-2}$

(가)

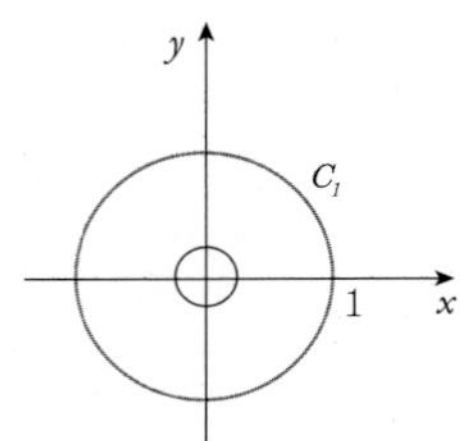

$\int_{C_1} f(z)\,dz = -\frac{1}{2}\times 2\pi i = -\pi i$

(나)

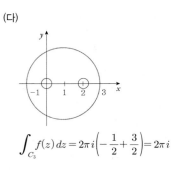

$\int_{C_2} f(z)\,dz = \frac{3}{2}\times 2\pi i = 3\pi i$

(다)

$\int_{C_3} f(z)\,dz = 2\pi i\left(-\frac{1}{2}+\frac{3}{2}\right) = 2\pi i$

257. (1) 0　(2) 0　(3) $2\pi i$　(4) $-8\pi i$
(5) $2\pi i$　(6) $-6\pi i$　(7) $-\pi-\pi i$　(8) 0

풀이 (1)

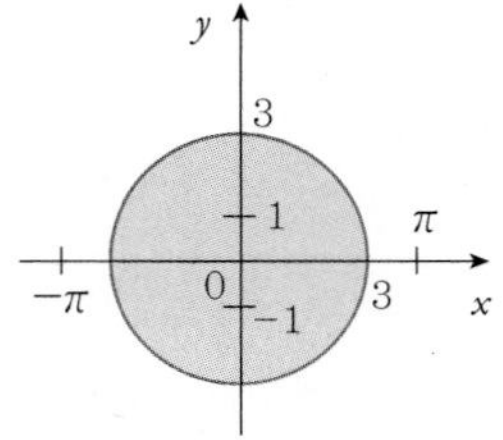

$$\oint_C \frac{z}{z^2-\pi^2}dz=\oint_C \frac{z}{(z+\pi)(z-\pi)}dz=0$$

(2) $$\oint_C \frac{1}{z^2+1}dz=\oint_C \frac{1}{(z+i)(z-i)}dz$$
$$=\oint_C \frac{-\frac{1}{2i}}{z+i}dz+\oint_C \frac{\frac{1}{2i}}{z-i}dz$$
$$=-\frac{1}{2i}\cdot 2\pi i+\frac{1}{2i}\cdot 2\pi i$$
$$=0$$

(3) $$\oint_C\left(z+\frac{1}{z}\right)dz=\oint_C zdz+\oint_C \frac{1}{z}dz=2\pi i$$

(4)

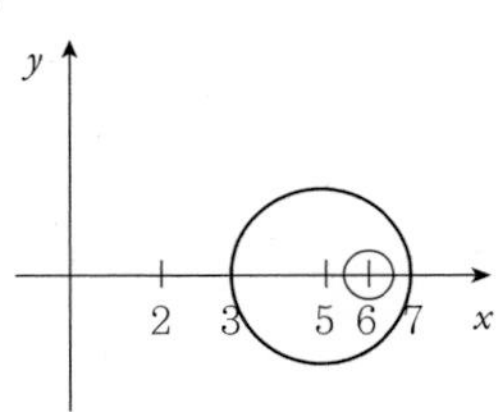

$$\oint_C \frac{-3z+2}{z^2-8z+12}dz=\oint_C \frac{-3z+2}{(z-2)(z-6)}dz$$
$$=\oint_C \frac{1}{z-2}dz+\oint_C \frac{-4}{z-6}dz$$
$$=0-4\cdot 2\pi i$$
$$=-8\pi i$$

(5)

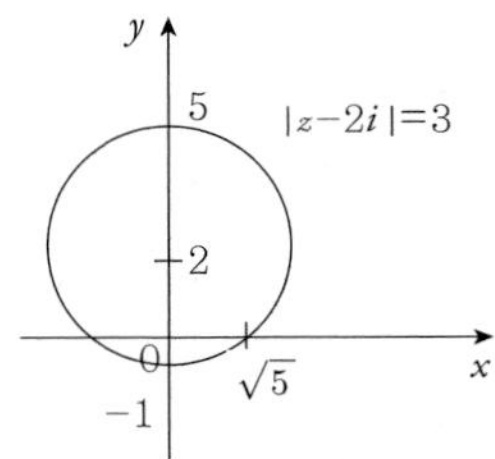

$$\oint_{|z-2i|=3} \frac{-3z+2}{z^2-8z+12}dz$$
$$=\oint_{|z-2i|=3} \frac{1}{z-2}dz+\oint_{|z-2i|=3} \frac{-4}{z-6}dz$$
$$=2\pi i+0$$
$$=2\pi i$$

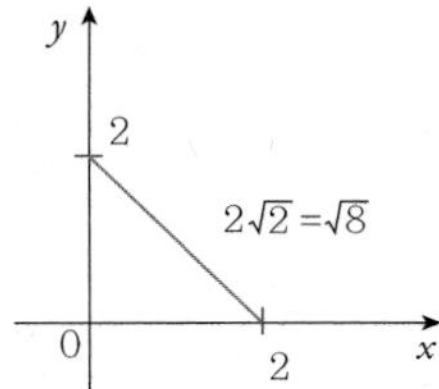

(6)

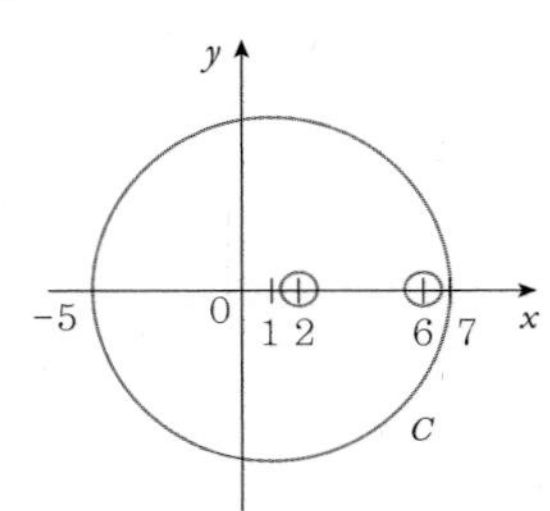

$$\oint_C \frac{-3z+2}{z^2-8z+12}dz=\oint_C\left(\frac{1}{z-2}+\frac{-4}{z-6}\right)dz$$
$$=2\pi i-4\cdot 2\pi i$$
$$=-6\pi i$$

(7)

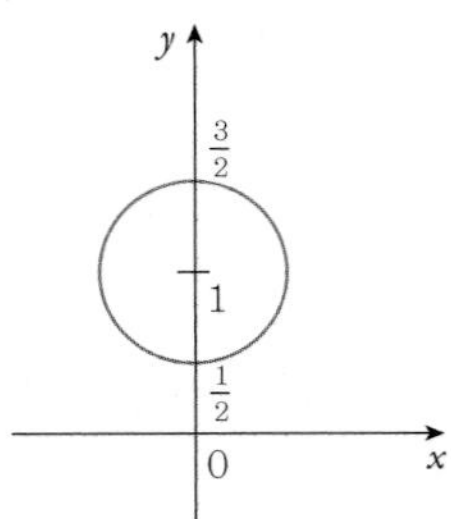

$$\oint_C \frac{z-1}{z(z-i)(z-3i)}dz$$
$$=\oint_C\left(\frac{\frac{1}{3}}{z}+\frac{\frac{i-1}{2}}{z-i}+\frac{\frac{3i-1}{-6}}{z-3i}\right)dz$$
$$=(i-1)\pi i$$
$$=-\pi-\pi i$$

(8)

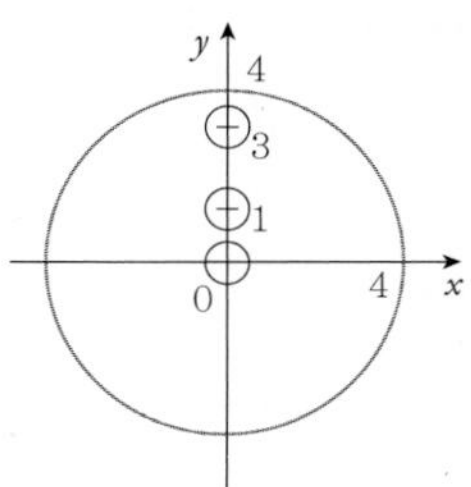

$$\oint_C \frac{z-1}{z(z-i)(z-3i)}dz$$

$$= \oint_C \left(\frac{\frac{1}{3}}{z} + \frac{\frac{i-1}{2}}{z-i} + \frac{\frac{3i-1}{-6}}{z-3i} \right) dz$$

$$= 2\pi i \left(\frac{1}{3} + \frac{i}{2} - \frac{1}{2} - \frac{1}{2}i + \frac{1}{6} \right)$$

$$= 2\pi i \left(\frac{2}{6} - \frac{3}{6} + \frac{1}{6} \right)$$

$$= 0$$

258. $-6\pi i$

풀이

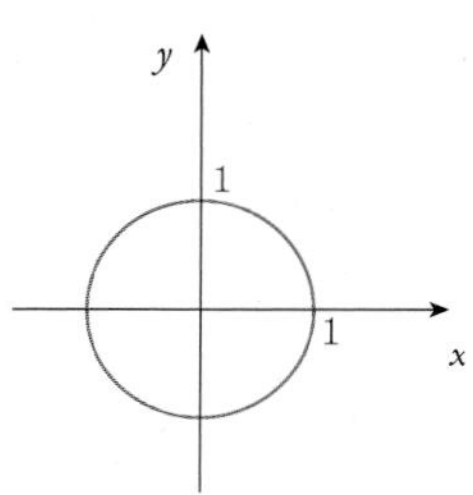

C의 내부에서 $\frac{e^z}{z+3}$은 해석적이고 $\bar{z}$는 비해석적이므로

$$\oint_C \frac{e^z}{z+3}dz = 0,\ \oint_C 3\bar{z}dz = 3 \cdot 2\pi i$$

$$\therefore \oint_C \left(\frac{e^z}{z+3} - 3\bar{z} \right) dz = -6\pi i$$

259. $2\pi i$

풀이

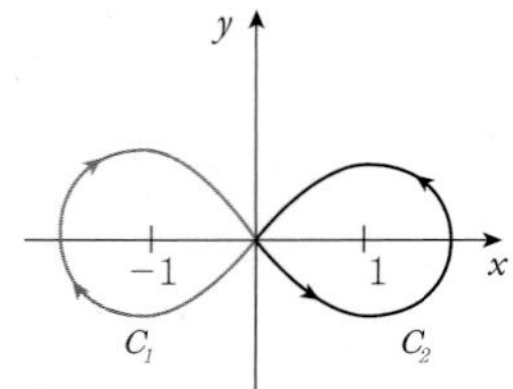

$C = C_1 + C_2$라 두면 C_1은 시계 방향, C_2는 반시계 방향이다.

$f(z) = \frac{1}{z^2-1} = \frac{1}{(z+1)(z-1)} = \frac{-\frac{1}{2}}{z+1} + \frac{\frac{1}{2}}{z-1}$ 이므로

$$\int_{C_1} f(z)dz = -\int_{-C_1} f(z)dz = -\left(-\frac{1}{2} \times 2\pi i\right) = \pi i$$

$$\int_{C_2} f(z)dz = \frac{1}{2} \times 2\pi i = \pi i$$

$$\therefore \int_C f(z)dz = \int_{C_1+C_2} f(z)dz = 2\pi i$$

260. 0

풀이

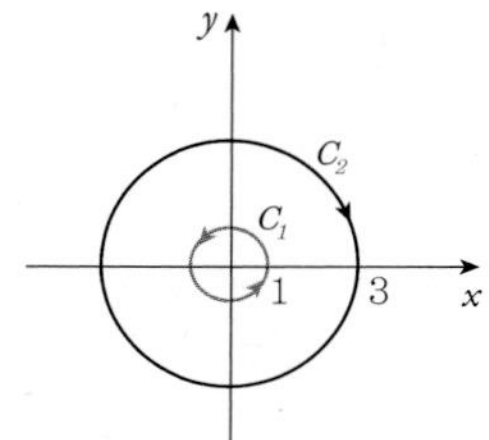

$1 \le |z| \le 3$에서 $f(z) = \frac{e^z}{z}$는 해석적이다.

$\therefore \int_{C_1+C_2} f(z)dz = 0$($\because$ 코시 적분 정리 증명)

CHAPTER 08 로랑 급수와 유수정리

1. 수열과 급수 & 수렴반경

261. (1) 0 (2) 발산 (3) 발산 (4) 발산 (5) $\frac{\pi}{4i}$

(6) 발산 (7) 0 (8) 발산 (9) 0 (10) 발산

풀이 (1) $\left\{\frac{i^n}{n}\right\}=\left\{i, -\frac{1}{2}, -\frac{i}{3}, \frac{1}{4}, \frac{i}{5}, -\frac{1}{6}, -\frac{i}{7}, \frac{1}{8}, \cdots\right\}$

$\therefore \lim_{n\to\infty}\frac{i^n}{n}=0$

(2) $\lim_{n\to\infty}(-1)^n=\pm$(진동)이므로

$\lim_{n\to\infty}z_n=\lim_{n\to\infty}\{(-1)^n+5i\}$는 발산한다.

(3) $\lim_{n\to\infty}\sin\left(\frac{n\pi}{4}\right)=\pm$(진동)이고 $\lim_{n\to\infty}i^n$은 발산하므로

$\lim_{n\to\infty}\left\{\sin\left(\frac{n\pi}{4}\right)+i^n\right\}$은 발산한다.

(4) $\cos(2n\pi i)=\cos 0\cdot \cosh 2n\pi - i\sin 0\cdot \sinh 2n\pi$

$=\cosh 2n\pi$

$\therefore \lim_{n\to\infty}\frac{\cos(2n\pi i)}{n}=\lim_{n\to\infty}\frac{\cosh 2n\pi}{n}$

$=\lim_{n\to\infty}\frac{e^{2n\pi}+e^{-2n\pi}}{2n}$

$=\infty$

(5) $\frac{n\pi}{2+4ni}=\frac{n\pi(2-4ni)}{4+16n^2}=\frac{2n\pi}{4+16n^2}+i\frac{-4n^2\pi}{4+16n^2}$

$\therefore \lim_{n\to\infty}\frac{n\pi}{2+4ni}=0+i\left(-\frac{\pi}{4}\right)=-\frac{\pi i}{4}=\frac{\pi}{4i}$

(6) $(1+i)^2=2i$이므로 $z_n=\frac{(1+i)^{2n}}{2^n}=\left(\frac{2i}{2}\right)^n=i^n$

따라서 $\lim_{n\to\infty}z_n$은 발산한다.

(7) $\lim_{n\to\infty}\frac{(1+2i)^n}{n!}=0$

(8) $z_n=\left(\frac{1+2i}{\sqrt{5}}\right)^n$

$=\left(\frac{1}{\sqrt{5}}+\frac{2}{\sqrt{5}}i\right)^n$

$=(\cos\theta+i\sin\theta)^n$

$=(e^{i\theta})^n$

$=e^{in\theta}$

$=\cos n\theta+i\sin n\theta$

$\cos\theta=\frac{1}{\sqrt{5}},\ \sin\theta=\frac{2}{\sqrt{5}}$

$\therefore \lim_{n\to\infty}z_n=\lim_{n\to\infty}(\cos n\theta+i\sin n\theta)$는 발산한다.

(9) $z_n=(2+2i)^{-n}$

$=\frac{1}{(2+2i)^n}=\frac{1}{2^n}\cdot\frac{1}{(1+i)^n}$

$=\frac{1}{(2\sqrt{2})^n e^{i\left(\frac{\pi}{4}n\right)}}$

$\left(\because 1+i=\sqrt{2}\left(\frac{1}{\sqrt{2}}+\frac{1}{\sqrt{2}}i\right)=\sqrt{2}e^{i\frac{\pi}{4}}\right)$

$\therefore \lim_{n\to\infty}z_n=\lim_{n\to\infty}\frac{1}{(2\sqrt{2})^n e^{i\left(\frac{\pi}{4}n\right)}}=0$

(10) $2-i=\sqrt{5}\left(\frac{2}{\sqrt{5}}-\frac{1}{\sqrt{5}}i\right)$

$=\sqrt{5}\{\cos(-\theta)+i\sin(-\theta)\}$

$=\sqrt{5}e^{i(-\theta)}$

$\therefore z_n=\{\sqrt{5}e^{i(-\theta)}\}^n=\sqrt{5}^n e^{i(-n\theta)}$

따라서 $\lim_{n\to\infty}z_n$은 발산한다.

262. (1) 수렴 (2) 수렴 (3) 수렴 (4) 수렴 (5) 발산

(6) 수렴 (7) 발산 (8) 수렴 (9) 발산 (10) 수렴

풀이 $\sum_{n=1}^{\infty}|z_n|$이 수렴하면 $\sum_{n=1}^{\infty}z_n$은 절대수렴한다.

(1) $\sum_{n=0}^{\infty}\frac{z^n}{n!}$의 수렴반경 $R=\infty$이므로

$\sum_{n=0}^{\infty}\frac{(20+30i)^n}{n!}$은 수렴한다.

(2) $\sum_{n=2}^{\infty}\frac{(-i)^n}{\ln n}$

$=\frac{i^2}{\ln 2}+\frac{-i^3}{\ln 3}+\frac{i^4}{\ln 4}+\frac{-i^5}{\ln 5}+\frac{i^6}{\ln 6}+\cdots$

$=\frac{-1}{\ln 2}+\frac{i}{\ln 3}+\frac{1}{\ln 4}+\frac{-i}{\ln 5}+\frac{-1}{\ln 6}+\cdots$

$$= \left(\frac{-1}{\ln 2} + \frac{1}{\ln 4} + \frac{-1}{\ln 6} + \cdots\right) + i\left(\frac{1}{\ln 3} - \frac{1}{\ln 5} + \frac{1}{\ln 7} + \cdots\right)$$

$$= \sum_{n=1}^{\infty} \frac{(-1)^n}{\ln(2n)} + i\sum_{n=1}^{\infty} \frac{(-1)^n}{\ln(2n+1)}$$

수렴한다.

(3) $\sum_{n=1}^{\infty} n^2 z^n$ 에서 $|z|<1$이면 수렴하고,

$z = \frac{i}{4}$일 때 $|z| = \frac{1}{4}$이므로 $\sum_{n=1}^{\infty} n^2\left(\frac{i}{4}\right)^n$은 수렴한다.

(4) $\left|\frac{i^n}{n^2-i}\right| = \frac{1}{\sqrt{n^4+1}} < \frac{1}{n^2}$이고 $\sum_{n=1}^{\infty}\frac{1}{n^2}$이 수렴하므로

$\sum_{n=1}^{\infty}\frac{i^n}{n^2-i}$은 (절대)수렴한다.

(5) $\left|\frac{n+i}{3n^2+2i}\right| = \frac{\sqrt{n^2+1}}{\sqrt{9n^4+4}} > \frac{\sqrt{n^2+1}}{3n^2+1} > \frac{n}{3n^2+2}$이고

$\sum_{n=0}^{\infty}\frac{n}{3n^2+2}$이 발산하므로

비교판정법에 의해 $\sum_{n=0}^{\infty}\frac{n+i}{3n^2+2i}$도 발산한다.

(6) $\sum_{n=0}^{\infty}\frac{z^{2n+1}}{(2n+1)!}$, $|z|<R=\infty$

$\Rightarrow \sum_{n=0}^{\infty}\frac{(\pi+\pi i)^{2n+1}}{(2n+1)!}$ 절대수렴한다.

(7) p급수판정법에서 $p<1$이므로 발산한다.

(8) $\sum_{n=0}^{\infty}\frac{z^n}{(2n)!}$, $|z|<R=\infty$이므로

$\sum_{n=0}^{\infty}\frac{(-1)^n(1+i)^{2n}}{(2n)!}$은 수렴한다.

(9) $\sum_{n=1}^{\infty}\frac{n!}{n^n}z^n$는 $|z|<e$일 때 수렴하고

$\sum_{n=1}^{\infty}\frac{n!}{n^n}(3i)^n$에서 $|z|=3>e$이므로 발산한다.

(10) $a_n = \frac{1}{n}$이라 하면 $\lim_{n\to\infty} a_n = 0$이고

$\{a_n\}$은 감소수열이므로

교대급수판정법에 의하여 조건부수렴한다.

263. (1) $\frac{1}{2}$ (2) ∞ (3) $\frac{1}{e}$ (4) $\sqrt{2}$

(5) $\sqrt{\frac{29}{10}}$ (6) $\frac{2}{27}$ (7) ∞ (8) $\frac{1}{2}$

(9) 1 (10) $\frac{1}{\sqrt{3}}$ (11) 2π (12) 2

(13) $\frac{1}{4}$ (14) ∞ (15) $\sqrt{2}$ (16) $\sqrt{5}$

풀이 (1) $|2(z-1)|<1 \Rightarrow |z-1|<\frac{1}{2}$ $\therefore R=\frac{1}{2}$

(2) $\left|z-\frac{\pi}{4}\right|^2 < R^2 \Leftrightarrow \left|z-\frac{\pi}{4}\right|<R$

$$\therefore R = \lim_{n\to\infty}\left|\frac{a_n}{a_{n+1}}\right| = \lim_{n\to\infty}\left|\frac{1}{(2n)!}\times\frac{(2n+2)!}{1}\right| = \lim_{n\to\infty}(2n+2)(2n+1) = \infty$$

(3) $a_n = \frac{n^n}{n!}$이라 하면 $\lim_{n\to\infty}\frac{a_{n+1}}{a_n} = e$이므로

$|z-\pi i| < R = \lim_{n\to\infty}\frac{a_n}{a_{n+1}} = \frac{1}{e}$

(4) $\left|\frac{(z+i)^2}{2}\right|<1 \Rightarrow |z+i|<\sqrt{2}$ $\therefore R=\sqrt{2}$

(5) $\left|\frac{3-i}{5+2i}\cdot z\right|<1 \Leftrightarrow \sqrt{\frac{10}{29}}\,|z|<1$

$\left(\because \left|\frac{3-i}{5+2i}\right| = \frac{|3-i|}{|5+2i|} = \frac{\sqrt{10}}{\sqrt{29}}\right)$

$\therefore R = \sqrt{\frac{29}{10}}$

(6) $a_n = \frac{(3n)!}{2^n(n!)^3}$이라 두면

$\lim_{n\to\infty}\frac{a_{n+1}}{a_n} = \frac{27}{2}$이므로 $|z|<\frac{2}{27}=R$

(7) $a_n = \frac{1}{n^n}$이라 두면

$$\lim_{n\to\infty}\frac{a_{n+1}}{a_n} = \lim_{n\to\infty}\left|\frac{1}{(n+1)^{n+1}}\times n^n\right|$$

$$= \lim_{n\to\infty} \frac{n^n}{(n+1)(n+1)^n}$$
$$=0$$
$$\therefore |z-2i| < R = \infty$$

(8) $|16(z+i)^4| < 1 \Rightarrow |z+i|^4 < \frac{1}{16} = \left(\frac{1}{2}\right)^4$

$\therefore |z+i| < \frac{1}{2} = R$

(9) $a_n = \frac{(2n)!}{(n!)^2}$ 일 때, $\lim_{n\to\infty} \frac{a_{n+1}}{a_n} = 4 \Rightarrow \left|\frac{z-2i}{4}\right|^4 < \frac{1}{4}$

$\therefore |z-2i| < 1 = R$

(10) $\sum_{n=0}^{\infty} \frac{3^n}{n(n+1)} z^{2n+1} = \sum_{n=0}^{\infty} \frac{1}{n(n+1)} (3\cdot z^2)^n \cdot z$

$|3\cdot z^2| < 1 \Leftrightarrow |z| < \frac{1}{\sqrt{3}} = R$

(11) $\left|\left(\frac{z}{2\pi}\right)^2\right| < 1 \Rightarrow |z|^2 < (2\pi)^2 \Rightarrow |z| < 2\pi = R$

(12) $\left|\frac{z-1}{2}\right| < 1 \Rightarrow |z-1| < 2 = R$

(13) $a_n = \frac{(2n)!}{(n!)^2}$ 일 때, $\lim_{n\to\infty} \frac{a_{n+1}}{a_n} = 4$

$\sum_{n=1}^{\infty} a_n (z-3i)^n$ 에서 $|z-3i| < \frac{1}{4} = R$

(14) $|z| < \infty$

(15) $\left|\frac{i}{1+i}\right| |z| < 1 \Rightarrow \frac{1}{\sqrt{2}} |z| < 1 \Rightarrow |z| < \sqrt{2} = R$

(16) $\left|\frac{z-2i}{1-2i}\right| < 1 \Rightarrow |z-2i| < \sqrt{5} = R$

2. 테일러 급수 & 매클로린 급수

264. (1) $\sum_{n=0}^{\infty} \frac{(-1)^n}{(2n+1)!} \left(\frac{z^2}{2}\right)^{2n+1}$, $R=\infty$

(2) $\frac{1}{8} \sum_{n=0}^{\infty} \left(\frac{-z^4}{8}\right)^n$, $R = \sqrt[4]{8}$

(3) $\sum_{n=0}^{\infty} (-2iz)^n$, $R = \frac{1}{2}$

(4) $\sum_{n=1}^{\infty} \frac{(-1)^{n+1}}{(2n)!} z^{2n}$, $R=\infty$

(5) $z^3 - \frac{1}{3} z^5 + \frac{1}{2!\times 5} z^7 - \cdots$, $R=\infty$

풀이 (1) $\sin\left(\frac{z^2}{2}\right) = \frac{z^2}{2} - \frac{1}{3!}\left(\frac{z^2}{2}\right)^3 + \frac{1}{5}\left(\frac{z^2}{2}\right)^5 - \cdots$

$$= \sum_{n=0}^{\infty} \frac{(-1)^n}{(2n+1)!} \left(\frac{z^2}{2}\right)^{2n+1}$$

수렴반경 $R=\infty$ 이다.

(2) $f(z) = \frac{1}{8+z^4}$

$$= \frac{1}{8}\left(\frac{1}{1+\frac{z^4}{8}}\right)$$
$$= \frac{1}{8}\left\{1 - \frac{z^4}{8} + \left(\frac{z^4}{8}\right)^2 - \left(\frac{z^4}{8}\right)^3 + \cdots\right\}$$
$$= \frac{1}{8}\sum_{n=0}^{\infty}\left(-\frac{z^4}{8}\right)^n$$

$|z^4| < 8$ 이어야 하므로 수렴반경은 $|z| < 2^{\frac{3}{4}} = \sqrt[4]{8}$ 이다.

(3) $f(z) = \frac{1}{1+2iz} = 1 - 2iz + (2iz)^2 + \cdots = \sum_{n=0}^{\infty} (-2iz)^n$

$|-2iz| < 1$ 이어야 하므로 $|z| < \frac{1}{2}$ 이다.

(4) $f(z) = 2\sin^2 \frac{z}{2}$

$$= 2\cdot \frac{1-\cos z}{2}$$
$$= 1 - \cos z$$
$$= \frac{z^2}{2!} - \frac{z^4}{4!} + \frac{z^6}{6!} - \cdots$$
$$= \sum_{n=1}^{\infty} \frac{(-1)^n}{(2n)!} z^{2n}$$

$\therefore |z| < \infty$

(5) $e^{-t^2}=1-t^2+\frac{1}{2!}(-t^2)^2+\frac{1}{3!}(-t^2)^3+\cdots$

$$=\sum_{n=0}^{\infty}\frac{(-t^2)^n}{n!}$$

$$=1-t^2+\frac{t^4}{2!}-\frac{t^6}{3!}+\cdots$$

$$\int_0^z e^{-t^2}dt=z-\frac{1}{3}z^3+\frac{1}{2!\times5}z^5-\frac{1}{3!\times7}z^7+\cdots$$

$$z^2\int_0^z e^{-t^2}dt=z^3-\frac{1}{3}z^5+\frac{1}{2!\times5}z^7-\cdots$$

265. 풀이 참조

풀이

(1) $f(z)=z^{-1}$ $\quad f(i)=-i$

$f'(z)=-z^{-2}$ $\quad f'(i)=1$

$f''(z)=2!\cdot z^{-3}$ $\quad f''(i)=\frac{2!}{-i}=\frac{2!\times i}{-i\times i}=2!\times i$

$f^{(3)}(z)=-3!\cdot z^{-4}$ $\quad f^{(3)}(i)=-3!$

$\vdots$

$$\therefore f(z)=\frac{1}{z}=-i+(z-i)+i(z-i)^2-(z-i)^3+\cdots$$

[다른 풀이]

$$f(z)=\frac{1}{z}=\frac{1}{i+z-i}=\frac{1}{i}\times\frac{1}{1+\frac{z-i}{i}}$$

$$=\frac{1}{i}\left(1-\left(\frac{z-i}{i}\right)+\left(\frac{z-i}{i}\right)^2-\left(\frac{z-i}{i}\right)^3+\cdots\right)$$

$$=\frac{i}{-1}\left(1-\frac{1}{i}(z-i)-(z-i)^2-\frac{(z-i)^3}{-i}+(z-i)^4-\cdots\right)$$

$$=-i(1+i(z-i)-(z-i)^2-i(z-i)^3+(z-i)^4-\cdots)$$

$$=-i+(z-i)+i(z-i)^2-(z-i)^3-i(z-i)^4+\cdots$$

$\therefore R=1$

(2) $f(z)=\frac{1}{1+z}$, $z_0=-i$이므로

$$f(z)=f(-i)+f'(-i)(z+i)+\frac{f''(-i)}{2!}(z+i)^2+\cdots$$

$$\frac{1}{1+z}=\frac{1}{1-i+z+i}=\frac{1}{1-i}\times\frac{1}{1+\frac{z+i}{1-i}}$$

$$=\frac{1}{1-i}\left(1-\frac{z+i}{1-i}+\frac{(z+i)^2}{(1-i)^2}-\frac{(z+1)^3}{(1-i)^3}+\cdots\right)$$

$$=\frac{1+i}{2}\left(1-\frac{1+i}{2}(z+i)+\frac{i}{-2i\cdot i}(z+i)^2-\cdots\right)$$

$$=\frac{1+i}{2}-\frac{i}{2}(z+i)+\frac{i-1}{4}(z+i)^2+\cdots$$

$$\left|\frac{z+i}{1-i}\right|<1\Rightarrow|z+i|<\sqrt{2}=R$$

(3) $f(z)=\cos z$, $z=\pi$

$$\cos z=f(\pi)+f'(\pi)(z-\pi)+\frac{f''(\pi)}{2!}(z-\pi)^2+\cdots$$

$$=-1+0+\frac{1}{2i}(z-\pi)^2+\cdots$$

$$=-1+\frac{1}{2!}(z-\pi)^2+\cdots$$

$\therefore R=\infty$

[다른 풀이]

$$\cos z=-\cos(z-\pi)$$

$$=-\left(1-\frac{1}{2!}(z-\pi)^2+\frac{1}{4!}(z-\pi)^4-\cdots\right)$$

$$=-1+\frac{1}{2!}(z-\pi)^2-\frac{1}{4!}(z-\pi)^4+\cdots$$

(4) $f(z)=e^{z(z-2)}$, $z_0=1$

$$e^{z^2-2z}=e^{(z-1)^2}\cdot e^{-1}$$

$$=\frac{1}{e}\left(1+(z-1)^2+\frac{1}{2!}(z-1)^4+\frac{1}{3!}(z-1)^6+\cdots\right)$$

(5) $f(x)=\sinh(2z-i)$, $z_0=\frac{i}{2}$에서

$$f(z)=f\left(\frac{i}{2}\right)+f'\left(\frac{i}{2}\right)(z-i)+\frac{f''\left(\frac{i}{2}\right)}{2!}(z-i)^2+\cdots$$

$\sinh(2z-i)$

$$=\sinh\left(2\left(z-\frac{i}{2}\right)\right)$$

$$=2\left\{\left(z-\frac{i}{2}\right)+\frac{1}{3!}\left(z-\frac{i}{2}\right)^3+\cdots\right\}$$

$$\left\{1+\frac{1}{2!}\left(z-\frac{i}{2}\right)^2+\cdots\right\}$$

$$=2\left\{\left(z-\frac{i}{2}\right)+\frac{2}{3}\left(z-\frac{i}{2}\right)^3+\frac{2}{15}\left(z-\frac{i}{2}\right)^5+\cdots\right.$$

3. 로랑 급수

266. 풀이 참조

풀이 (1) $\sin z = z - \frac{1}{3!}z^3 + \frac{1}{5!}z^5 - \frac{1}{7!}z^7 + \cdots$이므로

$$f(z) = \frac{\sin z}{z^5} = \frac{1}{z^4} - \frac{1}{3!} \times \frac{1}{z^2} + \frac{1}{5!} - \frac{1}{7!}z^2 + \cdots$$

$(0 < |z| < \infty)$

(2) $e^{\frac{1}{z}} = 1 + \frac{1}{z} + \frac{1}{2! \cdot z^2} + \frac{1}{3! \cdot z^3} + \frac{1}{4! \cdot z^4} + \cdots$

$$z^2 e^{\frac{1}{z}} = z^2 + z + \frac{1}{2!} + \frac{1}{3! \cdot z^3} + \frac{1}{4! \cdot z^4} + \cdots$$

$(0 < |z| < \infty)$

(3) $\frac{1}{z^3 - z^4} = \frac{1}{z^3} \times \frac{1}{1-z}$

(i) $0 < |z| < 1$일 때

$$\frac{1}{1-z} = 1 + z + z^2 + z^3 + \cdots$$

$$f(z) = \frac{1}{z^3} \times \frac{1}{1-z} = \frac{1}{z^3} + \frac{1}{z^2} + \frac{1}{z} + 1 + z + z^2 + \cdots$$

(ii) $|z| > 1$일 때

$$\frac{1}{1-z} = \frac{1}{-z\left(1 - \frac{1}{z}\right)} = -\frac{1}{z}\left(1 + \frac{1}{z} + \frac{1}{z^2} + \frac{1}{z^3} + \cdots\right)$$

$$\therefore f(z) = \frac{1}{z^3} \times \frac{1}{1-z} = \frac{-1}{z^3 \cdot z\left(1 - \frac{1}{z}\right)} = -\frac{1}{z^4}\left(1 + \frac{1}{z} + \frac{1}{z^2} + \cdots\right) = -\frac{1}{z^4} - \frac{1}{z^5} - \frac{1}{z^6} - \frac{1}{z^7} - \cdots$$

(4) $f(z) = \frac{-2z+3}{z^2 - 3z + 2}$

$$= \frac{-2z+3}{(z-1)(z-2)} = -\frac{1}{z-1} + \frac{-1}{z-2} = \frac{1}{1-z} + \frac{1}{2-z}$$

$$\frac{1}{1-z} = 1 + z + z^2 + z^3 + \cdots \ (0 < |z| < 1)$$

$$\frac{1}{1-z} = \frac{1}{-z\left(1 - \frac{1}{z}\right)} = \frac{1}{-z}\left(1 + \frac{1}{z} + \frac{1}{z^2} + \cdots\right) = -\left(\frac{1}{z} + \frac{1}{z^2} + \frac{1}{z^3} + \cdots\right) (|z| > 1)$$

$$\frac{1}{2-z} = \frac{1}{2}\left(\frac{1}{1 - \frac{z}{2}}\right) = \frac{1}{2}\left\{1 + \frac{z}{2} + \left(\frac{z}{2}\right)^2 + \left(\frac{z}{2}\right)^3 + \cdots\right\} (0 < |z| < 2)$$

$$\frac{1}{z-2} = \frac{1}{-z\left(1 - \frac{2}{z}\right)} = \frac{1}{-z}\left\{1 + \frac{2}{z} + \left(\frac{2}{z}\right)^2 + \cdots\right\} = -\left(\frac{1}{z} + \frac{1}{z^2} + \frac{2^2}{z^3} + \frac{2^3}{z^4} + \cdots\right) (|z| > 2)$$

(i) $0 < |z| < 1$일 때

$$f(z) = \sum_{n=0}^{\infty} z^n + \frac{1}{2}\sum_{n=0}^{\infty}\left(\frac{z}{2}\right)^n = \sum_{n=0}^{\infty}\left(1 + \frac{1}{2^{n+1}}\right)z^n$$

(ii) $1 < |z| < 2$일 때

$$f(z) = -\sum_{n=0}^{\infty}\left(\frac{1}{z}\right)^{n+1} + \sum_{n=0}^{\infty}\frac{z^n}{2^{n+1}}$$

(iii) $|z| > 2$일 때

$$f(z) = -\sum_{n=0}^{\infty}\left(\frac{1}{z}\right)^{n+1} - \sum_{n=0}^{\infty}\frac{2^n}{z^{n+1}} = -\sum_{n=0}^{\infty}(1 + 2^n)\left(\frac{1}{z}\right)^{n+1}$$

267. $e\sum_{n=0}^{\infty}\frac{(z-1)^{n-2}}{n!}$, $R = \infty$

풀이 $e^z = 1 + z + \frac{1}{2!}z^2 + \frac{1}{3}z^3 + \cdots$, $R = \infty$이므로

$$e^{z-1} = 1 + (z-1) + \frac{1}{2!}(z-1)^2 + \cdots = \sum_{n=0}^{\infty}\frac{(z-1)^n}{n!}$$

$$\therefore f(z) = \frac{e^z}{(z-1)^2} = \frac{e \cdot e^{z-1}}{(z-1)^2}$$

$$= e\left\{\frac{1}{(z-1)^2} + \frac{1}{z-1} + \frac{1}{2!} + \frac{1}{3!}(z-1) + \cdots\right\}$$

$$= e\sum_{n=0}^{\infty}\frac{(z-1)^{n-2}}{n!} \ (R = \infty)$$

268. 풀이 참조

풀이 (1) $\sin z = z - \frac{1}{3!}z^3 + \frac{1}{5!}z^5 - \frac{1}{7!}z^7 + \cdots$이므로

$$\frac{\sin z}{z} = 1 - \frac{1}{3!}z^2 + \frac{1}{5!}z^4 - \cdots$$

따라서 $\frac{\sin z}{z}$는 $z=0$에서 없앨 수 있는 특이점이다.

(2) $e^{2z} = 1 + 2z + \frac{1}{2!}(2z)^2 + \cdots$이므로

$$\frac{e^{2z}-1}{z} = 2 + \frac{1}{2!}4z + \frac{1}{3!}8z^2 + \cdots$$

(3) $\sin 4z = 4z - \frac{1}{3!}(4z)^3 + \frac{1}{5!}(4z)^5 - \cdots$이므로

$$\frac{\sin 4z - 4z}{z^2} = -\frac{1}{3!}4^3 z + \frac{1}{5!}4^5 z^3 - \cdots$$

269. 풀이 참조

풀이 (1) $e^{\frac{1}{z}} = 1 + \frac{1}{z} + \frac{1}{2!}\left(\frac{1}{z}\right)^2 + \frac{1}{3!}\left(\frac{1}{z}\right)^3 + \cdots$

(2) $\sin\left(\frac{1}{z}\right) = \frac{1}{z} - \frac{1}{3!}\left(\frac{1}{z}\right)^3 + \frac{1}{5!}\left(\frac{1}{z}\right)^5 - \cdots$

270.

(1) $z=i,\ -i$에서 단순영점

(2) $z=\pm 1,\ \pm i$에서 위수가 2인 영점

(3) $z=-1+i$에서 위수가 2인 영점

(4) 영점을 갖지 않는다.

(5) $z=n\pi\,(n\in R)$에서 단순영점

(6) $z=n\pi\,(n\in R)$에서 위수가 2인 영점

(7) $z=2n\pi\,(n\in R)$에서 위수가 2인 영점

(8) $z=2n\pi\,(n\in R)$에서 위수가 4인 영점

풀이 (1) $f(z) = 1+z^2 = (z+i)(z-i) = 0$

따라서 $z=i,\ -i$에서 영점이다.

$f'(z) = 2z,\ f'(i) \neq 0,\ f'(-i) \neq 0$

따라서 $z=\pm i$에서 단순영점이다.

TIP $g(z) = \frac{1}{f(z)} = \frac{1}{1+z^2} = \frac{1}{(z+i)(z-i)}$는

$z=i,\ z=-i$에서 단순극을 갖는다.

(2) $f(z) = (1-z^4)^2 = (z^4-1)^2$

$= z^8 - 2z^4 + 1$

$= (z^2+1)^2(z^2-1)^2$

$= (z+i)^2(z-i)^2(z+1)^2(z-1)^2$

$f'(z) = 8z^7 - 8z^3 = 8z^3(z^4-1)$

$f''(z) = 56z^6 - 24z^2 = 8z^2(7z^4-3)$

$f'(i)=0,\ f'(-i)=0,\ f'(1)=0,\ f''(-1)=0$

$f''(i)\neq 0,\ f''(-i)\neq 0,\ f''(1)\neq 0,\ f''(-1)\neq 0$

따라서 $z=i,\ -i,\ 1,\ -1$에서 위수 2인 영점을 갖는다.

TIP $g(z) = \frac{1}{f(z)} = \frac{1}{(1-z^4)^2}$이면

$z=\pm i,\ \pm 1$에서 2차극이다.

(3) $f(z) = (z+1-i)^2 \quad f(-1+i) = 0$

$f'(z) = 2(z+1-i) \quad f'(-1+i) = 0$

$f''(z) = 2 \quad f''(-1+i) \neq 0$

따라서 $z=-1+i$에서 위수 2인 영점을 갖는다.

TIP $g(z) = \frac{1}{f(z)} = \frac{1}{(z+1-i)^2}$은

$z=-1+i$에서 2차극을 갖는다.

(4) $f(z) = e^z \neq 0$ 즉 영점을 갖지 않는다.

(5) $f(z) = \sin(z)$

$= \sin(x+iy)$

$= \sin x\cosh y + i\cos x\cosh y$

$= 0$

$\Leftrightarrow \sin x = 0,\ y=0 \Leftrightarrow x = n\pi$

$z=n\pi$(n은 정수)에서 단순영점을 갖는다.

($\because f'(z) = \cos z,\ f'(n\pi)\neq 0$)

(6) $f(z) = \sin^2 z,\ f'(z) = 2\sin z\cos z,$

$f''(z) = 2\cos^2 z - 2\sin^2 z$

$f'(n\pi) = 0,\ f''(n\pi)\neq 0$

따라서 $z=n\pi$(n은 정수)에서 2차 영점을 갖는다.

(7) $f(z) = 1-\cos z = 0,\ f'(z) = \sin z,\ f''(z) = \cos z$이고

$1-\cos z = 0$에서 $\cos z = 1$이므로

$\cos z = \cos(x+iy) = \cos x\cosh y - i\sin x\sinh y = 1$

$x = 2n\pi$(n은 정수), $y=0$

$\therefore z = 2n\pi\,(n\in I)$

$f'(2n\pi) = 0,\ f''(2n\pi)\neq 0$

따라서 $z=2n\pi$에서 2차 영점을 갖는다.

(8) $f(z)=(1-\cos z)^2$,

$f'(z)=2(1-\cos z)\sin z=2(\sin z-\sin z\cos z)$

$f''(z)=2(\cos z-\cos^2 z+\sin^2 z)$

$=2(\cos z-\cos 2z)$

$f^{(3)}(z)=2(-\sin z+2\sin 2z)$,

$f^{(4)}(z)=2(-\cos z+4\cos 2z)$

$z=2n\pi$에서 4차 영점을 갖는다.

271. (1) $z=0$에서 단순극, $z=2$에서 5차극

(2) $z=1$, $z=-5$에서 단순극, $z=2$에서 4차극

(3) $z=-2$에서 단순극, $z=-i$에서 4차극

(4) $z=0$에서 2차극

풀이 (4) $\dfrac{1-\cosh z}{z^4}=\dfrac{1-\left(1+\frac{1}{2!}z^2+\frac{1}{4!}z^4+\cdots\right)}{z^4}$

$=-\dfrac{1}{2!}\dfrac{1}{z^2}-\dfrac{1}{4!}-\dfrac{1}{6!}z^2-\cdots$

따라서 $z=0$에서 2차극을 갖는다.

4. 코시 유수정리

272. (1) $-\dfrac{\pi}{3}i$ (2) $\dfrac{4i}{\pi^2}$ (3) $-\dfrac{3\pi i}{32}$

풀이 (1) $\dfrac{\sin z}{z^4}=\dfrac{1}{z^4}\left(z-\dfrac{1}{3!}z^3+\dfrac{1}{5!}z^5-\cdots\right)$

$=\dfrac{1}{z^3}-\dfrac{1}{3!}\dfrac{1}{z}+\dfrac{1}{5!}z-\cdots$

$\oint_C\dfrac{\sin z}{z^4}dz=\oint\left(\dfrac{1}{z^3}-\dfrac{1}{3!}\dfrac{1}{z}+\dfrac{1}{5!}z-\cdots\right)dz$

$=-\dfrac{1}{3!}\times 2\pi i$

$=-\dfrac{\pi i}{3}$

(2) $\dfrac{\cos z}{z^2(z-\pi)^2}$는 $z=0$에서 2차극을 갖는다.

$Res(f(z),0)=\lim_{z\to 0}\{(z-0)^2\cdot f(z)\}'$

$=\lim_{z\to 0}\left\{\dfrac{\cos z}{(z-\pi)^2}\right\}'$

$=\lim_{z\to 0}\dfrac{-\sin z(z-\pi)^2-\cos z\cdot 2(z-\pi)}{(z-\pi)^4}$

$=\dfrac{-2(-\pi)}{\pi^4}$

$=\dfrac{2}{\pi^3}$

$\int_{|z|=1}\dfrac{\cos z}{z^2(z-\pi)^2}dz=2\pi i Res(f(z),0)$

$=2\pi i\times\dfrac{2}{\pi^3}$

$=\dfrac{4i}{\pi^2}$

(3) $f(z)=\dfrac{z+1}{z^3(z+4)}$은 $z=0$에서 3차극을 갖는다.

$Res(f(z),0)=\lim_{z\to 0}\dfrac{1}{2!}\left(\dfrac{z+1}{z+4}\right)''=\dfrac{1}{2!}\times\dfrac{-6}{4^3}=\dfrac{-3}{4^3}$

$\left(\because\left(\dfrac{z+1}{z+4}\right)'=\left(1-\dfrac{3}{z+4}\right)'=\dfrac{3}{(z+4)^2},\right.$

$\left.\left(\dfrac{3}{(z+4)^2}\right)'=-\dfrac{6}{(z+4)^3}\right)$

$\int_{|z|=1}\dfrac{z+1}{z^3(z+4)}dz=2\pi i\times Res(f(z),0)$

$=2\pi i\times\left(-\dfrac{3}{64}\right)$

$=-\dfrac{3\pi i}{32}$

273. (1) $\pi(3+2i)$ (2) 0 (3) $-2\pi i$ (4) $\frac{17\pi i}{125}$

(5) $6\pi i$ (6) $-i$ (7) $2\pi i\tan 1$ (8) $\pi i\left(\pi^2-\frac{1}{4}\right)$

풀이 (1) $z^2+4=(z+2i)(z-2i)=0$이므로

$z=\pm 2i$에서 단순영점을 갖는다.

영역에 포함되는 점은 $2i$이므로

$$Res(f(z),2i)=\lim_{z\to 2i}(z-2i)\frac{2z+6}{(z+2i)(z-2i)}=\frac{4i+6}{4i}$$

$$\therefore \int_C \frac{2z+6}{z^2+4}dz=2\pi iRes(f(z),2i)=2\pi i\times\frac{4i+6}{4i}=\pi(3+2i)$$

[다른 풀이]

$$\int\frac{2z+6}{z^2+4}dz=\int\frac{2z+6}{(z+2i)(z-2i)}dz$$

$$=\oint \frac{\frac{-4i+6}{-4i}}{z+2i}+\frac{\frac{4i+6}{4i}}{z-2i}dz$$

$$=2\pi i\times\frac{4i+6}{4i}$$

$$=\pi(3+2i)$$

(2) $f(z)=\frac{1}{(z-1)^2(z-3)}=\frac{\frac{1}{4}}{z-3}+\frac{-\frac{1}{4}}{z-1}+\frac{-\frac{1}{2}}{(z-1)^2}$

$$\int_C f(z)dz=\frac{1}{4}\times 2\pi i+\left(-\frac{1}{4}\right)\times 2\pi i+0=0$$

[다른 풀이]

$z=1$에서 2차극을 가지므로

$$Res(f(z),1)=\lim_{z\to 1}\left(\frac{1}{z-3}\right)'=\lim_{z\to 1}\frac{-1}{(z-3)^2}=-\frac{1}{4}$$

$z=3$에서 단순극을 가지므로

$$Res(f(z),3)=\lim_{z\to 3}\frac{1}{(z-1)^2}=\frac{1}{4}$$

$$\therefore \int_C f(z)dz=2\pi i[Res(f(z),1)+Res(f(z),3)]$$

$$=2\pi i\left(-\frac{1}{4}+\frac{1}{4}\right)$$

$$=0$$

(3) $f(z)=\frac{1}{z^3-z^4}$

$$=\frac{1}{z^3(1-z)}$$

$$=\frac{1}{1-z}+\frac{a}{z}+\frac{b}{z^2}+\frac{1}{z^3}$$

통분하면 $1(z^3)+a(1-z)z^2+b(1-z)z+1-z=1$,

$z^3+(-a)z^3+az^2+(-b)z^2+bz+1-z=1$,

$(1-a)z^3+(a-b)z^2+(b-a)z+1=1$

$\therefore a=1,\ b=1$

$$\therefore \int_{|z|=\frac{1}{2}} f(z)dz=-2\pi i(\because \text{시계 방향})$$

[다른 풀이]

$z=0$에서 3차극을 가지므로

$$\lim_{z\to 0}z^3f(z)=\lim_{z\to 0}\frac{1}{2!}\left(\frac{1}{1-z}\right)''=\lim_{z\to 0}\frac{2(1-z)^{-3}}{2!}=1$$

$(\because \{(1-z)^{-1}\}'=(1-z)^{-2},\ \{(1-z)^{-2}\}'=2(1-z)^{-3})$

$$\therefore \int_{|z|=\frac{1}{2}} f(z)dz=-2\pi iRes(f(z),0)=-2\pi i\cdot 1=-2\pi i$$

(4) $f(z)=\frac{e^z}{z^4+5z^3}=\frac{e^z}{z^3(z+5)}$

이므로 $z=0$에서 3차극을 갖는다.

$Res(f(z),0)=\lim_{z\to 0}\frac{\{z^3f(z)\}''}{2!}=\frac{1}{2!}\left(\frac{e^z}{z+5}\right)''$이고

$\{e^z(z+5)^{-1}\}'=e^z(z+5)^{-1}-e^z(z+5)^{-2}$

다시 양변을 미분하면

$e^z(z+5)^{-1}-2e^z(z+5)^{-2}+2e^z(z+5)^{-3}$ 즉,

$$\lim_{z\to 0}\{e^z(z+5)^{-1}-2e^z(z+5)^{-2}+2e^z(z+5)^{-3}\}$$

$$=5^{-1}-2\cdot 5^{-2}+2\cdot 5^{-3}=\frac{25-10+2}{5^3}=\frac{17}{5^3}=\frac{17}{125}$$

$$\therefore \int_C f(z)dz=2\pi iRes(f(z),0)=2\pi i\times\frac{1}{2!}\times\frac{17}{125}=\frac{17\pi}{125}$$

(5) $\int_{|z|=1}e^{\frac{3}{z}}dz=\int_{|z|=1}\left\{1+\frac{3}{z}+\frac{1}{2!}\left(\frac{3}{z}\right)^2+\cdots\right\}dz$

$$=3\cdot 2\pi i$$

$$=6\pi i$$

(6) $\tan 2\pi z=\frac{\sin 2\pi z}{\cos 2\pi z}$, $\cos 2\pi z=0$에서 $2\pi z=\frac{(2n+1)\pi}{2}$

(n은 실수)이므로 $z=\pm\frac{\pi}{4\pi},\ \pm\frac{3\pi}{4\pi},\cdots$

$C: |z-0.2|=0.2$에 대하여 $z=\frac{1}{4}\in C$이다.

$$Res\left(f(z),\frac{1}{4}\right)=\lim_{z\to\frac{1}{4}}\sin 2\pi z\cdot\lim_{z\to\frac{1}{4}}\frac{z-\frac{1}{4}}{\cos 2\pi z}$$

$$=1\cdot\lim_{z\to\frac{1}{4}}\frac{1}{-2\pi sin(2\pi z)}$$

$$= -\frac{1}{2\pi}$$

$$\therefore \oint_C \tan 2\pi z dz = 2\pi i Res\left(f(z), \frac{1}{4}\right) = 2\pi i \times \left(-\frac{1}{2\pi}\right) = -i$$

(7) $|z| = \frac{3}{2}$ 이므로 $f(z) = \frac{\tan z}{z^2-1} = \frac{\sin z}{\cos z(z+1)(z-1)}$ 에서 $\cos z = 0$을 만족하는 $z = \frac{\pi}{2} > \frac{3}{2}$ 이다.

따라서 $z = \pm 1$에서 단순극을 갖는다.

$$Res(f(z), 1) = \lim_{z\to 1}(z-1)f(z) = \lim_{z\to 1}\frac{\tan z}{z+1} = \frac{\tan 1}{2}$$

$$Res(f(z), -1) = \lim_{z\to -1}(z+1)f(z) = \lim_{z\to -1}\frac{\tan z}{z-1} = \frac{-\tan 1}{-2} = \frac{\tan 1}{2}$$

$$\therefore \oint_C \frac{\tan z}{(z-1)(z+1)dz}$$

$$= 2\pi i\{Res(f(z), 1) + Res(f(z), -1)\}$$

$$= 2\pi i\left(\frac{\tan 1}{2} + \frac{\tan 1}{2}\right)$$

$$= 2\pi i \cdot tan1$$

TIP $C: |z| = 2$이면

$$\int_C \frac{\tan z}{z^2-1}dz$$

$$= 2\pi i\left\{Res(1) + Res(-1) + Res\left(\frac{\pi}{2}\right) + Res\left(-\frac{\pi}{2}\right)\right\}$$

$$= 2\pi i\left(\tan 1 + \frac{-8}{\pi^2-4}\right)$$

$$\because Res\left(f(z), \frac{\pi}{2}\right) = \lim_{z\to\frac{\pi}{2}}\frac{\sin z}{z^2-1} \times \lim_{z\to\frac{\pi}{2}}\frac{z-\frac{\pi}{2}}{\cos z}$$

$$= \lim_{z\to\frac{\pi}{2}}\frac{\sin z}{z^2-1} \times \lim_{z\to\frac{\pi}{2}}\frac{1}{-\sin z}$$

(∵ 로피탈 정리)

$$= \frac{1}{\frac{\pi^2}{4}-1} \times (-1)$$

$$= \frac{-4}{\pi^2-4}$$

$$Res\left(f(z), -\frac{\pi}{2}\right) = \lim_{z\to-\frac{\pi}{2}}\left(z+\frac{\pi}{2}\right)f(z)$$

$$= \lim_{z\to-\frac{\pi}{2}}\frac{\sin z}{z^2-1} \times \lim_{z\to-\frac{\pi}{2}}\frac{z+\frac{\pi}{2}}{\cos z}$$

$$= \frac{-1}{\frac{\pi^2}{4}-1} \times 1$$

$$= \frac{-4}{\pi^2-4}$$

(8) $z^4 - 16 = (z^2-4)(z^2+4)$
$= (z+2)(z-2)(z+2i)(z-2i)$

따라서 $2i$, $-2i$는 주어진 곡선 내부의 점이다.

(i) $\int_C \frac{ze^{\pi z}}{z^4-16}dz = 2\pi i\{Res(2i) + Res(-2i)\}$

$$= 2\pi i\left(-\frac{1}{16} - \frac{1}{16}\right)$$

$$= 2\pi i \times \left(-\frac{1}{8}\right)$$

$$= -\frac{\pi}{4}i$$

$$\because Res(f(z), 2i) = \lim_{z\to 2i}(z-2i)f(z)$$

$$= \lim_{z\to 2i}\frac{ze^{\pi z}}{(z^2-4)(z+2i)}$$

$$= \frac{2ie^{2\pi i}}{(-8)\cdot 4i}$$

$$= -\frac{1}{16}$$

$(e^{2\pi i} = \cos 2\pi + i\sin 2\pi = 1)$

$$Res(f(z), -2i) = \lim_{z\to -2i}(z+2i)f(z)$$

$$= \lim_{z\to -2i}\frac{ze^{\pi z}}{(z^2-4)(z+2i)}$$

$$= \frac{-2ie^{-2\pi i}}{(-8)\cdot(-4i)}$$

$$= -\frac{1}{16}$$

(ii) $ze^{\frac{\pi}{z}} = z\left\{1 + \frac{\pi}{z} + \frac{1}{2!}\left(\frac{\pi}{z}\right)^2 + \frac{1}{3!}\left(\frac{\pi}{z}\right)^3 + \cdots\right\}$

$$\int_C ze^{\frac{\pi}{z}}dz = 2\pi i Res(f(z), 0)$$

$$= 2\pi i \times \frac{\pi^2}{2}$$

$$= 2\pi i \times \frac{\pi^2}{2}$$

$$= \pi^3 i$$

$$\therefore \int_C\left(\frac{ze^{\pi z}}{z^4-16} + ze^{\frac{\pi}{z}}\right)dz = -\frac{\pi}{4}i + \pi^3 i$$

$$= \pi i\left(-\frac{1}{4} + \pi^2\right)$$

274. $\int_{C_1} g(z)dz = \frac{3\pi i}{2}$, $\int_{C_2} g(z)dz = \frac{3\pi i}{2}$,

$\int_{C_3} g(z)dz = -\frac{3\pi i}{2}$, $\int_{C_4} g(z)dz = 0$

풀이 $g(z) = \frac{z^3+z^2+1}{(z+1)^2(z-1)}$

(ⅰ) C_1 : $z=1$에서 단순극을 갖는다.

$Res(g(z), 1) = \lim_{z\to 1}(z-1)g(z) = \lim_{z\to 1}\frac{z^3+z^2+1}{(z+1)^2} = \frac{3}{4}$

$\therefore \int_{C_1} g(z)dz = 2\pi i Res(g(z), 1) = \frac{3}{2}\pi i$

(ⅱ) C_2 : $z=1$에서 단순극을 갖는다.

$\int_{C_2} g(z)dz = 2\pi i Res(g(z), 1) = \frac{3}{2}\pi i$

(ⅲ) C_3 : $z=-1$에서 2차극을 갖는다.

$Res(g(z), -1)$

$= \lim_{z\to -1}\{(z+1)^2 g(z)\}'$

$= \lim_{z\to -1}\left(\frac{z^3+z^2+1}{z-1}\right)'$

$= \lim_{z\to -1}\frac{(3z^2+2z)(z-1)-(z^3+z^2+1)}{(z-10)^2}$

$= \frac{-2-1}{4}$

$= -\frac{3}{4}$

$\therefore \int_{C_4} g(z)dz = 2\pi i Res(g(z), -1) = -\frac{3}{2}\pi i$

(ⅳ) C_4에서 $g(z)$는 해석적이므로 $\int_{C_4} g(z)dz = 0$

275. $30\pi i$

풀이 $\oint_C \frac{5}{(z+1)^2}dz = 0$

($\because C: |z-z_0| = a$일 때, $\int_C \frac{1}{(z-z_0)^n}dz = \begin{cases}0 & (n\neq 1)\\ 2\pi i & (n=1)\end{cases}$)

$\oint_C \frac{e^z}{z}dz = \oint \frac{1}{z}\left(1+z+\frac{1}{2!}z^2+\cdots\right)dz = 2\pi i$

$\int_{|z|=a} \bar{z}dz = 2\pi i \cdot a^2$

$\int_{|z|=2} 4\bar{z}dz = 4\cdot 2\pi i\cdot 4 = 32\pi i$

$\int_C \cos z dz = 0$($\because \cos z$는 완전함수)

$\therefore \oint_C \frac{5}{(z+1)^2} - \frac{e^z}{z} + 4\bar{z} - \cos z dz$

$= 0 - 2\pi i + 32\pi i - 0$

$= 30\pi i$

5. 실적분의 유수정리

276. 2π

풀이 $\int_0^{2\pi}\frac{1}{\sqrt{2}-\cos\theta}d\theta = \int_{|z|=1}\frac{1}{\sqrt{2}-\frac{1}{2}\left(z+\frac{1}{z}\right)}\times\frac{1}{iz}dz$

$= \frac{1}{i}\int_{|z|=1}\frac{1}{\sqrt{2}z-\frac{1}{2}z^2-\frac{1}{2}}dz$

$= -\frac{2}{i}\int_{|z|=1}\frac{1}{z^2-2\sqrt{2}z+1}dz$

$z^2-2\sqrt{2}z+1 = (z-\alpha)(z-\beta)$라 하면

근의 공식에 의해 $z = \sqrt{2}\pm\sqrt{2-1} = \sqrt{2}\pm 1$

$\alpha = 1+\sqrt{2}$, $\beta = -1+\sqrt{2}$라 하면 C 내부의 점은 β이므로

$\int_0^{2\pi}\frac{1}{\sqrt{2}-\cos\theta}d\theta = -\frac{2}{i}\cdot 2\pi i Res(f(z), \beta)$

$= -\frac{2}{i}\cdot 2\pi i\cdot\left(-\frac{1}{2}\right)$

$= 2\pi$

$\because Res(f(z), \beta) = \lim_{z\to\beta}(z-\beta)f(z)$

$= \lim_{z\to\beta}\frac{1}{z-\alpha}$

$= \frac{1}{\beta-\alpha}$

$= \frac{1}{-1+\sqrt{2}-(1+\sqrt{2})}$

$= -\frac{1}{2}$

277. $\frac{\pi}{12}$

풀이 $\frac{1}{(z^2+1)(z^2+9)} = \frac{ax+b}{x^2+1}+\frac{cx+d}{x^2+9}$의 우변을 통분하면

$a+c=0$, $b+d=0$, $9a+c=0$, $9b+d=1$이어야 하므로

$a=0, c=0, b=\frac{1}{8}, d=-\frac{1}{8}$

$\therefore \int_{-\infty}^{\infty}\frac{1}{(x^2+1)(x^2+9)}dx$

$= \int_{-\infty}^{\infty}\left(\frac{\frac{1}{8}}{x^2+1}+\frac{-\frac{1}{8}}{x^2+9}\right)dx$

$= \frac{1}{8}\tan^{-1}x - \frac{1}{8}\times\frac{1}{3}\tan^{-1}\left(\frac{x}{3}\right)\Big|_{-\infty}^{\infty}$

$= \frac{1}{8}\times\pi - \frac{1}{8}\times\frac{1}{3}\pi$

$= \frac{\pi}{12}$

[다른 풀이]

$$\int_{-\infty}^{\infty}\frac{1}{(x^2+1)(x^2+9)}dx=\int\frac{1}{(z^2+1)(z^2+9)}dz$$
$$=\int\frac{dz}{(z+i)(z-i)(z+3i)(z-3i)}$$
$$=2\pi i(Res(i)+Res(3i))$$
$$=2\pi i\left(\frac{3}{48i}-\frac{1}{48i}\right)$$
$$=\frac{\pi}{12}$$

$$\because Res(i)=\lim_{z\to i}(z-i)f(z)$$
$$=\lim_{z\to i}\frac{1}{(z+i)(z^2+9)}=\frac{1}{2i\cdot 8}=\frac{1}{16i}=\frac{3}{48i},$$
$$Res(3i)=\lim_{z\to 3i}(z-3i)f(z)$$
$$=\lim_{z\to 3i}\frac{1}{(z^2+1)(z+3i)}=\frac{1}{-8\cdot 6i}=\frac{1}{-48i}$$

278. $\frac{\pi}{3}$

풀이 C가 반지름 R이 무한대인 상반원이라고 할 때,

$\int_{-\infty}^{\infty}\frac{1}{x^6+1}dx=\int_C\frac{1}{z^6+1}dz$이 성립한다.

$z^6=-1=e^{\pi i+2n\pi i}\Leftrightarrow z=e^{i\left(\frac{\pi}{6}+\frac{n\pi}{3}\right)}$이므로

$z_0=e^{\frac{\pi}{6}i},\ z_1=e^{i\left(\frac{\pi}{2}\right)},\ z_2=e^{\frac{5\pi}{6}i}$는 C 내부에 속한다.

$$Res(z_0)=\lim_{z\to z_0}\frac{z-z_0}{z^6+1}$$
$$=\lim_{z\to z_0}\frac{1}{6z^5}$$
$$=\frac{1}{6z_0^5}=\frac{1}{6}e^{-\frac{5\pi}{6}i}$$
$$=\frac{1}{6}\left(\cos\left(\frac{5\pi}{6}\right)-i\sin\left(\frac{5\pi}{6}\right)\right)$$
$$=\frac{1}{6}\left(-\frac{\sqrt{3}}{2}-i\frac{1}{2}\right)$$

$$Res(z_1)=\lim_{z\to z_1}\frac{z-z_1}{z^6+1}$$
$$=\lim_{z\to z_1}\frac{1}{6z^5}$$
$$=\frac{1}{6z_1^5}=\frac{1}{6}e^{-\frac{5\pi}{2}i}$$
$$=\frac{1}{6}\left(\cos\left(\frac{5\pi}{2}\right)-i\sin\left(\frac{5\pi}{2}\right)\right)$$
$$=\frac{1}{6}(-i)$$

$$Res(z_2)=\lim_{z\to z_2}\frac{z-z_2}{z^6+1}$$
$$=\lim_{z\to z_2}\frac{1}{6z^5}$$
$$=\frac{1}{6z_2^5}=\frac{1}{6}e^{-\frac{25\pi}{6}i}$$
$$=\frac{1}{6}\left(\cos\left(\frac{25\pi}{6}\right)-i\sin\left(\frac{25\pi}{6}\right)\right)$$
$$=\frac{1}{6}\left(\frac{\sqrt{3}}{2}-i\frac{1}{2}\right)$$

$$Res(z_0)+Res(z_1)+Res(z_2)=\frac{1}{6}(-2i)=-\frac{1}{3}i$$

$$\int_{-\infty}^{\infty}\frac{1}{x^6+1}dx=\int_C\frac{1}{z^6+1}dz$$
$$=2\pi i\{Res(z_0)+Res(z_1)+Res(z_2)\}$$
$$=2\pi i\left(-\frac{1}{3}i\right)=\frac{2\pi}{3}$$

$$\therefore\int_0^{\infty}\frac{1}{x^6+1}dx=\frac{1}{2}\int_{-\infty}^{\infty}\frac{1}{x^6+1}dx=\frac{\pi}{3}$$

279. $\frac{\pi}{e^a}$

풀이 $Res\left(f(z)e^{iz},ai\right)=\lim_{z\to ai}\frac{(z-ai)ze^{iz}}{(z+ai)(z-ai)}=\frac{ai\cdot e^{-a}}{2ai}=\frac{1}{2e^a}$

$$\int_{-\infty}^{\infty}\frac{x\sin x}{x^2+a^2}dx=Im\int\frac{ze^{iz}}{z^2+a^2}dz$$
$$=Im\left[2\pi iRes\{f(z)e^{iz},ai\}\right]$$
$$=Im\left(2\pi i\times\frac{1}{2e^a}\right)=\frac{\pi}{e^a}$$

280. $\frac{\pi}{ae^a}$

풀이 $Res\{f(z)e^{iz},ai\}=\lim_{z\to ai}\frac{e^{iz}}{z+ai}=\frac{e^{-a}}{2ai}$

$$\int_{-\infty}^{\infty}\frac{\cos x}{x^2+a^2}dx=Re\int\frac{e^{iz}}{z^2+a^2}dz$$
$$=Re\left[2\pi iRes\{f(z)e^{iz},ai\}\right]$$
$$=Re\left(2\pi i\times\frac{1}{2ai\cdot e^a}\right)=\frac{\pi}{ae^a}$$

281. ②

풀이
$$\int_{-\infty}^{\infty}\frac{\sin x+\cos x}{x^2-2x+2}dx$$
$$=\int\frac{Im(e^{iz})+Re(e^{iz})}{z^2-2z+2}dz$$

$= Im[2\pi i\{Res(f(z)e^{iz}, \alpha)\}] + Re[2\pi i\{Res(f(z)e^{iz}, \alpha)]$

$= Im[\pi\{e^{-1}(\cos 1 + i\sin 1)\}] + Re[\pi\{e^{-1}(\cos 1 + i\sin 1)\}]$

$= e^{-1}\pi\sin 1 + e^{-1}\pi\cos 1$

$= e^{-1}\pi(\cos 1 + \sin 1)$

$z^2 - 2z + 2 = 0$에서 $z = 1 \pm \sqrt{1-2} = 1 \pm i$

$$Res(f(z)e^{iz}, \alpha) = \lim_{z\to\alpha}(z-\alpha)\frac{e^{iz}}{(z-\alpha)(z-\beta)} = \frac{e^{i\alpha}}{\alpha-\beta} = \frac{e^{i(1+i)}}{2i} = \frac{e^{-1+i}}{2i} = \frac{e^{-1}(\cos 1 + i\sin 1)}{2i}$$

282. $\frac{\pi}{10}$

풀이

$$\int_{-\infty}^{\infty}\frac{1}{(x^2-3x+2)(x^2+1)}dx$$

$$= \int\frac{1}{(z^2-3z+2)(z^2+1)}dz$$

$$= \int\frac{1}{(z-1)(z-2)(z+i)(z-i)}dz$$

$$= 2\pi i\{Res(i)\} + \pi i\{Res(1) + Res(2)\}$$

$$= 2\pi i\left(\frac{3}{20} - \frac{1}{20}i\right) + \pi i\left(-\frac{1}{2} + \frac{1}{5}\right)$$

$$= \frac{3\pi}{10}i + \frac{\pi}{10} - \frac{3\pi}{10}i = \frac{\pi}{10}$$

$$Res(f(z), i) = \lim_{z\to i}(z-i)f(z)$$

$$= \frac{1}{(z^2-3z+2)(z+i)}$$

$$= \frac{1}{(1-3i)2i} = \frac{1}{6+2i} = \frac{6-2i}{40} = \frac{3-i}{20} = \frac{3}{20} - \frac{1}{20}i$$

$$Res(f(z), 1) = \lim_{z\to 1}(z-1)f(z) = \lim_{z\to 1}\frac{1}{(z-2)(z^2+1)} = -\frac{1}{2}$$

$$Res(f(z), 2) = \lim_{z\to 2}(z-2)f(z) = \lim_{z\to 2}\frac{1}{(z-1)(z^2+1)} = \frac{1}{5}$$

283. $\frac{\pi}{2}e^{-1}(\sin 1 + \cos 1)$

풀이 C가 반지름 R이 무한대인 상반원이라고 할 때,

$\int_{-\infty}^{\infty}\frac{\cos x}{x(x^2-2x+2)}dx = Re\int_C\frac{e^{iz}}{z(z^2-2z+2)}dz$이 성립한다. $f(z)e^{iz} = \frac{e^{iz}}{z(z^2-2z+2)} = \frac{e^{iz}}{z(z-a)(z-b)}$이고,

$z=0$과 $z=1+i$는 C내부에 속한다.

여기서 $a=1+i, b=1-i$라고 하자.

$$Res\{f(z)e^{iz}, 0\} = \lim_{z\to 0}\frac{e^{iz}}{z^2-2z+2} = \frac{1}{2}$$

$$Res\{f(z)e^{iz}, 1+i\} = Res\{f(z)e^{iz}, a\}$$

$$= \lim_{z\to a}\frac{e^{iz}}{z(z-b)} = \frac{e^{ia}}{a(a-b)} = \frac{e^{i(1+i)}}{2i(1+i)} = \frac{e^{i-1}(1-i)}{4i} = \frac{e^{-1}(\cos 1 + i\sin 1)(1-i)}{4i}$$

$$\int_{-\infty}^{\infty}\frac{\sin x}{x(x^2-2x+2)}dx$$

$$= Re\int_C\frac{e^{iz}}{z(z^2-2z+2)}dz$$

$$= Re[\pi i\{Res(f(z)e^{iz}, 0)\} + 2\pi i\{Res(f(z)e^{iz}, 1+i)\}]$$

$$= Re\left[\frac{\pi i}{2} + \frac{\pi}{2}e^{-1}(\cos 1 + i\sin 1)(1-i)\right]$$

$$= \frac{\pi}{2}e^{-1}(\sin 1 + \cos 1)$$

284. $\frac{\pi}{2}$

풀이 C는 반지름 R이 무한대인 상반원이라고 할 때,

$\int_{-\infty}^{\infty}\frac{1-\cos x}{x^2}dx = \int_C\frac{1}{z^2}dz - Re\int_C\frac{e^{iz}}{z^2}dz$이 성립한다.

$f(z) = \frac{1}{z^2}$이고 $z=0$은 C 내부에 속하고 2차극을 갖는다.

$Res\{f(z), 0\} = 0$

$f(z)e^{iz} = \frac{e^{iz}}{z^2}$이고 $z=0$은 C 내부에 속하고 2차극을 갖는다.

$$Res\{f(z)e^{iz}, 0\} = \lim_{z\to 0}(e^{iz})' = \lim_{z\to 0}ie^{iz} = i$$

$$\int_{-\infty}^{\infty}\frac{1-\cos x}{x^2}dx = \int_C\frac{1}{z^2}dz - Re\int_C\frac{e^{iz}}{z^2}dz$$

$$= 0 - Re[\pi i\{Res(f(z)e^{iz}, 0)\}]$$

$$= -Re[-\pi] = \pi$$

$$\therefore \int_0^{\infty}\frac{1-\cos x}{x^2}dx = \frac{1}{2}\int_{-\infty}^{\infty}\frac{1-\cos x}{x^2}dx = \frac{\pi}{2}$$

CHAPTER 09 퓨리에 급수

1. 퓨리에 급수

285. $f(x)=\frac{4k}{\pi}\left(\sin x+\frac{1}{3}\sin 3x+\frac{1}{5}\sin 5x+\cdots\right)$

풀이 $f(x)=\frac{a_0}{2}+\sum_{n=1}^{\infty}a_n\cos nx+\sum_{n=1}^{\infty}b_n\sin nx$라 두면

(ⅰ) $a_0=\frac{1}{\pi}\int_{-\pi}^{\pi}f(x)dx$

$=\frac{1}{\pi}\left\{\int_{-\pi}^{0}(-k)dx+\int_{0}^{\pi}kdx\right\}$

$=\frac{1}{\pi}(-k\pi+k\pi)$

$=0$

(ⅱ) $a_n=\frac{1}{\pi}\int_{-\pi}^{\pi}f(x)\cdot \cos nxdx$

$=\frac{1}{\pi}\left\{\int_{-\pi}^{0}(-k\cos nx)dx+\int_{0}^{\pi}k\cos nxdx\right\}$

$=\frac{1}{\pi}\left\{-k\cdot\frac{1}{n}[\sin nx]_{-\pi}^{0}+k\cdot\frac{1}{n}[\sin nx]_{0}^{\pi}\right\}$

$=0$

(ⅲ) $b_n=\frac{1}{\pi}\int_{-\pi}^{\pi}f(x)\cdot \sin nxdx$

$=\frac{1}{\pi}\left\{\int_{-\pi}^{0}(-k\sin nx)dx+\int_{0}^{\pi}k\sin nxdx\right\}$

$=\frac{k}{\pi}\left\{\frac{1}{n}[\cos nx]_{-\pi}^{0}-\frac{1}{n}[\cos nx]_{0}^{\pi}\right\}$

$=\frac{k}{n\pi}\{1-\cos n\pi-(\cos n\pi-1)\}$

$=\frac{2k}{n\pi}(1-\cos n\pi)$

$=\frac{2k\{1-(-1)^n\}}{n\pi}$

$=\begin{cases}0 & ,n\text{은 짝수}\\ \frac{4k}{n\pi} & ,n\text{은 홀수}\end{cases}$

$\therefore f(x)=\sum_{n=1}^{\infty}\frac{2k\{1-(-1)^n\}}{n\pi}\sin nx$

$=\frac{4k}{\pi}\sum_{n=1}^{\infty}\frac{1}{2n-1}\sin(2n-1)x$

$=\frac{4k}{\pi}\left(\sin x+\frac{1}{3}\sin 3x+\frac{1}{5}\sin 5x+\cdots\right)$

TIP (1) $f(x)=\frac{4k}{\pi}\left(\sin x+\frac{1}{3}\sin 3x+\frac{1}{5}\sin 5x+\cdots\right)$에

$x=\frac{\pi}{2}$를 대입하면 $k=\frac{4k}{\pi}\left(1-\frac{1}{3}+\frac{1}{5}-\frac{1}{7}+\cdots\right)$

이므로 $1-\frac{1}{3}+\frac{1}{5}-\frac{1}{7}+\cdots=\frac{\pi}{4}$이다.

(2) $\sum_{n=0}^{\infty}\frac{(-1)^n x^{2n+1}}{2n+1}=[\tan^{-1}x]_{x=1}=\frac{\pi}{4}$

286. ④

풀이 $a_0=\frac{1}{\pi}\int_{-\pi}^{\pi}f(x)dx=\frac{1}{\pi}\int_{0}^{\pi}1dx=1$

$b_n=\frac{1}{\pi}\int_{-\pi}^{\pi}f(x)\sin nxdx$

$b_5=\frac{1}{\pi}\int_{0}^{\pi}\sin 5xdx$

$=\frac{1}{\pi}\left[-\frac{1}{5}\cos 5x\right]_0^{\pi}$

$=-\frac{1}{5\pi}(-1-1)$

$=\frac{2}{5\pi}$

$\therefore(\sin 5x$의 계수$)=b_5=\frac{2}{5\pi}$

287. ④

풀이 (ⅰ) $a_n=\frac{1}{\pi}\int_{-\pi}^{\pi}f(x)\cos nxdx$이므로

$a_3=\frac{1}{\pi}\int_{0}^{\pi}2\cos 3xdx=\frac{2}{\pi}\left[\frac{1}{3}\sin 3x\right]_0^{\pi}=0$

(ⅱ) $b_n=\frac{1}{\pi}\int_{-\pi}^{\pi}f(x)\sin nxdx$이므로

$b_3=\frac{1}{\pi}\int_{0}^{\pi}2\sin 3xdx$

$=\frac{2}{\pi}\left[-\frac{1}{3}\cos 3x\right]_0^{\pi}$

$=-\frac{2}{3\pi}(-1-1)$

$=\frac{4}{3\pi}$

$\therefore a_3+b_3=\frac{4}{3\pi}$

288. ④

풀이 $a_n = \frac{1}{\pi}\int_{-\pi}^{\pi} f(x)\cos nx dx$

$= \frac{1}{\pi}\int_{0}^{\pi} x\cos nx dx$

$= \frac{1}{\pi}\left[\frac{1}{n}x\sin nx + \frac{1}{n^2}\cos nx\right]_0^{\pi}$

$= \frac{1}{\pi}\cdot\frac{1}{n^2}\{(-1)^n - 1\}$

$\therefore a_n = \frac{(-1)^n - 1}{n^2\pi}$

289.

(1) $f(x) = \frac{3}{4} + \sum_{n=1}^{\infty}\frac{(-1)^n - 1}{n^2\pi^2}\cos n\pi x + \sum_{n-1}^{\infty}\frac{-1}{n\pi}\sin n\pi x$

(2) $f(0) = \frac{1}{2}$

(3) $\frac{\pi^2}{8}$

풀이 $a_0 = \int_{-1}^{1} f(x)\,dx = \int_{-1}^{0} 1\,dx + \int_{0}^{1} x\,dx = 1 + \frac{1}{2} = \frac{3}{2}$

$a_n = \int_{-1}^{1} f(x)\cos n\pi x dx$

$= \int_{-1}^{0}\cos n\pi x dx + \int_{0}^{1} x\cos n\pi x dx$

$= \frac{1}{n\pi}[\sin n\pi x]_{-1}^{0} + \frac{1}{n\pi}[x\sin n\pi x]_0^1$

$+ \frac{1}{(n\pi)^2}[\cos n\pi x]_0^1$

$= \frac{(-1)^n - 1}{(n\pi)^2}$

$= \begin{cases} 0, & n\text{은 짝수} \\ -\frac{2}{(n\pi)^2}, & n\text{은 홀수} \end{cases}$

$b_n = \int_{-1}^{1} f(x)\sin n\pi x dx$

$= \int_{-1}^{0}\sin n\pi x dx + \int_{0}^{1} x\sin n\pi x dx$

$= -\frac{1}{n\pi}[\cos n\pi x]_{-1}^{0} - \frac{1}{n\pi}[x\cos n\pi x]_0^1$

$+ \frac{1}{(n\pi)^2}[\sin n\pi x]_0^1$

$= -\left\{\frac{1-(-1)^n}{n\pi}\right\} - \frac{1}{n\pi}(-1)^n$

$= -\frac{1}{n\pi}$

(1) $f(x) = \frac{a_0}{2} + \sum_{n=1}^{\infty} a_n\cos nx + \sum_{n=1}^{\infty} b_n\sin nx$

$= \frac{3}{4} + \sum_{n=1}^{\infty}\frac{(-1)^n - 1}{(n\pi)^2}\cos n\pi x + \sum_{n=1}^{\infty}\frac{-1}{n\pi}\sin n\pi x$

$= \frac{3}{4} - \frac{2}{\pi^2}\sum_{n=1}^{\infty}\frac{1}{(2n-1)^2}\cos(2n-1)\pi x - \frac{1}{\pi}\sum_{n=1}^{\infty}\frac{\sin n\pi x}{n}$

(2) $\lim_{x\to 0} f(x) = \frac{1}{2}$

(3) $x=0$이면 $\frac{1}{2} = f(0) = \frac{3}{4} - \frac{2}{\pi^2}\sum_{n=1}^{\infty}\frac{1}{(2n-1)^2}$ 이므로

$\frac{2}{\pi^2}\sum_{n=1}^{\infty}\frac{1}{(2n-1)^2} = \frac{1}{4}$

$\therefore \frac{1}{1^2} + \frac{1}{3^2} + \frac{1}{5^2} + \cdots = \frac{1}{4}\times\frac{\pi^2}{2} = \frac{\pi^2}{8}$

TIP

$1 + \frac{1}{2^2} + \frac{1}{3^2} + \frac{1}{4^2} + \cdots = \frac{\pi^2}{6}$

$-\ \ 1 + \frac{1}{3^2} + \frac{1}{5^2} + \cdots = \frac{\pi^2}{8}$

$\frac{1}{2^2} + \frac{1}{4^2} + \frac{1}{6^2} + \cdots = \frac{\pi^2}{24}$

$\therefore 1 - \frac{1}{2^2} + \frac{1}{3^2} - \frac{1}{4^2} + \frac{1}{5^2} - \frac{1}{6^2} + \cdots = \frac{\pi^2}{8} - \frac{\pi^2}{24} = \frac{\pi^2}{12}$

2. 퓨리에 - 코사인 급수와 사인 급수

290. ①

풀이 $f(x)=x(-\pi<x<\pi)$는 기함수이므로

$f(x)=\frac{a_0}{2}+\sum_{n=1}^{\infty}a_n\cos nx+\sum_{n=1}^{\infty}b_n\sin nx$에서

$a_0=0,\ a_n=0$이다. 즉, $f(x)=\sum_{n=1}^{\infty}b_n\sin nx$

$$\begin{aligned}b_n&=\frac{1}{\pi}\int_{-\pi}^{\pi}x\sin nx\,dx\\&=\frac{1}{\pi}\left[-\frac{1}{n}x\cos nx+\frac{1}{n^2}\sin nx\right]_{-\pi}^{\pi}\\&=-\frac{1}{n\pi}\{\pi(-1)^n+\pi(-1)^n\}\\&=-\frac{2(-1)^n}{n}\end{aligned}$$

$\therefore f(x)=-2\sum_{n=1}^{\infty}\frac{(-1)^n}{n}\sin nx$

291. ①

풀이 $f(x)=\begin{cases}\pi e^{-x} & (-\pi<x<0)\\ \pi e^{x} & (0<x<\pi)\end{cases}$는 우함수이므로

$f(x)=\frac{a_0}{2}+\sum_{n=1}^{\infty}a_n\cos nx+\sum_{n=1}^{\infty}b_n\sin nx$에서 $b_n=0$이다.

따라서 $\sin 3x$의 계수는 0이다.

292. (1) ④ (2) ①

풀이 $f(x)=\begin{cases}-1 & ,(-\pi<x<0)\\ 1 & ,(0\le x<\pi)\end{cases}$은 기함수이므로

$f(x)=\frac{a_0}{2}+\sum_{n=1}^{\infty}a_n\cos nx+\sum_{n=1}^{\infty}b_n\sin nx$에서

$a_0=0,\ a_n=0$이다.

(1) $b_n=\frac{1}{\pi}\int_{-\pi}^{\pi}f(x)\sin nx\,dx$이므로

$$\begin{aligned}b_3&=\frac{1}{\pi}\left\{\int_{-\pi}^{0}(-\sin 3x)dx+\int_{0}^{\pi}\sin 3x\,dx\right\}\\&=\frac{1}{\pi}\left\{\left[\frac{1}{3}\cos 3x\right]_{-\pi}^{0}+\left[-\frac{1}{3}\cos 3x\right]_{0}^{\pi}\right\}\\&=\frac{1}{3\pi}\{1-(-1)-(-1-1)\}=\frac{4}{3\pi}\end{aligned}$$

(2) $$\begin{aligned}b_n&=\frac{1}{\pi}\int_{-\pi}^{\pi}f(x)\sin nx\,dx\\&=\frac{1}{\pi}\left\{\int_{-\pi}^{0}(-\sin nx)dx+\int_{0}^{\pi}\sin nx\,dx\right\}\\&=\frac{1}{\pi}\left\{\frac{1}{n}[\cos nx]_{-\pi}^{0}-\frac{1}{n}[\cos nx]_{0}^{\pi}\right\}\\&=\frac{1}{n\pi}[1-(-1)^n-\{(-1)^n-1\}]\\&=\frac{2\{1-(-1)^n\}}{n\pi}\\&=\begin{cases}0 & ,n\text{은 짝수}\\ \frac{4}{n\pi} & ,n\text{은 홀수}\end{cases}\text{이므로}\end{aligned}$$

$$\begin{aligned}f(x)&=\frac{2}{\pi}\sum_{n=1}^{\infty}\frac{1-(-1)^n}{n}\sin nx\\&=\frac{4}{\pi}\sum_{n=1}^{\infty}\frac{1}{2n-1}\sin(2n-1)x\end{aligned}$$

293. ④

풀이 $f(x)=-x(-1<x<1)$는 기함수이므로

$f(x)=\sum_{n=1}^{\infty}b_n\sin n\pi x$

$$\begin{aligned}b_n&=\int_{-1}^{1}(-x\sin n\pi x)dx\\&=-2\int_{0}^{1}x\sin n\pi x\,dx\\&=-2\left\{-\frac{1}{n\pi}[x\cos n\pi x]_0^1+\frac{1}{(n\pi)^2}[\sin n\pi x]_0^1\right\}\\&=-2\left\{-\frac{1}{n\pi}(-1)^n\right\}\frac{2}{\pi}\cdot\frac{(-1)^n}{n}\end{aligned}$$

$\therefore f(x)=\frac{2}{\pi}\sum_{n=1}^{\infty}\frac{(-1)^n}{n}\sin n\pi x$

294. ①

풀이 $f(x)=\begin{cases}\pi+x\,, & -\pi<x<0\\ \pi-x\,, & 0<x<\pi\end{cases}$는 우함수이므로

$f(x)=\frac{a_0}{2}+\sum_{n=1}^{\infty}a_n\cos nx$이다.

$$\begin{aligned}a_0&=\frac{1}{\pi}\left\{\int_{-\pi}^{0}(\pi+x)dx+\int_{0}^{\pi}(\pi-x)dx\right\}\\&=\frac{1}{\pi}\left\{\left[\pi x+\frac{1}{2}x^2\right]_{-\pi}^{0}+\left[\pi x-\frac{1}{2}x^2\right]_{0}^{\pi}\right\}\\&=\frac{1}{\pi}\left(\frac{\pi^2}{2}+\frac{\pi^2}{2}\right)=\pi\end{aligned}$$

$$a_n=\frac{1}{\pi}\left\{\int_{-\pi}^{0}(\pi+x)\cos nx\,dx+\int_{0}^{\pi}(\pi-x)\cos nx\,dx\right\}$$

$$=\frac{1}{\pi}\left\{\left[\frac{\pi+x}{n}\sin nx+\frac{1}{n^2}\cos nx\right]_{-\pi}^{0}\right.$$

$$\left.+\left[\frac{\pi-x}{n}\sin nx-\frac{1}{n^2}\cos nx\right]_{0}^{\pi}\right\}$$

$$=\frac{1}{\pi}\left[\frac{1}{n^2}\{1-(-1)^n\}-\frac{1}{n^2}\{(-1)^n-1\}\right]$$

$$=\frac{2\{1-(-1)^n\}}{n^2\pi}$$

$$=\begin{cases}0, & n\text{은 짝수}\\ \frac{4}{n^2\pi}, & n\text{은 홀수}\end{cases}$$

$$\therefore f(x)=\frac{\pi}{2}+\frac{2}{\pi}\sum_{n=1}^{\infty}\frac{1-(-1)^n}{n^2}\cos nx$$

$$=\frac{\pi}{2}+\frac{4}{\pi}\sum_{n=1}^{\infty}\frac{1}{(2n-1)^2}\cos(2n-1)x$$

295. ①

풀이

$$a_0=\frac{1}{\pi}\int_{-\pi}^{\pi}f(x)dx=\frac{1}{\pi}\int_{0}^{\pi}\sin x\,dx=\frac{2}{\pi}$$

$$a_1=\frac{1}{\pi}\int_{-\pi}^{\pi}f(x)\cos x\,dx=\frac{1}{\pi}\int_{0}^{\pi}\sin x\cos x\,dx=0$$

$n\geq 2$일 때,

$$a_n=\frac{1}{\pi}\int_{-\pi}^{\pi}f(x)\cos nx\,dx=\frac{1}{\pi}\int_{0}^{\pi}\sin x\cos nx\,dx$$

$$=\frac{1}{\pi}\int_{0}^{\pi}\frac{1}{2}\{\sin(n+1)x-\sin(n-1)x\}dx$$

$$=\frac{1}{2\pi}\left[-\frac{1}{n+1}\cos(n+1)x+\frac{1}{n-1}\cos(n-1)x\right]_{0}^{\pi}$$

$$=\frac{1}{2\pi}\left\{-\frac{\cos(n+1)\pi}{n+1}+\frac{\cos(n-1)\pi}{n-1}+\frac{1}{n+1}-\frac{1}{n-1}\right\}$$

$$=\begin{cases}\frac{-2}{\pi(n+1)(n-1)}, & n\text{은 짝수}\\ 0, & n\text{은 홀수}\end{cases}$$

$$b_1=\frac{1}{\pi}\int_{-\pi}^{\pi}f(x)\sin x\,dx=\frac{1}{\pi}\int_{0}^{\pi}\sin^2x\,dx=\frac{1}{2}$$

$n\geq 2$일 때,

$$b_n=\frac{1}{\pi}\int_{-\pi}^{\pi}f(x)\sin nx\,dx=\frac{1}{\pi}\int_{0}^{\pi}\sin x\sin nx\,dx$$

$$=\frac{1}{\pi}\int_{0}^{\pi}\left[-\frac{1}{2}\{\cos(n+1)x-\cos(n-1)x\}\right]dx$$

$$=-\frac{1}{2\pi}\left[\frac{1}{n+1}\sin(n+1)x-\frac{1}{n-1}\sin(n-1)x\right]_{0}^{\pi}$$

$$=0$$

$$\therefore f(x)=\frac{1}{2}a_0+\sum_{n=1}^{\infty}(a_n\cos nx+b_n\sin nx)$$

$$=\frac{1}{\pi}+\frac{1}{2}\sin x+\sum_{n=1}^{\infty}\frac{-2}{\pi(2n+1)(2n-1)}\cos 2nx$$

위의 식에 $x=\frac{\pi}{2}$를 대입하면

$$1=\frac{1}{\pi}+\frac{1}{2}+\sum_{n=1}^{\infty}\frac{-2}{\pi(2n+1)(2n-1)}\cos n\pi$$

$$\therefore 1+2\sum_{n=1}^{\infty}\frac{(-1)^{n+1}}{(2n+1)(2n-1)}=\frac{\pi}{2}$$

296. ③

풀이

$$b_n=\frac{1}{2}\int_{-2}^{2}f(x)\sin\frac{n\pi x}{2}dx$$

$$=\frac{1}{2}\left(\int_{0}^{1}x\sin\frac{n\pi x}{2}dx+\int_{1}^{2}\sin\frac{n\pi x}{2}dx\right)$$

$$=\frac{1}{2}\left\{\left[-\frac{2}{n\pi}x\cos\frac{n\pi x}{2}\right]_{0}^{1}+\int_{0}^{1}\frac{2}{n\pi}\cos\frac{n\pi x}{2}dx+\int_{1}^{2}\sin\frac{n\pi x}{2}dx\right\}$$

($\because$ 부분적분법)

$$=\frac{1}{2}\left(-\frac{2}{n\pi}\cos\frac{n\pi}{2}+\frac{2}{n\pi}\int_{0}^{1}\cos\frac{n\pi x}{2}dx+\int_{1}^{2}\sin\frac{n\pi x}{2}dx\right)$$

$$=\frac{1}{2}\left\{-\frac{2}{n\pi}\cos\frac{n\pi}{2}+\left(\frac{2}{n\pi}\right)^2\left[\sin\frac{n\pi x}{2}\right]_{0}^{1}+\left[-\frac{2}{n\pi}\cos\frac{n\pi x}{2}\right]_{1}^{2}\right\}$$

$$=\frac{1}{2}\left\{\frac{4}{n^2\pi^2}\sin\frac{n\pi}{2}-\frac{2}{n\pi}(-1)^n\right\}$$

$$=\frac{2}{n^2\pi^2}\left\{\sin\frac{n\pi}{2}+\frac{n\pi}{2}(-1)^{n+1}\right\}$$

TIP 객관식을 활용해서 $n=1$을 대입하면
보기의 모든 값이 다르게 나오므로
b_n을 일반화 하지 않고 b_1을 구하면 계산이 간결할 수 있다.

3. 복소 퓨리에 급수

297. $f(x)=\frac{1}{2}+\frac{1}{\pi}\sum_{n=-\infty}^{\infty}\frac{\sin\frac{n\pi}{2}}{n}e^{i2n\pi x}$

풀이 기본 주기는 1이고 $2p=1 \Rightarrow p=\frac{1}{2}$이다.

$$c_0=\frac{1}{2p}\int_{-p}^{p}f(x)\,dx=\int_{-\frac{1}{2}}^{\frac{1}{2}}f(x)\,dx=\int_{-\frac{1}{4}}^{\frac{1}{4}}1\,dx=\frac{1}{2}$$

$$c_n=\frac{1}{2p}\int_{-p}^{p}f(x)\,e^{-i\frac{n\pi x}{p}}dx$$
$$=\int_{-\frac{1}{2}}^{\frac{1}{2}}f(x)e^{-i2n\pi x}dx$$
$$=\int_{-\frac{1}{4}}^{\frac{1}{4}}e^{-i2n\pi x}dx$$
$$=\int_{-\frac{1}{4}}^{\frac{1}{4}}\cos 2n\pi x-i\sin 2n\pi x\,dx$$
$$=2\int_{0}^{\frac{1}{4}}\cos 2n\pi x\,dx$$
$$=\frac{\sin\frac{n\pi}{2}}{n\pi}\quad(n\neq 0)$$

$$\therefore\ f(x)=\sum_{n=-\infty}^{\infty}c_n e^{i2n\pi x}=\frac{1}{2}+\frac{1}{\pi}\sum_{n=\infty}^{\infty}\frac{\sin\frac{n\pi}{2}}{n}e^{i2n\pi x}$$

4. 퓨리에 적분과 변환

298. $f(x)=\frac{2}{\pi}\int_0^{\infty}\frac{2\sin\alpha\cos(\alpha x)}{\alpha}d\alpha$

풀이
$$A(\alpha)=\int_{-\infty}^{\infty}f(x)\cos\alpha x\,dx$$
$$=\int_{-1}^{1}\cos\alpha x\,dx$$
$$=2\left[\frac{\sin\alpha x}{\alpha}\right]_0^1$$
$$=\frac{2\sin\alpha}{\alpha}$$

$$B(\alpha)=\int_{-\infty}^{\infty}f(x)\sin\alpha x\,dx=\int_{-1}^{1}\sin\alpha x\,dx=0$$
($\because \sin(\alpha x)$는 기함수)
$$f(x)=\frac{2}{\pi}\int_0^{\infty}\frac{2\sin\alpha\cos(\alpha x)}{\alpha}d\alpha$$

TIP (1) $x=0$이면
$$f(0)=1=\frac{2}{\pi}\int_0^{\infty}\frac{\sin\alpha\cos(\alpha\cdot 0)}{\alpha}d\alpha$$
$$\frac{\pi}{2}=\int_0^{\infty}\frac{\sin\alpha}{\alpha}d\alpha$$
$$\therefore\int_0^{\infty}\frac{\sin x}{x}dx=\frac{\pi}{2}$$
(2) $x=1$이면
$$f(1)=\frac{1+0}{2}=\frac{1}{2}=\frac{2}{\pi}\int_0^{\infty}\frac{\sin\alpha\cos\alpha}{\alpha}d\alpha$$
$$\therefore\int_0^{\infty}\frac{\sin x\cos x}{x}dx=\frac{\pi}{4}$$

299. $f(x)=\int_0^{\infty}\frac{\sin(\pi\alpha)\sin(x\alpha)}{1-\alpha^2}d\alpha$

풀이 $f(x)=\begin{cases}\frac{\pi}{2}\sin x & ,-\pi\le x\le\pi\\ 0 & ,x\le\pi \text{ 또는 } x>\pi\end{cases}$ 는 기함수이다.

$$A(\alpha)=\int_{-\infty}^{\infty}f(x)\cos(\alpha x)dx=0$$
($\because f(x)$는 기함수, $\cos(\alpha x)$는 우함수)
$$B(\alpha)=\int_{-\infty}^{\infty}f(x)\sin(\alpha x)dx$$
$$=\frac{\pi}{2}\int_{-\pi}^{\pi}\sin x\sin(\alpha x)dx$$
$$=\pi\int_0^{\pi}\sin x\sin(\alpha x)dx$$
$$=\frac{\pi}{2}\int_0^{\pi}\cos(1-\alpha)x-\cos(1+\alpha)x\,dx$$

$$= \frac{\pi}{2}\left[\frac{1}{1-\alpha}\sin(1-\alpha)x - \frac{1}{1+\alpha}\sin(1+\alpha)x\right]_0^{\pi}$$

$$= \frac{\pi}{2}\left[\frac{1}{1-\alpha}\sin(\pi-\alpha\pi) - \frac{1}{1+\alpha}\sin(\pi+\alpha\pi)\right]$$

$$= \frac{\pi}{2}\left[\frac{\sin(\alpha\pi)}{1-\alpha} + \frac{\sin(\alpha\pi)}{1+\alpha}\right]$$

$$= \frac{\pi\sin(\alpha\pi)}{2}\left(\frac{1}{1-\alpha} + \frac{1}{1+\alpha}\right)$$

$$= \frac{\pi\sin\alpha\pi}{2} \cdot \frac{2}{1-\alpha^2}$$

$$= \frac{\pi\sin\alpha\pi}{1-\alpha^2}$$

$$\therefore f(x) = \frac{1}{\pi}\int_0^{\infty} \frac{\pi\sin\alpha\pi}{1-\alpha^2} \cdot \sin(\alpha x)d\alpha$$

$$= \int_0^{\infty} \frac{\sin(\pi\alpha)\sin(\alpha x)}{1-\alpha^2}d\alpha$$

300. (1) $\hat{f}(\omega) = \sqrt{\frac{2}{\pi}}\frac{1}{1+w^2}$

(2) $\hat{f}(\omega) = \frac{1}{\sqrt{2\pi}}\left(\frac{2\sin w}{w} + \frac{2\cos w - 2}{w^2}\right)$

풀이 (1) $\hat{f}(w) = \frac{1}{\sqrt{2\pi}}\left\{\int_{-\infty}^{0} e^x e^{-iwx}dx + \int_0^{\infty} e^{-x}e^{-iwx}dx\right\}$

$$= \frac{1}{\sqrt{2\pi}}\left\{\left[\frac{e^{(1-iw)x}}{1-iw}\right]_{-\infty}^{0} + \left[\frac{e^{-(1+iw)x}}{-(1+iw)}\right]_0^{\infty}\right\}$$

$$= \frac{1}{\sqrt{2\pi}}\left\{\frac{1-0}{1-iw} + \frac{0-1}{-(1+iw)}\right\}$$

$$= \frac{1}{\sqrt{2\pi}}\left(\frac{1}{1-iw} + \frac{1}{1+iw}\right)$$

$$= \frac{1}{\sqrt{2\pi}}\left(\frac{1+iw+1-iw}{1+w^2}\right)$$

$$= \frac{2}{\sqrt{2\pi}(1+w^2)}$$

$$= \frac{\sqrt{2}}{\sqrt{\pi}(1+w^2)}$$

(2) $\hat{f}(w) = \frac{1}{\sqrt{2\pi}}\left\{\int_{-1}^{0}(-xe^{-iwx})dx + \int_0^1 xe^{-iwx}dx\right\}$

$$= \frac{1}{\sqrt{2\pi}}\left\{\left[\frac{1}{iw}xe^{-iwx} - \frac{1}{w^2}e^{-iwx}\right]_{-1}^{0} + \left[\frac{1}{-iw}xe^{-iwx} + \frac{1}{w^2}e^{-iwx}\right]_0^1\right\}$$

$$= \frac{1}{\sqrt{2\pi}}\left(\frac{e^{iw}}{iw} - \frac{1-e^{iw}}{w^2} + \frac{e^{-iw}}{-iw} + \frac{e^{-iw}-1}{w^2}\right)$$

$$= \frac{1}{\sqrt{2\pi}}\left(\frac{e^{iw}-e^{-iw}}{iw} + \frac{e^{iw}+e^{-iw}-2}{w^2}\right)$$

$$= \frac{1}{\sqrt{2\pi}}\left(\frac{2\sin w}{w} + \frac{2\cos w - 2}{w^2}\right)$$

TIP $e^{ix} = \cos x + i\sin x$, $e^{-ix} = \cos x - i\sin x$이므로

$\cos x = \frac{e^{ix}+e^{-ix}}{2}$, $\sin x = \frac{e^{ix}-e^{-ix}}{2i}$

❹ 공학수학

편입수학은 한아름

한아름 편입수학 필수기본서

Areum Math 개념 시리즈

편입수학은 한아름
❶ 미적분과 급수

편입수학은 한아름
❷ 다변수 미적분

편입수학은 한아름
❸ 선형대수

편입수학은 한아름
❹ 공학수학

한아름 편입수학 실전대비서

Areum Math 문제풀이 시리즈

편입수학은 한아름
한아름 올인원

편입수학은 한아름
한아름 익힘책

편입수학은 한아름
한아름 1200제

편입수학은 한아름
한아름 파이널